21世纪全国高校应用人才培养信息技术类规划教材

Web 应用程序设计
——ASP.NET/PHP/JSP 技术教程

林宏基　黄风华　池灵达　林菡　编著

图书在版编目(CIP)数据

Web 应用程序设计：ASP. NET/PHP/JSP 技术教程/林宏基等编著. —北京：北京大学出版社，2016.12

(21 世纪全国高校应用人才培养信息技术类规划教材)

ISBN 978-7-301-26939-8

Ⅰ. ①W… Ⅱ. ①林… Ⅲ. ①计算机网络—程序设计—高等学校—教材 Ⅳ. ①TP393.09

中国版本图书馆 CIP 数据核字(2016)第 032554 号

书　　　名	Web 应用程序设计——ASP. NET/PHP/JSP 技术教程 Web YINGYONG CHENGXU SHEJI
著作责任者	林宏基　黄风华　池灵达　林菡　编著
责任编辑	桂　春
标准书号	ISBN 978-7-301-26939-8
出版发行	北京大学出版社
地　　　址	北京市海淀区成府路 205 号　100871
网　　　址	http://www.pup.cn　新浪官方微博：@北京大学出版社
电子信箱	zyjy@pup.cn
电　　　话	邮购部 62752015　发行部 62750672　编辑部 62756923
印　刷　者	三河市博文印刷有限公司
经　销　者	新华书店 787 毫米×1092 毫米　16 开本　32.5 印张　808 千字 2016 年 12 月第 1 版　2016 年 12 月第 1 次印刷
定　　　价	65.00 元（含光盘）

未经许可，不得以任何方式复制或抄袭本书之部分或全部内容。
版权所有，侵权必究
举报电话：010-62752024　电子信箱：fd@pup.pku.edu.cn
图书如有印装质量问题，请与出版部联系，电话：010-62766370

前　　言

随着 Internet 的广泛普及，Web 技术已经成为当今构建现代信息社会极具影响的技术主流。当前移动通信、电子商务、物联网、全方位的 Web 服务、生活和工作方式的变革都依托 Web 技术的长足进步而迅猛发展，并日益呈现出无限的生机与活力。

社会一旦有技术上的需要，那么这种需要就能把科学推向前进。十多年来强劲的技术需求要求 Web 技术进一步为人们提供全面的服务，为业界成千上万的技术人员提供高效的 Web 应用开发平台。近年来各高等院校计算机信息类和电子商务、物联网等相关专业纷纷开设 Web 技术课程，培养 Web 开发技术人才，以适应国内外 IT 业乃至全社会各行业对 Web 技术人才的需求。因此，作者根据多年 Web 技术课程教学经验和长期从事 Web 应用开发技术的科研成果面向高校本科教学，精心组织和编写了本书。

本书充分考虑了既要通俗易懂、便于入门，又要保证有足够的信息量与知识点，广度与深度兼顾。同时也考虑到专业课程教材知识更新快的特点，在内容设计上尽量具有前瞻性。书中内容主要包含有 Web 应用三大主流的程序设计，以便全面适应不同层次教学需要。第一部分（第 1 章）是 Web 技术基础，这是初学者所必需的共性知识；第二部分（第 2、3、4、5 章）是完整的 ASP 程序设计，是经典的 ASP 开发技术；第三部分（第 6、7、8、9 章）是 ASP.NET 程序设计，是主流的 Web 开发技术；第四部分（第 10、11、12、13 章）是 PHP 程序设计，是广泛流行的 PHP 网络编程技术；第五部分（第 14、15、16、17 章）是 JSP 程序设计，是依托强大的 Java 体系结构，独立完整的、热门的 JSP Web 开发技术。随书配套光盘附录了全书 17 章的 PPT 课件和各章节实例的源程序代码及演示资料，可供读者参考。

为初学者考虑，本书保留了原教程《Web 开发技术教程》使用易懂语言编程，即不必先学新语言也能入门的原则，这样可以根据教学的不同层次组织不同系列的内容进行教学，或按技术系列组织教学，或按具备初步语言基础组织教学，或按全面掌握技能组织教学，以期在提高深度与广度方面均有所得。

本书在编写过程中，得到了许多教师和研究生的帮助。研究生何强、蔡江宇、陈孟锬、林小龙、谷灵康和林一分别参加了本书部分章节的编写和程序调试工作，叶少珍教授、李应教授和郭洪副教授对本书提出了宝贵意见。在此谨向他们表示衷心的感谢！本书由林宏基教授、黄风华博士、池灵达老师和林菡老师共同编著。本书编写过程中参考了很多文献，值此谨对文献的作者一并致谢。

本书编写仓促，若有错误或疏漏，敬请读者指正。联系方式：E-mail：Lhj057@163.com。

作　者
2016 年 9 月

目 录

第一部分

第1章 Web 应用程序设计基础 … 2
  1.1 Web 技术概述 … 2
  1.2 Web 编程基础 … 8
  1.3 JavaScript 语言 … 23
  1.4 Web 数据库技术 … 58
  1.5 思考题 … 69

第二部分

第2章 ASP 应用开发环境 … 72
  2.1 ASP 概述 … 72
  2.2 ASP 运行环境与 Web 服务器配置 … 74
  2.3 建立一个简单 ASP 实例 … 81
  2.4 思考题 … 83

第3章 ASP 内置对象 … 84
  3.1 Request 对象 … 84
  3.2 Response 对象 … 88
  3.3 Server 对象 … 93
  3.4 Application 对象 … 95
  3.5 Session 对象 … 97
  3.6 Global.asa 文件初始化应用程序 … 100
  3.7 思考题 … 102

第4章 ASP 服务器组件 … 103
  4.1 ASP 服务器组件 … 103
  4.2 Ad Rotator 广告轮播组件 … 104
  4.3 File Access 文件系统存取组件 … 106
  4.4 BrowserCapabilities 浏览器性能组件 … 109
  4.5 Content Linking 内容链接组件 … 112
  4.6 ADO 数据库开发组件 … 116
  4.7 思考题 … 139

第 5 章　ASP 综合应用实例 ………………………………………………………… 140
　5.1　网上购物系统 …………………………………………………………………… 140
　5.2　电子政务 Web 系统设计 ………………………………………………………… 150

第三部分

第 6 章　ASP .NET 应用开发环境 …………………………………………………… 162
　6.1　ASP .NET 概述 …………………………………………………………………… 162
　6.2　ASP .NET 编程环境 ……………………………………………………………… 165
　6.3　Visual Studio 2010 开发工具 ……………………………………………………… 169
　6.4　思考题 …………………………………………………………………………… 175

第 7 章　ASP .NET 服务器控件 ……………………………………………………… 176
　7.1　服务器控件及公共属性 ………………………………………………………… 176
　7.2　HTML 控件 ……………………………………………………………………… 177
　7.3　Web 内部控件 …………………………………………………………………… 185
　7.4　列表 Web 控件 …………………………………………………………………… 193
　7.5　数据验证 Web 控件 ……………………………………………………………… 201
　7.6　思考题 …………………………………………………………………………… 206

第 8 章　ASP .NET 数据库编程技术 ………………………………………………… 207
　8.1　ADO .NET 概述 …………………………………………………………………… 207
　8.2　ADO .NET 链接数据库 …………………………………………………………… 209
　8.3　ADO .NET 数据库操作 …………………………………………………………… 215
　8.4　ADO .NET 数据集 DataSet ……………………………………………………… 217
　8.5　数据绑定技术 …………………………………………………………………… 223
　8.6　思考题 …………………………………………………………………………… 232

第 9 章　ASP .NET 应用程序 ………………………………………………………… 233
　9.1　ASP .NET 应用程序编程 ………………………………………………………… 233
　9.2　NET XML Web 服务 ……………………………………………………………… 242
　9.3　数据库查询与记录增、删、改 ………………………………………………… 249
　9.4　思考题 …………………………………………………………………………… 253

第四部分

第 10 章　PHP 开发环境 ……………………………………………………………… 256
　10.1　PHP 简介 ………………………………………………………………………… 256
　10.2　PHP 的工作原理 ………………………………………………………………… 257
　10.3　PHP 运行环境的搭建 …………………………………………………………… 257
　10.4　PHP 开发工具简介 ……………………………………………………………… 262
　10.5　一个简单的 PHP 程序 …………………………………………………………… 262
　10.6　PHP 代码在 HTML 中的嵌入形式 ……………………………………………… 263

10.7　PHP 语句分隔 ······ 264
10.8　程序注释 ······ 264
10.9　引用文件 ······ 265
10.10　思考题 ······ 265

第 11 章　PHP 语言基础 ······ 266
11.1　数值类型 ······ 266
11.2　常量 ······ 274
11.3　变量 ······ 275
11.4　运算符 ······ 279
11.5　表达式 ······ 284
11.6　分支控制语句 ······ 285
11.7　循环控制语句 ······ 288
11.8　函数 ······ 291
11.9　思考题 ······ 295

第 12 章　MySQL 数据库编程 ······ 296
12.1　MySQL 数据库简介 ······ 296
12.2　登录 MySQL ······ 296
12.3　MySQL 数据库的基本操作 ······ 298
12.4　PHP 的 MySQL 数据库函数 ······ 304
12.5　思考题 ······ 310

第 13 章　PHP 综合应用实例 ······ 311
13.1　数据库结构的建立 ······ 311
13.2　主页面及导航栏的初步实现 ······ 311
13.3　注册页面的实现 ······ 313
13.4　登录页面的实现 ······ 319
13.5　发表文章页面的实现 ······ 322
13.6　文章搜索页面的实现 ······ 324
13.7　文章内容页面的实现 ······ 329
13.8　文章删除页面的实现 ······ 330
13.9　文章修改页面的实现 ······ 332
13.10　用 AJAX 实现用户名检测 ······ 334
13.11　用文件实现网站访问次数统计 ······ 336

第五部分

第 14 章　JSP 开发环境与基本语法 ······ 340
14.1　JSP 概述 ······ 340
14.2　JSP 语法基础 ······ 349
14.3　思考题 ······ 378

第 15 章　JSP 程序设计 ······ 379

15.1　Java Servlet ………………………………………………………………… 379
15.2　在 JSP 中使用表单设计 …………………………………………………… 388
15.3　使用 JavaBean 组件程序设计 ……………………………………………… 392
15.4　在 JSP 中开发和使用 JavaBean 的实例 …………………………………… 397
15.5　JSP 与 Servlet 集成模式 …………………………………………………… 400
15.6　思考题 ……………………………………………………………………… 401

第 16 章　JSP 数据库编程技术 …………………………………………………… 402
16.1　JDBC 技术 ………………………………………………………………… 402
16.2　访问数据库 ………………………………………………………………… 403
16.3　JSP + JavaBean + AJAX 综合实例 ………………………………………… 420
16.4　思考题 ……………………………………………………………………… 426

第 17 章　JSP 综合应用实例 ……………………………………………………… 427
17.1　系统介绍 …………………………………………………………………… 427
17.2　数据库设计 ………………………………………………………………… 431
17.3　JavaBeans 的实现 ………………………………………………………… 433
17.4　控制器的实现 ……………………………………………………………… 439
17.5　系统部分主要模块的实现 ………………………………………………… 461
17.6　思考题 ……………………………………………………………………… 472

附录 …………………………………………………………………………………… 473
　　附录 A　Dreamweaver MX 网页设计 ………………………………………… 473
　　附录 B　VBScript 语言 ………………………………………………………… 488
　　附录 C　Visual Basic .NET …………………………………………………… 496

参考文献 ……………………………………………………………………………… 509

第一部分

第1章 Web应用程序设计基础

1.1 Web技术概述

1.1.1 Internet基本概念

国际互联网（Internet）是20世纪发展最快、规模最大、涉及面最广的科技成果。多媒体网络技术的迅速发展，使人类真正进入了信息时代。早期的Internet技术发展的动力源于科学研究和军事目的，当时主要是为了方便研究人员互相传递文献资料等。随着全球科学技术的进步和商业需求的推动，尤其是1989年WWW（World Wide Web）发明后，Internet迅速进入各行各业、千家万户，成为现在人们学习、工作、交流、娱乐不可缺少的重要手段。进入21世纪，Internet又迅速地向着移动互联网发展，迅速地推动着物联网的发展。

Internet迅速改变着人类社会活动，为人类提供了全方位服务。传统的Internet提供的服务最常用的是WWW和E-mail的服务。WWW又称万维网，是建立在客户/服务器网络结构上的服务。因此我们需要了解什么是服务器端和客户端，还需要了解提供WWW网络服务的静态网页和动态网页的工作原理及其运行机制。

1. 服务器端和客户端

在计算机网络服务世界，凡是提供服务的一方称为服务器端（Server），而接受服务的一方称为客户端（Client）。比如，当大家在浏览新浪主页的时候，新浪主页所在的服务器就称为服务器端，而大家自己的计算机就称为客户端；局域网内提供打印服务的计算机是打印服务器，使用服务器所提供的打印服务的一方称客户端。当用户通过网络设备上网，在浏览器中输入网址向网站提出浏览网页要求和点击内容，这就产生请求（Request），网站接受用户请求后将要求的网页内容传输给用户，这称作响应（Response）。用户作为客户端接受了网站所提供的服务，网站则为服务器端响应用户请求提供了网页数据服务。

如果原来提供服务的服务器端接受了别的服务器端的服务，它相对于别的服务器端就成了客户端；如果原来接受服务的客户端为别的客户端提供服务，它相对于别的客户端就成了服务器端。例如，如果用户自己的计算机安装了WWW服务器软件，把自己的计算机当作服务器，别人（客户端）就可以通过网络访问用户的计算机。以上叙述服务器端和客户端是分别建立在两台机器上，它们构成主从关系。实际上，服务器端和客户端是可以建立在同一台机器上，在提供网页服务的机器上浏览本机所提供的网页，该机器既是服务器端又是客户端。例如，在调试程序时，往往把自己的计算机既当作服务器端，又当作客户端使用。

2. 静态网页与动态网页

所谓静态网页，就是网页文件里没有程序代码，网页内容使用 HTML 标记语言，不需要服务器端执行的网页。这种网页一般文件后缀以 .htm 或 .html 存放。静态网页制成后内容就不会再变化，浏览这类网页，网站服务器不会执行任何程序就直接将静态内容传输给客户端的浏览器解读。如果要改变网页显示内容，就必须修改源代码，然后重新上传到服务器上。静态网页制作比较简单，利用 FrontPage、Dreamweaver 等软件就可以方便地生成，如简单的单位简介等页面。

所谓动态网页，就是网页文件不仅含有 HTML 标记，而且含有程序代码，需要被服务器端执行的网页。这种网页文件的后缀根据不同的程序设计语言使用不同的后缀名，如：.asp、.aspx、.php、.jsp 等。用户浏览动态网页时，先由网站服务器执行相关程序后，然后将不同的执行程序结果下载给客户端的浏览器。服务器执行不同的程序下载不同的显示内容，产生动态效果。一般来说，动态网页制作比较复杂，需要用到 ASP、ASP.NET、JSP 或 PHP 等专门的动态网页设计工具。

3. B/S 模式

B/S 模式是 Web 兴起后的一种网络服务结构模式，如图 1.1.1 所示。在这种模式下客户端是瘦客户机，系统将客户端统一起来，把系统功能实现的核心部分集中放在服务器端，通过 Web 服务器处理实现复杂功能。也就是说，只需要在客户端的计算机上安装一个浏览器就可以浏览所有网站，而这样的浏览器称为 Web 浏览器。现在比较流行的 Web 浏览器主要有微软的 IE 浏览器、Firefox 火狐浏览器、谷歌的 Chrome 浏览器、360 安全浏览器等。这种模式显著地简化了系统的开发、维护和使用。B/S 模式已经成为当今应用软件的首选体系结构。

图 1.1.1 B/S 模式

4. C/S 模式

在 C/S 模式下，客户与服务器之间的关系就是进程之间服务和被服务的关系，在图 1.1.2 中，客户端通过客户程序向服务器端发出请求服务，服务器端收到客户端发出的请求服务后通过服务器程序向客户端提供服务，此时，客户端就得到相应的服务。C/S 模式可以不依赖外网环境的应用软件开发，典型的客户机/服务器网络模式可以支持多用户的数据库管理系统。

图 1.1.2　C/S 模式

1.1.2　网络协议

网络协议是指计算机之间为了能正确地传送信息而对相关信息的传输顺序、信息格式和信息内容等方面做出的一组约定或规则。Internet 是由分布世界各地各种不同类型的运行的计算机或计算机网络组成的一个全球性的大网络，它使用的网络协议是 TCP/IP 协议，凡是连入 Internet 的计算机都必须安装和运行 TCP/IP 协议软件。访问 Web 服务网站则使用超文本传输协议 HTTP。

TCP/IP 协议是一个协议族，其中最重要的是 TCP 协议和 IP 协议，因此，通称为 TCP/IP 协议。TCP/IP 协议将网络分成 4 个层次：应用层、传输层、网络层和物理链路层。分别为用户提供各层不同的服务。

超文本传输协议 HTTP 是专门为 Web 设计的一种网络协议。它属于 TCP/IP 参考模型中的应用层协议，位于 TCP/IP 协议的顶层。Web 浏览器和服务器用 HTTP 协议来传输 Web 文档，通过以下四个步骤完成访问 Web 服务网站的交互过程：

（1）客户与服务器建立链接；
（2）客户向服务器提出请求；
（3）服务器响应请求送回代码文件；
（4）客户和服务器断开链接。

1.1.3　IP 地址、域名与 URL

1. IP 地址

在国际互联网（Internet）上有成千上万台主机（Host），为了区分这些主机，人们给每台主机都分配了一个专门的"地址"作为标识，称为 IP 地址，它是主机在网上的身份证。IP 是 Internet Protocol（国际互联网协议）的缩写。各主机间要进行信息传递必须要知道对方的 IP 地址。每个 IP 地址的长度为 32 位（Bit），分 4 段，每段 8 位（1 个字节），常用十进制数字表示，每段数字范围为 1～254，段与段之间用小数点分隔。每个字节（段）也可以用十六进制或二进制表示。每个 IP 地址包括两个 ID（标识码），即网络 ID 和宿主机 ID。同一个物理网络上的所有主机都用同一个网络 ID，网络上的一个主机（工作站、服务器和路由器等）相对应有一个主机 ID。这样把 IP 地址的 4 个字节划分为 2 个部分，一部分用来标明具体的网络段，即网络 ID；另一部分用来标明具体的节点，即宿主机 ID。32 位的 IP 地址又可分为五类，分别对应于 A 类、B 类、C 类、D

类和 E 类 IP 地址。

(1) A 类：一个 A 类 IP 地址由 1 字节（每个字节是 8 位）的网络地址和 3 个字节主机地址组成，网络地址的最高位必须是"0"，后面 7 位为网络地址，其余 24 位为主机地址。A 类地址允许组成 126 个网络，每个网络可包含 1700 万台主机。

(2) B 类：B 类地址用于中型到大型的网络。B 类地址最高两位为 10，后面 14 位为网络地址，其余 16 位为主机地址。B 类地址允许 16 384 个网络，每个网络可包含 65 000 台主机。

(3) C 类：C 类地址最高三位为 110，后面 21 位为网络地址，其余 8 位为主机地址。它允许 200 万个网络，每个网络 254 个主机，故网络多主机少，适用于小型本地网络（LAN）。

主机地址的末字节不使用 0 和 255 两个数。它们将作为保留字使用。

(4) D 类：D 类地址为多播地址，主要用在多播。

(5) E 类：E 类保留为以后用。

2. 域名

IP 地址是面向网络的计算机地址标识符，记住许多计算机的 IP 地址对大多数人来说并非容易的事。所以 TCP/IP 协议中提供了域名服务系统（DNS），允许为主机分配面向用户的主机标识字符名称，即域名。这样每个主机都包含有 IP 地址和域名两个标识符，在网络通信时由 DNS 自动实现域名与 IP 地址的转换。例如，北京大学 Web 服务器的域名为 http:/www.pku.edu.cn，对应的 IP 地址是 162.105.129.12。

Internet 中的域名采用分级命名，其基本结构如下：

计算机名．三级域名．二级域名．顶级域名

域名的结构在于 DNS 将整个 Internet 划分成多个域，称之为顶级域，并为每个顶级域规定了国际通用的域名。顶级域名划分采用了两种划分模式，即组织模式和地理模式。有 7 个域对应于组织模式，其余的域对应于地理模式，如 cn 代表中国，us 代表美国等。

顶级域名分配如下：

    com   商业组织

    edu   教育机构

    gov   政府部门

    mil   军事部门

    net   网络中心

    org   上述以外的组织

    int   国际组织

互联网的域名管理机构将顶级域的管理权分派给指定的管理机构，各管理机构对其管理的域继续进行划分，即划分成二级域，并将二级域的管理权授予其下属的管理机构，依次类推，便形成了树型域名结构。由于管理机构是逐级授权的，所以最终的域名都得到了 Internet 的承认，成为 Internet 中的正式名字。

3. 统一资源定位器 URL

用户在 Internet 网上寻找分布在全球的 WWW 的信息，必须有一种说明该信息存放在哪台计算机的哪个路径下的定位信息。统一资源定位器 URL（Uniform Resource Locator）就是用来确定某信息具体位置的方法。

实际上，URL 的概念类似要指定一个人的身份定位，就像要说明他的国别、地区、城镇、街道、门牌号一样，URL 指定 Internet 资源要说明它位于哪台计算机的哪个目录中。URL 通过定义资源位置的抽象标识来定位网络资源，其格式如下：

<信息服务类型>://<信息资源地址>/<文件路径>

对于 Internet，<信息服务类型>是指 Internet 的协议名，包括 ftp（文件传输服务）、http（超文本传输服务）、gopher（gopher 服务）、mail（电子邮件地址）、telnet（远程登录服务）、news（提供网络新闻服务）、wais（提供检索数据库信息服务）。

<信息资源地址>指定一个网络主机的域名或 IP 地址。在有些情况下，主机域名后还要加上端口号，域名与端口号之间用冒号（:）隔开。这里的端口是操作系统用来辨认特定信息服务的软件端口。一般情况下，服务器程序采用标准的保留端口号，因此，用户在 URL 中可以省略。以下是一些 URL 的例子：

```
http://www.whitehouse.gov
telnet://odysseus.circe.com:70
ftp://ftp.w3.org/pub/www/doc
gopher://gopher.Internet.com
news://comp.sys.novell
Wais://quake.think.com/directory-of-sewers
```

1.1.4 Web 工作原理

Web 运行机制是一种基于客户机/服务器的体系结构，客户机向服务器发送请求，要求执行某项任务，而服务器执行此项任务，并向客户机返回响应。Web 客户程序叫作浏览器，而浏览器程序基本上都是标准化的。因此，Web 体系结构可以称为浏览器/服务器结构。

当在浏览器里输入一个静态网页网址后，就向服务器端提出了一个浏览网页的请求。服务器端接到请求后，就会找到用户要浏览的静态网页文件，然后发送给用户。这种方式基于静态网页的工作原理。

动态网页的工作原理与静态网页有很大的不同。当用户在浏览器里输入一个动态网页网址后，就向服务器端提出了一个浏览动态网页的请求。服务器端接到请求后，首先会找到用户要浏览的动态网页文件，并执行网页文件中的程序代码，然后将返回运行程序结果的动态网页转化为标准的静态网页，最后将静态网页发送给用户。

1.1.5 常见网络开发工具

当前主要的动态网络开发工具有 ASP、JSP、ASP.NET 和 PHP。

1. ASP

ASP（Active Server Pages）是微软推出的用以取代 CGI（Common Gateway Interface）的动态服务器网页技术。可以在 Windows NT、Windows 2000、Windows XP 上运行。它对客户端没有任何特殊的要求，只要有一个普通的浏览器就行。

ASP 文件就是在普通的 HTML 文件中嵌入 VBScript 或 JavaScript 脚本语言。当客户请求一个 ASP 文件时，服务器端就会运行 ASP 文件中的脚本代码，并转化为标准的 HTML 文件，然后发送到客户端。ASP 提供了非常有用的内部对象和内部组件，利用它们可以轻松地实现表单上传、存取数据库等功能。ASP 可以使用第三方提供的专用组件实现发送 E-mail、文件上传等功能，还可以利用 VC 或 VB 开发自己的组件。由于 ASP 具有强大的组件扩展等开放性，因此说 ASP 几乎可以实现任何功能。

ASP 最大优点就是简单易学，因为这个优点，又有微软的强大支持，所以 ASP 使用非常广泛，很多大型的站点都是用 ASP 开发的。ASP 的缺点主要是不能跨平台，一般只能在 Windows 系列的操作系统上运行。

2. JSP

JSP 的全称是 Java Server Pages，由 Sun 微系统公司（Sun Microsystem Inc.）提出，联合多家公司共同推出的一种动态网页技术。该技术整合已有的 Java 编程环境（如 Java Servlet 等），产生了一个全新的网络程序语言。JSP 可以运行在几乎所有的服务器系统上，包括 WindowsNT、Windows2000、UNIX、Linux 等。当然，需要安装 JSP 服务器引擎软件。Sun 微系统公司提供了免费的 JDK、JSDK 和 JSWDK 供 Windows 和 Linux 系统使用。JSP 也是在服务器端运行的，对客户端浏览器要求很低。

和 ASP 嵌入思想相同，JSP 其实就是将 Java 程序片段和 JSP 标记嵌入普通的 HTML 文档中。当客户端访问一个 JSP 网页时，将执行其中的程序片段，然后返给客户端标准的 HTML 文档。在 JSP 下，当第一次请求 JSP 文件时，该文件将被编译成 Servlet 并由 Java 虚拟机执行，以后就不用再编译了，编译后运行，能够提高执行效率，这是它的另外一大特点。JSP 也能完成目前的动态网页要求的上传表单、数据库操作等绝大部分功能。

JSP 的主要优点是开放的、跨平台的结构，几乎可以在所有的操作系统上运行。而且它采用编译后运行效率高。JSP 的主要缺点是，相对于 ASP 来说，必须先学习 Java 语言，此外它的运行环境配置起来也比较复杂。

3. ASP.NET

ASP.NET 是微软在 ASP 3.0 的基础上推出的基于架构的动态网页设计语言。与 ASP 相比，它不是简单的升级，而是进行了彻底的变革。

网络编程技术朝着提供网络服务思想的方向发展，这使得许多程序设计师和用户都希望有一个清晰完善的基础架构来建立 Web Services（因特网服务）。.NET Framework 正是为了满足这个需求而提供的基础架构。.NET Framework 提供了应用程序模型及关键技术，让开发人员容易用原有的技术来产生和部署，并继续发展具有高安全、高稳定和高延展的 Web Services。.NET Framework 以松散的方式来栓锁 Web Services 这种形态的组件。这样让开发人员非常容易地发展出强而有力的 Web 服务组件，提高了整体的安全性及可靠性，并大大地增加了系统的延展性。.NET Framework 的目的是让建立 Web Services 以及因特网应用程序的工作变得简单，它包括以下三大部分：Common Language Runtime（CLR，所有.NET 程序语言公用的执行时的组件）；共享对象类别库（提供所有.NET 程序语言所需要的基本对象）；重新以组件的方式写成的 ASP.NET。

4. PHP

PHP 在 1994 年以前仅作为一个简单提供留言本、计数器网页功能的个人开发工具。经 1997 年重新编写解析器以及后来改进发展，形成了今天流行的功能完善的 PHP5。

PHP 程序可以运行在 UNIX，Linux 或者 Windows 操作系统下，对客户端浏览器也没有特殊要求，不过它的运行环境需要比较复杂的安装。PHP、MySQL 数据库和 Apache Web 服务器是一个很优秀的组合。PHP 也是将脚本描述语言嵌入 HTML 文档中，它大量采用了 C、Java 和 Perl 语言的语法，并加入了各种 PHP 自己的特征。它也是在服务器端执行，转化为标准的 HTML 文件然后发送到客户端的。可以完成目前网络上的大部分功能，包括表单上传、存取数据库、图像处理等。

PHP 的优点主要是免费和开放源代码，语言简单易掌握，深受编程高手喜欢，对于许多要考虑运行成本的商业网站来说也显得尤为重要。PHP 的缺点主要是缺乏大公司的支持，运行环境配置相对复杂些。

1.2　Web 编程基础

1.2.1　HTML5 标记语言

HTML（Hyper Text Markup Language）称为超文本标记语言。而 HTML5 是下一代的 HTML，自从 2010 年正式推出来，就以惊人的速度被迅速地推广，世界各知名浏览器厂商也对 HTML5 有很好的支持。例如，微软对下一代 IE9 做了标准上的改进，使其能够支持 HTML5，此外，HTML5 在老版本的浏览器上也可以正常运行。

1. HTML5 文档的基本构成

首先，我们先来看下 HTML 的基本文档格式，具体代码如下：

【例 1.2.1】　一个最简单的网页。

```
<HTML>
<HEAD>
<META CHARSET = "utf-8">
<TITLE>一个最简单的网页</TITLE>
</HEAD>
<BODY>
```

这很简单吧！
</BODY>
</HTML>

以<HTML>标签开始，以</HTML>结束。在它们之间，就是 HEAD 和 BODY。HEAD 部分用<HEAD>…</HEAD>标签界定，一般包含网页标题，文档属性参数等不在页面上显示的网页元素。BODY 部分是网页的主体，内容均会反映在页面上，用<BODY>…</BODY>标签来界定，其通过各类标签进行内容的定义和组织。

用浏览器将打开它，将会有如图 1.2.1 所示的页面。

图 1.2.1　一个最简单的网页

在对 HTML 文档有一个基本了解后，我们再来看看 HTML5 页面的各个元素。

（1）文档类型。

一个标准的 HTML 文档，它的起始元素为制定文档类型的标记，相对于原来的 HTML 文档中，用于指定文档类型的标记代码如下：

<!DOCTYPE html PUBLIC "-//W3C//DTD XHTML 1.0 Transitional//EN" "http://www.w3.org/TR/xhtml1/DTD/xhtml1-transitional.dtd">

而在 HTML5 的文档中，指定文档类型的代码被简化了，而且更加美观，如下：

<!DOCTYPE HTML>

（2）根元素。

HTML 文档的根元素是<HTML>标记。所有 HTML 文档都是以<HTML>…</HTML>作为文档的开始和结束的标记，网页中所有标记都要放置在二者之间，虽然<HTML>标记没有实质性的功能，却是不可缺少的部分。（注：HTML 标记是不区分大小写的。）

（3）头元素。

HTML 文档的头元素是<HEAD>标记，作用是存放 HTML 文档的信息。在<HEAD>标记中，可以使用<TITLE>标记作为文档的标题，也可以使用<META>标记来制定字符编码。

（4）主体元素。

HTML 文档的主体元素是<BODY>标记。网页中所有的内容都定义在<BODY>…</BODY>内。

2. HTML 文字排版标记

（1）文件标题标记。

文件标题标记总是加在 Head 部分，浏览该网页时它会出现在浏览器窗口的标题栏中。标题标记的格式为：

`<TITLE>标题字符串</TITLE>`

标题是一段文字内容的核心，通常用加强效果来表示。网页中的信息可以通过设置不同大小的标题，区分为主要点、次要点，为文章增加条理，这主要通过标题文字标记来实现，标题文字标记的格式为：

`<Hn>标题文字</Hn>`

其中，n 用来指定标题文字的大小，可以取 1~6 的整数值，取 1 文字最大，6 最小。

（2）强制换行标记。

`<Br>` 放在一行的末尾，可以使后面的文字、图片、表格等显示于下一行，而又不会在行与行之间留下空行，即强制文本换行。强制换行标记的格式为：

`文字<Br>`

（3）段落标记。

段落标记 `<P>` 放在一段文字的开始，`</P>` 放在文字的结束位置，定义一个段落，且使两段之间多一空行。一个强制换段标记 `<P>` 可以看作使用两个强制换行标记 `<Br><Br>`。强制换段标记的格式为：

`<P>文字</P>`

（4）分区显示标记。

在浏览器中显示文字段落时有时候需要按照一定的格式显示，这时我们可以使用分区显示标记来设置段落的对齐方式。分区显示标记的格式为：

`<DIV align=对齐方式>文本或图像</DIV>`

其中对齐方式有 left（左对齐）、center（居中对齐）、right（右对齐）。当对齐方式为居中对齐时还可以使用 `<CENTER>…</CENTER>` 进行标记。

（5）水平线标记。

在页面中插入一条水平线可以使不同功能的文字分隔开来，看起来就会显得简洁明了。水平线标记的格式为：

`文字<Hr>`

（6）文字列表标记。

文字列表标记可以将文字以列表的形式依次排列。通过这种形式可以更加方便网页的访问者。HTML 中的列表标记主要有无序列表和有序列表。

无序列表是在每个列表项的前面添加一个圆点符号。通过 `<UL>` 标记可以创建一组无序列表，其中每一个列表项以 `<LI>` 标记表示。结构格式如下所示：

```
<UL>
    <LI>第一项
```

```
    <LI>第二项
    <LI>第三项
</UL>
```

有序列表是使用有序列表标记<OL>将列表项进行排号,每一个列表项以<LI>标记表示。结构格式如下所示:

```
<OL>
    <LI>第一项
    <LI>第二项
    <LI>第三项
</OL>
```

3. 在网页中加入超链接

超链接是网页的核心,超链接技术使我们能够漫游 Internet。浏览网页时,如果鼠标移动到网页某处变成小手,单击该处将会链接到全世界范围内的某个 WWW 服务器上。

HTML 语言中用一对标签<A>…</A>来设置网页中的超链接,它将引导浏览用户定位到 URL 地址代表的本地或远程的其他文档,或本文档的某个命名位置。锚标具有属性,其中 Href 属性表示超文本引用(Hypertext Reference)。在网页中定义超链接可以采用如下锚标格式:

```
<A Href = URL> 超链接提示 </A>
```

其中 URL 是统一资源定位地址,即链接的目标位置。例:在网页上设计一个到北京大学主页的链接,可在 HTML 文档中插入如下语句:

```
<A Href = http://www.pku.edu.cn> 北京大学 </A>
```

超链接除了 Href 属性外还有其他一些属性:
(1) hreflang,用于指定超链接位置所使用的语言。
(2) name,用于指定超链接的标识名。
(3) type,用于指定超链接位置所使用的 MIME 类型。
(4) charset,用于指定超链接位置所使用的编码方式。
(5) target,用于指定超链接的目标窗口,其可选值如表 1.2.1 所示。

表 1.2.1 超链接的目标窗口属性

属性值	说 明
_parent	在上一级窗口中打开,一般使用框架页时经常使用
_blank	在新建的窗口中打开
_self	在同一个窗口中打开,这项为默认设置
_top	在浏览器的整个窗口中打开,忽略任何框架

4. 在网页中插入图片

在网页中适当插入图片使得网页更生动活泼，信息更为直观。HTML 文档中目前流行的图像文件格式有 JPEG 和 GIF。使用图片标记，可以把一幅图片加入到网页中，其格式为：

```
<Img Src="图片文件名"Alt="简单说明"Width="图片的宽度"Height="图片的高度"Border="边框宽度"Align="对齐方式">
```

标记中的属性说明如下：

（1）Src，定义图像的来源，其值为带路径的图像文件名。
（2）Alt，用来替代图片的字符串。当浏览未显示图片时，通常用该字符串来说明该图片。
（3）Width，定义图片的宽度（像素数或百分数）。
（4）Height，定义图片的高度（像素数或百分数）。
（5）Border，定义图片的边框宽度。
（6）Align，定义图片在页面中的对齐方式。

例如，HTML 语句：

```
<IMG Alt:"图书馆"align:"center"src="/images/lib.gif",表示插入的图片来自/images 目录下的 lib.gif 文件,其图片说明为"图书馆",图片居中对齐.
```

要建立图像链接只要在 <A> 和 </A> 之间嵌入 <IMG> 标签便可实现。

例如，语句：

```
<A href="../dept/lib.htm> <IMG Alt="图书馆"src="/images/lib.gif"> </A>
```

浏览时，当鼠标移动至该图像的范围内，将会出现代表链接的小手，单击该图像的任何位置，将会链接至文档 lib.htm。

5. 网页中的注释

网页中注释的格式为：

```
<!—注释的文字-->
```

注释标签的功能起注释作用，它在 HTML 文件中生成一个空格，容纳不在页面上出现的内容。由于注释标签中的所有内容都是隐蔽的，可以当作个人提示或给同事留言。当然注释标签对于浏览你的源代码的任何人都是可见的。

6. HTML5 新增的语义元素

（1）</HEADER>元素。

<HEADER>元素（标题）表示页面中一个内容区域或整个页面的标题。可以用来表示一个页面中的第一个元素，包含了站点标题、Logo 等。代码如下：

```
<HEADER>
<IMG src="logo.jpg">
<H3>XX 科技发展有限公司</H3>
```

```
</HEADER>
```

(2) <FOOTER>元素。

<FOOTER>元素（脚注）表示整个页面或页面中一个内容区域块的脚注。脚注中包含了一些基本信息，如：作者、日期或版本信息等。通常脚注都放在页面或内容区域的最底部，可以根据实际需要放在合理的位置。代码如下：

```
<FOOTER>
<UL>
<LI>CopyRight &copy;2014 www.pup.cn 北京大学出版社 </LI>
<LI>请使用 IE9.0 或以上版本 </LI>
</UL>
</FOOTER>
```

(3) <ARTICLE>元素。

<ARTICLE>元素（文章）代表文档、页面或应用程序中的所有"正文"部分，它所描述的内容应该是独立的、完整的、可以独自被外部引用的，可以是一篇文章、一段用户评论或任何独立于上下文中其他部分的内容。

(4) <ASIDE>元素。

<ASIDE>元素（附属）用来表示当前页面或文章的附属信息部分。可以包含与当前页面或主要内容相关的引用、导航条、侧边栏、广告等信息。

(5) <SECTION>元素。

<SECTION>元素（区域）表示页面中的一个区域。例如，章节、页眉、页脚或页面中的其他部分。可以与 Hn 等元素结合起来使用，标识文档结构。代码如下：

```
<SECTION>
    <H1>SECTION 标记的使用 </H1>
    <P>学习使用 SECTION 标记 </P>
</SECTION>
```

(6) <NAV>元素。

<NAV>元素（导航）用来表示页面中导航链接区域，其中包括一个页面中或一个站点内的链接。但并不是链接的每一个集合都是一个 NAV，只需要将主要的、基本的链接组放进 NAV 元素即可。一个页面中可以拥有有多个 NAV 元素，作为页面整体或不同部分的导航。

1.2.2 表单、表格与框架

1. 表单控制

表单（Form）是 HTML 实现交互功能的主要接口。表单提供图形用户界面的基本元素，包括按钮、文本框、单选框、复选框等。用户通过表单向服务器提交数据。表单使用包括两部分：一部分是用户界面，提供用户输入数据元件；另一部分是处理程序，可以是客户端程序，在浏览器中执行；也可以是服务器处理程序，处理用户提交的数据，返回结果。

(1) 表单定义。

表单定义的语法如下：

```
<form method = "get/post" action = "处理程序名">
[<input type = 输入域种类 name = 输入域名>]
[textarea 定义]
[select 定义]
</form>
```

Form 标记的属性含义分别如下：

① method（方法）属性，取值为 post 或 get，二者的区别是 get 方法将在浏览器的 URL 栏中显示所传递变量的值，而 post 方法则不显示；在服务器端的数据提取方式也不同。

② action 属性指出了用户所提交的数据将由哪个服务器的哪个程序处理，可处理用户提交的数据的服务器程序种类较多，如 CGI 程序、ASP 脚本程序、PHP 程序等。

(2) 表单的输入域。

不同类型的输入域提供给用户灵活多样的输入数据的方式。表单的输入域有三大类：

① 以标记 <input> 定义的多种输入域，包括 text, radio, checkbox, password, hidden, button, submit 和 reset 等；

② 以标记 <textarea> 定义的文本域；

③ 以标记 <select> 和 <option> 定义的下拉列表框。

表单输入域的定义方法及使用示例：

```
<html>
<head><title>表单使用</title></head>
<body><b>请选择您学习的方式</b><br>
<form method=get action="http:/test.com/cgi-bin/run1">
    <input type=radio checked>全日制在读
    <input type=radio>走读
    <input type=radio>函授<br><br>
    <b>请选择您所要学习的课程</b><br>
    <input type=checkbox value="yes" name="计算机网络" checked>计算机网络<br>
    <input type=checkbox value="yes" name="操作系统">操作系统<br>
    <input type=checkbox value="yes" name="数据结构">数据结构<br><br>
    <b>请输入您的要求</b><br>
    <textarea name="comment" rows=4 cols=50></textarea><br>
    <input type=submit name="ok" value="提交">
    <input type=reset name="re-input" value="重选">
</form>
</body>
</html>
```

2. 表格

表格（Table）是日常生活中最常见的文档形式，在 HTML 文档中，表格的使用不只是信息的一种表现形式,而且常用来实现在页面信息单元的定位和布局,使网页版面美观有序。

(1) 表定义。

表由若干行、列的单元格组成,表的第一行称为表头。与表定义相关的标签有:

① <Table>…</Table>,用来界定一张表。属性 Border 设置表格线的粗细,单位是像素点。

② <Tr>,定义表的一行。

③ <Th>,定义表头。其属性 Align 表示表头内容的对齐方式。

④ <Td>,定义单元格(Cell)数据,有一个<Td>就有一个单元格。<Td>也支持 Align 属性。

在网页中插入表格需要合理使用上述标签。首先要加入<Table>标签,然后用<Tr>逐行定义表的行数,有一个<Td>就有一行;在每个<Tr>之后要定义表的 Cell,Cell 可以是表头,也可以是表的数据,分别采用<Th>、<Td>。若干个<Td>就定义了该行的若干个单元格。

下列 HTML 语句定义一张表结构:

```
<HEAD>
<Title>This is a table</Title>
</HEAD>
<BODY>
<Table border=1 align=center>;定义一张表,其表的边框宽度为1个像素点,在页面上居中对齐
    <TR><td>id<td>Math<td>English;定义表的第一行,有三个单元格
    <TR><td>99501<td>86<td>90;定义表的第二行
    <TR><td>99502<td>92<td>83;定义表的第三行
</Table>
</BODY>
```

(2) 表的应用。

Internet 网页的各种各样的版面布局许多是利用表格来完成的。因为表的单元格里可插入文本数据,图片、图像、音频数据等都可作为单元格 Cell 的内容,Cell 中还可嵌套表,表格的各个单元格可把页面分割成内容相对独立的各个版块,通过设置每个单元格自己独特的属性,如背景颜色、字体风格等,从而非常方便地定义出不同风格的版面布局。

表格标签<Table>的一些属性对版面布局非常有用,主要有:

① align = legt/center/right(表的对齐方式);

② width = 像素点/百分比值%(表的宽度);

③ border = 像素点(表的边框粗细);

④ cellspacing = 像素点(表中单元格间的间隔宽度);

⑤ cellpadding = 像素点(表中单元格边界与内容的间隔距离)。

有关单元格标签<Td>的主要属性有:

① align = legt/center/right(单元格内容的水平对齐方式);

② valign = top/middle/bottom/baseline(单元格内容的垂直对齐方式);

③ rowspan = n(本单元格占 n 行);

④ colspan = n（本单元格占 n 列）；
⑤ nowrap（自动换行属性）。

3. 框架

使用框架（Frame）可分割窗口。用 HTML 的 < Frameset > … </Frameset > 标签可以设计显示为多个分栏的效果，每个分栏被称为一个框架。每个框架中显示一个 HTML 文档。使用框架的 HTML 文档的结构与其他 HTML 文档不同，它不使用 < BODY > 标签，而使用 < Frameset > 标签。其基本结构如下：

```
< Frameset Cols = "宽度 1,宽度 2,…" > ;将浏览器水平分割成若干个框架
< Frame Src = HTML 文档 1 > ;定义在第一个框架中显示的文档
< Frame Src = HTML 文档 2 > ;定义在第二个框架中显示的文档
</Frameset >
```

若将 < Frameset > 的属性 Cols 改为 Rows，则可以将浏览器窗口垂直分割成若干个框架。

4. HTML5 增强表单设计

HTML5 在原有表单输入元素基础上新增许多输入组件，丰富了表单输入元素的类型和属性。HTML5 新增的电子邮件、数值、网址、范围、日期时间、搜索、颜色等多种输入元素，使得可以不再通过大段的 JavaScript 代码来制作输入元素。HTML5 新增组件如下：

(1) Mail 邮件输入组件。
(2) URL 网址输入组件。
(3) Numble 数值输入组件。
(4) Range 范围输入组件。
(5) Data pickers 日期时间输入组件。
(6) Search 搜索输入组件。
(7) Color 颜色输入组件。

HTML5 新增输入组件的属性如下：

autofocus 属性：用于设置组件在页面加载完成后自动获取焦点。

form 属性：当组件放在表单外时，通过 form 属性指定组件所属的表单。

form overrides（formaction, formenctype, formmethed, formnovalidate, formtarget）属性：表单重写属性，应用于提交按钮，当该提交按钮被按下时，可以重写表单的对应属性。

height 和 width 属性：只适应于图片按钮，指定宽度与高度。

list 属性：指定输入域的选项列表。

min，max 和 step 属性：用于数字和日期类型输入域的验证，可验证最大值、最小值和间隔。

multiple 属性：适用于 email 和 file 类型的输入域，可进行多项。

pattern 属性：用于设置 pattern 中的正则表达式对输入域的内容进行验证。

placeholder 属性：用于设置文本占位符，显示输入域的初始提示文本。
required 属性：用于设置输入框是否必须输入信息，必选验证属性。
以下 HTML5.html 实例演示了部分新增 HTML5 表单组件元素。

例：HTML5_01.html

```
<!DOCTYPE html>
<html>
<head>
<meta Charset = "utf-8">
<title>HTML5 表单元素</title>
</head>
<body>
<h1>请填写 HTML5 表单</h1>
<form>
    <p>注册邮箱：<input type = "email" name = "email"/></p>
    <p>年龄：<input type = "number" name = "age" min = "15" max = "120"/>(15 岁以上才能注册)</p>
    <p>身高：<input type = "range" name = "height" min = "1.00" max = "2.50" stpe = "0.01" value = "1.70"/></p>
    <p>出生日期：<input type = "date" name = "birthday"/></p>
    <p>个人主页：<input type = "url" name = "url"/></p>
    <p><input type = "submit" value = "提交"></p>
</form>
</body>
</html>
```

执行代码后，效果如图 1.2.2 所示。

图 1.2.2　使用 Opera 浏览器显示效果

1.2.3　HTML5 多媒体元素

HTML5 提供了两个用来播放音频和视频的标记 <AUDIO> 和 <VIDEO>。可嵌入音视频多媒体元素到 HTML 中，使用起来相对于 HTML5 出现之前的使用 <OBJECT> 和 <EMBED> 标记简单得多。显著降低了多媒体网页开发的难度。

1. <AUDIO>标记

<AUDIO>标记专门用来播放音频数据。它的使用方法比较简单，例如，要播放网络中的一首 MP3 音乐，代码如下：

```
<AUDIO src = "http://music.baidu.com/song/11.mp3 autoplay >11.mp3 自动播放
</AUDIO>
```

<AUDIO>支持多种音频格式，包括 Ogg、MP3、AAC 和 WAV 等，不同浏览器支持的音频格式也不尽相同。例如，IE 9 支持 MP3 和 ACC；Firefox 3.6 + 支持 Ogg 和 WAV；Chrome 10 + 支持 Ogg、MP3、AAC 和 WAV；Opera 11 + 支持 Ogg 和 WAV。

由于不同浏览器支持的音频格式不尽相同，所以在应用<AUDIO>标记在页面中播放音频需要根据不同的浏览器提供不同格式的音频文件，才能让音频数据在不同的浏览器中正常播放。代码如下：

```
<AUDIO  autoplay >音频播放
    <SOURCE src = "mine.ogg" type = "audio/ogg" >
    <SOURCE src = "mine.MP3" type = "audio/mpeg" >
</AUDIO>
```

2. <VIDEO>标记

<VIDEO>标记用来播放视频数据。它的语法格式如下：

```
<VIDEO src = "url" width = "value" height = "value" autoplay = "true | false" con-
trols = "true | false" >
视频播放 </VIDEO>
```

<VIDEO>标记的一些属性用来设置播放器，主要有：
- src 属性：用于指定要播放的视频，它的属性值为视频的 URL 地址。
- width 属性：用于指定播放器的宽度。
- height 属性：用于指定播放器的高度。
- autoplay 属性：用于指定是否自动播放视频，属性值为 true 或 false。为 true 时表示自动播放，否则为不自动播放。
- controls 属性：用于指定是否显示播放控制组件，属性值为 true 或 false。为 true 时表示显示播放控制组件，否则为不显示播放控制组件。

以下演示 HTML5 中的播放视频实例 HTML5_02.html。

例：HTML5_02.html

```
<!DOCTYPE html >
<html >
<head >
<meta charset = "utf -8 " >
<title >HTML5 视频播放 </title >
</head >
<body >
<h1 >在线视频播放 </h1 >
```

```
< video src = "movie.ogg" width = "320" height = "240" controls = "controls" auto-
play = "true" loop = "true" >
您的浏览器不支持 HTML5 视频播放功能
</video >
</body >
</html >
```

执行代码后，效果如图 1.2.3 所示。

图 1.2.3 使用 chrome 浏览器显示效果

1.2.4 CSS

CSS（Cascading Style Sheets，CSS），层叠样式表。它是一套扩展样式标准。CSS 标准重新定义了 HTML 中原来的文字显示样式，增加了类、层等新概念，提供了可以对文字重叠、定位等更为丰富多彩的样式，同时可进行集中样式管理。CSS 的重要思想是把显示的内容和显示的样式定义分离。它允许将样式定义单独存储于样式文件中，便于多个 HTML 文件共享样式定义，或一个 HTML 文件引用多个 CSS 样式文件中的样式定义。实际上，层叠样式的意义在于将显示样式独立于显示的内容，进行分类管理，需要使用样式的 HTML 文件可以灵活引用并依据层次顺序进行处理。

1. 样式表的定义

样式表的定义就是使用 CSS 思想控制浏览器如何呈现文档。下面是一个使用 CSS 样式定义对文字显示特性进行控制的 HTML 文件例子。

【例 1.2.2】 CSS 使用示例。

```
< html >
< head > < title >CSS 使用示例</title >
< meta http - equiv = "Content - Type",content = "text/html;charset = gb2312" >
< style type = "text/css" >
h1{font - family:"隶书";color:#ff8800}
.text{font - family:"宋体";font - size:14pt;color:red}
</style >
</head >
```

```
<body topmargin = 4 >
    <h1>这是一个 CSS 使用示例!<h1>
    <span class = "text">这行文字应是红色的.</span>
</body>
</html>
```

本例在浏览器中的显示结果如图 1.2.4 所示。

图 1.2.4　CSS 使用示例

本例中使用了一个新的标记 < style >，这是 CSS 对样式进行集中管理的方法。在 < style > 标记中定义了 h1 对象的样式和一个类选择器 .text，在 body 中 < h1 > 和 < h1 > 间的文字的显示套用 h1 对象的样式，而 < span > 和 </span > 之间的文字因定义了其类名为 text，故其显示套用类选择器 .text 定义的样式。

CSS 样式表定义的基本语法为：

选择符(Selector){规则(Rule)表}

（1）选择符是指要引用样式的对象，它可以是一个或多个 HTML 标记（各个标记之间以逗号分开）；也可以是类选择符、ID 选择符或上下文选择符。

（2）规则表是由一个或多个样式属性组成的样式规则，各个样式属性间由分号隔开，每个样式属性的定义格式为：

样式名:值

样式定义中可以加入注解，格式为：

/*字符串*/

2. 样式表的引用

HTML 文件中的样式引用方式主要有：链接到外部样式表、引入外部样式表、嵌入样式表和内联样式四种。

（1）链接到外部样式表。

如果多个 HTML 文件要共享样式表（这些页面的显示特性相同或十分接近），则可以将样式表定义为一个独立的 CSS 样式文件，使用该样式表的 HTML 文件在头部用 < link > 标记链接到这个 CSS 样式文件即可。

【例 1.2.3】 样式引用示例。

首先，将样式定义存放于文件 style.css（CSS 样式文件的扩展名为.CSS），style.css 文件中包含的内容如下所示：

```
h1{font-family:"隶书";color:#ff8800}
p{background-color:yellow;color:#000000}
.text{font-family:"宋体";font-size:14pt;color:red}
```

其次，在 HTML 文件中引用该样式表，其文件内容如下所示：

```
<HTML>
<HEAD><TITLE>链接外部 CSS 文件示例</TITLE>
<LINK rel="stylesheet"type="text/css"href="style.css" media=screen>
</HEAD>
<BODY topmargin="4">
    <H1>这是一个链接外部 CSS 文件的示例！<H1>
    <SPAN class="text">这行文字应是红色的.</SPAN>
    <P>这一段的底色应是黄色.</P>
</BODY>
</HTML>
```

通过浏览器浏览到的结果如图 1.2.5 所示。

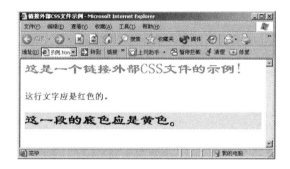

图 1.2.5　链接外部 CSS 文件示例

在 HTML 文件头部使用多个 <LINK> 标记就可以链接到多个外部样式表。<LINK> 标记的属性主要有 REL、HREF、TYPE、MEDIA。REL 属性用于定义链接的文件和 HTML 文档之间的关系，通常取值为 stylesheet（CSS 样式文件不包含 <style> 标记，因为 <style> 不是 CSS 样式而是 HTML 标记）。HREF 属性指出 CSS 样式文件。TYPE 属性指出样式的类别，通常取值为 text/css。MEDIA 属性用于指定接受样式表的介质，默认值为 screen（显示器），还可以是 print（打印机）、projection（投影机）等。

（2）引入外部样式表。

引入外部样式表方式在 HTML 文件的头部的 <STYLE>、</STYLE> 标记之间，利用 CSS 的 @import 声明引入。格式为：

```
<STYLE>
@import URL("外部样式文件名");
</STYLE>
```

引入外部样式表的使用方式与链接到外部样式表都是将样式定义单独保存为文件，在需要使用的 HTML 文件中进行说明。两者差别在于：引入外部样式表方式在浏览器下载 HTML 文件时就将样式文件的全部内容拷贝到 @ import 关键字所在位置，以替换该关键字。而链接到外部样式表方式在浏览器下载 HTML 文件时并不替换，而仅在 HTML 文件需要引用 CSS 样式文件中的某个样式时，浏览器才链接样式文件读取需要的内容。

（3）嵌入样式表。

嵌入样式表方式利用 < style > 标记将样式表嵌在 HTML 文件的头部。

< style > 标记的属性 type，指明样式的类别，因为对显示样式的定义标准除了有 CSS 外，还有 Netscape 的 JSS（JavaScript Style Sheets），其样式类别为 type = "text/JavaScript"。type 的默认值为 text/css。< style > 标记内定义的前后加上注释符 <!--...--> 的作用是用来使不支持 CSS 的浏览器忽略样式表定义。嵌入样式表的作用范围是本 HTML 文件。

（4）内联样式。

内联样式方式是在 HTML 标记中引用样式定义，方法是将标记的 style 属性值赋为所定义的样式规则。这样，样式定义的作用范围仅限于此标记范围之内。由于样式是在标记内部使用，故称为"内联样式"。例如：

```
<H1 style = "font-family:'隶书';color:#ff8800">这是一个CSS示例!<H1>
<P style = "color:red;background-color:yellow">……</P>
<BODY style = "font-family:'宋体';font-size:12pt;background:yellow">
```

style 样式定义可以和原 HTML 属性一起使用。例如：

```
<BODY topmargin = 4 style = "font-family:'宋体';font-size:12pt;background:
yellow">
```

style 属性可以应用于除 basefont、script 和 param 之外的体部标记。若要在一个 HTML 文件中使用内联样式，必须在该文件的头部对整个文档进行单独的样式表语言声明。即

```
<meta http-equiv = "Content-type" Content:"text/css">
```

因为内联样式将样式和要展示的内容混在一起，它将失去一些样式表的优点，如样式定义和内容不能分离。故这种方式少用，主要用于样式仅适用于单个页面元素的情况。

3. 相关的标记和属性

CSS 弥补了 HTML 在显示属性设计上的不足，已有许多新的 HTML 标记和属性被增加到 HTML 中，这使得样式表与 HTML 文档更简易地组合起来，它们是：类选择符和 class 属性、id 选择符和 id 属性、上下文选择符、伪类、span 标记和 div 标记。

4. CSS 属性

CSS 属性可分为字体属性、颜色及背景属性、文本属性、方框属性、分类属性和定位属性等几大部分。

1.3 JavaScript 语言

JavaScript 是一种嵌入在 HTML 文件中的脚本语言,它是 Netscape 公司提出的一种跨平台的、基于对象的脚本语言,能对诸如鼠标单击、表单输入、页面浏览等用户事件做出反应并进行处理。由于 JavaScript 是用于响应用户的请求的程序操作,为网页添加动态功能,通常也称为动态网页编程 DHTML。JavaScript 由三部分组成:JavaScript 核心语言、JavaScript 客户端扩展、JavaScript 服务器端扩展。

JavaScript 核心语言部分包括了 JavaScript 的内建的基本语法(操作符、语句、函数)和一些 JavaScript 的内建对象(如 Array,Date、Math 对象),这些基本语法客户端和服务器端都可以使用。

1.3.1 数据类型与常量

每一种计算机语言都有自己所支持的数据类型。在 JavaScript 语言中采用的是弱类型的方式,即一个数据(变量或常量)不必首先作声明,可以在使用或赋值时再确定其数据的类型。当然也可以先声明该数据的类型,即通过在赋值时自动说明其数据类型。在 JavaScript 脚本中的几种数据类型如下。

1. 数值型

JavaScript 语言和其他程序设计语言(如 C 和 Java)的不同之处在于所有的数字都是由浮点型表示的。JavaScript 采用 IEEE754 标准定义的 64 位浮点格式表示数字,这意味着它能表示的最大值是 $\pm 1.797\,693\,134\,862\,315\,7 \times 10^{308}$,最小值是 $\pm 5 \times 10^{-324}$。

当一个数字直接出现在 JavaScript 程序中时,我们称它为数值直接量(numeric literal)。JavaScript 支持数值直接量的形式有整型和浮点型。

(1)整型数据:整数常量分为十进制、八进制和十六进制。其中,十进制的整数是由 0~9 的数字序列表示,例如:0、7、-8、1000 等;八进制的整数是由 0~7 的数字序列表示,并且首位必须为 0,例如:0124,-075 等;十六进制的整数是由 0~9、A~F(a~f)的数码序列表示,并且前两位必须是 0X 或 0x,例如:0x254,-0X77,0XBC。

(2)浮点型数据:浮点型数据可以具有小数点,采用的是传统科学计数法的语法。一个实数值可以表示为整数部分后加小数点和小数部分。还可以使用指数法表示浮点型数据,即实数后跟随字母 e 或 E,后面加上正负号,其后再加一个整型指数。这种计数法表示的数值等于前面的实数乘以 10 的指数次幂。例如:12.5、5.32e5、314E-3。

此外,JavaScript 用了一个特殊的数值常量 NaN(非数字)表示无意义的数学运算结果。

2. 字符串型

字符串用于表示文本数据,由若干个字符组成的序列组成,包括了数字、字母或者其他可显示字符以及特殊字符，也可以包含汉字。字符串型数据使用双引号或单引号表示，如表 1.3.1 所示。

表 1.3.1　字符串示例

字符串常量	表示的字符串	说　　明
" Good morning"	Good morning	表示字符串常量
'早上好'	早上好	表示字符串常量
" "或' '		空串

3. 布尔型

布尔数据类型，又称逻辑型，只有两个值，这两个合法的值分别由直接量 true 和 false 表示。一个布尔值代表的是一个"真值"，它说明了某个事物是真还是假。当把布尔型 true 和 false 转换成数值时，分别用 1 和 0 表示。

4. 特殊数据类型

除了以上介绍的数据类型，JavaScript 还包括一些特殊的数据类型，如转义字符、未定义值等。如表 1.3.2 所示。

表 1.3.2　特殊字符

转义字符	说　　明
\b	退格符
\f	换页符
\n	换行符
\r	回车符
\t	制表符（TAB）
\'	单引号'
\"	双引号"
\\	反斜杠 \
\0nnn	八进制代码 nnn 表示的字符
\xnn	十六进制代码 nnn 表示的字符
\unnnn	十六进制代码 nnn 表示的 unicode 字符

1.3.2　JavaScript 中的变量

1. 变量定义

虽然 JavaScript 支持变量未经定义直接使用，但建议对变量定义，否则变量的生命周期难以确定。

在定义变量时，因为 JavaScript 为弱类型语言，所以不需要指定变量类型，只需要指定变量名称，也可以为变量赋初始值。定义变量时可以使用 var 关键字。例如：

【例1.3.1】 用 var 关键字定义变量。

```
<HTML>
<HEAD>
<META http-equiv="Content-type" content="text/html;charset=utf-8">
<SCRIPT type="text/javascript">
    var m;        //定义变量
    var n=1;      //定义变量并赋初始值
    var l="morning",d='morning';   //定义多个变量
</SCRIPT>
</HEAD>
<BODY></BODY>
</HTML>
```

JavaScript 变量的命名规则如下。

(1) 必须以字母或下划线开头，中间可以是数字、字母或下划线。

(2) 变量名不能包含空格或加号、减号等符号。

(3) 不能使用 JavaScript 中的关键字。

(4) JavaScript 的变量名是严格区分大小写的。例如，UserName 与 username 就代表两个不同的变量，这一点一定要特别注意。

2. 变量的类型

在 JavaScript 中常见的内置变量类型如下。

(1) 数字型：可以存储小数或整数。

(2) 字符串型：属于引用类型，可以存储字符串。

(3) 布尔型：可以存储 true 或 false。

(4) 数组：属于引用类型，存储多项数据。

如果要将字符串转换成数字类型，可以使用 parseInt 或 parseFloat 方法，如果无法转换为数字，则 JavaScript 会返回特殊值 NaN。

例如：

```
<SCRIPT type="text/javascript">
    var m = 2;
    var n = "5";
    var l = m + n;   //结果是25
    var a = m + parseInt(n);    //结果是7
    var b = m + (n - 0);        //结果是7
    var c = parseInt(m);        //结果是 NaN
</SCRIPT>
```

3. 注释与特殊符号

JavaScript 语言中的注释使用单行注释（//）与多行注释（/*...*/）两种方式，注意：不能在 JavaScript 内部使用 HTML 语言中的 <!-- --> 注释。

在 JavaScript 中字符串可以使用双引号或单引号引起来，在不引起冲突的情况下可

以混用，也可以使用反斜杠进行转义。

例如：

```
<SCRIPT type = "text/javascript">
    //m 的值为 2
    var m = 2;
    //n 的值为"morning"、
    var n = '"morning"';
</SCRIPT>
```

(1) JavaScript 运算符。

JavaScript 运算符大致分为算术、关系、逻辑、位操作、赋值、条件等。

(2) 算法运算符。

在 JavaScript 中算术运算符的操作数和计算结果都是数值型，如表 1.3.3 所示。

表 1.3.3　算术运算符

运算符	说　　明
+	加运算
-	减或单目减运算
*	乘运算
/	除运算
%	取模运算
++x 与 x++	增 1 运算，x = x + 1，前者是运算前 ++，后者是运算后 ++
--x 与 x--	减 1 运算，x = x - 1，前者是运算前 --，后者是运算后 --

(3) 关系运算符。

关系运算符（比较运算符）对操作数进行比较，返回一个布尔值，如表 1.3.4 所示。

表 1.3.4　关系运算符

运算符	说　　明
<	小于。如表达式 4 < 5，3 < 3 的值分别为 true、false
<=	小于等于。如表达式 4 <= 5，3 <= 3 的值分别为 true、true
>	大于。如表达式 4 > 5，4 > 3 的值分别为 false、true
>=	大于等于。如表达式 4 >= 5，3 >= 3 的值分别为 false、true
==	等于。比较是否相等。如"8" == "8" "9" == 9 的值都是 true
!=	不等于。比较是否不等。如"8" != "8" "9" != 9 的值都是 false
===	严格等于。只有类型和值都相等，才相等，否则不等
!==	严格不等于。只有类型或值之一不同，就不等

(4) 逻辑运算符。

逻辑运算符的操作数和计算结果都是布尔值，如表 1.3.5 所示。

表 1.3.5 逻辑运算符

运算符	说 明
&&	逻辑与，只有当两个操作数 a、b 的值都为 true 时，a && b 为 true
||	逻辑或，只有当两个操作数 a、b 的值为 false 时，a || b 为 false
!	逻辑非，!true 的值为 false，而 !false 的值为 true

（5）位操作运算符

位操作运算符用于对整数的二进制位进行操作，计算结果仍为整数，如表 1.3.6 所示。

表 1.3.6 位操作运算符

运算符	说 明
&	按位与。两个操作数的相应位都为 1 时，该位结果为 1，否则为 0
|	按位或。两个操作数的相应位有一个为 1 时，该位结果为 1，否则为 0
^	按位异或。两个操作数的相应位不同时，该位结果为 1，否则为 0
~	单目运算符，按位取反
<<	左移。左移的位数由右操作数确定，并且右边空位补 0
>>	右移。右移的位数由右操作数确定，并且对负数，左边空位补 1；正数左边补 0
>>>	无符号数的右移。右移的位数由右操作数确定，并且左边空位补 0

（6）赋值运算符。

最基本的赋值运算符是等于号 =，用于对变量进行赋值，而其他运算符可以和赋值运算符 = 联合使用，构成组合赋值运算符，如表 1.3.7 所示。

表 1.3.7 赋值运算符

运算符	说 明
=	将右操作数的值赋给左边的变量
+=	将左边变量递增右操作数的值
-=	将左边变量递减右操作数的值
*=	将左边变量乘以右操作数的值
/=	将左边变量除以右操作数的值
%=	将左边变量用右操作数的值求模
&=	将左边变量与右操作数的值按位与
|=	将左边变量与右操作数的值按位或
^=	将左边变量与右操作数的值按位异或
<<=	将左边变量左移，具体位数由右操作数的值给出
>>=	将左边变量右移，具体位数由右操作数的值给出
>>>=	将左边变量进行无符号右移，具体位数由右操作数的值给出

（7）条件运算符。

JavaScript 支持一种特殊的三目运算符，称为条件运算符。其格式如下：

```
condition?true_result:false_result
```

如果 condition 为真，则表达式的值为 true_result 子表达式的值，否则为 false_result 子表达式的值。

（8）其他运算符。

JavaScript 还包含几个特殊的运算符，如表 1.3.8 所示。

表 1.3.8 特殊运算符

运算符	说 明
.	成员选择运算符，用于引用对象的属性和方法
[ ]	下标运算符，用于引用数组元素
( )	函数调用运算符，用于函数调用
,	逗号运算符，用于把不同的值分开
delete	删除一个对象的属性或一个数组索引处的元素
new	生产一个对象的实例
typeof	返回表示操作数的类型名
void	返回 undefined
this	用于引用当前的对象

1.3.3 JavaScript 流程控制语句

1. if 语句的语法结构

if 语句的语法结构如下：

```
if(判断条件) 语句1;
    else 语句2;
```

例如：输入两个变量 m、n，并求出两个变量的最大值。
部分代码如下：

```
<SCRIPT type = "text/javascript">
    var m,n,max;
    var m_s,n_s;
    m_s = prompt("m = :","0"); m = parseFloat(m_s);
    n_s = prompt("n = :","0"); n = parseFloat(n_s);
    if(m > n)
        max = m;
    else
        Max = n;
    alert("最大值是:" + max);
</SCRIPT>
```

2. switch 语句的语法结构

switch 语句的语法结构如下：

```
switch(表达式)
 {
    case 表达式 1:
       语句 1;[break;]
    case 表达式 2:
       语句 2;[break;]
    …
    case 表达式 n:
       语句 n;[break;]
    default:
       语句 n+1;[break;]
 }
```

例如：李白笔下的"飞流直下三千尺，疑是银河落九天"指的是哪个风景区？A、庐山 B、香山 C、华山 D、恒山。

部分代码如下：

```
<SCRIPT type="text/javascript">
   var answer;
   answer = prompt("李白笔下的"飞流直下三千尺,疑是银河落九天"指的是哪个风景区？\nA、华山\tB、香山\tC、庐山\tD、恒山","E");
   switch(answer)
    {
       case "a":
       case "A":
          alert("答案不正确!");
          break;
       case "b":
       case "B":
          alert("答案不正确!");
          break;
       case "c":
       case "C":
          alert("回答正确!");
          break;
       case "d":
       case "D":
          alert("答案不正确!");
          break;
       default:
          alert("答案错误!只能选择 A、B、C 或 D");
          break;
    }
</SCRIPT>
```

在 switch 语句中用到了 break 语句，即当程序执行到 break 语句时就直接跳出 switch 语句。另外，还有 continue 语句，但注意它只能用在循环体中，其作用是跳出循环体中未执行的语句，结束本次循环，然后跳至求循环判定式，决定是否继续循环。

continue 语句和 break 语句的区别是，continue 语句只是结束本次循环体的执行，而 break 语句则是结束整个循环语句的执行。

3. for 语句的语法结构

for 语句是最常用的循环语句，通常使用一个变量作为计数器来指定重复执行的次数，for 语句的语法结构如下：

```
for(初始化;循环判断条件;循环执行语句)
{
    //循环体
}
```

例如：计算 1 + 2 + … + 50 的和。
部分代码如下：

```
<SCRIPT type = "text/javascript">
    var m,sum = 0;
    for(m = 1;m <= 50;m ++)
    {
        sum += m;
    }
    alert("1 + 2 + …+50 = " + sum);
</SCRIPT>
```

4. while 语句的语法结构

while 语句是另一种基本的循环语句，语句的语法结构如下：

```
while(循环判断条件)
{
    //循环体
}
```

例如：使用 while 语句计算 1 + 2 + … + 50 的和。
部分代码如下：

```
<SCRIPT type = "text/javascript">
    var m = 1;
    var sum = 0;
    while(m <= 50)
    {
        sum += m;
        m ++;
    }
    alert("1 + 2 + …+50 = " + sum);
</SCRIPT>
```

5. do while 语句的语法结构

do while 语句是 while 语句的变形，语法结构如下：

```
do 循环体语句   while(循环判定式);
```

例如：使用 do while 语句计算 1 + 2 + … + 50 的和。
部分代码如下：

```
<SCRIPT type = "text/javascript">
    var m = 1;
    var sum = 0;
    do
    {
        sum += m;
        m++;
    }
    while(m <= 50);
    alert("1 + 2 + … + 50 = " + sum);
</SCRIPT>
```

6. 对象操作语句的语法结构

（1）for…in 语句。语句的语法结构如下：

```
for(变量 in 对象名){
   语句组;
}
```

该语句用于对已有对象实例的所有属性进行循环控制操作。它将一个对象实例的所有属性反复置给指定的变量来实现循环，而不是使用计数器来实现的。

（2）with 语句。语句的语法结构如下：

```
with(对象名){
   JavaScript 语句块;
}
```

该语句可用于简化对象方法的引用，使其成为默认对象。当脚本中要引用对象的方法时，在方法名前通常要写对象名，如果要引用某子对象的方法，则对象名会很长，用 with 来引用对象方法使编程简化。

例如：用 for…in 语句例举 Document 对象的所有属性。

```
<html>
<head>
<title>for…in 语句例举</title>
</head>
<body>
<Script Language = "Javascript">
    var attributeNumb;
    with(window.document){
    write("-- 以下是 document 对象的属性 -- <br>");
    for(attributeNumb in document){
    write(attributeNumb + "<br>");
```

```
        }
    }
</Script>
</body>
</html>
```

7. 注释语句

注释可以增加程序的可读性，所以应适当在程序中加注释。JavaScript 的注释语句与 Java 相同，有以下两种。

(1) 双斜线//注释一行。

(2) 通过符号/*和*/注释多行。

如：`var authorName = Zhouxingo;  //定义作者名并初始化`

又如：`/*这是关于 JavaScript 的变量定义与命名例子,其中 authorName 是作者名*/`

1.3.4　JavaScript 函数

函数是一种能够完成特定功能的代码块，可以被调用。JavaScript 中的函数同时具有函数和过程的双重功能。也就是说，JavaScript 不区分函数和过程，只有函数。函数完成一定功能可以有返回值也可以没有，这与 VBScript 不同。JavaScript 中的函数分为自定义函数和全局函数。

1. 自定义函数

JavaScript 自定义函数用于封装那些在程序中可能要多次用到的功能块。首先自定义函数，然后通过调用函数实现程序功能。

(1) 定义自定义函数。

格式：

```
function 函数名(形参列表){
语句组;
[return]
}
```

其中："形参列表"是向函数传递数据；"语句组"是函数所要完成功能的 JavaScript 代码。如果需要返回值给调用语句，可使用可选项 return 语句。

(2) 调用自定义函数。

在 JavaScript 中调用函数有两种方式：一是直接写函数名并在函数的形参列表处列出实参；二是将函数名直接写在表达式中实现调用。

【例 1.3.2】　自定义函数的运用举例。

程序代码如下：

```
<HTML>
<HEAD>
```

```
<TITLE>自定义函数的运用</TITLE>
</HEAD>
<BODY>
<SCRIPT language="Javascript">
    var sum=0,mySum,counter,num,x;
    function add(num){
      for(counter=1;counter<=num;counter++){
        sum=sum+counter;
        }
        return sum;
      }
    with(window.document){
      x=50;
      mySum=add(x);
      write("1+…"+" "+" "+x+"的累加和值="+mySum);
      }
</SCRIPT>
</BODY>
</HTML>
```

程序执行结果：1+…+50 的累加和值=1275。

2. 全局函数

JavaScript 全局函数是指与 JavaScript 中的任何对象没有发生关联的那些函数。全局函数在脚本编写时常用于完成数据类型转换等功能。

（1）escape 和 unescape 函数。

格式：`escape(字符串)` `unescape(字符串)`

功能：两个函数分别对字符串进行编码和解码工作。escape( ) 函数采用 ISO-Latin-1 字行集对字符串进行编码；unescape( ) 可对其进行解码。

（2）eval 函数。

格式：`eval(字符串)`

功能：执行"字符串"的功能。"字符串"可以是可执行语句，也可以是一个表达式。

（3）isNaN 函数。

格式：`isNaN(表达式)`

功能：用于判断表达式是否是一个数值类型的数据。

（4）Number 和 String 函数。

格式：`Number(对象)` `String(对象)`

功能：两个函数分别用于将指定对象转化为数值或字符串。如果对象不能转换为数值，则 Number 函数返回 NaN。

（5）parseInt 和 parseFloat 函数。

格式：`parseInt(字符串)` `parseFloat(字符串)`

功能：两个函数分别用于将字符串转换化为整数和浮点数，常与表单配合使用。

1.3.5 JavaScript 的对象

JavaScript 是一种基于对象的脚本语言，由于 JavaScript 提供大量的对象，用户可以方便地编写出功能强大的脚本。JavaScript 的对象可以分为 JavaScript 内置对象、浏览器对象（文档对象模型 DOM）和自定义对象。JavaScript 内置对象属于 JavaScript 的核心语言部分，它在客户端和服务器端都发挥着重要的作用。浏览器对象指 DOM 文档对象模型对象，应用于客户端，JavaScript 通过 DOM 向 Web 浏览器提供功能接口，属于 JavaScript 客户端扩展部分。

JavaScript 中的对象是由属性（Properties）和方法（Methods）两个基本元素构成的：属性成员是对象的数据，方法成员是对数据的操作。要使用 JavaScript 对象，可采用三种方式。

(1) 创建自定义对象。

(2) 引用 JavaScript 内置对象。

(3) 引用浏览器对象（由浏览器环境中提供，也称宿主对象）。

特别注意的是一个对象在被引用之前，这个对象必须存在。也就是说要么利用现存的对象，要么创建新的对象。否则将出错。

1. 内置对象

JavaScript 内置对象是 JavaScript 的预定义对象，是 JavaScript 的核心对象，这些对象功能强，既可以在客户端发挥作用，又可以在服务器端发挥作用。它包括 Array、String、Date、Math 对象。

(1) Array 数组对象。

在几乎所有的高级语言中，数组都是被支持的数据类型，但在 JavaScript 中，没有明显的数组类型。JavaScript 中数组的功能是通过数组对象来实现。

① 建立、访问和使用数组。建立数组语法格式如下：

```
var 数组名 = newArray([数组长度值]);
```

其中数组名是一个标识符，数组长度值是一个正整数。

例如：

```
var arr1 = newArray();        //创建数组实例 arr1,长度不定
var arr2 = newArray(8);       //创建数组实例 arr1,长度为 8
```

第一个语句创建数组时不给出元素个数，则数组的大小由后面引用数组时确定；第二个语句创建数组有 10 个元素数，数组的下标从 0 开始，因此下标范围是 0～7。

引用数组元素的语法格式为：数组名[下标值]

例如：

```
arr1[2]     //定义数组 arr1,大小为 2
arr2[6]     //定义数组 arr1,大小为 6
```

② 数组对象的属性。Array 对象只有一个属性 length，通过对象的实例 stu 引用其属性 length 就可获得对象实例的长度。如 stu.length。

③ 数组对象的方法。Array 对象提供了许多方法主要有：
- join()：该方法返回由数组中所有元素链接而成的字符串；
- sore()：该方法可将数组的元素排序；
- reverse()：该方法可以将数组中元素颠倒顺序。

【例 1.3.3a】 Array 对象的应用。

程序代码如下：

```
<html>
    <head><title>Array 对象的应用.1-3-6 1.htm </title></head>
    <body>
    <Script Language="Javascript">
        var teacher = new Array("Yulang","LiPing","Mary","Timingyu");
        window.document.write("排序前:");
        for(i=0;i<teacher.length;i++)
            window.document.write(teacher[i]+" ");
            window.document.write("<br>");
            window.document.write("倒序后:");
        teacher.reverse();
        for(i=0;i<teacher.length;i++)
            window.document.write(teacher[i]+" ");
            window.document.write("<br>");
            window.document.write("排序后:");
        teacher.sort();
        for(i=0;i<teacher.length;i++)
            window.document.write(teacher[i]+" ");
    </Script>
    </body>
</html>
```

(2) String 对象。

JavaScript 提供了字符串对象（String）。在 JavaScript 中每个字符串都是对象，并且字符串变量也可以使用 String 对象的属性和方法。

① 创建 String 对象实例。创建 String 对象实例的语法是：

```
var String 对象实例名 = new String(string);
或 var String 对象实例名 = 字符串值;
```

例如：

```
str1 = new String("This is an example");
str2 = "This is an example";
```

字符串变量在使用 String 的属性和方法时，JavaScript 会自动将字符串变量生成一个字符串临时对象，然后再调用临时对象的属性和方法，调用完成后又将其删除。

② String 对象属性。String 对象只有一个属性 length。

③ String 对象的方法。String 对象的方法共有 19 个，常用的有下面几个。
- toUpperCase()：将字符串字母全部转换为大写字母。
- toLowerCase()：将字符串字母全部转换成小写字母。
- indexOf（子字符串）：该方法是返回参数"子字符串"在字符串对象中的位置。如果在字符串对象中存在"子字符串"，则返回其第一个子字符串的位置，否则返回 -1。例如：

```
var str1 = "this is a sample.";    //str1.length 值为 17
var str2 = "sample";
found = str1.indexOf(str2);    //found 的值为 10
```

- lastindexOf（子字符串）：该方法与 indexOf() 类似，差别在于它是从右往左查找。
- charAt（位置）：该方法返回字符串对象中"位置"参数所指的那个字符，其中位置为正整数或 0。注意字符串中字符位置从 0 开始计算。
- Substring（位置1，位置2）：返回从"位置1"到"位置2"之间的字符串。

【例 1.3.3b】 string 对象的应用。

程序代码如下：

```
<html>
    <head><title>string 对象的运用.1-3-6 2.htm.</title></head>
    <body>
    <Script Language = "Javascript">
    var myString1 = "Welcom to asp's world!";
    var myString2 = new String("You are a cool boy.");
      with(window.document){
        write(myString1.toUpperCase() + "<br>");
        write(myString2.toLowerCase() + "<br>");
        write(myString1.indexOf("to") + " ");
        write(myString2.indexOf("are") + " ");
        write(myString2.charAt(3) + " ");
        write(myString2.substring(10,18));
      }
    </Script>
    </body>
</html>
```

（3）Date 日期时间对象。

Date 对象封装了有关日期和时间的操作，它有大量处理日期时间的方法但没有属性。

① 创建 Date 对象实例。创建 Date 对象实例的语法格式为：

```
var Date 对象名 = new Date(参数);
```

参数可以是以下的任一种形式：

- 当前日期和时间（无参数）。例如：

```
var today = new Date();
```

- 将年、月、日、时、分、秒的值都设为整数的参数形式。例如：

var birthday = new Date(90,9,20)(省略时、分、秒,其值将设为0).

② Date 对象方法。提供了大量的方法来取得或设置日期对象中的年、月、日、小时、分、秒等。如：getYear(), getMonth() …, getSeconds(), setYear（年）…, setSeconds（秒）等。

（4）Math 对象。

Math 对象封装了常用的数学常数和运算，包括三角函数、对数函数、指数函数等。Math 对象不需用 new 创建实例，它本身就是一个实例，由系统创建，称之为"静态对象"。

Math 对象常见的属性及其含义见表 1.3.9。

表 1.3.9 Math 对象属性表

属性名	含 义
E	常数 e，自然对数的底，近似值为 2.718
LN2	2 的自然对数，近似值为 0.693
LNl0	10 的自然对数，近似值为 2.302
SQRT2	2 的平方根，近似值为 1.414
PI	圆周率，近似值为 3.142
SQRT1_2	0.5 的平方根，近似值为 0.707

Math 对象常见的方法及其含义见表 1.3.10。

表 1.3.10 Math 对象常用方法表

方法名	含 义
sin(val)	返回 val 的正弦值，val 的单位是 rad（弧度）
cos(val)	返回 val 的余弦值，val 的单位是 rad（弧度）
tan(val)	返回 val 的正切值，val 的单位是 rad（弧度）
asin(val)	返回 val 的反正弦值，val 的单位是 rad（弧度）
exp(val)	返回 E 的 val 次方
log(val)	返回 val 的自然对数
pow(bv, ev)	返回 bv 的 ev 次方
sqrt(val)	返回 val 的平方根
abs(val)	返回 val 的绝对值
max(val1, val2)	返回 val1 和 val2 之间的大者
min(val1, val2)	返回 val1 和 val2 之间的小者
random()	返回 0~1 之间的随机数

【例1.3.3c】 Math 对象的应用。

程序代码如下：

```
<html>
<head><title>Math 对象的运用.1-3-6 3.asp.</title></head>
<body>
<Script Language = "Javascript">
    window.document.write(" -- 产生10个1到31之间的整数 -- <br>");
    for(i =0;i <=10;i ++){
    window.document.write(Math.round(Math.random()*30)+1+" ");
    }
</Script>
</body>
</html>
```

2. 浏览器对象

浏览器对象是 JavaScript 中定义而由浏览器提供的对象。浏览器对象指文档对象模型（DOM）中的浏览器端对象，也称宿主对象。当用户用浏览器打开一个页面时，浏览器会自动创建 DOM 中的一些对象，即浏览器对象，这些运行在浏览器端的对象存放了 HTML 页面的属性和其他的相关信息。运用浏览器对象可以对浏览器中的各元素进行控制，如对窗口的操作、对 HTML 文档的操作等。浏览器对象（DOM 模型）属于 JavaScript 客户端扩展部分。

DOM 是一个庞大层次体系结构，Window 对象在层次结构中位于最高一层，其他 Document 对象、Location 对象、history 对象、navigator 对象等都是它的子对象。在 DOM 中每个对象都是它的父对象的属性。在 JavaScript 中，如果要引用某个对象的属性必须通过整个对象属性的完整路径来进行引用，即要指明这个对象属性的所有父对象。如 Form1 表单中 TextBox1 字符串的完整引用应是：

Window.Document.Form1.TextBox1.value.

下面介绍 DOM 中几个重要的浏览器对象。

(1) Window 对象。

Window 对象表示浏览器中的窗口。在浏览器打开时产生并存放着浏览器整个窗口的属性，例如各种工具条的设置、浏览器的外观设置、Document 对象、Location 对象、History 对象、Link 对象、Anchor 对象、From 对象等。此外，Window 还有很多方法和事件。

① Window 的属性。

Window 的属性有 defaultStatus（状态栏中默认显示的信息）、Status（窗口下部状态条）、name（窗口名称）、self（当前窗口）、top（第一个窗口）、parent（引用框架时的父窗口）、opener（打开当前窗口的那个窗口）、timeout（窗口内的定时器）、Document、Location、History、Link、Anchor 等属性，它们既是 Window 的属性也是 Window 的子对象。

Closed 属性可以用来判断一个窗口是否被关闭；opener 属性可用来记录其父窗口中的信息（窗口由 open() 方法打开）。因此通过 opener 属性和 open() 的返回值可以在父子窗口之间建立联系实现窗口互操作。如：用 Window. Document. write（window. opener. location）可以获得并显示父窗口文档的 URL 信息；用 Window. Document. write（window. location）；可以分别获得并显示子窗口文档的 URL 信息。

② Window 的方法。

Window 的方法有 Open（打开一个具备某种属性的窗口）、close（关闭某窗口）、alert（显示一个警告框）、confirm（显示一个请求确认的对话框）、Prompt（显示一个消息，并提示用户输入）、settimeout（定时器）、cleartimeout（清除定时器）、scroll（使窗口滚动）、focus（激活一个窗口）、blur（使一个窗口失去激活态）等。这些方法常常用来完成与用户的交互。

- Open( ) 方法。

Open( ) 方法格式：Open（"页面 URL"，"窗口名称"，"窗口属性列表"）

如下所示代码打开了一个窗口：

```
myWin = Window.open("1.htm","myWindow","height = 350,width = 500,toolbar = yes,
location = yes,directories = yes,status = yes,menubar = yes,scrollbars = yes");
```

该窗口页面是 1. htm，窗口名 myWindow，窗口高 350，宽 500，有工具栏、地址栏、目录按钮、状态栏、菜单条和滚动条。

- close( ) 方法。

close( ) 方法用来自动关闭一个窗口。如 myWin. close( ) 可关闭刚打开的 myWindow 窗口。

- 项目符 alert（字符串）方法

可弹出一个带"字符串"信息的警告框，如图 1.3.1 所示。代码如下：

图 1.3.1 弹出对话框 1

```
< SCRIPT language = "Javascript" >
  alert("你还没输入用户名")
</SCRIPT >
```

- confirm( ) 方法。

confirm（字符串）方法可弹出一个带"字符串"信息的确认框。如图 1.3.2 所示。该方法执行后会返回一个布尔值，单击"确定"按钮返回 true，单击"取消"按钮返回 false。代码如下：

图 1.3.2 弹出对话框 2

```
< SCRIPT language = "Javascript" >
  confirm("要继续吗?")
</SCRIPT >
```

- Prompt( ) 方法。

Prompt（字符串，默认值）方法用于弹出一个带"字符串"和"默认值"的输入框，如图 1.3.3 所示。若用户输入文本后单击"确定"按钮，则返回用户输入的字符串；单击"取消"按钮，则返回 null 值。代码如下：

```
< SCRIPT Language = "Javascript" >
  var name = prompt("请输入用户名","")
</SCRIPT >
```

图1.3.3 弹出对话框3

③ Window对象常见的方法和属性。

Window对象常用的定时任务类、交互对话类、窗口操作类的方法和常见的属性如表1.3.11所示。

表1.3.11 Window对象常见的方法和属性

方法名	方法描述
定时任务类	
settimeout	在指定的毫秒数后调用函数或计算表达式
cleartimeout	取消由settimeout()方法设置的定时任务
setinterval	按照指定的周期来调用函数或计算表达式
clearinterval	取消由setinterval()设置的定时任务
交互类	
alert	显示带有一段消息和一个确认按钮的警告框
confirm	显示带有一段消息及确认按钮和取消按钮的对话框
propmt	显示要提示用户输入的对话框
窗体操作类	
close	关闭浏览器窗口
open	打开一个新的浏览器窗口或在一个已命名的窗口中打开页面
print	打印当前窗口的内容
moveBy	相对窗口的当前坐标移动窗口
moveTo	将窗口的当前坐标移动到指定位置
resizeBy	相对窗口的当前大小调整体积
resizeTo	指定窗口的体积
scrollBy	相对窗口当前滚动条位置滚动
scrollTo	将窗口滚动条移动到指定位置
属性名	属性描述
name	设置或返回窗口的名称
opener	返回对创建此窗口的引用
parent	返回父窗口(在框架结构中使用)
self	返回对当前窗口的引用
top	返回顶层的窗口(在框架结构中使用)

属性名	属性描述
frames	返回窗口中所有命名的框架（在框架结构中使用）
status	设置窗口状态栏的文本
screenLef	返回窗口的 x 坐标，火狐浏览器中为 screenX 属性
screenTop	返回窗口的 y 坐标，火狐浏览器中为 screenY 属性

【例 1.3.4a】 Windows 对象应用实例：测试窗口互操作。

程序代码如下：

```
<html>
<head><title>window 对象的运用。1-3-6 4a.htm.</title></head>
<Script Language="Javascript">
   window.document.write("--点击下面的按钮可打开一子窗口--<br>");
   function newWin(){
     myWindow=window.open("1-3-6 4b.htm","myWindow","height=150,width=500,
  toolbar=no,location=yes,directories=yes,status=yes,menubar=yes,scrollbars=yes");
     myWindow.status="Hello,Welcome!";
     }
</Script>
<body>
<form method="POST" action="#">
<input type="button" value="打开子窗口" name=Button1 onClick='newWin();'>
</form>
</body>
</html>
```

【例 1.3.4b】 Windows 对象应用实例：测试子窗口与父窗口的信息。

程序代码如下：

```
<html>
<head><title>Window 对象的运用。1-3-6 4b.htm.</title><meta http-equiv
="Content-Type"
content="text/html; charset=gb2312"></head>
<Script Language="Javascript">
   window.document.write("--测试子窗口与父窗口的信息--\n");
   window.document.write("<br>子窗口状态栏信息是:"+this.status+"<br>");
   window.document.write("子窗口的名字是:"+window.name+"<br>");
   window.document.write("子窗口文档 URL 是:"+window.location+"<br>");
   window.document.write("父窗口文档 URL 是:"+this.opener.location+"<br>");
   if(window.opener.closed){
       window.document.write("父窗口已关闭!"); }
   else{
       window.document.write("父窗口还没有关闭!"); }
</Script>
<body>
<form method="POST" action="#">
<input type="button" value="关闭窗口" name=Button2 onClick='window.close
```

```
();'>
</form>
</body>
</html>
```

程序执行结果如图 1.3.4 所示,当单击图中的两个按钮时可测试窗口互操作。

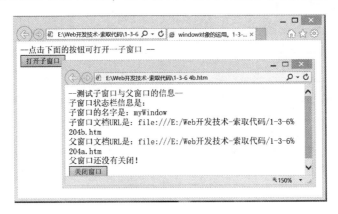

图 1.3.4　测试窗口互操作

【例 1.3.4c】　Windows 对象应用实例:窗口移向左上角。

1-3-6 4c.htm 程序代码如下:

```
<html>
<head>
<meta http-equiv="Content-Type" content="text/html;charset=utf-8">
<title>移向左上角的窗口</title>
<script type="text/javascript">
    function move(){
    //以兼容IE与火狐浏览器的方式获取浏览器当前位置
    var x = window.screenX?window.screenX:window.screenLeft;
    var y = window.screenY?window.screenY:window.screenTop;
    window.moveBy(x>0?-1:0,y>0?-1:0);
    if(x==0 && y==0){
       window.clearInterval(handler);
       }
    }
    var handler = window.setInterval('move()',30);
</script>
</head>
<body>
</body>
</html>
```

程序执行结果:当前的窗口将移向左上角。

(2) Document 对象。

Document 对象代表浏览器当前浏览的 HTML 文档,它是 Window 对象的一部分,也是 Window 对象的子对象,在层次结构中位于最核心的地位。Document 对象代表着当前的整个页面,页面上的对象都是 Document 的子对象,所包含的属性是整个页面的属性,存储着当前页面的各类信息,如页面的前景和背景色、页面中的表单、锚标、图像等对象。还可以向页面动态添加文本和各种标签。

① Document 的属性。

Document 的属性主要有：Location（文档的 URL）、Title（Html 中 <Title> 定义的标题）、Referrer（当前页指向的 URL）、LastModified（文档最后更新的日期）、Form（页中的表单）、Anchors（页中的链接点）、Link（页中的链接）、Image（页中的图像）、BgColor（背景色）、FgColor（前景色）、LinkColor（超链接点未访问前颜色）、VlinkColor（超链接点访问后颜色）等。

② Document 的方法。

Document 的方法主要有：Write（写 HTML 文本）、Writeln（写 HTML 文本，末位带换行符）、Open（打开一个流）、Close（关闭一个流）、Clear（清除文档内容）。

Document 对象还有 3 个重要方法如表 1.3.12 所示。getElementById( ) 方法可以通过 ID 访问 Document 中的某一特定元素；getElementsByName( ) 方法可通过 Name 属性值来获得对象数组；getElementsByName( ) 方法可通过 TagName（标签名称）来获得元素数组。

表 1.3.12　Document 对象的 3 个重要方法

方法名	方法描述
getElementById	返回拥有指定 id 属性值的对象，如果有多个对象有同一 id，则返回第一个对象
getElementsByName	返回拥有指定 name 属性值的对象数组，常用于获取表单中的元素
getElementsByTagName	返回拥有同一元素名的对象数组，元素名不区分大小写

【例 1.3.5a】　Document 对象的应用实例：改变颜色。

1-3-6 5a. htm 程序代码如下：

```
<HTML>
<HEAD>
<TITLE>Document 对象实例</TITLE>
</HEAD>
<SCRIPT language = "Javascript">
   document.write(" -- Document 对象的应用举例 -- <p>");
   document.writeln("本网页的标题是:" + document.title + "<br>");
   document.title = "Welcome to ASP 世界!";
   document.writeln("修改后的网页标题是:" + document.title + "<p>");
   function changebgcolor(){
     document.bgColor = "#B8B8B8";
     }
   function changefgcolor(){
     document.fgColor = "#00ff00";
     }
</SCRIPT>
<BODY>
   <input type = "button" Value = "改变背景色" Onclick = "changebgcolor()">
   <input type = "button" Value = "改变前景色" Onclick = "changefgcolor()">
</BODY>
</HTML>
```

程序执行结果如图 1.3.5 所示,单击图中的两个按钮时可改变背景及前景的颜色。

图 1.3.5　Document 对象的应用

【例 1.3.5b】　Document 对象的应用实例:倒计时窗口。

1-3-6 5b.htm 程序代码如下:

```
<html>
<head>
<meta http-equiv="Content-Type" content="text/html; charset=utf-8">
<title>倒计时窗口</title>
<style>
#sec{
color:red;
font-size:1.4em;
}
</style>
<script type="text/javascript">
    function countdown(){
        var sec = document.getElementById('sec');
        var s = sec.innerHTML;//读取 span 中的内容
        s--;
        sec.innerHTML = s;//改变 span 中的内容
        if(s==0){
          window.clearInterval(handler);
          window.open("1-3-6 5a.htm","");
        }
    }
    var handler = window.setInterval('countdown()',1000);
</script>
</head>
<body>
    <p>倒计时页面将会在<span id="sec">10</span>秒后转到新的窗口</p>
</body>
</html>
```

程序执行结果:倒计时页面将会在 10 秒后转到新的窗口。以上程序是通过读写对象 innerHTML 属性来完成页面倒计时功能。

(3) History 对象。

History 对象是 Window 对象的子对象,它包含了客户端浏览器上过去访问 URL 地址的信息;History 对象用数组的方式记录访问过的 URL 信息。使用该对象可以获得最近访问过的 URL 地址。运用该对象的 Back() 和 Forward() 方法可以模拟浏览器工具栏中的

"后退"和"前进"按钮的功能。

History 对象的属性只一个 length，其中记录了当前浏览器访问历史记录的数量。

History 对象方法有三个：Back( )、Forward( ) 和 Go（参数值）。

（4）Location 对象。

Location 对象存储着当前浏览器访问页面的 URL 地址。利用该对象可以对这个 URL 地址进行分析、将页面刷新或将页面导航到指定的地址。Location 对象作为 Window 对象的子对象，也是 Window 对象的一个属性，但它自身同时又带有属性和方法。

① Location 的属性。

Location 的属性有 protocol（使用的协议）、host（主机名称）、port（端口号）、pathname（页面路径）、hash（锚标）、search（搜索信息）、hostname（主机名称与端口号）、href（整个 URL 地址）。一个站点完整的 URL 地址由以下几部分组成：协议名称：//主机名称：端口号/页面路径/文件？搜索信息。利用该对象可以分析 URL 地址的各个组成部分。

② Location 的方法。

- assign（URL 地址）方法：可将页面导航到另外一个地址。如下面的代码可将页面导航至 www.fzu.edu.cn 站点下的 index.html 文档处。例如：

```
location.assign("http://www.fzu.edu.cn/index.html");
```

- Reload( ) 方法：用于刷新页面。如可以定义一个按钮，当单击按钮时执行 location.reload 方法，即可刷新页面。

Replace（URL 地址）方法：用 URL 地址所指的页面代替当前页面。

【例 1.3.6】 Location 与 History 对象的应用实例。

1-3-6 6.htm 程序代码如下：

```
<html>
<head>
<title>Location 与 History 对象实例</title>
</head>
<Script Language = "Javascript">
   document.write("-- Location 与 History 对象的应用实例 -- <p>");
   document.write("您已经访问了" + history.length + "个站点. <br>")
   document.writeln("协议:" + location.protocol + "<br>");
   document.writeln("主机名称:" + location.host + "<br>");
   document.writeln("网页路径:" + location.pathname + "<br>");
   document.writeln("hostname:" + location.hostname + "<br>");
   document.writeln("完整的 URL:" + location.href + "<br>");
</Script>
<body>
   <input type = "button" Value = "后退" Onclick = 'history.back();'>
   <input type = "button" Value = "前进" Onclick = 'history.forward();'>
   <input type = "button" Value = "刷新页面" Onclick = 'location.reload();'>
   <input type = "button" Value = "链接到 1 - 3 - 6 5a.htm"
          Onclick = 'location.assign("1 - 3 - 6 5a.htm");'>
</body>
</html>
```

程序执行结果如图 1.3.6 所示。

图 1.3.6　History 对象和 Location 对象的应用

（5）Form 对象。

Form 对象是 Document 对象的子对象。Form 对象在用户的信息进行交互的网页中起着至关重要的作用，利用 Form 可以对表单、文本框、按钮、单选框、复选框、文本区等表单元素进行控制与管理。

① Form 的属性有下列几种。
- action：指明表单所对应的 HTTP 服务器 CGI 处理程序的 URL 地址。
- elements[ ]：表单对象中包含的元素，如文本框、按钮、单选框、复选框等，它们可以通过 elements[ ] 数组引用。表单中元素下标顺序和它们在 HTML 文档中的顺序相对应。
- length：表单中元素的个数。
- method：指明访问 HTTP 服务器的信息处理方式，取值可以是 get 或 post。get 表示系统将客户端输入的变量数据附加在 action 指定的处理程序文件名之后并用?分隔进行传送；post 表示系统将客户端输入的变量数据包装后再传送给 action 指定的处理程序进行保密传送，对传送信息长度不限制。
- name：用于指明表单的名称。
- target：指明了响应页面应该在 Frame 哪一部分进行显示，该属性值可以是窗口名称或 Frame 名称，分别代表用以显示反馈信息的窗口或者 Frame。

② Form 的方法。

form 对象的方法有如下两个。
- reset( )：将表单中所有元素值重置为默认值，相当于表单中定义的 Reset 按钮复位功能。
- submit( )：将表单中输入的数据发送给服务器的 CGI 程序处理，相当于表单中定义的 Submit 按钮提交功能。

③ Form 的事件

Form 事件有如下两个。

- OnReset：单击 Reset 按钮或执行 reset() 方法将进行重置时，JavaScript 调用该事件函数对其进行处理。若返回值为 true，表单中所有元素重置为默认状态；若返回 false，则不进行 Reset 操作。用该事件可以防止误操作。
- OnSubmit：单击 Submit 按钮或执行 submit() 方法向服务器提交表单数据时，JavaScript 将调用该事件函数对其进行处理。若返回值为 true，将向服务器提交表单数据；返回 false，则不进行 Submit 操作。该事件可用于表单数据提交前进行数据有效性验证。

下面给出一个表单对象与文本框对象的综合应用实例来说明如何在表单的 Reset 和 Submit 动作完成之前对文本框输入的数据进行有效性验证。

【例 1.3.7】 Form 对象的属性、方法与事件应用实例。

1-3-6 7a.htm 程序代码如下：

```
<html>
<head><title>Form 对象的属性、方法与事件实例</title></head>
<Script Language = "Javascript">
  function check(){
    if(document.forms[0].Name.value == ""){
    alert("名字不能为空,请重输你的名字...");
    document.forms[0].Name.focus();
    document.forms[0].Name.select();
    return false;
    }
  for(var i = 0;i < document.forms[0].Age.value.length;i ++ ){
    var string1 = document.forms[0].Age.value.charAt(i);
    if(string1 < "0" ||string1 > "9"){
        alert("数据无效,年龄应为整数....");
        document.forms[0].Age.focus();
        document.forms[0].Age.select();
        return false;
        }
      }
    if(document.forms[0].Job.value == ""){
        alert("职务不能为空,请重输...");
        document.forms[0].Job.focus();
        document.forms[0].Job.select();
        return false;
        }
      }
</Script>
<body>
  <form method = get action = "1 - 3 - 6 7b.asp"  OnSubmit = "return check()">
    <b>请输入你的资料:</b><br>
    姓名:<input type = "text" name = "Name">
    性别:<input type = "radio" name = "Sex" value = "男" checked>男
        <input type = "radio" name = "Sex" value = "女">女<br>
    年龄:<input type = "text" name = "Age"><br>
    职业:<input type = "text" name = "Job"><br>
    <input type = "reset" name = "reset" value = "重置">
```

```
        <input type = "submit" name = "Submit" value = "提交" >
    </form>
</body>
</html>
```

1-3-6 7b.asp 程序代码如下：

```
<HTML>
<HEAD>
<TITLE>Form 对象的属性、方法与事件实例</TITLE>
</HEAD>
    <% response.write("姓名:" + request("Name"))%> <br>
    <% response.write("性别:" + request("Sex")) %> <br>
    <% response.write("年龄:" + request("Age")) %> <br>
    <% response.write("职业:" + request("Job")) %>
</HTML>
```

在浏览器中运行 1-3-6 7a.htm 程序时，当输入图 1.3.7 中的数据并按提交按钮时，就会弹出 "名字不能为空，请重输你的名字…" 的警告框，如图 1.3.8 所示。此时 focus( ) 方法会使姓名文本框获得输入焦点，而 select( ) 方法选中文本框内容，以便用户删除并进行重新输入。

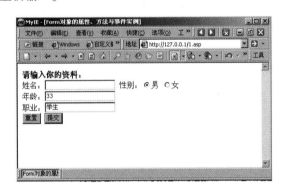

图 1.3.7　输入数据并按 "提交" 按钮　　　　图 1.3.8　弹出警告框

在 1-3-6 7a.htm 中我们使用了表单、文本框与单选框对象等。其中文本框对象是表单用来接收用户输入数据的主要方式，可对文本框中输入的数据进行有效性验证。文本框对象的属性有 DefaultValue、Form、Name、type、value；方法有 Blur( )、Focus( )、handleEvent( )、select( )；事件有 OnBlur、OnChange、OnFocus、OnKeyDown、OnKeyUp、OnSelect 等。此外还有 "文本区" "按钮" "单选框" "复选框" 等对象。

在客户端进行数据有效性验证可以帮助表单提交者及时发现错误，进行改正后提交表单；同时可以防止无意义的数据存入数据库；通过有效性验证，服务器端的 CGI 程序不必处理太多的不合法的表单数据，大大减轻了服务器或网络传输的负担，从而提高了效率。

（6）Screen 对象。

Screen 对象是 Window 对象的子对象。存放着有关显示浏览器屏幕的信息。可以通过 window.screen 访问 Screen 对象，获取用户屏幕的分辨率等参数，用于检测和修正网页的布局方式及提供智能选择。Screen 对象只有属性，常见的属性如表 1.3.13 所示。

表 1.3.13 Screen **对象常见的属性**

属性名	属性描述
avaiHeigh	返回显示器的高度（除 Windows 任务栏之外）
availWidth	返回显示器的宽度（除 Windows 任务栏之外）
height	返回显示器的高度
width	返回显示器的宽度

【例 1.3.8】 Screen 对象应用实例：检测用户屏幕分辨率与跳转。

1-3-68.htm 程序代码如下：

```
<html>
<head>
<meta http-equiv="Content-Type" content="text/html;charset=utf-8">
<title>screen对象应用实例</title>
<script type="text/javascript">
    var w = screen.width;
    var h = screen.height;
    alert('你当前屏幕的分辨率是' + w + 'x' + h);
    if(w < 800 && h < 600){
      document.write('检测到您当前使用移动设备或低分辨率显示器，
      请转入<a href="newPage.html">移动版</a>');
      }
    else{
      document.write('<a href="newPage.html">进入大屏幕版</a>');
      }
</script>
</head>
<body>
</body>
</html>
```

程序执行结果：Screen 对象通过检测用户屏幕分辨率，如分辨率过低则认为用户使用移动设备，提示转到特定页面。

3. 自定义对象

对象是一种结构，其中有属性、方法；属性可以是与对象相联系的 JavaScript 变量，也可以是已经定义的其他对象；方法就是一些与对象相联系的 JavaScript 函数。JavaScript 允许用户定义自己对象并使用对象。

（1）自定义对象的定义。

在 JavaScript 中，建立自定义对象有通过对象初始化创建对象和通过定义对象的构造函数创建对象两种方法。

① 通过对象初始化创建对象。其语句如下：

对象名 = {属性1：属性值1，属性2：属性值2，…属性n：属性值n，}

如建立了一本书名为 MyBook 的对象，有 4 个属性：书名，作者，出版社，出版时间。

MyBook = { name：语文　author：陈林 publisher：人民教育出版社 date：2015 }

② 通过定义对象的构造函数创建对象。其语句如下：

用构造函数创建对象包括构造对象的属性和定义对象的方法两部分。

如"书"对象的定义，其语句如下：

```
Function print()
{   //方法成员定义,输出各属性成员值
    document.write("书名为" + this.name + "<br>");
    document.write("作者为" + this.author + "<br>");
    document.write("出版社为" + this.publisher + "<br>");
    document.write("出版时间为" + this.date + "<br>");
}
Function book(name,author,publisher,date)
  {   //构造函数
    this.name = name;          //书名,属性成员
    this.author = author;      //作者,属性成员
    this.publisher = publisher;  //出版社,属性成员
    this.date = date;          //出版时间,属性成员
    this.print = print;        //方法成员
  }
```

上面的例子定义了"书"对象，book 是该对象的构造函数，该对象有 4 个属性成员：name，author，publisher 和 date；有一个方法成员 print，作用是输出对象的属性值。从这个例子可以看出，定义一个对象首先应定义对象的各个方法成员，每个方法成员就是一个普通函数，然后定义对象的构造函数，其中包含每个属性成员的定义和初始化以及每个方法成员的初始化。构造函数从形式上看与普通函数相同，但有其特殊性：构造函数的名字就是对象的名字，如上面例子所定义的对象的名字就是构造函数 book 的名字，也就是 book。在构造函数中常使用关键字 this 来为对象的属性成员和方法成员初始化，this 本身是一个特殊对象，即当前构造函数正在创建的对象；每个对象都必须定义构造函数。

（2）自定义对象的引用。

引用自定义对象必须先用保留字 new 创建对象的实例。JavaScript 中，对象是对具有相同特性的实体的抽象描述，而对象实例则是具有这些特性的单个实体。创建对象实例的方法是：var 对象实例名 = new 对象名（实参表）；创建对象实例时，要注意实参表与对象构造函数的形式参数表的对应关系。例如：上例定义的 book 对象创建实例。Var mybook = new book（"语文""陈林""人民教育出版社""2015"）；创建了对象实例后，就可通过该实例引用对象的属性和方法成员。对象属性成员的引用格式是：对象实例名 . 属性成员名；对象方法成员的引用格式是：对象实例名 . 方法成员名。

例如：

```
mybook.name
mybook.print()
```

1.3.6 事件驱动和事件处理

1. 事件的概念

事件（Events）是指计算机进行一定操作而产生的结果，用户对页面元素进行一些可被识别的操作。可以是用户事件和系统事件。如将鼠标移到某个超链接上、按下鼠标按钮等都是事件。

事件驱动（Event Driven）指的是事件源，由鼠标、热键或触摸引发的一连串程序的动作（元素）。

事件处理程序（Event Handler）指对事件进行处理的程序或函数代码。

HTML 中的 JavaScript 应用程序通常是事件驱动程序，采用事件驱动（event-driven）是基于对象（object-based）的脚本语言的基本特征。

在 JavaScript 应用程序中为事件源添加事件处理程序有两种方式：一是在 HTML 元素中修改元素的特定属性，二是通过 JavaScript 动态地设置事件处理方法。

JavaScript 定义了常用事件的名称、发生对象以及事件处理名，表 1.3.14 列出了常用的事件及相应的事件处理名。

表 1.3.14 JavaScrip 常用的事件表

事件名	支持事件发生的元素	事件发生条件	事件处理名
Click	可见元素 button，checkbox，link 等	单击表单超链接	OnClick
dblClick	可见元素 button，checkbox，link 等	双击某元素或超链	OndblClick
Load	HTML 的 body 或 img 元素	载入页面或图像加载	OnLoad
Unload	HTML 的 body 或 img 元素	退出页面	OnUnload
Submit	form 元素	单击按钮提交表单	OnSubmit
Change	Form 或列表输入域元素	用户改变输入域内容	OnChange
Focus	表单输入域元素	元素获得焦点	OnFocus
Blur	表单输入域元素	元素失去焦点	OnBlur
MouseOver	各类可见元素 button，link 等	鼠标移到超链接上	OnMouseOver
MouseOut	各类可见元素 button，link 等	鼠标移出超链接	OnMouseOut
MouseDown	各类可见元素 button，link 等	鼠标按钮被按下	OnMouseDown
MouseUp	各类可见元素 button，link 等	鼠标按钮被松开	OnMouseUp
MouseMove	各类可见元素 button，link 等	鼠标被移动	OnMouseMove
KeyDown	输入域元素	键盘某键被按下	OnKeyDown
KeyPress	输入域元素	键盘某键被按住	OnKeyPress
KeyUp	输入域元素	键盘某键被松开	OnKeyUp

2. 加载事件

JavaScript 应用程序中要求在页面加载完毕后执行某些 JavaScript 操作，此时需要使用加载事件。浏览器支持 onLoad 与 onUnload 事件。onload 事件用于 body 元素或 img 元素，表示 HTML 文档及相关资源全部加载后事件发生。onUnload 事件只用于 body 元素，表示用户离开本页（关闭窗口或跳转）后事件发生。

当应用程序要求在初始化时通过 JavaScript 修改页面中的某些元素，则需要借助使用 Onload 事件，同时可防止 HTML 文档可能还未完全加载就引发异常。

以下加载事件实例表明了可以通过三方面来添加事件处理程序。

（1）通过修改 HTML 元素的事件属性添加事件处理程序。当希望运行时修改元素属性，可以将 JavaScript 语句直接作为属性值赋给属性。具体实现如下：

修改属性语法：元素对象.属性=属性值

特殊属性1：样式引用属性 Class 是保留字需改为 Class name；

特殊属性2：属性"innerHTML"代表元素中的内容，不存在于 HTML 元素中，但可通过 JavaScript 操作此属性来改变元素的显示内容。

（2）用 JavaScript 代码为 HTML 元素添加事件（处理程序）。当希望运行时改变元素行为效果，可以在页面加载完毕后用代码实现特殊显示效果（下拉广告）。

（3）通过修改 HTML 元素的样式添加事件处理程序。如果希望运行时修改元素的样式，可以通过修改样式语句内容，具体实现如下：

修改样式语法：元素对象.Style 样式名=样式值

特殊样式名：注意如果 CSS 样式名称中含有符号"-"则需将其删除并将其后字母改大写。

【例1.3.9a】 通过修改 HTML 元素的事件属性添加事件处理程序。

1-3-7 1a.htm 程序代码如下：

```html
<html>
<head>
<meta http-equiv="Content-Type" content="text/html;
charset=utf-8"/>
<title>通过修改元素的事件属性添加事件</title>
</head>
<script type="text/javascript">
    function button_onclick(){
      var d = new Date();
      document.getElementById('divDate').innerHTML =
         '当前时间是' + d.toLocaleString();
    }
</script>
<body>
    <input type="button" value="获取当前时间"
    onClick="button_onclick()">
     <div id="divDate"></div>
</body>
</html>
```

程序执行结果如图 1.3.9 所示。单击"获取当前时间",修改了元素的事件属性,即获取当前时间。

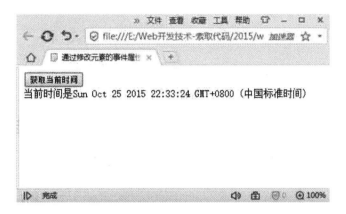

图 1.3.9　通过 javascript 代码设置 onload 事件

【例 1.3.9b】　用 JavaScript 代码为 HTML 元素添加处理程序。

1-3-7 2.htm 程序代码如下：

```
<html>
<head>
<meta http-equiv="Content-Type" content="text/html;charset=utf-8"/>
<title>通过javascript代码设置onload事件</title>
<script type="text/javascript">
 window.onload = function() {     //匿名函数作为事件处理程序
    var ad = document.getElementById('ad');
    ad.style.display = 'block';   //修改广告CSS属性
    animate('ad',1,500,10);
    window.setTimeout('animate("ad",500,220,-10)',5000);
 }           //5秒后收起广告,并留部分图片
function animate(tagId,min,max,step) {   //动画效果的实现方法
    var obj = document.getElementById(tagId);
    var i = 0;
    var handler = window.setInterval(function() {
       var h = min + i++ * step;
       obj.style.height = h;
       if((step > 0 && h >= max) ||(step < 0 && h <= max)) {
          window.clearInterval(handler);
       }
    },50);
}
</script>
<style>
 body {
   margin:0px;  padding:0px;}
 #ad {
    display:none; width:100%; height:1px; text-align:left; overflow:hidden;}
</style>
</head>
<body>
```

```
<div id="ad"><img src="1-3-7 2.jpg"></div>
<h1>加载事件【菜篮子工程——水果丰收】</h1>
<h3>通过javascript代码为元素添加事件<br>通过javascript设置onload事件<br>
当页面加载完毕后显示下拉广告图片<br>广告显示5秒后收起并保留部分图片</h3>
</body>
</html>
```

程序执行结果如图1.3.10所示。

图1.3.10　通过Javascript代码设置onLoad事件

3. 鼠标事件

在JavaScript应用程序中，经常通过在事件处理程序中获取事件源和事件对象来达到事件目的。

最常见的鼠标事件是单击事件，多数可见HTML元素均支持单击事件。事件源即触发当前事件的对象，获取事件源就是在指定事件处理方法时传入this参数。通过事件对象可以获取事件对象属性，即获取当前事件发生时的相关参数，如鼠标位置等属性（如表1.3.15所示）。通常获取事件对象的方式是在调用事件处理方法时传入event参数，以便更好地适应浏览器的兼容性。

常见的事件对象属性如表1.3.15所示。

表1.3.15　常见的事件对象属性

属　　性	描　　述
altKey	事件被触发时，Alt键是否被按下
button	事件被触发时，哪个鼠标按钮被单击
clientX	事件被触发时，鼠标指针的水平坐标（IE中为x属性）
clientY	事件被触发时，鼠标指针的垂直坐标（IE中为y属性）
ctrlKey	事件被触发时，Ctrl键是否被按下
screenX	事件被触发时，鼠标指针的水平坐标（相对于屏幕左上角）

属　　性	描　　述
screenY	事件被触发时，鼠标指针的垂直坐标（相对于屏幕左上角）
shiftKey	事件被触发时，Shift 键是否被按下
keyCode	事件被触发时，被按下的按键编码
type	返回当前事件的名称

【例 1.3.9c】 通过在事件处理程序中获取事件源和事件对象实例：body 元素在鼠标单击位置显示爆炸动画。

1-3-7 3.htm 程序代码如下：

```
<html>
<head>
<meta http-equiv="Content-Type" content="text/html;charset=utf-8"/>
<title>click事件 爆炸效果</title>
<script type="text/javascript">
var img = [];   //定义图片数组,预加载所有图片(缓存)
for(var i = 1; i <= 17; i++) {
    img[i-1] = document.createElement('IMG');
    img[i-1].src = "explosion1-" + i + ".png";   }
function body_onclick(e) {   //获取当前鼠标位置(兼容浏览器方式)
    var x = e.x?e.x:e.clientX;
    var y = e.y?e.y:e.clientY;
    var img = document.getElementById('boom');   //获取隐藏图片标记
    img.style.left = x - 64;   //将图片位置设置在鼠标位置的正中(图片128x128)
    img.style.top = y - 64;
    var i = 1;
    var handler = window.setInterval(function() {   //逐帧显示图片形成动画
        img.src = "explosion1-" + i + ".png";   //图片从自身缓存中加载
        img.style.display = 'block';
        i++;a
        if(i>17) {   //显示完17张图片后隐藏图片标记
           img.style.display = 'none';
           window.clearInterval(handler);
        }
    },40);
}
</script>
</head>
<body onclick = "body_onclick(event)">
    <img src="" id="boom" style="display:none;position:absolute">
    <h1>鼠标事件</h1>
    <h3>单击事件:多数可见HTML元素均支持单击事件</h3>
    <table width="400" border="1">
     <tr> <th width="120">事件源</th> <th width="136">事件对象属性</th>
          <th width="136">事件处理方法</th> </tr>
     <tr> <td>111 </td> <td>222 </td> <td>333 </td> </tr>
     <tr> <td>aaa </td> <td>bbb </td> <td>ccc </td> </tr>
    </table>
</body>
</html>
```

以上程序为 body 元素添加了单击事件，在鼠标点击位置显示爆炸动画。为了适应不同的浏览器，使用了语法 var 鼠标坐标 x = event.x ? event.x : event.clientX 来获取鼠标位置；在点击处的爆炸是通过一系列爆炸图片从图片数组缓存中读取逐帧显示而产生动画效果。

程序执行结果如图 1.3.11 所示。

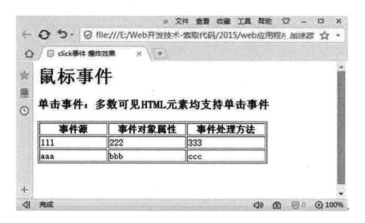

图 1.3.11　body 元素在鼠标点击位置显示爆炸动画

除了以上实例运用鼠标单击事件之外，还有双击鼠标事件 ondblclick，鼠标移出事件 onmouseout，鼠标移入事件 onmouseover，双击移动事件 onmousemove，鼠标按下事件 onmousedown，鼠标松开事件 onmouseup，以及鼠标滚轴事件（非标准键盘事件），均可利用事件制作各种移动、滚动、旋转、渐变的动态效果。

此外，还有 3 类与按键相关的事件：键盘按下事件（onkeydown），键盘松开事件（onkeyup），键盘击键事件（onkeypress）。类似地可用于指定输入，判定按键等操作。

4. 表单事件

表单事件包括有焦点事件、内容更改事件、表单提交事件。

（1）表单焦点事件。

表单焦点可用于捕捉输入域获取焦点事件（onFocus）与失去焦点事件（onBlur）。常用于数据验证或突出显示当前操作的输入域（效果）。

常用的实例有：获焦点高亮显示。当输入域未填写，未获取焦点，普通显示"请输入内容:"。一旦有输入，获取焦点，则清空输入域并高亮显示。此外还可以利用焦点在输入域添加灰色文字提示等。

（2）内容更改事件。

内容更改事件（onChange）用于输入框时，为输入框内容改变且失去焦点后触发事件；用于下拉列表框时，为下拉列表框内容改变后触发事件处理。

输入框的应用实例有：将 onChange 事件用于输入框验证。当用户对输入框内容修改并移走焦点后，则对内容验证和提示。

下拉列表框的应用实例有：将 onChange 事件用于下拉列表框。当用户对下拉列表框内容修改后获取当前选中的内容，便可根据内容修改网页功能，如改变背景色等。

（3）表单提交事件。

提交表单事件（onsubmit）用于将表单内容提交给 CGI 程序处理。常用于表单内容合理性验证，如果失败则取消该事件，阻止表单提交。用于下拉列表框时，下拉列表框内容改变后触发事件。最常见的是将 onsubmit 事件用于输入框数据合法性验证。对用户进行输入框内容验证和提示。

【例 1.3.9d】 内容更改事件 OnChange 应用实例：对下拉列表框内容选择，修改网页背景色。

1-3-7 4.htm 程序代码如下：

```html
<html>
<head>
<meta http-equiv="Content-Type" content="text/html;charset=utf-8"/>
<title>内容更改 onchange 事件</title>
<script type="text/javascript">
    function select_onchange(value){
        document.body.style.backgroundColor = value;
    }
</script>
</head>
<body>
<h1>请在下拉菜单中选择您喜欢的颜色</h1>
<form>
    <p>页面背景色改为:
    <select onchange="select_onchange(this.options[this.selectedIndex].value)">
        <option value="white">白色</option>
        <option value="green">绿色</option>
        <option value="blue">蓝色</option>
        <option value="yellow">黄色</option>
        <option value="red">红色</option>
    </select></p>
</form>
</body>
</html>
```

程序执行结果如图 1.3.12 所示。

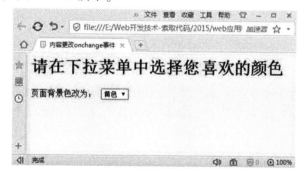

图 1.3.12　内容更改事件 OnChange 应用实例

1.4 Web 数据库技术

在众多的计算机应用中,数据库应用占有重要的地位。随着 Internet 技术的飞速发展,基于 Web 交互界面的数据库应用需求大量涌现。越来越多的 Web 站点建立在数据库的基础上,很难想象没有数据库支持的 BBS、新闻网站、电子商务是如何实现的,数据库应用始终是动态网页的焦点应用。

1.4.1 Web 数据库访问技术

1. Web 数据库访问原理

通过 Web 页面访问数据库与传统的应用程序访问数据库在访问机制上有很大的不同,Web 技术借助于浏览器、Web 服务器和数据库之间良好的交互性,使得用户能够在异构网络环境中获得高效的 Web 数据库系统的链接和应用。Web 数据库系统的链接和应用一般可采取两种方法。

第一,在 Web 服务器端提供中间件来链接 Web 服务器和数据库服务器。中间件起着管理 Web 服务器和数据库服务器之间的通信并提供应用程序服务的作用,能够在复杂的异构网络环境下直接调用外部程序或脚本代码来访问数据库。

第二,把应用程序下载到客户端并在客户端直接访问数据库。两种链接数据库的访问方式分别基于服务器和客户端的数据库访问机制。以下将从服务器端和客户端两个方面来阐述 Web 数据库的访问原理。

(1) 基于 Web 服务器中间件访问数据库。

基于 Web 服务器中间件访问数据库是指用户通过 Web 服务器与数据库之间的交互性关系进行访问的 B/S 模式,和传统的 Client/Server 模式相似,是一种数据库三层结构,但 Web 服务器是在这两层之间引入了自己特性的中间层,即引入了中间件技术。

B/S 结构模式中的中间件起着负责管理 Web 服务器和数据库之间的通信并提供相应的服务的作用。它驻留在 Web 服务器上,能够调用外部应用扩展程序或动态链接库(DLL)实现 Web 服务器与数据库间通信。它们可以依据 Web 服务器为用户查询所提出的请求对数据库进行查询和操作,并且把操作结果以超文本的形式输出,然后由 Web 服务器响应请求将此页面返回到 Web 浏览器,从而实现把数据库信息提供给用户的 Web 服务。最基本的中间件技术引用主要有公共网关接口 CGI 和应用程序编程接口 API 两种。如 CGI 网关接口的体系结构在 WindowsNT 中的 HTTPODBC.DLL 动态链接库。其 IDC 文件是用户的查询请求,HTX 模板文件是用户为查询结果指定的 HTML 页面格式。

基于 Web 服务器中间件访问数据库的最明显优点是极易获得实现,用户可以轻松地使用浏览器访问,实际上已间接高效地使用了数据库。同时在功能上也极易得到扩展和提高。用户在 Web 页面上交互式地提交查询表，即可通过 Web 进行异地数据库存取，并在浏览器上显示结果。但是在 Web 服务器和数据库服务器中加入中间件会消耗客户服务器的性能，当中间件为 CGI 时，每次访问都需要重新启动一个 CGI 程序实例，它以进程形式运行，占用较多的资源，效率降低，结构性地影响了连续事务处理。

（2）基于客户端直接访问数据库。

基于客户端直接访问数据库技术，是指可以通过 Web 浏览器把程序下载到客户端运行，并在客户端直接访问数据库。从逻辑结构上来说，减少了中间件这一层，由客户端脚本技术控制和管理数据库，不仅可提高数据库的访问速度，还能充分利用浏览器的特性。把应用小程序下载到客户端运行，其中最典型的有 JavaApplet。当客户端访问数据库时，在 Web 服务器将页面发送给浏览器之后，应用程序不再需要通过对服务器更多的请求来管理数据库访问，减少了后续的浏览器与服务器之间的往返次数。这是客户端直接访问数据库的最大优点，另外，因客户端缓存了记录集，数据库的操作不再需要重新产生记录集，往返传输。同时使用批处理的更新方式提高了效率。总之，这种方式能提高数据库访问速度，尤其适用于要求快速传输的应用场合。

与传统数据库应用系统的开发不同，Web 数据库系统不能仅依靠某个 DBMS 实现整个应用系统，它是通过其他 Web 应用程序，用标准化的 HTML 语言及其某些特定的扩展功能开发的、特殊形式的访问数据库的应用程序系统。实际上在 Internet 环境下，不仅仅是数据库应用系统，其他应用系统的开发也不能单纯用一种语言环境来实现。一个 Web 应用系统一般采用 Browser/WebServer/ApplicationServer 模式实现，因而，对于应用系统来说，Web 程序设计语言、应用服务器平台以及二者之间的接口技术是必不可少的。就数据库应用系统来说，应用服务器就是数据库服务器，因而 Web 访问数据库的关键是与数据库服务器间的接口。通常的数据库接口技术有 CGI，JDBC 和 ODBC 等。例如微软的 ASP 技术提供执行于服务器端的脚本模型，使开发者可以用多种脚本语言如 VbScript、JavaScript、Perl 等编写应用程序，通过对服务器端的组件 ADO（ActiveXData Object）对象的调用就能实现数据库的访问，从而极大地简化了 Web 应用开发。因而接口技术包括中间件接口技术是 Web 数据库访问的关键技术。

2. Web 数据库访问技术分类

Web 数据库访问技术的分类是当今 Web 技术研究中的热点。从提高数据库访问效率和速度角度出发来归纳和分类，Web 数据库访问技术大致可以分为两大类。

（1）以 Web 服务器作为中介，利用中间件技术把浏览器和数据源链接起来，在服务器端执行对数据库的操作。

（2）把应用程序和数据库下载到客户端并在客户端直接访问数据库。

随着 Web 技术研究的深入发展和服务器端的脚本编程技术进步，用户能够选择最合适的 Web 编程技术来满足自己的需要。不管选用哪种技术，其实现的功能都是非常相似的采用中间件接口技术，都可以访问数据库，都可以存取系统文件，并且最终都能够生成动态的页面。目前有以下几种数据库访问技术：CGI 技术，IDC 技术，ISAPI 技术，ADC 技术，Perl 技术，Java 技术，ASP 技术，PHP 技术，JSP 技术和 ASP.NET

技术等。

3. Web 数据库

Web 数据库指架构在网络环境中运用 Web 技术开发动态网站的数据库系统。具体地说，Web 数据库就是用户用浏览器作为访问界面，输入所需的数据；浏览器将这些数据传给网站，网站对这些请求数据进行处理，例如对数据库中的数据进行查询，或者修改数据库中的数据；最后网站将执行的结果返回给客户端，通过浏览器显示给用户。这样一个 Web 数据库访问系统与我们传统的数据库系统工作原理是相同的，Web 数据库是在网络异构环境中直接使用了传统数据库。目前比较流行的 Web 数据库系统主要有以下几个。

（1）SQL Server。

SQL Server 是微软提供的运行在 Windows 操作平台上的数据库系统，操作简便，性能稍逊于 Oracle，属于大型数据库。通常在使用 ASP 开发网站时使用 SQL Server 作为 Web 数据库。在数据量不太大的小型应用中有时也用 Access 来代替。

（2）Oracle。

Oracle 数据库系统由 Oracle 公司开发，几乎可以运行于当今所有的操作系统平台上。其功能强大、查询快速并且拥有极高的稳定性，可与各种网站开发语言结合使用。目前比较流行和 Java 结合开发。

（3）My SQL。

由瑞典 TC3.X 公司开发的 My SQL 是强大、快速而又价格低廉的小型数据库系统，既可以运行在 Windows 平台上，也可运行在 Linux 平台上。在使用 PHP 开发网站时结合使用 My SQL 已经成为目前网站开发的一种经典组合。

Web 开发通常基于浏览器/服务器（Browse/Server）B/S 构架。这种构架客户端采用浏览器提供用户界面，风格统一，对客户端要求低；服务器使用 Web 服务器，提供基于 Web 的动态网页，集中管理，开发灵活。通常的应用往往需要访问数据库，为减少服务器的负担，将 Web 服务器和数据库服务器分离，从而产生了三层结构。其中，客户端使用浏览器向 Web 服务器发送请求，Web 服务器和数据库服务器通常在一个局域网内，Web 服务器链接数据库服务器，在数据库服务器存取数据，然后形成网页，返回给客户端。这种结构有以下优点：

① 集中式管理，便于系统的修改和维护；

② 集中式计算，减少了对客户端的要求；

③ 分布式的资源共享，有利于提高系统性能和开发效率；

④ 更便捷的安全管理，这种结构只有 Web 服务器才可以访问数据库上的敏感数据，使安全管理更灵活可靠。

和使用普通的关系型数据库一样，Web 数据库需要对数据库进行日常的管理和维护，包括建库、索引维护、用户管理、视图维护、数据备份和恢复、数据的迁移以及网络接口管理等。管理员可以使用命令行方式，通过输入命令语句完成相应的操作。也可以在图形方式下更方便地完成相应的管理工作。命令行方式的命令语句兼容标准的 SQL

语句。图形工具是数据库产品自带的，不同的产品各有不同。对于 Web 开发人员来说，除了需要掌握数据库的日常管理方法、完成数据库的维护外，还需要了解如何查询数据库中的数据，完成数据的发布。由于关系型数据库不是针对 Internet 设计的，因此通过 Web 链接数据库需要中间件接口技术，通常需要采用中间接口。常用的包括 ODBC（Open DataBase Connectivity，开放数据库链接）、JDBC（Java DataBase Connectivity，Java 数据库链接），和 OLE DB（Object Linking and Embedding DateBase，数据库链接和嵌入对象）等。

1.4.2 Web 数据库语言简介

Web 数据库语言指采用流行的 SQL 语言作为编程语言。SQL 是英文 Structured Query Language 的缩写，意思为结构化查询语言。SQL 语言的主要功能就是同各种数据库建立联系，进行沟通。按照 ANSI（美国国家标准协会）的规定，SQL 已成为关系型数据库管理系统的标准语言。SQL 语句可以用来执行各种各样的操作，例如更新数据库中的数据，从数据库中提取数据等。

目前，绝大多数流行的关系型数据库管理系统，如 Oracle、Sybase、Microsoft SQL Server、Access 等都采用了 SQL 语言标准。虽然很多数据库都对 SQL 语句进行了再开发和扩展，但是包括 Select, Insert, Update, Delete, Create, 以及 Drop 在内的标准的 SQL 命令仍然可以被用来完成几乎所有的数据库操作。

使用 SQL，我们可以执行从一个简单的表查询，创建表和存储过程，设定用户权限等任何功能。可执行的 SQL 语句的种类很多。我们将重点介绍表 1.4.1 所列的最重要的 5 条 SQL 语句：SELECT、INSERT、UPDATE、DELETE、CREATE 和 DROP。我们将结合下面的实例了解其功能，应用这些命令。阐述如何从数据库中查询、更新和获取数据。

表 1.4.1 重要的 SQL 语句

命 令	类 别	说 明
SELECT	数据查询语言	从一个表或多个表中检索列和行
INSERT	数据操纵语言	向一个表中增加行
UPDATE	数据操纵语言	更新表中已存在的行的某几列
DELETE	数据操纵语言	从一个表中删除行
CREATE	数据定义语言	按特定的表模式创建一个新表
DROP	数据定义语言	删除一张表

1. SELECT 语句语法

SELECT 语句语法说明如表 1.4.2 所示。

表1.4.2 SELECT 语句的组件

组件	说明
SELECT	指明要检索的数据的列
FROM	指明从哪（几）个表中进行检索
WHERE	指明返回数据必须满足的条件
GROUP BY	指明返回的列数据通过某些条件来形成组
HAVING	指明返回的集合必须满足的条件
ORDER BY	指明返回的行的排序顺序

（1）一个简单的 SELECT 语句描述如下：

```
SELECT id,name,phone,zip
From authors
```

这个简单的查询语句得出的内容为 authors 表中返回的选定列的数据。在同样的检索情况下，如果想缩小范围，比如只想知道住在福州鼓楼地区（邮编为350002）的作者的名字，我们可以接着看添加 WHERE 子句的例子。

（2）添加 WHERE 子句。

```
SELECT id,name,phone,zip
From authors
WHERE zip = '350002'
```

在检索表行时，WHERE 子句可以使用多个列作为约束内容，当然在检索约束内容中还可以加入通过 AND、OR 以实现多个约束。另外，在 SELECT 语句中还可以通过更改比较操作符来改变约束的条件，以达到我们需要的检索目的。再看以下完整约束查询例子。

（3）完整约束查询。

```
SELECT id,name,phone,zip
From authors
WHERE zip < > '350002' AND phone = '12345678901'
```

这个例子使用表1.4.3 约束查询结果返回的是住在福州鼓楼地区以外（邮编号不为350002）且电话号码为12345678901 的作者的资料。

表1.4.3 SELECT 语句中支持的比较操作符

操作符	说明
=	等于
>	大于
<	小于
>=	大于等于
<=	小于等于
< >	不等于
IN	位于指定列表值中，或者指定的子查询的结果中
BETWEEN…AND	位于两个值之间
LIKE	含与指定串相同的模式。此模式与一个或多个通配符的串比较

(4) 添加 ORDER BY 子句。

```
SELECT id,name,phone,zip
From authors
WHERE zip = '350002'
ORDER BY id
```

添加 ORDER BY 这条 SQL 语句后，将对 id 列进行升序排序。

2. INSERT 语句语法

INSERT 语句语法说明如表 1.4.4 所示。

表1.4.4　INSERT 语句的组件

组　　件	说　　明
INSERT INTO	指明要向哪个表加入行，列出指定的列，默认为表中每一列
VALUES	指明在列表中各列的填充值
SELECT	SELECT 语句返回被加到表中的各行

下面所示是一个简单的 INSERT 语句：

```
INSERT INTO authors
VALUES
('FZ1234','张三','12345678901','深圳幸运计算机公司','350002','本文作者')
```

以上语句向表中加入了一条记录。我们也可以指明用哪几列来填充，看下面的例子：

```
INSERT INTO authors(id,name,phone)
VALUES('FZ3456','李四','10987654321')
```

通过上面两个例子的方法，我们就可以往数据库中添加数据，需要注意的是，我们插入值（包含在 VALUES 部分中的）要按照 INSERT INTO 部分中指明的列的顺序，或是在未指明的条件下按照数据库原始各列的顺序。

3. UPDATE 语句语法

UPDATE 语句语法说明如表 1.4.5 所示。

表1.4.5　UPDATE 语句的组件

组　　件	说　　明
UPDATE	指明要更新的表
SET	指明要更新的列和分配给那些列的新值
FROM	指明 UPDATE 语句所要处理的对象表
WHERE	指明要更新的数据所满足的条件

将列设定为确定值：

```
UPDATE authors
SET zip = '350003'
WHERE id = 'FZ4567'
```

通过这个语句我们可以把数据库中 id 为 FZ4567 的条记录的 zip 列的值改为 350003。

这时如果无法给出确定的值，比如要给 id 为 FZ1234 的那位作者加薪 100 元，则可以这样改写 SQL 语句（基于已有的值来设置新的列值）：

```
UPDATE authors
SET salary = salary + 100
WHERE id = 'FZ1234'
```

这样，即使不知道 authors 表中的 salary 列值，也可以用一条简单的 UPDATE 语句成功地把薪水增加 100 元。

4. DELETE 语句语法

DELETE 语句语法说明如表 1.4.6 所示。

表 1.4.6　DELETE 语句的组件

组件	说明
DELETE FROM	指明要执行删除操作的表
WHERE	指明要删除行所满足的标准

DELETE 语句使用格式如下：

```
DELETE FROM authors;
```

这条语句的执行结果是删除 authors 表中的所有行。

若要删除一个表中的指定的行可使用下列语句：

```
DELETE FROM authors
WHERE id = 'FZ1234'
```

这条语句的执行结果是删除表 authors 中 id 为 FZ1234 的行。

5. CREATE 语句语法

SQL 语言中的 create table 语句被用来建立新的数据库表格。create table 语句的使用格式如下：

```
create table tablename(column1 data type,column2 data type,column3 data type);
```

如果用户希望在建立新表格时规定列的限制条件，可以使用可选的条件选项：

```
create table tablename(column1 data type [constraint],column2 data type [constraint],)column3 data type [constraint]);
```

举例如下：

```
create table employee(firstname varchar(15),lastname varchar(20),age number(3),address varchar(30),city varchar(20));
```

简单来说，创建新表格时，在关键词 create table 后面加入所要建立的表格的名称，然后在括号内顺次设定各列的名称、数据类型以及可选的限制条件等。注意，所有的 SQL 语句在结尾处都要使用"；"符号。

6. DROP 语句语法

DROP 语句是针对所指定的表格或字段加以删除,或是把索引删除。DROP 语句使用格式如下:

```
DROP INDEX Index ON Table;
```

语句中参数解释如下:

Table:欲删除的表格或索引依附的表格名称。

Index:欲从表格中删除的索引名称。

例如:从职员表格中,删除编号索引。

```
DROP INDEX MyIndex ON Employees;
```

例如:从数据库中,删除整个表格。

```
DROP TABLE 职员表格;
```

在前文我们介绍了最常用的 SQL 语句的基本方法,但这只是 SQL 语句的一部分,其他的 SQL 语句读者可以参考一些专门的 SQL 语法资料,以便更好地应用数据库,更加有效地完成工作。

1.4.3 ODBC/JDBC 数据库编程接口

1. ODBC

ODBC(Open Database Connectivity)是一个数据库编程接口,由微软建议并开发。ODBC 允许程序使用结构化查询语言(SQL)作为数据访问标准,应用程序可通过调用 ODBC 的接口函数访问来自不同数据库管理系统的数据。对于应用程序来讲 ODBC 屏蔽了异种数据库之间的差异。Web 也是一类应用,和其他应用程序一样可以通过 ODBC 实现对数据库的访问。

2. JDBC

JDBC 与 ODBC 一样是支持基本 SQL 功能的一个通用低层的应用程序编程接口(API),它在不同的数据库功能模块层次上提供了一个统一的用户界面,只不过由于 ODBC 提供的是 C 接口,而 JDBC 提供了一个 Java 语言的 API,这使得独立于 DBMS 的 Java 应用程序的开发成为可能,同时也提供了多样化的数据库链接方式。

1.4.4 SQL Server 2000 数据库服务器安装与配置

1. SQL Server 2000 数据库简介

SQL Server 2000 是微软 SQL Server 系列产品中功能强大的版本,它的出现使得 SQL Server 跻身高端数据库产品的行列。SQL Server 2000 是在 SQL Server 7.0 的基础上对性能、可靠性以及易用性等方面进行了扩展，使其成为针对电子商务、数据仓库和在线商务解决方案的卓越的数据库平台。是目前中小企业应用最广泛的服务器。

SQL Server 2000 数据库是基于结构化查询语言（SQL）的可伸缩的关系型数据库，它的引擎动态调节自身以获取或释放适当的计算机资源，并支持不断变化的用户负荷的需求。SQL Server 2000 包括了数据库构架、关系数据库引擎构架、管理构架、复制构架和应用程序开发构架各部分。同时还集成了 XML（Extensible Markup Language，可扩展标记语言）的支持。

2. SQL Server 2000 安装

启动 SQL Server 安装盘以后，进入安装目录，双击 Setup.exe 文件，进入安装界面，如图 1.4.1 所示。

图 1.4.1　启动界面

如果是 Windows 2000 或者 Windows XP 操作系统，则直接单击"安装 SQL Server 2000 组件"进行安装，如果是 Windows 98，则有可能需要先安装"安装 SQL Server 2000 先决条件"。下面采用 Windows XP 操作系统为例，所以直接单击第一项安装，进入安装组件界面，如图 1.4.2 所示。

图 1.4.2　安装组件界面

在图 1.4.2 中，单击"安装数据库服务器"（其他两个选项一般不用），进入安装向导界面，直接单击"下一步"按钮，进入选择安装计算机界面，主要是让用户选择计算机，通常是默认安装在本地计算机上，"远程计算机"是将数据库安装在另外一台计算机上，不过很少使用。单击"下一步"按钮，弹出如图 1.4.3 所示的对话框。

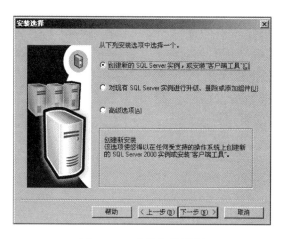

图 1.4.3　安装组件界面

图 1.4.3 让用户选择创建一个新的 SQL Server 实例，默认选择是第一项，而"高级选项"则是设定安装程序，使得安装在无人看守的情况下也能够继续，一般不鼓励使用这种方式。这里不改变选择，直接单击"下一步"按钮，输入一些用户的基本信息，单击"下一步"按钮，弹出软件许可协议对话框。单击"是"按钮进入下一步，如图 1.4.4 所示。

图 1.4.4　选择安装定义

在图 1.4.4 中，选择安装的方式。因为是要安装数据库服务器，所以选择第二项"服务器和客户端工具"，单击"下一步"按钮，选择创建的数据库实例名，一般不推荐改变，即选择默认值；单击"下一步"按钮，选择安装类型，建议选择"典型"安装。然后要选择安装的路径，通常为了管理方便，可以为"程序文件和数据文件"设置相同路径。假设设置的路径都为"d:\microsoft sqlserver",进入"服务账户"界面,选择登录数据库的账户设置,如果有域管理,则可以"使用域用户账户";建议选择"使用本地系统账户",本实例选择"使用本地系统账户";单击"下一步"按钮,进入"身份验证模式"对话框,身份验证模式有两种,一种是依靠 Windows 系统的身份验证模式,另一种是混合模式,即 Windows 身份验证和 SQL Server 身份验证同时进行,默认的用户名是 sa,即系统管理员身份。推荐使用混合模式,可以在下面文本框中输入密码,但为了演示方便,本安装实例选择了"空密码"检查框(不鼓励读者使用,应输入密码)。然后单击"下一步"按钮,进入"开始文件复制对话框",用户只需要单击"下一步"按钮即可进行数据库的安装,安装完毕后,显示出安装完毕对话框。单击"完成"按钮即可完成整个数据库的安装。

3. 启动 SQL Server

使用 SQL Server 时必须首先启动 SQL Server 服务。启动有多种方式,最简单的就是进入"开始"|"程序"|"Microsoft SQL Server",单击"服务管理器"程序,用户如果要启动服务,只需要单击"开始/继续"按钮。启动以后,就可以看到一个带有一个绿色箭头的小图标出现在任务栏右侧的系统托盘处。如果为红色,则表示启动失败。

注意:不要轻易改变计算机的名称,否则很容易导致 SQL Server 服务器启动失败。

4. 利用 SQL 创建数据库

企业管理器是 SQL Server 2000 管理构架中最主要的部分,绝大多数的管理任务都可以在企业管理器中完成。企业管理器可以在一个界面下同时管理数个 SQL Server,包括远程网络上的 SQL Server。执行菜单"开始"|"程序 Microsoft SQL Server"|"企业管理器",运行企业管理器。

企业管理器用的是一个遵从微软管理控制台 MMC 的用户界面。MMC 是用于服务器和网络管理应用程序(即管理单元)的公用控制台框架。它是一个工具,为在微软 Windows 网络中管理不同的服务器应用程序提供了公用界面。服务器应用程序提供一个称为 MMC 管理单元的组件,用以向 MMC 用户呈现一个用户界面来管理服务器应用程序。SQL Server 企业管理器就是微软 SQL Server 2000 的 MMC 管理单元。

在企业管理器中创建数据库按如下步骤进行:

(1) 启动企业管理器。单击界面,展开左侧的服务器,展开数据库选项。右击"数据库",在弹出的快捷菜单中选择"新建数据库",如图 1.4.5 所示。

(2) 在弹出的"数据库属性"窗口中设置有关数据库参数。例如名称和文件等。

(3) 设置完成后,单击"确定"按钮就可以完成数据库的创建工作。

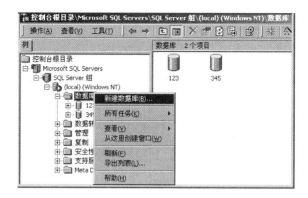

图 1.4.5 创建数据库

1.5 思考题

1. 何谓动态页面?与静态页面有何区别?
2. 什么是 B/S 结构和 C/S 结构?
3. 请描述 Web 工作原理。
4. 试比较 ASP、PHP 和 JSP 技术各自特点,指出各适应于哪些运作环境和需求。
5. 企业在因特网上建立网站需要哪 3 个过程?试述基本步骤和可选方案。
7. 超文本标识语言 HTML5 新增哪些元素和功能?
8. 层叠式样式表 CSS 的基本思想是什么?
9. JavaScript 语言的内置对象和浏览器对象有哪些?各有哪些主要的属性和方法?
10. JavaScript 语言常用的驱动事件有哪些?各有哪些主要的事件驱动程序和用途?
11. 描述基于 Web 服务器中间件的数据库访问技术的工作原理并指出其优缺点。
12. 何谓 Web 数据库?Web 数据库技术实质指什么?

第二部分

第 2 章 ASP 应用开发环境

2.1 ASP 概述

2.1.1 ASP 特点

ASP（Active Server Pages，活动服务器网页）是一种运行于服务器端的 Web 应用程序开发技术，它既不是一种语言，也不是一种开发工具，而是一种服务器端的脚本语言环境。ASP 是 Microsoft 公司 1996 年年底推出的一种取代 CGI（Common Gateway Interface，公共网关接口）运行于服务器端的 Web 应用程序开发技术，它内含于 IIS 中。通过 ASP 我们可以结合 HTML 网页、ASP 指令和 ActiveX 组件建立动态、交互且高效的 Web 服务器应用程序。

进行 ASP 程序设计，必须掌握脚本的编写，脚本是由一系列的脚本命令组成的，如同一般的程序，脚本可以将一个值赋给一个变量，可以命令 Web 服务器发送一个值到客户浏览器，可以用一系列命令创建一个过程。脚本语言是一种介于 HTML 和诸如 Java、VisualBasic、C++ 等编程语言之间的一种特殊的语言，但它却不具有后者复杂、严谨的语法和规则。要编写脚本，必须至少要熟悉一门脚本语言，如 VBScript。当安装 ASP 时，系统提供了 VBScript 和 JScript 两种脚本语言，而 VBScript 则被作为系统默认的脚本语言。

ASP 属于 ActiveX 技术中的 Server 端技术，与常见的在 Client 端实现动态网页的技术如 JavaApplet、ActiveXControl、VBScript、JavaScript 等不同，ASP 中的命令和 Script 语句都是由服务器解释执行的。服务器上需要有能解释这种脚本语言的脚本解释器。当 ASP 程序执行时，脚本程序将一整套命令发送给脚本解释器（即脚本引擎），由脚本解释器进行翻译并将其转换成服务器所能执行的命令。

ASP 是基于 ActiveX 技术的，它支持面向对象及可扩展的 ActiveX Server 组件。ActiveX 技术以 COM/DCOM 技术为基础，程序员可以用 VC++，VB5.0 等语言创建特定功能的服务器端组件，扩展 ASP 的应用功能。

综上所述，ASP 具有如下特点。

（1）全嵌入 HTML。使用 VBScript、JavaScript 等简单易懂的 Script 语言，结合 HTML，快速创建完美的网站应用程序。

（2）无须手动编译或链接程序。

（3）面向对象，并可扩展 ActiveX Server 组件功能。

（4）使用 ADO 组件存取数据库容易。

(5) 可使用任何语言编写自己的 ActiveX Server 组件。

(6) 可使用服务器端的脚本来产生客户端的脚本，与浏览器无关。

(7) ASP 源程序代码隐蔽，在客户端仅可看到由 ASP 输出的动态 HTML 文件。

由于 ASP 有很多特点，ASP 技术一推出就获得 Windows 用户的欢迎。近年来经过不断地改进，其功能越来越强大，用 ASP 创建的成功商业网站在 Internet 上随处可见。

随着 ASP 应用的广泛与深入，人们对 ASP 技术赋予新的含义，认为可以把 ASP 定义为 Application Service Provider（应用服务提供商）的简称。这样，ASP 的核心就是服务，传统的计算机应用产品变为服务产品。ASP 服务商可以为企业提供网上租赁应用软件、网络设备或网上支持等服务。客户只要将其部分或全部与业务流程相关的应用委托给服务商，就可以在本地实现自己的应用。这种 ASP 模式从应用服务角度体现了 WebService 的技术思想。

依托 Internet 和 Web 技术，将事务交给 ASP 服务商处理以获得网络服务，这符合企业的实际应用需求。通过 ASP 服务商，企业可以在不必投入大量设备、资金、人力等资源的条件下，充分利用公共的 Internet 通信设施，迅速地在 Internet 上建立起具有同等竞争力的企业门户及电子商务环境，将企业的内外部信息交流和资源管理、供应链优化等架构在个性化的企业虚拟办公平台上，使企业具有快速响应客户需求变化的手段和能力，以最经济的方式，获得与大型企业同样的竞争优势。ASP 模式成为我国中小企业开展电子商务，加快企业信息化的最佳途径之一。

2.1.2 ASP 工作原理

ASP 文件被存放在 Web 服务器上有可执行权限的目录下。当客户端的浏览器向 Web 服务器（IIS/PWS）请求调用 ASP 文件时将启动 ASP，Web 服务器响应该 HTTP 请求，调用 ASP 引擎，解释被申请的文件。如果浏览器向 Web 服务器请求的是 .HTML 文件，那么会直接把文件的内容传给浏览器；如果浏览器向 Web 服务器请求的是 ASP 文件，遇到与 ActiveX Script 兼容的脚本如 VBScript、JavaScript 时，ASP 引擎调用相应的脚本引擎进行解释，在服务器端由动态链接库 asp.dll 先解释运行，然后生成 HTML 文本送往客户端浏览器显示。若脚本指令中包含对数据库的访问请求，就通过 ODBC 与后台数据库进行链接，由数据库访问组件 ADO 实现对数据库的操作，并将执行结果返回 Web 服务器端，然后生成符合 HTML 标准的页面返回客户端浏览器。因而客户端浏览器接收到的是经 Web 服务器执行以后生成的一个纯粹的 HTML 文件，可被运行在任何平台上的浏览器执行。ASP 工作原理如图 2.1.1 所示。

由于 ASP 的脚本程序是在服务器端执行的，通常脚本代码不会被别人窥视，保证了程序代码的安全和知识产权。另外程序执行后，服务器仅仅是将执行的结果返回给客户端浏览器，减轻了网络传输的负担，提高了交互的速度。

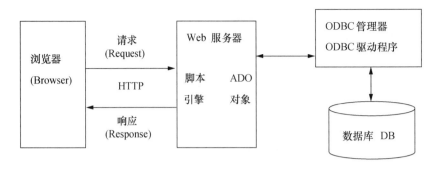

图 2.1.1　Web 工作原理图

2.2　ASP 运行环境与 Web 服务器配置

2.2.1　ASP 运行环境

ASP 提供了一个在服务器端执行脚本指令的环境，ASP 与客户端浏览器无关。服务器端的操作系统平台可以是 Windows NT/2000/2003/XP/和 Windows 7 环境。建立 ASP 的运行平台，其实就是把 IIS 安装在 Windows NT/XP 和 Win7 服务器上，Windows NT 的 Option Pack 里面自带了最新的 IIS，所以只要安装了 NT Option Pack 也就安装好了 ASP 的运行平台。

在建立 ASP 运行平台时，除了 IIS 的安装外，TCP/IP 的相关设置也相当重要。TCP/IP 的设置，请读者参考有关书籍。通常成功安装 Windows XP 和 Windows 7 系统后，可从"开始"|"程序"|"管理工具"启动 Internet 服务管理器，Internet 服务管理器启动之后，可以利用管理控制台对 Web Server 和 FTP Server 等进行设置和管理，包括服务的启动停止及目录的可执行与否等设置。

2.2.2　IIS 服务器安装与配置

IIS 是微软公司主推的 Web 服务器产品，它支持 HTTP（Hypertext Transfer Protocol，超文本传输协议）、FTP（File Transfer Protocol，文件传输协议）以及 SMTP（Simple Mail Transfer Protocol，简单邮件传输协议）。在 Windows XP 或者 Windows 2000 操作系统中可以选择安装 IIS 5.0，在 Windows 2000 Server 的安装盘中已有 IIS 5.0，但并不是 Windows 2000 的默认安装组件，可以在安装 Windows 2000 时安装，或在 Windows 2000 安装完成后，单独安装 IIS 5.0。Windows 2003 Server 操作系统则默认安装了 IIS 6.0。以下以传统的 Windows XP 或者 Windows 2000 操作系统为例介绍 IIS 的安装和配置。

1. IIS 服务器安装

在 Windows 2000/XP 环境下通过"添加/删除程序"组件安装 IIS 5.0 步骤如下。

（1）在 Windows 2000/XP 下，打开"控制面板"。

（2）单击"添加/删除程序"选项后单击"添加/删除 Windows 组件"。

（3）单击"组件"，选中"Internet 信息服务（IIS）"，然后单击按钮"详细信息"，出现"Internet 信息服务（IIS）"对话框。选中所有选项，单击"确定"，然后单击"下一步"按钮，根据向导完成安装配置。安装后的 IIS 界面如图 2.2.1 所示。

注意，安装 IIS 之前必须先设置好 IP 地址。

图 2.2.1　IIS 管理界面

2. IIS 服务器配置

打开控制面板，双击"管理工具"，选"Internet 服务管理器"，则 IIS 的管理界面如图 2.2.1 所示。展开树型结构，可以看到"默认 Web 网站"下面有许多虚拟目录路径，每一虚拟目录路径就是一个应用程序。

Web 服务器提供服务时首先要启动服务，可以通过工具栏上的按钮或通过菜单实现。在图 2.2.2 中，右击"默认 Web 站点"，弹出菜单项，如果启动服务器可以单击"启动"菜单项，停止服务器单击"停止"菜单项，如果要对服务器进行各种设置，则可以通过"属性"菜单项来配置。

（1）Web 站点设置。

右击"默认 Web 站点"，单击"属性"，则"默认 Web 站点属性"对话框如图 2.2.2 所示。属性页中，对话框有 10 个选项卡，通常读者可以采用默认的设定。

①"Web 站点"选项卡。该选项卡用于设置 Web 站点基本属性，如站点名称、链接数量、是否启动日志等。选项卡中的"说明"后面的文本框用于指定 Web 站点的名称；"IP 地址"文本框用于列出分配该 Web 站点的 IP 地址，单击文本框右侧的"高级"按钮可进行设置；"TCP 端口"用于指定 WWW 服务的运行端口，HTTP 协议默认值为 80，因此用户输入 http://www.sina.com 和输入 http://www.sina.com:80 的结果是一样的。但是如果把端口号设置为 8080，则访问的时候就需要输入 http://www.sina.com:8080。在电脑上安装两个服务器的时候，通常不能使用相同的端口号，可以改掉另外一个服务器的端口号，使两个服务器都可以提供服务。选中"启用保持 HTTP 激活"后，Web 客

户机将保持与服务器的开放式链接。在这种链接状态下，Web 服务器并不始终与客户机链接在一起，而是在接到来自客户端的新请求后重新开始与客户机链接。

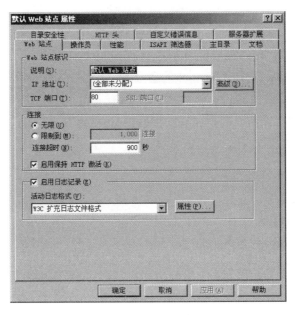

图 2.2.2 "默认 Web 站点属性"对话框

②"操作员"选项卡。该选项卡用于指定有权管理 Web 站点的 Windows 2000 Server/XP 用户账号。Administrator，为系统管理员账号。如果想赋予其他用户管理 Web 站点的操作员权限，可以单击"添加"按钮来添加。如果要取消某个用户管理 Web 站点的权力，则可以选中该用户账号（系统管理员账号除外），然后单击"删除"按钮即可。

③"性能"选项卡。该选项卡用于根据每日期望的命中次数调整 Web 站点的性能，控制带宽以及进程。

④"ISAPI 筛选器"选项卡。该选项卡中列出了每个 ISAPI 筛选器的状态（加载、卸载或禁止）、筛选器名称以及优先级（高、中、低）。ISAPI 筛选器用于运行远程应用程序。

⑤"主目录"选项卡。该选项卡设置主目录的位置、访问权限、应用程序设置等属性。主目录的位置可以是：此计算机上的目录、另一计算机上的共享位置和重定向到 URL。主目录位置不同，其有关的属性设置也不同。

最主要的就是"本地路径"设定，默认设置为 C:\inetpub\wwwroot 也就是当用户输入网站域名的时候自动访问的目录，如当用户输入 http://localhost 时就会访问该目录。

"应用程序设置"用于设置应用程序的名称、起始点和执行权限。"起始点"用于指定该应用程序的起点，应用程序起点目录下的所有子目录及文件都将参与该应用程序，直至另一个应用程序的起点。选中"在分开的内存空间运行"表示该应用程序运行在独立的内存空间中，这样就不会因某个 ASP 应用崩溃而影响 IIS 和其他 ASP 应用，不过这也将消耗更多的服务器资源。"许可"用于设定该应用程序的执行权限,选中"无"表示不能在所选目录下运行该应用程序和脚本,选中"脚本"表示允许执行该程序中的脚本,选中"执行"表示允许运行该应用程序。注意,要使得 ASP 文件能够运行,在这里需要选中"执行"。

当主目录是局域网上另一台计算机上的共享目录时,系统会要求输入 Windows 2000 Server/XP 的用户名和密码。建议使用默认的匿名用户账号"IUSER_计算机名称",以控制网络客户对局域网的访问权限。

当主目录被重定位到另一个 URL 时,在"重定向到"文本框中键入新的 URL,当浏览器请求访问该 Web 站点时,就会被定向到该文本框中所指定的 URL 上。

⑥ "文档"选项卡。选中"启用默认文档",里面有 Default.htm、Index.htm 等文件名。这是为了访问网页方便而设置,当用户访问一个虚拟目录路径的时候,如果该目录下包含"默认文档"中所列的文件,则会自动显示该页内容,如用户输入 http://localhost 同 http://localhost/index.htm 的结果是一样的。当服务器收到没有指定文件名的页面请求时,将按次序搜寻默认文档,然后将第一个找到的文档传送到客户端浏览器。选中"启用默认文档"后,可以按"添加"按钮添加默认文档。

⑦ "目录安全性"选项卡。该选项卡用于指定匿名访问和验证控制、IP 地址及域名限制、安全通信。"匿名访问和验证控制"用于指定哪个 Windows 2000 Server/XP 的账号有匿名登录的权限以及指定非匿名用户的身份验证方式,可以单击"编辑"按钮进行设置。"IP 地址及域名限制"选项用于指定哪些 IP 地址(域名)的用户或组有权访问 Web 服务器,可以单击"编辑"按钮进行设置。"安全通信"使用 SSL 的用户端认证方式来验证用户的身份。当采用这种方式时,用户不需要输入密码就可以凭客户端证书登录。不过在使用这种身份验证方式之前必须先安装服务器证书。

⑧ "HTTP 头"选项卡。该选项卡用于设置 Web 站点的内容保留期限、自定义 HTTP 头、内容分级和 MIME 映射。

⑨ "自定义错误信息"选项卡。该选项卡用于定义发生 HTTP 错误时返回给客户端浏览器的信息。

(2) 建立虚拟目录。

虚拟目录路径可以通过多种方式来设定,只有设定了虚拟目录路径后,才可以通过 URL 来访问资源。最简单的设定虚拟目录路径的办法,就是把自己的网页或者目录复制到服务器的根目录下,默认的服务器根目录是 C:\Inetpub\wwwroot,因此如果要把聊天室放到服务器中(假设聊天室项目放在目录 My 中),则可以把 My 目录复制到 C:\Inetpub\wwwroot 中,然后就可以通过虚拟目录路径 http://localhost/My/来访问了。但是每次都复制文件到根目录,是很烦琐的,还有一种更简便设置虚拟目录的方法,用户可以通过"浏览"按钮来选择目录。

在 Internet 信息服务界面上,右击"默认的 Web 站点",选择"新建"下的"虚拟目录",如图 2.2.3 所示。弹出"虚拟目录创建向导"窗口,如图 2.2.4 所示。

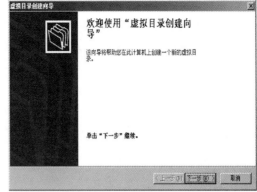

图 2.2.3　建立虚拟目录界面　　　　　　图 2.2.4　虚拟目录向导

单击"下一步"出现如图 2.2.5 所示的对话框。按向导填入虚拟目录的别名（也就是在访问网页的时候需要输入的名称，如 My，设置以后，可以通过虚拟目录别名来访问里面的文件）。单击"下一步"出现如图 2.2.6 所示的对话框，按要求"输入包含内容的目录路径"名称，用户可以通过"浏览"按钮来选择目录。

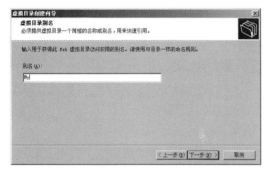

图 2.2.5　"虚拟目录创建向导"窗口　　　　图 2.2.6　输入包含内容目录路径

单击"下一步"进入如图 2.2.7 所示的访问权限设置界面，选择该目录所允许的访问权限，为了保证网站的安全，读者只需要选择前 3 个选项就可以了。单击"下一步"按钮则完成虚拟目录的创建。

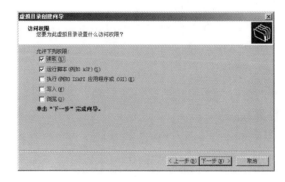

图 2.2.7　设置访问权限

创建完成后就会在"默认 Web 站点"下出现刚才所创建的虚拟目录 My。用户就可以通过虚拟目录路径 http://localhost/My 来访问（注意 localhost 可以用 IP 地址或者域名来代替）。

右击 My，在弹出的快捷菜单中选择"属性"，则其属性对话框如图 2.2.8 所示。

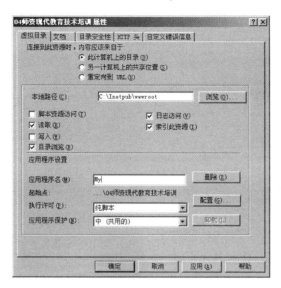

图 2.2.8　"My 属性"对话框

对 My 的属性进行设置后，就可以对虚拟目录进行操作了。在浏览器窗口中输入 http://localhost/My/，就可以浏览该虚拟目录的内容了。

2.2.3　IIS 7.X 服务器安装与配置

微软公司在"Windows 7"操作系统上，自带了 IIS 7.0 服务器；在 Windows Server 2008 操作系统上则自带了 IIS 7.5 服务器。以下以 Windows 7 操作系统为例介绍 IIS 7.X 的安装和配置。

1. IIS 7.X 服务器安装

在 Windows 7 环境下安装 IIS 7.0 的过程步骤如下。

（1）将 Windows 7 操作系统光盘放入光盘驱动器。单击"控制面板"/"程序"，选择"打开或关闭 Windows 功能"。弹出"Windows 功能"对话框，如图 2.2.9 所示。

（2）在 Windows 功能对话框中，选中"Internet 信息服务"复选框，单击"确认"按钮，Microsoft Windows 对话框显示安装进度，安装完毕后自动关闭对话框。

（3）IIS 信息服务器安装完毕后转到"控制面板"，单击"管理工具"选项，即可找到所安装的"Internet 信息服务（IIS）管理器"选项，如图 2.2.10 所示。

图 2.2.9 "Windows 功能"对话框　　图 2.2.10 "Internet 信息服务（IIS）管理器"选项

2．IIS 7.X 服务器配置

安装好 IIS 7.0 服务器后需要对服务器进行必要的配置，以便使 Web 服务器运行在最佳环境，配置过程步骤如下。

（1）打开控制面板，单击"管理工具"选项，在图 2.2.10 所示对话框选中"Internet 信息服务（IIS）管理器"选项。双击选项，弹出"Internet 信息服务（IIS）管理器"窗口，如图 2.2.11 所示。

（2）在"Internet 信息服务（IIS）管理器"窗口左侧列表中选中"网站"/"Default Web Site"节点，双击中间的"ASP"选项，出现如图 2.2.12 所示 ASP 行为选项栏，把"启用父路径"改为"True"并单击"应用"按钮，启动基本配置。

图 2.2.11 "Internet 信息服务（IIS）管理器"窗口

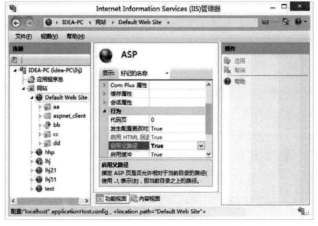

图 2.2.12 "ASP 行为选项"启用父路径

（3）在图 2.2.11 所示"Internet 信息服务（IIS）管理器"窗口，单击右侧的"绑定…"超级链接选项,弹出如图 2.2.13 所示"网站绑定"对话框,可以在对话框中进行添加、编辑、删除和浏览所绑定的网站的操作。

(4) 在图 2.2.13 所示"网站绑定"对话框中单击"添加"按钮,弹出"添加网站绑定"对话框,可以在对话框中设置要绑定的网站的类型、IP 地址、端口和主机名等信息,如图 2.2.14 所示。

图 2.2.13 "网站绑定"对话框

图 2.2.14 "添加网站绑定"对话框

(5) 在图 2.2.14 所示"添加网站绑定"对话框单击"确认",完成对网站绑定的设置后返回"Internet 信息服务(IIS)管理器"窗口,单击右侧的"基本设置"超级链接选项,弹出"编辑网站"对话框,可以在对话框中设置应用程序池、网站的物理路径等信息,如图 2.2.15 所示。

(6) 在图 2.2.15 所示"编辑网站"对话框中单击"选择"按钮,弹出"选择应用程序池"对话框,可以在下拉列表中选择所要使用的相应程序、版本等信息,如图 2.2.16 所示。最后单击"确认",即可完成对 IIS 7.0 服务器的设置。

图 2.2.15 "编辑网站"对话框

图 2.2.16 "选择应用程序池"对话框

2.3 建立一个简单 ASP 实例

2.3.1 ASP 文件结构

ASP 文件主要包括 HTML 标记、文本显示内容、脚本程序 VBScript/JavaScript、服务器端包含指令（Server-Side Include SSI）等内容。创建一个 ASP 文件只要在 HTML 文件中插入脚本，将文件扩展名改为 .asp 即可，ASP 程序无须编译，程序的控制部分通常是用 VBScript，JavaScript 等脚本语言来设计的。它将在服务器端解释执行。

实际上 ASP 是对标准的 HTML 文件拓展了一些附加的特征。可以将 JavaApplets、客户端脚本、客户端 ActiveX 控件等放在 ASP 文件中，ASP 的脚本语言代码可以放在程序的任何位置，只需用 "<%" 和 "%>" 标记将其括起来即可，且不须事先说明。各种脚本程序语言的解释器又称脚本程序引擎，ASP 的默认脚本程序引擎是 VBScript。除了 VBScript，ASP 也允许网页编写者使用其他熟悉的语言，当然，服务器上必须有能解释这种脚本语言的脚本解释器。通常安装 ASP 时，系统提供了两种脚本语言：VBSrcipt 和 JavaScript。

从结构来看，一个 ASP Web 页面一般可以包含以下 4 个部分：

（1）HTML 文件：HTML 标记语言包含的标记。HTML 标记语言是所有 Web 网页制作技术的核心和基础。

（2）客户端 Script 程序代码：定界符 <Script> 与 </Script> 之间的程序代码。包括 VBScript 和 JavaScript 脚本。

（3）服务器端 ASP 程序代码：位于定界符 <% %> 之间的程序代码。在编写服务器端 ASP 程序时可以在 <Script> 与 </Script> 标记之间定义函数、方法和模块等。但必须注意的是运行服务器端属性，必须在 <Script> 标记内指定 runat 属性值为 server，如忽略了 runat 属性，脚本将在客户端执行。

（4）Server-Side Include 语句：使用 #INCLUDE 语句可以在 Web 页中嵌入其他 Web 网页。

ASP 文件结构整体上由 ASP 脚本程序和 ASP 程序代码组成。ASP 脚本程序可以嵌入 HTML 网页中以实现特定功能，ASP 程序是在服务器端运行程序代码，当客户端浏览 ASP 网页源文件时可看到 HTML 代码，但看不到 ASP 程序代码，因此也保护了 ASP 程序安全。

通过下面一个实例，我们可以进一步说明和认识 ASP 文件结构。体会到 ASP 既不是一种语言、也不是一种开发工具，而是一种内含于 IIS/PWS 之中的易学易用、可以集成 Script 语言（如 VBScript 或 JavaScript）到 HTML 主页的服务器端（Server-Side）的脚本语言环境。

2.3.2 ASP 实例

服务器端的 ASP 脚本是 ASP 网页中最主要的部分，用 VBScript 或 JavaScript 编写脚本代码是 ASP 编程的关键，通过以下简单的实例程序学习如何从一个 HTML 文档演进为 ASP 文档，并从中掌握 ASP 文档的基本组成。ASP 文件用 .asp 作为它的扩展名。

【例 2.3.1】 简单的 ASP 实例。

2-3-1.asp 程序代码如下：

```
<html>
<head><title>简单的 ASP 实例....</title></head>
<body>
<% '2-3-1.asp 程序                //在 HTML 中嵌入 VBScript 脚本
```

```
sub Greeting()                                   //定义过程
Dim str
if hour(Now) <12 then
        str = "早上好!这是 VBScript 例子."
Elseif hour(Now) >17 Then
        str = "晚上好!这是 VBScript 例子."
Else
        str = "您好!这是 VBScript 例子."
End if
%>
<% Response.write("今天是:"&Now())%> <P>
<%
    Response.Write(STR)                          //用 ASP 对象的方法向浏览器输出信息
End Sub
    call Greeting()                              //VBScript 的过程调用
%>
<P><Script Language = "Javascript">              //在 HTML 中嵌入 JavaScript 脚本
var MyName = "  一个简单的实例"
    <!--                                         //注释标签
window.document.write("您好!这是 JavaScript 例子.")
window.document.write(MyName)                    //用窗口对象向浏览器输出信息
//-->
</Script>
</body>
</html>
```

程序执行结果如图 2.3.1 所示。

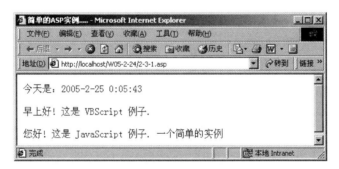

图 2.3.1　一个简单的 ASP 实例网页

2.4　思考题

1. ASP 的工作原理是什么?
2. ASP 技术被定义为"应用服务提供商"有何意义?能对企业带来哪些好处?
3. 为什么说 ASP 是集成的服务器端脚本语言环境?
4. 如何设置 IIS 服务器建立 ASP 运行平台?
5. 如何为应用程序添加虚拟目录?
6. VBScript 的过程有哪两种?如何调用?

第 3 章   ASP 内置对象

3.1   Request 对象

Request 对象用于接受所有从浏览器发往服务器的请求中的所有信息。它可以读取任何基于 HTTP 请求传递的信息，包括从 HTML 表格用 post 或 get 方法传递的参数，用 Cookie、用户认证传递的参数及文件上载。

语法格式：`Request.集合(变量)`

以下介绍该对象的几个常用集合的用法。

3.1.1   Form 集合

Form 集合是标准 HTML 的一部分，用户可以利用表单中的文本框、复选框、单选按钮、列表框等控件输入初始数据，然后通过单击表单中的命令按钮向服务器提交输入的数据。

语法格式：`Request.Form(element 名)[(index)|.Count]`

其中各参数的意义如下。

（1）element：指定集合要检索的表格元素的名称。

（2）index：可选参数，使用该参数可以访问某参数中多个值中的一个。

（3）Count：集合中元素的个数。注意当表单以 Get 方式发送数据时，Count 不能计数。

【例 3.1.1】 下面是一个输入个人信息的实例。

3-1-1.asp 程序代码如下：

```
<html><head><title>Form 集合应用实例 3-1-1.asp</title></head>
<body>
<h2 align="center">输入个人资料</h2>
<form method="post" action="../3-1-1_1.asp">
<p>姓    名:<input type="text" size="25" name="Name"></p>
<p>电话号码:<input type="text" size="25" name="Nbr"></p>
<p>电子信箱:<input type="text" size="25" name="Email"></p>
<p><input type="submit" value="提交" name="B1"></p>
</form>
</body>
</html>
```

3-1-1_1.asp 程序代码如下：

```
<html><head><title>Form 集合应用实例 3-1-1.asp</title></head>
```

```
<body>
<h2 align = "center">个人资料</h2>
<p>你输入的姓名是:<%=request.form("Name")%></p>
<p>你输入的电话号码是:<%=request.form("Nbr")%></p>
<p>你输入的电子信箱是:<%=request.form("Email")%></p>
</body>
</html>
```

程序的输入界面如图 3.1.1 所示，单击'提交'按钮后结果如图 3.1.2 所示。

图 3.1.1 Form 集合应用实例

图 3.1.2 林宏个人资料

3.1.2 QueryString 集合

QueryString 集合是利用 QueryString 环境变量来获取客户请求字符串。

语法格式：`Request.QueryString(variable)[(index)|.count]`

其中各参数的意义如下。

（1）variable：是字符串变量名。

（2）index：可选参数，使用该参数可以访问某参数中多个值中的一个。

（3）count：用以确定参数的个数。如，Request.QueryString（"ID"）.count。

其中，index 是一个任选的参数，可以取得？后变量名，而且在？之后还可以用符号 & 来链接两个不同的参数，如：http://asp/query.asp? Y=yes&N=no。

通常这个 HTTP 查询字符串变量直接定义在超级链接的 URL 中，即接在？字符之后，代码格式如下：

`<ahref = URL ?变量1=字符串1 & 变量2=字符串2 & … > 锚文字 </a>`

服务器端可通过访问 Request. QueryString 集合来取得 URL 串中接在 "？" 字符之后的信息。

例如：用户发送 http://asp/query.asp? ID=1& ID=2&Name=Tom

如果使用 Request.QueryString（"Name"），可得到 Tom

如果使用 Request.QueryString（"ID"），可得到 1, 2

如果使用 Request.QueryString（"ID"）.Count，可得到 2

如果使用 Request.QueryString.Count，可得到 2

【例 3.1.2】 QueryString 应用实例。

3-1-2.asp 程序代码如下：

```
<html><head><title>QueryString 应用实例3-1-2.asp</title>
<style type="text/css">
<!--
.style1 {font-family: "华文新魏"}
-->
</style>
</head>
<body>
<h1 align="center" class="style1">好友资料</h1>
<hr align="center" width="420">
<h3 align="center"><a href="3-1-2_1.asp?userInfo=姓名:王小明&lt;br&gt;性别:女&lt;br&gt;年龄:22&lt;br&gt;星座:双子座">王小明</a></h3>
<h3 align="center"><a href="3-1-2_1.asp?userInfo=姓名:蔡一兵&lt;br&gt;性别:女&lt;br&gt;年龄:21&lt;br&gt;星座:处女座">蔡一兵</a></h3>
</body>
</html>
```

3-1-2_1.asp 程序代码如下：

```
<html><head><title>QueryString 应用实例3-1-2_1.asp</title></head>
<%
    response.write"<h2>--好友资料--</h2>"
    response.write"<h3>"&request.querystring("userInfo")&"</h3>"
%>
<input type="button" Value="返回主页" Onclick='history.back();'>
</html>
```

3-1-2.asp 程序的输入界面如图 3.1.3 所示；单击王小明后结果如图 3.1.4 所示。

图 3.1.3　QueryString 应用实例图　　　图 3.1.4　王小明好友资料

3.1.3　Cookies 集合

Request 提供的 Cookies 集合允许用户检索在 HTTP 请求中发送的 Cookie 值。这项功能经常被使用在要求认证用户密码以及电子公告板、Web 聊天室等 ASP 程序中。当用户访问 Web 站点时，它会在访问者的硬盘上留下一个标记，下一次你访问同一个站点时，站点的页面会查找这个标记。每个 Web 站点都有自己的标记，标记的内容可以随时读取，但只能由该站点的页面完成。每个站点的 Cookie 与其他所有站点的 Cookie 存在同一文件夹中的不同文件内（可以在 Windows 目录下的 Cookie 文件夹中找到它们）。一个 Cookie 就是一个唯一标识客户的标记，Cookie 可以包含在一个对话期或几个对话期之间某个 Web 站点的所有页面共享的信息，使用 Cookie 还可以在页面之间交换信息。

语法格式：`Request.Cookies(Cookie 名)[(key)|.attribute]`

其中各参数的意义如下。

Cookie 名：指定要检索的 Cookie 文件名。

key：用于从 Cookie 集合中检索子关键字的值。

attribute：指定 Cookie 的属性，可取 Domain、EXpires、Path、HasKeys 值。

3.1.4 ServerVariables 集合

服务器环境变量集合 ServerVariables 用来获得服务器的环境变量参数信息。HTTP 传输协议的标题文件中记录有客户端的信息，如客户端发送的所有 HTTP 标题文件、用户登录 WindowsNT 的账号、客户的 IP 地址、查询 HTTP 请求问号（?）后的信息等。这些服务器环境只读变量为服务器端需要根据不同的客户端信息做出不同反应带来方便。

语法格式：`Request.ServerVariables(服务器环境变量)`

其中各参数的意义如下。

ALL_HTTP 包含有在表单 HTTP_NAME：value 下的非标准头标的完整列表。

ALL_RAW 除了当它被接收的时候没有 HTTP 前缀和其他的格式，其他的和 ALL_HTTP 一样。

APLL_MD_PATH 包含有数据库的逻辑路径。

APLL_PHYSICAL_PATH 包含有数据库的物理路径。

AUTH_PASSWORD 如果使用最基本的身份验证时所输入的口令。

AUTH_TYPE 使用的安全身份验证类型。

AUTH_USER 已经通过身份验证的用户名。

CERT_COOKIE 包含客户认证的唯一标识符。

CERT_FLAGS 如果客户认证存在，则设置第一个标志位，如果 Certificate Authority 可信，则设置第二个标志位。

CERT_ISSUER 客户认证发放机构。

CERT_KEYSIZE 在 SSL 安全码中的位数。

CERT_SECRETKEYSIZE 在服务器中的 SSL 安全码中的位数。

CERT_SERIALNUMBER 客户认证的序列号。

CERT_SERVER_ISSUER 发放服务器认证的 Certificate Authority。

CERT_SERVER_SUBJECT 服务器认证的 Subject 域。

CERT_SUBJECT 客户认证的 Subject 域。

CONTENT_LENGTH 访问者向服务器发出请求时报告的字节数。

CONTENT_TYPE 请求的类型。

GATEWAY_INTERFACE 以 CGI/版本号形式给出的 CGI 版本。

HTTPS 如果是一个安全请求，则包含字符串 on，否则的话包含字符串 off。

HTTPS_KEYSIZE 在请求中使用的 SSL 的位数。

HTTPS_SECRETKEYSIZE 在服务器端使用的位数。

HTTPS_SERVER_ISSUER 服务器认证的 Certificate Authority。

HTTPS_SERVER_SUBJECT 服务器认证的 Subject 域。

INSTANCE_ID Web 服务器的实例标识号。

INSTANCE_META_PATH 该具体实例的元数据库路径。

LOCAL_ADDR 服务器的 IP 地址。

LOGON_USER 如果用户是在 NT 系统上登录的话，那么这个域中将包含有用户名。

PATH_INFO 在域名根目录外的到被请求页面的路径。

PATH_TRANSLATED 请求的物理路径。

QUERY_STRING 通过使用 GET 方法提交的任何数据，或是通过一个链接中的问号后面的数据。

REMOTE_ADDR 发出请求的机器的 IP 地址。

REMOTE_HOST 如果存在，为请求者的转换名，否则，为包含这个 IP 地址的域。

REMOTE_USER 访问者发送的用户名。

REQUEST_METHOD 使用的 REQUEST 方法，即 Post 或是 Get。

SCRIPT_NAME 被请求的脚本的虚拟文件位置。

SERVER_NAME 服务器主机名。

SERVER_PORT 发送请求使用的端口号。

SERVER_PORT_SECURE 如果请求是通过安全链接发送的，那么这个域中包含值 1，否则的话包含 0。

SERVER_PROTOCOL 使用的协议的版本号，即 HTTP/11。

SERVER_SOFTWARE 在服务器上运行的 Web 服务器软件的名称和版本。

URL 是被请求的页面的地址。

3.2 Response 对象

Response 对象是对 Request 对象的"响应"，功能与 Request 对象相反。对于 Web 服务器来说，Response 对象就是回复浏览器请求的文件和数据，用来控制信息的发送，可以直接发送给浏览器、重定向浏览器到另一个 URL 地址或设置 Cookie 的值。

语法格式：`Response. 属性 | 方法 | 集合 (变量)`

3.2.1 Response 属性

（1）Buffer 属性。

Buffer 属性指示是否缓冲页输出。当缓冲页输出时，只有当前页的所有服务器脚本处理完毕或者调用了 Flush 或 End 方法后，服务器才将响应发送给客户端浏览器，服务器将输出发送给客户端浏览器后就不能再设置 Buffer 属性。因此，应该在 .asp 文件的第一行调用 Response.Buffer。

（2）Charset 属性。

Charset 属性将字符集名称附加到 Response 对象中 content-type 标题的后面。对于不包含 Response.Charset 属性的 ASP 页，content-type 标题将为：content-type：text/html。我们可以在 .asp 文件中指定 content-type 标题，如：<% Response.Charset = "gb2312" %>，将产生以下结果，content-type：text/html；Charset = gb2312。

（3）ContentType 属性。

ContentType 属性指定服务器响应的 HTTP 内容类型，如果未指定 ContentType，默认类型为 text/HTML。

（4）Expires 属性。

Expires 属性指定了在浏览器上缓冲存储的页距过期还有多少时间，如果用户在某个页过期之前又回到此页，就会显示缓冲区中的页面。如果设置 Response.Expires = 0，则可使缓存的页面立即过期。这是一个较实用的属性，当客户通过 ASP 的登录页面进入 Web 站点后，应该利用该属性使登录页面立即过期，以确保安全。

（5）ExpiresAbsolute 属性。

与 Expires 属性不同，ExpiresAbsolute 属性指定缓存于浏览器中的页面的确切到期日期和时间。在未到期之前，若用户返回到该页，该缓存中的页面就显示。如果未指定时间，该主页在当天午夜到期。如果未指定日期，则该主页在脚本运行当天的指定时间到期。如下示例指定页面在 2015 年 12 月 10 日上午 9 点 00 分 30 秒到期。

```
<% Response.ExpiresAbsolute = #Dec 10,2015 9:00:30# %>
```

（6）IsClientConnected 属性。

IsClientConnected 属性返回访问者是否还在链接着站点。它的返回值是个布尔属性，若返回值为 True，则说明读者还在链接着站点。如果返回值为假，说明访问者已经离开了站点的页面。

（7）Satutus 属性。

Satutus 属性允许设置返回的状态头标，在有些情况下，比如说要动态的创建一个有可能不为真的条件时，这个属性显的非常重要。设置这个状态属性还可以帮助调试代码，看看在特定状态时会发生什么事情。

3.2.2 Response 方法

（1）Clear 方法。

可以用 Clear 方法清除缓冲区中的所有 HTML 输出内容。Clear 方法只清除响应正文内容而不清除响应标题。可以用该方法处理错误情况，使用时应将 Response.Buffer 设置为 TRUE，否则会导致程序运行时出错。

(2) End 方法。

End 方法使 Web 服务器停止处理脚本并返回当前结果。文件中剩余的内容将不被处理。如果 Response.Buffer 已设置为 TRUE，则调用 Response.End 可将缓冲内容输出到客户端，并清除缓冲区内容。

(3) Flush 方法。

Flush 方法立即发送缓冲区中的输出内容。如果没有将 Response.Buffer 设置为 TRUE，则该方法将导致运行时错误。

(4) Redirect 方法。

Redirect 方法使浏览器立即重定向到程序指定的 URL。程序员可以根据客户的不同响应，为不同的客户指定不同的页面或根据不同的情况指定不同的页面。一旦使用了 Redirect 方法，任何在页中显示设置的响应正文内容都将被忽略。然而，此方法不向客户端发送该页设置的其他 HTTP 标题，而是产生一个将重定向 URL 作为链接包含的自动响应正文。可以用 Redirect 方法发送下列显式标题，其中 URL 是传递给该方法的值。如：

`< % Response.Redirect("www.google.com") % >`

(5) Write 方法。

Write 方法是我们平时最常用的方法之一，它将指定的字符串和表达式的值写到客户端当前的 HTTP 网页上输出。代码格式为：

`< % Response.Write(["串"][串变量][HTML 代码])% >`

如代码 < % Response.Write ("现在是:" &Now ()) % > 可输出当前日期和时间。

(6) BinaryWrite 方法。

BinaryWrite 方法允许用户给浏览器发送非文本的原始二进制信息，这个方法的格式如下：Response.BinaryWrite DateToWrite，在这里 DateToWrite 变量包含了要发送到浏览器的二进制的信息。一般用这个方法来传送声音、图像、可执行文件、压缩文件等。

3.2.3 Response 集合

Response 对象中只有一个集合 Cookie，Cookie 是指从网络服务器发送到用户浏览器，并存储到硬盘上的少量数据集合，通常包括一些特殊标识符，记录着用户有关访问网站次数、购物方式、身份证号、密码等信息。当下次再访问同一网站时，网站页面会查找到该 Cookie 值。除用户浏览器不允许，每个网站都有可能将其 Cookie 发送到用户浏览器中，并且保存在用户硬盘上的小文本文件中。这些 Cookie 值保存在 Windows 文件夹下。

语法格式： `Response.Cookies(cookie)[(key)|.attribute]=value`

通过这个代码可以创建 cookie 文本或用 cookie 值去修改其内容。若 cookie 名所指定的 Cookie 不存在，则创建它，否则用新的 cookie 值覆盖 Cookie 旧值；若指定了 key，则该 cookie 就是一个集合；而属性 attribute 指定 cookie 自身的有关信息，可以是下列参数之一：

Domain：Cookie 将被发送到对该域的请求中去。

Expires：用于指定 Cookie 的过期日期。若该属性的设置未超过当前日期，则在任务结束后 Cookie 到期。要存储 cookie 值，必须设置该日期。

HasKeys：判断 Cookie 中是否包含多个关键字。若包含多个，则返回 true。

Path：将 Cookie 发送到 Path 指定的路径中。若没有该项，则发送到应用程序的路径中。

Secure：设置 Cookie 的安全性。

3.2.4　Response 与 Request 综合实例

（1）用 Request 对象的 ServerVariables 集合读取服务器环境变量信息。

【例 3.2.1】 读取服务器环境变量信息实例。

3-2-1.asp 程序代码如下：

```
<html>
<head><title>Request.ServerVariables 实例 3-2-1.asp</title></head>
<body>
<table>
<tr><td><b>服务器环境变量</d></td><td><b>变量值</b></td></tr>
<% for each name In request.ServerVariables% >
<tr><td><b><%=name%></b></td><td><%=request.serverVariables(name)%></td></tr>
<% next% >
</table>
</body>
</html>
```

运行的部分结果如图 3.2.1 所示。

图 3.2.1　Request 对象的 ServerVariables 集合

（2）用 Response 和 Request 对象通过登录表单提供的信息建立 MyCookie 文件，并读取其中的信息实例。

【例 3.2.2】 Response 与 request 对象的使用实例

3-2-2.asp 程序代码如下：

```
<html>
<head><title>Response 与 request 对象的使用实例 3-2-2.asp</title></head>
```

```
<body>
<form name = "myForm" method = post action = "3-2-2_1.asp">
    --请输入你的资料--:<p>
    姓名:<input type = "text" name = "Name" size =10>
    性别:<input type = "radio" name = "Sex" value = "男" checked>男
         <input type = "radio" name = "Sex" value = "女">女<br>
    职务:<input type = "text" name = "Duty" size = 8><br>
    薪水:<input type = "text" name = "Salary" size =10>
    电话:<input type = "text" name = "Tel" size = 8><br>
    EMail:<input type = "text" name = "Email"><br>
<input type = "reset" name = "Reset">
<input type = "submit" name = "Submit">
</form>
</body></html>
```

3-2-2_1.asp 程序代码如下:

```
<%
'用 Response 对象创建一个 mycookie 文件 3-2-2_1.asp
Response.Cookies("Mycookie")("Reginame") = request.form("Name")
Response.Cookies("Mycookie")("Regisex") = request.form("Sex")
Response.Cookies("Mycookie")("RegiDuty") = request.form("Duty")
Response.Cookies("Mycookie")("RegiTel") = request.form("Tel")
Response.Cookies("Mycookie")("RegiEmail") = request.form("Email")
Response.Cookies("Mycookie")("RegiSalary") = request.form("Salary")
for each cookiesname in request.cookies
    if request.cookies(cookiesname).haskeys then
      for each keycookies in request.cookies(cookiesname)
        response.write"[Mycookie中]"&keycookies&"的内容是:"
        response.write request.cookies(cookiesname)(keycookies)&"<bR>"
      next
else
  response.write cookiesname&"的内容是:"&request.cookies(cookiesname)&"<BR>"
    end if
next
%>
```

运行程序 3-2-2.asp,并在表单中输入数据,输入界面如图 3.2.2 所示。当单击 "提交查询内容" 按钮后,则运行程序 3-2-2_1.asp,建立一个名为 MyCookie 的 Cookie,并将 MyCookie 中的内容显示出来,程序 3-2-2_1.asp 的执行结果如图 3.2.3 所示。

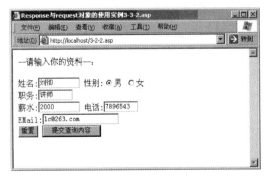

图 3.2.2 程序 3-2-2.asp 输入界面

图 3.2.3 程序 3-2-2_1.asp 的执行结果

3.3 Server 对象

Server 对象用于提供对服务器端的方法和属性的访问，其中大多数方法和属性是作为实用程序的功能提供服务的。如：可以在服务器上启动 ActiveX 对象例程，并使用 Active Server 服务提供像 HTML 和 URL 编码这样的函数；可以控制脚本运行时间；可以创建对象实例等。

语法格式：Server.属性 | 方法

3.3.1 Server 属性

Server 属性只有一个，即 ScriptTimeout 超时值。该属性用于控制在脚本运行超过该属性指定的时间后即作超时处理。如代码 <% Server.ScriptTimeout = 100 %> 指定服务器处理脚本在 100 秒后超时。

3.3.2 Server 方法

（1）CreateObject 方法。

该方法可能是 ASP 中最为实用，也是最强劲的功能了。它用于创建已经注册到服务器上的 ActiveX 组件实例，是建立 ActiveX 对象的源头。这是一个非常重要的特性，因为通过使用 ActiveX 组件，能够使设计者可以轻松地扩展 ActiveX 的能力以实现至关重要的功能，譬如数据库链接、文件访问、广告显示和其他仅依赖 Script 语言无法实现的功能。正是因为这些组件才使得 ASP 具有了强大的生命力。

语法格式：Server.CreateObject("组件名")

使用 CreateObject 方法可以为指定的"组件名"创建一个对象实例。以下代码创建了一个名为 Conn 的 ADODB 的对象实例：

```
<% set Conn = Server.CreateObject(ADODB.Connection")% >
```

默认情况下，该方法建立的对象具有页作用域，即创建的对象实例生命周期仅限于当前页，当 ASP 处理完该页后对象就自动消亡。为了延长对象实例的生命周期，使网页处理（或会话）期继续使用创建的对象，可以通过使用 Session 或 APPlication 对象来解决这个问题。

（2）HTMLEncode 方法。

语法格式：Server.HTMLEncode(字符串")

HTMLEncode 方法允许程序设计者对特定的字符串进行 HTML 编码，虽然 HTML 可以显示大部分写入 ASP 文件中的文本，但是当需要显示包含 HTML 标记中所使用的字符本身时就不能正确显示。这是因为当浏览器读到这些字符串时，会试图解释为标记。

使用 Server 对象的 HTMLencode 方法，采用对应的不用浏览器解释的 HTML Character Code 替代标记字符，可以解决此类问题。以下例子能够说明该方法的作用。

【例 3.3.1】 HTMLEncode 方法的使用实例。

3-3-1.asp 程序代码如下：

```
<%
Response.write("<h3>Hello!<br>Nice to meet you</h3>")
Response.write Server.HTMLEncode("<h3>Hello!<br>Nice to meet you</h3>")
%>
```

执行结果如图 3.3.1 所示。

图 3.3.1　HTMLEncode 方法的使用实例

（3）URLEncode 方法。

类似于 HTMLencode 方法，Server 对象的 URLEncode 方法可以根据 URL 规则对字符串进行正确编码。当字符串数据以 URL 的形式传递到服务器时，在字符串中不允许出现空格和特殊字符。为此，如果程序设计者需要在发送字符串之前进行 URL 编码，可以使用 Server.URLEncode 方法。下面代码说明了 URLEncode 方法如何处理这些空格和特殊字符。

```
<% Response.write Server.URLEncode("<h3>Hello!<br>Nice to meet you</h3>")%>
```

执行结果如下：

%3Ch3%3EHello%21%3Cbr%3ENice+to+meet+you%3C%2Fh3%3E

（4）MapPath 方法。

MapPath 方法将指定的相对或虚拟路径映射到服务器相应的物理目录上。因为 Web 网页中使用的路径都是虚拟路径，ASP 要求在打开数据库文件或其他文件时要指定文件的实际路径。因此必须使用 MapPath 方法将其转换为物理路径（PhysicalDirectory）。

语法格式：真实路径 = Server.ManPath(Path")

"Path" 指要映射为物理目录的相对或虚拟路径。若 Path 以一个正斜杠（/）或反斜杠（\）开始，则 MapPath 方法将 Path 视为完整的虚拟路径，返回服务器端的宿主目录；若 Path 不是以斜杠开始，则 MapPath 方法将它们映射到当前目录。需要注意的是

MapPath 方法不检查返回的路径是否正确或在服务器上是否存在。

假设文件 data.txt 和文件 test.asp 都位于目录 C:\Inetpub\wwwroot\Script 下，C:\Inetpub\wwwroot 目录被设置为服务器的宿主目录。

脚本 <%= server.mappath("/")%>
以正斜杠（/）开始，则 MapPath 方法将返回服务器端的宿主目录 C:\Inetpub\wwwroot。

下列示例中的路径参数不是以斜杠字符开始的，所以它们被相对映射到当前目录，即 C:\Inetpub\wwwroot\Script。脚本：

```
<% = server.mappath("data.txt")% ><BR>
<% = server.mappath("script/data.txt")% ><BR>
```

输出结果：

```
c:\Inetpub\wwwroot\script\data.txt<BR>
c:\Inetpub\wwwroot\script\script\data.txt<BR>
```

3.4　Application 对象

在同一虚拟目录及其子目录下的所有文件构成了 ASP 应用程序。我们可以使用 Application 对象在给定的应用程序的所有用户之间共享信息，并在服务器运行期间持久地保存数据，解决使用 Sever.CreateObject() 方法创建对象实例存在的生命周期受限于网页以及网页变量的生命周期问题；Application 对象还有控制访问应用层数据的方法和可用于在应用程序启动和停止时触发过程的事件。

语法格式：`Application.属性|方法|事件`

3.4.1　Application 属性

Application 对象没有内置的属性，但是用户可以用以下语句代码自行创建其属性，通常也称之为"Application 变量"。

语法格式 I：`Application("变量名") = 变量名`
语法格式 II：`Set Application("对象实例名") = 对象实例名`

该语句将网页变量或对象实例存储到 Application 对象中，而使用下面的语句代码可以将网页变量或对象实例还原回来。

语法格式 I：`变量名 = Application("变量名")`
语法格式 II：`Set 对象实例名 = Application("对象实例名")`

一旦分配了 Application 对象的属性，它就会持久地存在，直到关闭 Web 服务器的服务。由于存储在 Application 对象中的数值可以被应用程序的所有用户读取，所以 Application 对象的属性特别适合在应用程序的用户之间传递信息。

3.4.2 Application 方法

Application 对象有两个方法，分别是 Lock() 方法和 UnLock() 方法。它们是用于处理多个用户对存储在 Application 中的数据进行读写的问题。

（1）Lock() 方法。它用于锁定对象、禁止其他用户修改 Application 中的属性。这样可以确保在同一时刻仅有一个用户可修改或存取 Application 中的变量。如果用户没有调用 Unlock 方法，则服务器将仅在 ASP 文件结束或超时后才解除对 Application 对象的锁定。

（2）UnLock() 方法。它用于解除对 Application 对象的锁定，允许其他用户修改 Application 中的属性。这样可以使下一个用户能修改 Application 中的属性值。所以利用 Application 对象可以方便地记录访客人数。

下面是用 Application 对象做的一个简单的计数器。

【例 3.4.1】 一个简单的计数器实例。

3-4-1.asp 程序代码如下：

```
<HTML>
<%'3-4-1.asp 程序 一个简单的计数器
    Application.Lock
    Application("visitor_num") = Application("visitor_num") + 1
    Application.Unlock
%>
<center><h2><font size="7">主页计数器</h2>
</font></center>
<center><hr>
<form method="POST" action="3-4-1.asp">
    <p align="center"><b><font>你是本网站的第</font></b>
    <%=Application("visitor_num")%>
    <font><b>位访问者!</b></font>
    </p>
</form>
</HTML>
```

程序执行结果如图 3.4.1 所示。

图 3.4.1 主页计数器网页

3.4.3 Application 事件

（1） Application_OnStart 事件。该事件在首次创建新的会话（即 Session_OnStart 事件）之前发生，用于初始化变量、创建对象或运行其他代码。该事件只触发一次，就是第一个用户的第一次请求。Application_OnStart 事件的处理过程必须写在 Global.asa 文件中。

语法格式：

```
<SCRIPT LANGUAGE = ScriptLanguage RUNAT = Server>
    Sub Application_OnStart
    …
    End Sub
</SCRIPT>
```

（2） Application_OnEnd 事件。该事件在应用程序退出时于 Session_OnEnd 事件之后发生。如在 Internet Service Manager 中关闭了网络服务，Application_OnEnd 事件就会触发。Application_OnEnd 事件的处理过程也必须写在 Global.asa 文件中。

语法格式：

```
<SCRIPT LANGUAGE = ScriptLanguage RUNAT = Server>
    Sub Application_OnEnd
    …
    End Sub
</SCRIPT>
```

3.5 Session 对象

Session 指访问者从登录某个特定主页到离开为止的期间。Session 对象存储特定的用户会话所需的信息（实例对象或变量）。当用户在应用程序的页面之间跳转时，存储在 Session 对象中的变量不会丢失，而用户在应用程序中访问页面时，这些变量始终存在。在绝大多数情况下，用 Session 对象当作全局变量，用于在该应用的所有页面中共享信息。Session 对象最典型应用就是在网上购物中创建虚拟购物袋，用来记录某个用户进入各网页挑选的所有产品信息。另外还经常被用在验证客户身份的程序中。

当用户请求，如该用户还没有会话，则 Web 服务器将自动创建一个 Session 对象。在默认情况下，如果没有用户请求，则服务器只保留 Session 20 分钟。用户也可以通过设置 Session 的属性 TimeOut 来改变 Session 对象。或调用 Session.Abandon 方法来释放 Session 对象。通过向客户程序发送唯一的 Cookie 可以管理服务器上的 Session 对象。要注意的是，会话状态仅在支持 Cookie 的浏览器中保留，如果客户关闭了 Cookie 选项，Session 也就不能发挥作用了。

语法格式：Session.属性 | 方法 | 事件

3.5.1 Session 属性

Session 的属性有两个。

(1) SessionID 属性。SessionID 是在创建会话时,由服务器为每一个会话生成的唯一标识。会话标识以长整形数据类型返回。SessionID 多用于 Web 页面注册统计。

(2) TimeOut 属性。TimeOut 属性是以分钟为单位为会话定义的超时时限。如果用户在该超时时限之内不刷新或请求网页,则该会话将终止。如将时限设为 10 分钟的代码为:

```
<% Session.TimeOut =10 % >
```

除了以上两个内置的属性外,类似于 Application 对象,用户也可自定义 Session 的属性(或称 Session 变量)。将网页变量或对象实例存储到 Session 对象中的语法格式为:

```
Session("变量名") = 变量名
Set Session("对象实例名") = 对象实例名
```

将存储在 Session 对象中网页变量或对象实例还原回来的语法格式为:

```
变量名 = Session("变量名")
Set 对象实例名 = Session("对象实例名")
```

3.5.2 Session 方法

Session 对象唯一的方法是 Abandon( )方法。该方法用来消除用户的 Session 对象并释放其所占的资源。如果用户没有明确地调用 Abandon 方法,一旦会话超时,服务器也将删除这些对象并释放资源。当服务器处理完当前页时,下面示例将释放会话状态。

```
<% Session.Abandon% >
```

3.5.3 Session 事件

Session 对象有两个事件可用于 Session 对象的启动和释放。

(1) Session_OnStart 事件。该事件在服务器创建新的会话时发生。服务器在执行请求的页之前先处理该脚本。Session 对象的 OnStart 事件中的代码被保存在 Global.asa 文件中。

为了确保用户在打开某个特定的 Web 页时始终启动一个会话,就可以在 Session OnStart 事件中调用 Redirect 方法。当用户进入应用程序时,服务器将为用户创建一个会话并处理 Session_OnStart 事件脚本。可以将脚本包含在该事件中以便检查用户打开的页是不是启动页,如果不是,就指示用户调用 Response.Redirect 方法启动网页。程序代码如下:

```
< SCRIPT RUNAT = Server Language = VBScript >
    Sub Session_OnStart
        startPage = "App/StartHere.asp"
```

```
        currentPage = Request.ServerVariables("SCRIPT NAME")
        if strcomp(currentPage,startPage,1)then
          ResponseRedirect(startPage)
        end if
    End Sub
</SCRIPT>
```

上述程序只能在支持 Cookie 的浏览器中运行。因为不支持 Cookie 的浏览器不能返回 Cookie，所以每当用户请求 Web 页时，服务器都会创建一个新会话。这样，对于每个请求服务器都将处理 Session OnStart 脚本并将用户重定向到启动页中。

（2）Session_OnEnd 事件。该事件在会话被放弃或超时调用了 Session 对象的 Abandon 方法时被触发。Session_OnEnd 事件同样被保存在 Global.asa 文件中。

会话可以通过以下三种方式启动。

（1）一个新用户请求访问一个 URL，该 URL 标识了某个应用程序中的 .asp 文件，并且该应用程序的 Global.asa 文件包含 Session OnStart 过程。

（2）用户在 Session 对象中存储了一个值。

（3）用户请求了一个应用程序的 .asp 文件，并且该应用程序的 Global.asa 文件使用 <OBJECT> 标签创建带有会话作用域的对象的实例。

Application 对象和 Session 对象是在 Web 页面特别是基于 Web 的 BBS 或聊天室上经常使用的 ASP 内建对象，这两个对象在实际运用中很实用。

3.5.4 Session 与 Application 比较

通过对 Application 和 Session 对象的比较，可以发现两者的异同之处。

相同点：

（1）两者都可自定义属性并且都可对对象中的变量及对象实例进行存取。

（2）两者都有生命周期和作用域，并且都有 On_Start 和 On_End 事件。

（3）两者都是 ASP 文件共用的对象。

不同点：

（1）两者的起始及终止时间不同，Session 对象开始于链接者第一次链接时，终止于链接者在若干时间内没有索取过任何信息；Application 对象开始于 IIS/PWS 开始执行且出现第一个链接者的时候，终止于若干时间内没有任何链接者索取过信息，或 IIS/PWS 关闭。

（2）两者的服务对象不同，Session 对象是每位链接者自己所拥有的。每有 1 位链接者，系统会为它单独产生一个 Session 对象，每个对象都有自己的 SessionID 号，有多少个链接就有多少个对象，结束一个链接就中止一个 Session 对象；而 Application 对象是所有该网页链接者共用对象，它是当有第一个链接时产生，直至所有链接都断开或 IIS/PWS 服务器被关闭时终止，Application 对象的数目永远等于 1。

（3）由于以上区别，所以两者的适用范围不同。Application 适合作 Web 网上的主页访问计数器、公共讨论区等；而 Session 对象则适合作单个用户的信息存储区，如做网上商店的"购物袋"。

3.5.5 Session 与 Cookie 比较

我们可以使用 Response 对象建立 Cookie 文件，以记录访问者的信息。Session 对象类似于 Cookie 对象，也可以用来记录浏览器的状态，所不同的是，Cookie 是把信息记录在客户端的浏览器中，而 Session 对象则是把信息记录在 IIS 服务器中。

3.6 Global.asa 文件初始化应用程序

Global.asa 文件是一个非常重要的文件，一旦创建了一个应用程序，在工程项目的下面就会自动生成 Global.asa 文件。程序编写者可以在该文件中指定事件脚本，并声明具有会话和应用程序作用域的对象。该文件的内容不是用来给用户显示的，而是用来存储事件信息和由应用程序全局使用的对象。在这个文件中含有 Application 对象和 Session 对象的事件处理过程。下面是一个空白的 Global.asa 文件结构。

```
< Script language = VBScript runat = server >
    Sub Application_OnStart    '当任何客户首次访问该应用程序的首页时运行
    End Sub
    Sub Application_OnEnd    '当该站点的 Web 服务器关闭时运行
    End Sub
    Sub Session_OnStart    '当客户首次运行 ASP 应用程序中的任何一个页面时运行
    End Sub
    Sub Session_OnEnd    '当一个客户的会话超时或退出应用程序时运行
    End Sub
</Script >
```

除了以上示例中的 4 个事件外，还可以在 Global.asa 中加入声明创建对象的语句。

需要注意的是 Global.asa 使用了微软的 HTML 拓展 < Script > 标记语法来限制脚本，这也就是说，必须使用 < Script > 标记来引用这两个事件而不能用 "< %" 和 "% >"符号引用。上述示例中 Global.asa 使用的是 VBScript，也可以使用其他脚本语言。

在 Global.asa 中不能有任何输出语句，无论是 HTML 的语法还是 Response.Write() 方法都是不行的，Global.asa 在任何情况下都不会显示。对于事件，一个 Global.asa 文件被分成了 4 个部分，下面分别来讨论。

3.6.1 Session_OnStart 事件

前面已经知道 Session 对象是个单用户级的变量，它用于保存一个用户的信息。如果在某一个时间段内有 100 个用户访问网站，那么 Session_OnStart 事件将被触发 100 次，然后执行里面的代码，并且这些代码的执行是在网页显示之前进行，也就是说当服务器开始发送数据时，这个事件就发生了。如果只有这 100 个用户一直在网站冲浪，那么将不会有新的 Session_OnStart 事件产生。

只要在 Global.asa 中添加一些希望执行的脚本，一旦 Session 创建，这些脚本就会自动执行，如下例：

```
< SCRIPT Language = VBScript RUNAT = Server>
   Sub Session_OnStart
     Session("UID") = "Bill"
     Session("PWD") = "PassWord"
   End Sub
</SCRIPT >
```

这个脚本将 Bill 和 password 值赋给了 UID 和 PWD 变量。该例子将在任何一个 Session 创建的时候就被执行。

再看一个利用 Session Onstart 的例子。例如，希望访问者必须浏览某一个主页，而无论在浏览器上输入什么地址：

```
< Script Language = VBScript RUNAT = Server>
   Sub Session OnStart
     Homepage = "http:llocalhostlbornepage.asp"
     Response.Redirect HomePage
   End Sub
</SCRIPT >
```

在这个脚本中，用户就被自动引导到该主页。

3.6.2 Session_OnEnd 事件

任何一个用户如果在 20 分钟之内没有请求任何页面，那么他的 Session-Onend 事件将会产生，这时 Session 对象将会自动结束。在这个事件中的程序代码将在用户离开站点时执行，但不会影响到其他用户。可以采用清除命令来消除 Session 或利用代码将 Session 中的数据写入数据库，或写入记事本中。

下面的例子 Session_OnStart 事件和 Session_OnEnd 事件都被使用。

```
< SCRIPT Language = VBScript RUNAT = Server>
   Sub Session_OnStart
       Response.AppendToLog Session.SessionID&time()
   End Sub
   Sub Session_Onend
       Response.AppendToLog Session.SessionID&time()
   Eub Sub
</SCRLPT >
```

这个例子中，当用户的 Session 开始时，日志文件中记录了该用户的 SessionID 和时间信息；当用户的 Session 结束时，日志文件就记录了该用户的 Session 结束的信息。这样，就可以作多种判断统计，例如：每个人的停留时间、网站上现在有多少人等。

3.6.3 Application _OnStart 事件

Application_OnStart 事件在首次创建新的会话（即 Session_OnStart 事件）之前发生。也就是说，假如有很多的用户访问某站点，但只有第一个用户请求这个应用程序时才会发生。只有 Application 和 Server 内建对象是可用的。在 Application_OnStart 事件脚本中引用 Session、Request 或 Response 对象将导致错误。

3.6.4 Application_OnEnd 事件

Application_OnEnd 事件在应用程序退出时于 Session_OnEnd 事件之后发生，只有 Application 和 Server 内建对象可用。

3.7 思考题

1. ASP 的内置对象有哪些？简述每个对象的功能。
2. ASP 的哪些对象分别用于对浏览器读入数据和输出数据？它们各有哪些属性和方法？
3. 表单有哪几种提交数据方法？如何利用 ASP 的 Request 对象处理表单中的数据？
4. 在 ASP 的内建对象中，哪些对象负责向浏览器输出数据？它们有哪些方法和属性？
5. 编写一个录入界面，用于输入个人信息并将输入的内容发送至服务器。
6. Global.asa 文件的作用是什么？
7. Aplication 和 Session 对象有何区别？怎样用于存储数据？
8. ASP 可用 Request 对象哪些集合接收数据？
9. Server 对象提供了哪些方法和属性？各有什么作用？

第 4 章 ASP 服务器组件

4.1 ASP 服务器组件

ASP 服务器组件也称 ActiveX 组件，其实就是已经在服务器上注册的 ActiveX 控件。该控件可以由多种开发工具来开发，如 Visual Basic、C++、Visual C++、Java 以及 Delphi 等。其基本功能与常规 DLL 相同，不同之处是基于网络平台，功能更强。它由 ASP 页面调用、并以 Web 页面为交互对象，读入用户的输入请求（Web 页面上各输入域的值），通过 Web 服务器处理后返回结果到 Web 页面。

ActiveX 组件主要由两部分组成。第一部分是基本的 ASP 的内置组件，它们包括 Ad Rotator（广告轮播）、Browser Capability（浏览器性能）、Database Access（数据库访问）、Content Linking（内容链接）和 File Access（文件系统存取），以及数据库访问组件 ADO 等。这些组件多数是与 ASP 技术一起发行的，有些是由微软开发并打包在 Microsoft Visual InterDev 中的。因此当需要使用更多的组件时，应在机器上安装 Microsoft Visual InterDev 包中的 ServerComponents：FrontPape Server Extensions、Active Server Pages 和 Client Components：Visual InterDev 等相关组件。通常是在安装 ASP 时这些内置组件就已经注册到服务器上，可供免费使用。第二部分是由用户自定义的或从第三方购买获得可选的现成的组件。ASP 鼓励用户使用任何支持 COM（组件对象模型）的语言（如 C、C++、Java、Delphi、C++ Builder 或 Visual Basic 等语言）来编写新的ActiveX 组件以进一步扩展 ASP 的功能。

在整个网页应用开发中，前面介绍的 ASP 的内置对象是不用产生一个实例和不用声明就能够直接引用的对象，可以随时访问内嵌对象的所有属性、方法与集合。但是 ActiveX 组件却都需要实例化为对象才能够被引用。也就是说在使用 ActiveX 组件之前，首先需要为组件创建一个实例对象，然后才可以在 ASP 程序中随意运用所创建的对象的属性、方法、集合。创建 ActiveX 组件的实例对象有以下 2 种方法。

方法 1：使用 ASP 的 Server.CreateObject 方法创建组件的对象实例。格式如下：

```
<%Set 对象名 = Server.CreateObject("组件名或组件注册名")%>
```

组件可以提供一个或多个对象以及对象的方法和属性。我们必须使用 ASP 的 Server.CreateObject 方法来创建对象实例，并使用脚本语言的变量分配指令为对象实例命名。否则 ASP 无法跟踪脚本语言中对象的使用。创建对象实例时，必须提供实例的注册名称 PROGID。如下代码要创建一个命名 Myconn 的 ADODB.Conection 的对象实例。

```
<%Set MyConn = Server.CreateObject("ADODB.Conection")%>
```

代码中 MyConn 是新的对象实例变量名；ADODB.Conection 是组件注册名（PROGID），其中 ADODB 是组件库名，Conection 是组件类别名称。

方法 2：使用 HTML < OBJECT > 标签创建对象实例。格式如下：

```
<OBJECT RUNAT = Server ID = 对象名 PROGID = "组件名" ></OBJECT>
```

使用 HTML < OBJECT > 标签创建对象实例必须为 RUNAT 属性提供服务器值，同时也要为将在脚本语言中使用的变量名提供 ID 属性组。使用注册名（PROGID）或注册号码（CLSID）可以识别该对象。下面代码是使用注册名（PROGID）创建 Ad Rotator 对象的实例。

```
<OBJECT RUNAT = Server ID = MyAd PROGID = "MSWC.AdRotator" ></OBJECT>
```

4.2　Ad Rotator 广告轮播组件

ASP 的 Ad Rotator 广告轮播组件又称广告循环组件，它可按指定计划在同一页上自动轮换显示广告，允许在每次访问 ASP 页面时在页面上显示新的广告。可以利用 Ad Rotator 组件通过读取 Ad Rotator 计划文件来帮助用户在自己的网站上建立一个符合广告领域标准功能的广告系统。使用 Ad Rotator 组件制作广告过程有以下三个步骤。

（1）建立 Ad Rotator 计划表文件。
（2）创建 Ad Rotator 组件对象。
（3）用 Ad Rotator 组件的 GetAdvertisement 方法读取计划文件。

4.2.1　建立 Ad Rotator 计划表文件

Ad Rotator 组件的工作是通过读取 Ad Rotator 计划文件来完成的，该文件包括与要显示的图像文件的地点有关的信息以及每个图像的不同属性，文件的扩展名为 .txt 的文本文件，可用任何文本编辑器建立。下面就是一个标准的 Ad Rotator 计划文件。

```
---ADROT.TXT---
REDIRECT 4-2-1_1.asp
WIDTH 250
HEIGHT 60
BORDER 1
*
pic/google.gif
http://www.google.com/
google site
2
pic/YaHoo.gif
http://cn.yahoo.com/
Yahoo site
```

```
3
pic/SoGua.gif
http://www.sogua.com/
SoGua site
5
```

该段代码的前 4 行包含广告的全局设置。Redirect 行指出广告将成为其热链接的 URL，注意这里不是为广告本身指定的 URL，而是将调用的中间页面的 URL，这样我们就可以通过这个中间页面跟踪单击广告的次数。该 Redirect URL 将与包含两个参数的查询字符串一起调用特定广告主页的 URL 和图像文件的 URL。星号上面的其余 3 行简单说明如何显示广告。前 2 行以像素为单位指定网页上广告的宽度和高度，默认值是 250 和 60 个像素。后一行，同样是以像素为单位指定广告四周超链接的边框宽度，默认值是 1 个像素。如果将该参数设置为 0，则将没有边框。

星号下面的行以每 4 行为一个单位描述每个广告的细节。在此例中共有 12 行，描述 3 个广告。每个广告的描述包含图像文件的 URL、广告主页的 URL（如果广告客户没有主页，应在该行写上一个连字符"-"，指出该广告没有链接）和图像的替代文字以及指定该页与其他页交替显示频率的数值。

图像是重定向页面的热链接，它在查询字符串中设置了两个值，url = http://cn.yahoo.com/以及 image = pic/YaHoo.gif。要确定广告显示的频率，可以将计划文件中所有广告的权值相加，在该例中总数是 10，那么 YaHoo 的广告权值为 3，这意味着 AdRotator 组件每调用 10 次，它则显示 3 次。

4.2.2　创建 Ad Rotator 组件对象

创建该组件使用的方法是 Server.CreateObject。使用 Server.CreateObject 方法将 Ad Rotator 组件实例化成一个对象。由于该组件的注册名为 MSWC.AdRotator。所以其 Ad Rotator 对象的代码应如下：

```
<%set 对象名 = Server.CreateObject("MSWC.AdRotator")%>
```

4.2.3　用 Ad Rotator 的 GetAdvertisement 方法读取计划文件

Ad Rotator 组件支持读取计划文件的唯一方法是 GetAdvertisement，它只有一个参数，这个参数就是计划文件的文件名。代码格式如下：

```
<% = 对象名.GetAdvertisement("计划文件名")%>
```

注意指向文件的路径是当前虚拟目录的相对路径，物理路径是不允许的。GetAdvertisement 方法从 Rotator 计划文件中获取下一个计划广告的详细说明并将其格式化为 HTML 格式。下面的 HTML 由 GetAdvertisement 方法生成且被添加到网页的输出中，以便显示 Rotator 计划文件中的下一个广告。

```
<A HREF = "4-2-1_1?http://www.google.com/" > < IMG SRC = "Pic/Goole.gif"
ALT = "goole site" WIDTH = 250 HEIGHT = 60 BORDER = 1 > </A>
```

下面是一个 ContentLinking 的实例。

【例 4.2.1】 用 Ad Rotator 组件制作广告实例。

4-2-1.asp 程序代码如下：

```
<%'4-2-1.asp
dim myAd
Set MyAd = Server.CreateObject("MSWC.AdRotator")
  response.write MyAd.GetAdvertisement("ADROT.TXT")
%>
```

4-2-1_1.asp 程序代码如下：

```
<%'4-2-1_1.asp
response.Redirect(request.querystring("url"))
%>
```

程序的执行结果如图 4.2.1～图 4.2.3 所示。

图 4.2.1　广告轮播一

图 4.2.2　广告轮播二

图 4.2.3　广告轮播三

4.3　File Access 文件系统存取组件

File Access 组件提供了可用来访问计算机文件系统的方法和属性。要创建并读写一个文本文件，应当使用 FileSystemObject 和 TextStream 对象。首先需要使用 File Access 组件创建 FileSystemObject 对象的实例，然后调用 FileSystemObject 对象的 CreaterTextFile( ) 方法返回一个 TextStream 对象实例，最后用 TextSream 对象的方法对文件进行读写操作。

4.3.1 建立文件系统对象

建立文件系统对象是使用 Server.CreateObject 方法来创建一个 FileSystemObject 对象。语法格式：Set 对象名 = Server.CreateObject("Scripting.FileSystemObject")

该语法用于创建对象名指定的一个 FileSystemObject 对象。如下代码创建了一个名为 Fso 的 FileSystemObject 对象。

```
<% Set  Fso = Server.CreateObject("Scripting.FileSystemObject")%>
```

4.3.2 创建 File 对象与打开 File 对象

使用 File Access 组件所创建的 FileSystemObject 对象提供有两种最常用的方法：CreateTextFile 方法和 OpenTextFile 方法。前者用来创建文件，创建 FileSystemObject 对象的子对象 File；后者用来打开文件（子对象 File）并读写文本文件。

1. 用 CreateTextFile 方法创建 File 对象

用 CreateTextFile 方法可获得指定的文件名并创建该文件，它返回一个 TextStream 对象，并可以用该对象在文件被创建后操作该文件。CreateTextFile 方法的语法如下。

Set File 对象名 = FileSystemObject 对象名 CreateTextFile("filename",[Overwrite],[Unicode])

其中各参数的意义如下：

（1）Filename：包含文件路径名的字符串，可以是文件的全路径名，包括驱动器名和目录名，或者也可以只是文件名，如果只包含文件名的话，文件将被创建在站点的根目录下。

（2）Overwrite：布尔量，设置成 false 时可以防止 FileSystemObject 对象在创建一个新文件时删除已存在的文件，该参数是可选的，如果没有赋值系统默认为 true，具有相同文件名的已有文件会被删掉。

（3）Unicode：可选参数。布尔值指明是否以 Unicode 或 ASCII 文件格式创建文件。如果以 Unicode 文件格式创建文件，则该值为 true；如果以 ASCII 文件格式创建文件，则该值为 false。如果省略此部分，则假定创建 ASCII 文件。

以下代码建立了 MyFile 文件，创建了一个对象名为 Myfile 的 File 对象，并且该对象直接指向新建文件 MyFile.txt。

```
<% temp = Server.MapPath("MyFile.txt")%>
<% Set Myfile = Myfso.CreateTextFile(temp)%>
```

2. 用 OpenTextFile 方法打开 File 对象

与 CreateTextFile 方法不同，OpenTextFile 方法用于打开已经建立的文本文件、访问所指定的文件并根据参数对文件进行各种不同的操作。OpenTextFile 方法的语法如下。

```
Set File 对象名 = FileSystemObject 对象名.OpenTextFile("filename",[IOmode],
[Create],[Format])
```

其中各参数意义如下：

（1）Filename：必需的变量，同 CreateTextFile 的 Filename。

（2）IOmode：可选的常量，有两个取值 ForReading（=1）或 ForAppending（=8），如果 mode 为 1，文件以只读方式打开；如果为 8，则文件以追加的方式打开。

（3）Create：可选的布尔量，用于指定当要打开文件不存在时应做的操作，如果其值为 true，当文件不存在时就自动创建一个空的文件；如果为 false，就会在文件没找到时产生一个出错信息，其默认值是 false。

（4）Format 可选值，有三种选择值 -2（系统缺省）、-1（Unicode）和 0（ASCII）分别指定文件的格式。

以下例子打开了一个"info.txt"文件。

```
<%
whichfile = server.mappath("info.txt")
Set fso = CreateObject("Scripting.FileSystemObject")
Set txt = fso.OpenTextFile(whichfile,1)
%>
```

4.3.3 File 对象与 FileSystemObject 对象的方法

用 CreateTextFile 方法和 OpenTextFile 方法创建了 File 对象后也就是建立了文本文件，可以用对象的方法对文件进行操作，读写文本文件。

1. File 对象方法

（1）Close()方法：关闭流以及对应的文本文件。如：MyFile.Close。

（2）ReadLine()方法：将一整行的字符读入一个字符串中。如：MyFile.ReadLine。

（3）Read(Num)方法：指定从光标的当前位置开始从文本文件中读取一定数目的字符。如：MyFile.Read(30)。

（4）Readall()方法：将整个流读入一个字符串中。如：Mystring = MyFile.ReadAllo。

（5）WriteLine()方法：将一行文本写入流中，如：MyFile.WriteLine 变量名。

（6）Write(text)方法：将一个字符串写入流中。如：MyFile.Write（"YulangGates"）。

（7）WriteBlanklines(num)方法：将一定数目的空行写入流中。

（8）Skip(Num)方法：在流中，将光标的位置移动一定数目的字符串长度。

（9）SkipLines(num)方法：在流中，将光标移动一定数目的行数。

2. FileSystemObject 对象的方法

（1）MoveFile 方法：该方法用于更名文件。其语法格式如下：

`FileSystemOject 对象名.MoveFile 旧文件名 新文件名`

如代码 Myfso.MoveFile、Myfile.txt、Newfile.txt 就将 MyLYB.txt 文件更名为 NewMyfile.txta。

（2）DeleteFile 方法：该方法用于删除文件。其语法格式如下：

`FileSystemOject 对象名.DeletFile 文件名`

如代码 Myfso.DeleteFile、MyFile.txt 就删除了 MyLYB.txt 文件。

（3）CopyFile 方法：该方法用于复制文件。其语法格式如下：

`FileSystemOject 对象名.CopyFile 文件名1 文件名2`

4.3.4 File 对象属性

File 对象具有如下四个属性。

（1）AtEndOfLine：只读布尔量。当光标在当前行的末尾时，其值为 true，反之则为 false。

（2）AtEndOfStream：只读布尔量。当光标在流的末尾时，其值为 true，否则为 false。

（3）Column：只读的整数。统计从行首到当前光标位置之间的字符数。

（4）Line：只读的整数。指明光标所在行在整个文件中的行号。

【例 4.3.1】 一个访问 "C:\MyFile.TXT" 的程序。

```
<%
    Dim fso,tf
    Set fso = CreateObject("Scripting.FileSystemObject")
    Set tf = fso.OpenTextFile("C:\MyFile.TXT")
    s =tf.ReadLine
    Do While tf.AtEndOfLine < > True
    s = tf.ReadLine
    response.write s & "<br>"
    Loop
%>
```

【例 4.3.2】 一个写 "C:\MyFile.TXT" 的程序。

```
<%
  Dim fso,tf
  Set fso = CreateObject("Scripting.FileSystemObject")
  Set tf = fso.OpenTextFile("C:\MyFile.TXT ",2)
  tf.WriteLine("Hello!")
  tf.Close
%>
```

4.4　BrowserCapabilities 浏览器性能组件

目前两种不同的网页浏览器 NetScape 和 IE 相继推出新的版本，不断扩大了两种

HTML 标准的分歧。这样给网站设计者带来了不小的麻烦，网站设计者不得不考虑到用户的浏览器，一旦使用了某一家的 HTML 扩展，那么就意味着失去了另外一家浏览器生产商的使用客户。这意味着很可能会失去相当数量的潜在访问者。

解决的办法就是使用 BrowserCapabilities 浏览器性能组件。当一个浏览器链接到 Web 服务器时，浏览器会自动将一串用户代理 HTTP 报头（User Agent HTTP Header）传送到服务器（该报头为一 ASCII 字符串，包含了该浏览器及其版本号），因此我们可以使用 ASP 的浏览器功能组件映射文件 Browscap.ini 创建一个 BrowserType 对象。该对象提供了带有客户端网络浏览器功能说明的用户脚本。通过访问 BrowserType 对象中的属性可以得到浏览器性能信息，借助 BrowserType 对象的属性来识别客户浏览器的不同性能，就可以设计出具有智能化的网页来。通常 Browscap.ini 文件放在 Win98＋PWS 系统的 Windows \ System \ Inetsrv 目录下，或放在 WinNT＋IIS 系统的 WinNT \ System32 \ Inetsrv 目录下，用户可以编辑、修改文件。

4.4.1 BrowserCapabilities 组件

为了要从"用户代理 HTTP 报头"得到客户端网络浏览器的信息，需要先创建 BrowserCapabilities 组件对象，然后再引用，从而将属性参数提取出来。其对象建立与属性引用代码如下：

```
<%
Set MyBT = Server.CreateObject("MSWC.BrowserType")//创建浏览器对象 MyBT
Response.write MyBT.browser   //输出 MyBT 对象的 browser 属性
%>
```

默认的情况下，可以检测到的浏览器特性如下。

- Browser：顾名思义，就是浏览器类型，比如 Internet Explore 或者 NetScape。
- Version：浏览器当前版本。
- Majorver：浏览器的主版本（小数点以前的）。
- Minorver：浏览器的辅版本（小数点以后的）。
- Frames：指示浏览器是否支持分屏方式。
- Tables：指示浏览器是否支持表格。
- Cookies：指示浏览器是否支持 cookies。
- Backgroundsounds：指示浏览器是否支持 <bgsound> 标记。
- VBScript：指示浏览器是否支持客户端 VBScripts 脚本。
- JScripts：指示浏览器是否支持客户端 JScripts 脚本。
- JavaApplets：指示浏览器是否支持 Java applets。
- ActiveXControls：指示浏览器是否支持客户端 ActiveX 控件。
- Beta：指示浏览器是否还是测试版。
- Platform：检测目前用户所用的操作平台，例如，Windows 98/XP 或者 Mac PowerPC。
- Win16：检测用户是在用 16 位的视窗（Win31）系列还是 32 位的视窗系列（Win98 等）。

4.4.2 Browsercap.ini 文件

其实浏览器性能组件是将接收到的 Header 与一个特定的文件 Browsercap.ini 进行比较，这个文件位于服务器，当安装 ASP 时被自动安装。Browsercap.ini 文件中列出的浏览器定义必须提供一个 HTTP USER AGENT 字符串，然后是属性和希望加入的值。一旦定义了浏览器，通过 Parent 属性可以继承该浏览器的属性。Browercap.ini 列表的基本句法如下：

```
HTTP - USER AGENT HEADER
parent = parent definition
property1 = value(属性1 = 值)
ptoperty2 = value(属性2 = 值)
```

【例 4.4.1】 显示某浏览器的属性参数的程序代码。

```
<% Set bc = Server.CreateObject("MSWC.BrowserType") %>
<table border = 1 width = "433">
<tr><td width = "143" height = "22">Browser</td><td height = "22">浏览器名称</td>
<td width = "94" height = "22"> <% = bc.browser %> </td></tr>
<tr><td width = "143">Version</td><td>版本</td><td width = "94"> <% = bc.version %> </td></tr>
<tr><td width = "143">Frames</td><td>是否支持框架</td><td width = "94"> <% = bc.frames %> </td></tr>
<tr><td width = "143">Tables</td><td>是否支持表格</td><td width = "94"> <% = bc.tables %> </td></tr>
<tr><td width = "143">BackgroundSounds</td><td>是否支持背景音乐</td><td width =
"94"> <% = bc.BackgroundSounds %> </td></tr>
<tr><td width = "143">VBScript</td><td>是否支持VBScript</td><td width = "94">
<% = bc.vbscript %> </td></tr>
<tr><td width = "143">JScript</td><td>是否支持JScript</td><td width = "94"> <% = bc.javascript %> </td></tr>
</table>
```

程序的执行结果如图 4.4.1 所示。

图 4.4.1 显示某浏览器的属性参数

4.5 Content Linking 内容链接组件

Content Linking 内容链接组件可以便捷地在页面上建立大量的链接。可以在这些页面中建立一个目录表，还可以在它们中间建立动态链接，并自动生成和更新目录表及先前和后续的 Web 页的导航链接。Content Linking 组件提供了管理网页或网址间的超文本链接的功能。它是通过一个"网页或网址的线性排列顺序文件"列表来管理多个网页或网址间的超文本链接顺序。需要建立大量的链接为访问者链接提供导航时，采用这个组件会事半功倍。

要建立一个具有内容超级链接功能的页面至少需要两个文件，一个是用来设定链接内容的 txt 文件，另一个是建立 asp 文件，以便调用内容超级链接组件对象的各类方法。

4.5.1 创建 Content Linking 组件对象

语法格式：Set 对象名 = Server.CreateObject ("MSWC.NextLink")

4.5.2 建立网页或网址 URL 顺序表文件

网页或网址 URL 顺序表文件是一个文本文件，其格式如下：

网页的 URL ["tab"键描述文字(附注文字)]

其中各参数的意义如下。

（1）网页的 URL：表示与页面相关的超链接地址，可以是相对路径，也可以是绝对路径。

（2）描述文字：提供了能被超链使用的文本信息，用于对网页或网址的描述，可以是一段文字，也可以用 <img> 标签对应到一个图形文件。

（3）附注文字：是对特定网页或网址的进一步说明，它的作用如同程序中的注释。

（4）在这两列之间只能用 tab 键来隔开，否则组件会不能认识。

4.5.3 Content Linking 对象方法

以下分别列出了 Content Linking 对象的 8 个方法。

（1）GetListCount( ) 方法。

该方法获取组件中包含的链接的"网页 URL"数目，用法如下：

个数 = GetListCount ("URL 顺序表文件"名)

（2）GetListIndex( ) 方法。

该方法获取内容链接列表文件中的"网页 URL"的索引，用法如下：

顺序数 = GetListIndex ("URL 顺序表文件"名)

（3）GetPreviousURL( ) 方法。

该方法获取内容链接列表文件中所列的前一页"网页 URL"，用法如下：

字符串 = GetPreviousURL("URL 顺序表文件"名)

（4）GetPreviousDescription( ) 方法。

该方法获取内容链接列表文件中所列的前一页"网页 URL"的说明，用法如下：

字符串 = GetPreviousDescription("URL 顺序表文件"名)

（5）GetNextURL( ) 方法。

该方法获取内容链接列表文件中所列的下一页"网页 URL"，用法如下：

字符串 = GetNextURL("URL 顺序表文件"名)

（6）GetNextDescription( ) 方法。

该方法获取内容链接列表文件中所列的下一页"网页 URL"的说明，用法如下：

字符串 = GetNextDescription("URL 顺序表文件"名)

（7）GetNthURL( ) 方法。

该方法获取内容链接列表文件中所列的第 N 页"网页 URL"，用法如下：

字符串 = GetNthURL("URL 顺序表文件"名,N)

（8）GetNthDescription( ) 方法。

该方法获取内容链接列表文件中所列的第 N 页"网页 URL"的说明，用法如下：

字符串 = GetNthDescription("URL 顺序表文件"名,N)

【例 4.5.1】 用 Content Linking 进行网络导航实例

4-5-1.txt 顺序表文件的内容如下：

```
4-5-1_1.asp   1. 古巴共和国
4-5-1_2.asp   2. 巴巴多斯
4-5-1_3.asp   3. 牙买加
```

4-5-1.asp 程序代码如下：

```
<%'4-5-1.asp
    Response.write"<h2>--国家简介--</h2>"
    Set MyNL = Server.CreateObject("MSWC.NextLink")
    number = MyNL.GetListCount("4-5-1.txt")
    for N = 1 to number
        response.write"<a href = """ & MyNL.GetNthUrl("4-5-1.txt",N) &
    """>" &_MyNL.GetNthDescription("4-5-1.txt",N)&"</a><br>"
    next
    Set MyNL = nothing
%>
```

4-5-1_1.asp 程序代码如下：

```
<%'4-5-1_1.asp
    response.write"<h3>--古巴共和国资料--</h3>"
    response.write"面积:11 万平方公里<br>"
```

```
    response.write"人口:1114万<br>"
    response.write"首都:哈瓦那<br>"
    response.write"语言:西班牙语<br>"
%>
```

4-5-1_2.asp 程序代码如下:

```
<%'4-5-1_2.asp
    response.write"<h3>--巴巴多斯资料--</h3>"
    response.write"面积:431平方公里<br>"
    response.write"人口:28万<br>"
    response.write"首都:布里奇敦<br>"
    response.write"语言:英语<br>"
%>
```

4-5-1_3.asp 程序代码如下:

```
<%'4-5-1_3.asp
    response.write"<h3>--牙买加资料--</h3>"
    response.write"面积:10991平方公里<br>"
  response.write"人口:262万<br>"
  response.write"首都:金斯敦<br>"
  response.write"语言:英语<br>"
%>
```

4-5-1.asp 程序的输入界面如图 4.5.1 所示。选择列表文本文件中"古巴共和国"项,则链接到如图 4.5.2 所示页面。

图 4.5.1 网络导航实例

图 4.5.2 导航后资料

4.5.4 ASP 的包含文件

ASP 的包含文件是指使用 SSI 指令在 Web 服务器处理之前将一个文件的内容插入到另一个文件的方法。

语法格式:`<!--#Include File="文件名"-->`

"文件名"包含文件的路径和名称。被包含文件不要求专门的文件扩展名,可以是 html、asp、ini 和 txt 等。如有多个网页都要用到公用信息,可以将公用信息放在包含文件中,实现代码重用,不必在每个文件中都书写。包含文件可以使程序结构清楚,提高编程效率,对网页的编写有很大的好处。以下是一个 Include 例子。

【例 4.5.2】 使用包含文件进行网络导航实例。

Include.asp 程序代码如下：

```
<%' Include.asp
    Response.write"<hr>"
    Set MyNL = Server.CreateObject("MSWC.NextLink")
    Response.write"当前序号为:"& MyNL.GetListIndex("4-5-1.txt")&"<br>"
    Response.write"前一项是:"& MyNL.GetPreviousDescription("4-5-1.txt")&"<br>"
    Response.write"后一项是:" &MyNL.GetNextDescription("4-5-1.txt")&"<br>"
    number = MyNL.GetListCount("4-5-1.txt")
    response.write"<a href="""&MyNL.GetNthUrl("4-5-1.txt",1)&""">"&"第一页|"&"</a>"
    response.write"<a href="""&MyNL.GetPreviousURL("4-5-1.txt")&""">"&"上一页|"&"</a>"
    response.write"<a href="""&MyNL.GetnextURL("4-5-1.txt")&""">"&"下一页|"&"</a>"
    response.write"<a href="""&MyNL.GetNthUrl("4-5-1.txt",number)&""">"&"最后一页|"&"</a>"
    Set MyNL = nothing
%>
```

Include.asp 程序输入界面如图 4.5.3 所示。当把 <!-#Include File =" Include.asp"-> 语句分别插入到 4-5-1_1.asp、4-5-1_2.asp、4-5-1_3.asp 三个文件中，例如以下 4-5-1_1.asp 所做更改。

4-5-1_1.asp 文件内容改成如下：

```
<%'4-5-1_1.asp
    response.write"<h3>--古巴共和国资料--</h3>"
    response.write"面积:11万平方公里<br>"
    response.write"人口:1114万<br>"
    response.write"首都:哈瓦那<br>"
    response.write"语言:西班牙语<br>"
%>
<!--#Include File ="Include.asp"-->
```

重新运行 4-5-1.asp 程序，选择列表中"古巴共和国"项，显示结果如图 4.5.4 所示。单击相应项即可前后链接导航。

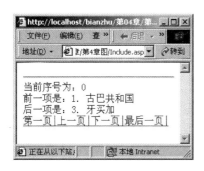

图 4.5.3　Include.asp 程序运行结果

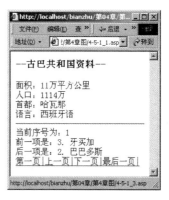

图 4.5.4　重新选择"古巴共和国"项运行结果

4.6 ADO 数据库开发组件

ADO 是一种功能强大的数据访问编程模式，它把大部分数据源可编程的属性直接扩展到 Active Server 上。ADO 用来为 Visual InterDev 等应用程序提供灵活的和可升级的数据库链接功能。特别对于设计基于网络的数据访问，ADO 提供了一种基于对象的方法，通过 ActiveX 脚本与数据库的链接可轻易地实现在网络上访问数据。

ADO 使用本机数据源，通过 ODBC 访问数据库。这些数据库可以是关系型数据库、文本型数据库、层次型数据库或者任何支持 ODBC 的数据库。对于其他访问模式难以完成的任务，ADO 都能轻而易举地完成，有很强的数据库维护和修复能力。ADO 的主要优点是易用、高速、占用内存和磁盘空间少，它是多线程的，在出现大量并发请求时，也同样可以保持服务器的运行效率，并且通过链接池（Connection Pool）技术以及对数据库链接资源的完全控制，提供与远程数据库的高效链接与访问，同时它还支持事务处理，以开发高效率、高可靠性的数据库应用程序。

4.6.1 ADO 组件

在所有的 ASP 组件中，最有用并且最常用的组件是数据库开发组件。使用 ADO 对象可以建立和管理数据库的链接，按数据库服务器的要求获得数据，执行更新、删除、添加数据，获取 ODBC 的错误信息等。它是数据库发布的关键技术。

1. ADO 组件的主要对象及其功能

ADO 组件有 7 个子组件，其中 3 个组件 Connection 组件、RecordSet 组件、Command 组件需要使用 Server 对象的 CreateObject 方法将其实例化为对象才能使用；其他 4 个是 Parameter 对象、Porperty 对象、Error 对象、Field 对象。在上面 7 个子组件中，前 3 个组件在数据库链接与操作方面尤其重要。利用 ADO 访问数据库的 ASP 脚本程序通常使用 Connection 对象建立并管理与远程数据库的链接；使用 Command 对象提供灵活的查询；使用 RecordSet 对象访问数据库查询所返回的结果。这三者是 ADO 中最基本也最核心的对象。

ADO 组件 7 种对象的功能描述如下。

（1）Connection 对象：提供对数据库的链接服务。
（2）Command 对象：定义对数据源操作的命令。
（3）RecordSet 对象：由数据库服务器所返回的记录集。
（4）Parameter 对象：表示 Command 对象的参数。
（5）Property 对象：单独的一个 Property 对象，提供属性功能。
（6）Error 对象：提供处理错误的功能。
（7）Field 对象：由数据库服务器所返回的单一数据字段。

2. 使用 ODBC 链接技术

ODBC 是 Microsoft 公司开发的数据库链接企业标准。ODBC 技术的推出解决了早期数据库应用程序可移植性差的问题，逐渐成为行业事实上的链接数据库的通用接口的国际标准。它由 ODBC API 和 ODBC 驱动程序两个部分组成。

（1）ODBC API。ODBC API 由 Windows DLL 构成，Windows DLL 包括一系列的函数可以对所有适合 ODBC 驱动程序的数据库类型提供数据库服务。ODBC API 定义了数据库存取的方法，并对应用程序提供了一致性的接口界面，可以让程序设计者用同一方法对不同类型的数据库进行操作。

（2）ODBC 驱动程序。应用程序要链接不同类型的数据库，都需要一个 ODBC 驱动程序。由 ODBC 驱动管理程序为数据源打开 ODBC 驱动程序并将 SQL 语句传送给驱动程序，同时 ODBC 驱动程序负责将处理结果返回给应用程序。因此必须为每类数据库提供专用的 ODBC 驱动程序。有了 ODBC API 和专用的 ODBC 驱动程序，想变更数据库时，只要挂上相应数据库的 ODBC 驱动程序就行了，而不必更改源程序。

由于 ODBC API 的支持，各种类型数据库的存取关键在于是否有相应的 ODBC 驱动程序，所以凡是能够提供 ODBC 专用驱动程序的数据库均可成为可访问的 Web 数据库对象。ODBC 就像数据库中的通用语言，对大量的数据库管理系统都有通用的语法接口可以与任何具有相应驱动程序的数据源相链接。因此，通过利用 ODBC，就能够把来自如 Access、FoxPro、Foxbase、SQL Server 以及 Oracle 等其他关系数据库数据源的数据综合在一起。

3. 创建一个系统 DSN

DSN（Data Source Name）即数据源名。ASP 通过 ODBC API 访问指定的数据库，相应数据库首先要建立数据源，也就是需要设置 DSN。设置 DSN 的方法有很多，如果用户正在使用 Visual InterDev 来开发 Web 应用程序，可以使用它来创建一个系统的 DSN。但是最常见的方法是在 Windows NT/XP 的控制面板中进行设置。设置过程如图 4.6.1～图 4.6.5 所示。

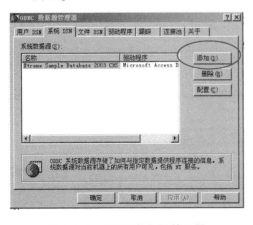

图 4.6.1 ODBC 数据源管理器

图 4.6.2 选择数据库驱动

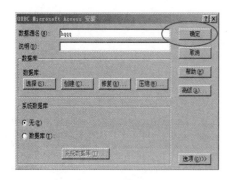
图4.6.3 创建新数据源

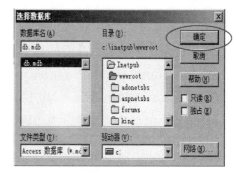
图4.6.4 选择数据库文件

图4.6.5 完成添加数据源

4.6.2 用 Connection 对象链接数据库

1. 创建 Connection 对象

Connection 组件使用 Server.CreateObject 方法创建 Connection 对象。

语法格式：Set Connection 对象名 = Server.CreateObject("ADODB.Connection")

代码如下：

Set MyConn = Server.CreateObject("ADODB.Connection")为 ADODB 组件库的 Connection 类组件建立了一个名为 MyConn 的 ADODB.Connection 对象。

2. Connection 对象方法

Connection 对象主要的方法有以下几种。Open 方法：用于建立到数据源的物理链接；Close 方法：用于关闭一个链接，在对 Connection 对象操作结束时，使用 Close 方法释放所有与之关联的系统资源；Execute 方法：用于执行指定的查询、SQL 语句、存储过程或特定的文本；Cancel 方法：用于取消用异步方式执行的 Execute 或 Open 方法的调用；BeginTrans、CommitTrans 和 RollbackTrans 方法：用于适应 Internet 电子商务应用而提供的事务（或交易）处理方法。

（1）Open 方法。

链接对象只有与指定数据源产生关联才能被用来访问对应数据源，产生关联的方法就是打开一个 Connection 对象。语法格式如下：

```
Connection 对象名.Open"ConnectionString[;UserID][Password][Options]"
```

该方法用于打开一个数据库并建立链接。其中 ConnectionString 是由分号分隔的一系列的链接数据库信息字符串，包括数据源、客户端数据源等；可选项 UserID 用来链接数据源的用户名由数据库管理员提供；Password 是具有用户认证的数据源中需要用到的密码；Options 指定打开链接的方式是异步还是同步。

当选用不同的 ConnectionString 参数时，可以形成两种打开数据库的方式。

① DSN 方法打开数据库。

DSN 方法打开数据库指用"数据源"方式链接数据库。数据源名由用户自己定义，通过 ODBC 链接数据库先建立对应数据库的数据源（DSN）。假如在 wwwroot 文件夹下有 db.mdb 数据库，现在用"控制面板"上的 ODBC 将 db 的 DSN 名设为 hqqq 后，那么 ConnectionString 就变为 DNS = hqqq。这样用户就可以用以下代码创建 MyConn 对象，同时打开一个与数据源名为 hqqq 相对应的数据库。

```
<%
    Set MyConn = Server.CreateObject("ADODB.Connection") '建立 MyConn 对象
    MyConn.Open "hqqq"                                    '打开数据源
%>
```

② 全路径 DSN 方法打开数据库。

全路径 DSN 方法不用在链接数据库前先建立 ODBC 数据源，可以采用直接指定 ODBC 驱动程序名称的方法来建立与数据库的链接。链接数据库字符串 ConnectionString 必须使用"Diver = {ODBC 驱动程序名};dbq = "&Server.MapPath("数据库名")的形式。ODBC 驱动程序名根据选择打开的数据库类型而定。

如下代码打开了一个 Microsoft Access 的 db.mdb 数据库。

```
<%
Set MyConn = Server.CreateObject("ADODB.Connection")
  MyConn.Open " drive = { Microsoft Access Driver ( * .MDB )}; dbq = "
&Server.MapPath("db.mdb")
%>
```

其中：Drive = { Microsoft Access Driver(* .MDB) }，表示要通过 Access 的 ODBC 驱动程序来存取数据库。当数据库是 SQL Server 类型时则驱动程序是 "drive = {SQL Server}"，如果是 Oracle 类型，则驱动程序是 "drive = { Microsoft ODBC for Oracle}"。

（2）Close 方法。

语法格式：Connection 对象名.Close

该方法用于关闭一个已经创建的 Connection 对象及其相关对象。如下两种语句代码均可关闭 MyConn 对象：

```
<% MyConn.close %>
```

或：

```
<% Set MyConn = nothing %>
```

（3）Execute 方法。

语法格式Ⅰ：`Connection` 对象名 `Execute`（`SQL` 指令）

语法格式Ⅱ：`Connection` 对象名.`Execute`（数据表名）

该方法用于执行指定的 SQL 指令或一个存储过程。如下两段语句代码可以分别打开数据表 UserTable，并建立 MYRS 对象：

```
<%
   SQL = "select * form UserTable"
   Set MyRS = MyConn.Execute(SQL)
%>
```

或：

```
<% Set MyRS = MyConn.Execute(UserTable")%>
```

（4）BeginTrans、CommitTrans 和 RollbackTrans 方法。

微软的 BeginTrans、CommitTrans 和 RollbackTrans 方法是为适应 Internet 网上电子商务应用而提供的事务（或交易）处理方法。一个事务通常由一组语句构成，当一个语句没有执行成功，则应该所有语句都不成功。这三个方法可以用于控制多表的同步操作。

① BeginTrans 方法：用于开始一个新的事务（交易），同时返回一个长整型的数据类型；

语法格式：`Connection` 对象名.`BeginTrans`

② CommitTrans 方法：用于存储在当前事务中的任何变更并结束当前的事务；

语法格式：`Connection` 对象名.`CommitTrans`

③ RollbackTrans 方法：用于取消在当前事务中的任何变更并结束当前的事务。

语法格式：`Connection` 对象名.`RollbackTrans`

3. Connection 对象属性

运用 ADO 访问数据库需要通过一个打开的数据库链接来进行，这个链接就是 ADO 的链接对象 Connection。Connection 对象建立了与要访问数据源的关联关系，Connection 对象具有一组属性和方法用于表示、维护这个关联关系，并可执行 SQL 语句。

Connection 有很多引用十分方便的内部属性。以下给出部分常用的属性。

- Attributes：设置 Connection 对象运行事务的控制方法；
- CommandTimeout：设置 Execute 方法的执行截止时间；
- ConnectionString：设置 Connection 对象链接数据源的信息；
- ConnectionTimeout：设置 Connection 对象的 Open 方法与数据库链接等的最长等待时间，默认值为 15 秒；
- CursorLocation：控制光标的类型；

- DefaultDatabase：设置 Connection 对象的默认数据库名称；
- IsolationLevel：用于设置 Connection 对象运行事务的时机；
- Mode：控制链接对象所共享数据库的模式。只能在关闭 Connection 对象时设置，用于设置对数据的可用权限，其属性值是系统定义的一些常量；
- Provider：用于设置 Connection 对象内定数据库管理程序名称；
- Sate：指明 Connection 对象正处于的状态，这些状态有关闭、打开、正在链接、正在执行命令等；
- Version：标示 ADO 对象的版本。

4.6.3 用 Command 对象执行数据库操作

Command 的组件对象负责传递 SQL 指令。利用 Command 对象，可以表示一个命令字符串、存储过程或一个表名。通过与已经创建的 Connection 对象配合使用，发出 SQL 指令，从而实现对数据库的请求操作。Connection 对象和 Command 对象都能创建安全的游标。Command 对象表示一个可被数据源处理的命令，对于某些只是向页面报告数据的过程来说，这是很理想的。

Command 组件可以利用已经创建的 Connection 对象来创建 Command 对象，也可以单独创建。

1. 创建 Command 对象

建立 Command 对象的方法如下。

语法格式：Set Command 对象名 = Server.CreateObject ("ADODB.Command")
如下代码建立了一个名为 MyComm 的 Command 对象：

```
<% Set MyComm = Server.CreateObject("ADODB.Command") %>
```

2. Command 对象属性

Command 对象的属性控制着对数据源进行操作的一切特性。

（1）ActiveConnection 属性。

该属性定义了 Command 对象的链接信息。这个属性设置或者返回一个字符串，或者指向一个当前打开的 Connection 对象，或者定义一个新的链接。

（2）CommandText 属性。

该属性为 SQL 语句、存储过程或者是一个表名。该属性的内容一般是存储过程或是 SQL 语句，但也可以是数据提供者所支持的任何特殊有效的命令格式。下面一个简单的例子说明如何利用 CommandText 属性。

```
set mycmd = Server.CreateObject("ADODB.Command")
mycmd.activeconnection = "DSN = pubs;UID = sa;PWD = "
mycmd.commandtext = "select * from authors"
set myRecordSet = mycmd.excute
```

说明：当 Command 对象的 CommandText 属性为 SQL 或者是一个存储过程时，数据提供者会自动地将参数加到 Command 对象的 Parameters 集合中。

（3）CommandTimeout 属性。

如同 Connection 对象的 CommandTimeout 一样，该属性也是定义 Command 对象终止并产生一个错误之前等待的时间。它可以继承和重载 Connection 对象的这个属性，如果不另外设置，则会继承与之链接的 Connection 的这个属性值，如果自行设置后，Connection 对象的 CommandTimeout 属性值不再对它起作用。

（4）CommandType 属性。

该属性用来优化数据提供者的执行速度。通过定义 CommandText 属性中的命令类型，数据提供者就不用花时间去分析是什么类型的数据。就如同 Connection 对象的 Execute 方法中的 Option 参数一样，它的取值如下。

① adCmdText：表示处理的是一个 SQL 语句。

② adCmdTable：表示处理的是一个表。

③ adCmdStoreProc：表示要处理的是一个存储过程。

④ adCmdUnknow：表示不能识别，它是默认值。

（5）Name 属性。

该属性表示 Command 对象的具体名称，赋值方式如：`String = Command.Name`。

（6）Prepared 属性。

该属性表示在命令被执行前是否要用命令创建一个预编译语句。尽管这样做在执行 SQL 语句开始速度会比较慢，但如果是那些经常要进行的查询，则将此属性设为 true 可以极大地提高速度。其原因是当数据提供者收到一个命令，而该属性为 true，则 CommandString 就会被编译、优化和存储。当下一次再次使用这个命令时，就会执行编译和优化过的例程，而不是一个原始的 SQL 语句。

（7）State 属性。

该属性用来设置 Command 对象的状态，有两个取值，如下所示。

① AdStateClosed（=0）：表示 Command 对象处于关闭状态。

② AdStateOpen（=1）：表示 Command 对象处于打开状态。

赋值方式：`Command 对象.State = StateValue`。

3. Command 对象方法

Command 对象方法的作用是创建执行命令过程中所用到的所有对象。

（1）CreateParameter 方法。

该方法是用来创建一个新的 Parameter 对象，并在执行之前加到 Command 对象的 Parameter 集合中。Parameter 对象表示传递给 SQL 语句或存储进程的一个参数。实际上，使用 Parameter 对象只是一种向 SQL 语句或存储进程传递一个参数的方法。

CreateParameter 方法的语法格式如下：

`Set Parameter 对象名 = Command 对象名.CreateParameter(字段名,字段数据类型,参数类型,字段长度,字段初值)`

其中"参数类型"是对数据库而言的，有如下四个可取值。

① AdParamUnkown（=0）：表示该参数的类型无法确定。

② AdParamInput（=1）：表示该参数是一个输入参数。

③ AdParamOutput（=2）：表示该参数是一个输出参数。

④ AdParamReturnValue（=3）：表示该参数是一个返回值参数。

（2）Execute 方法。

该方法用于执行指定的 SQL 指令或是存储过程。功能与前面的 Connection 对象的 Execute 方法类似。其语法如下：

语法格式 I：

```
SetRecordSet 对象名=Command.Execute(RecordsAffected,Parameters,Opteions)
```

用 Command.Execute 方法建立一个记录集对象，以便对查询结果做进一步的处理。

语法格式 II：

```
Command.Execute RecordsAffected,Parameters,Options
```

用于只对数据库进行操作。

如果不需要对查询结果进行处理，则可用格式 II，参数意义如下。

① RecordsAffected：表示每次对数据库进行访问后所返回或影响的记录条数。

② Parameters：表示所要传递的所有参数。

③ Options：表示对数据库操作的类型，有 4 个取值：-1，1，2，3。

4.6.4 用 RecordSet 对象访问数据库

数据库通常由一个或多个表组成，要存取指定数据库中的某个数据表，必须在用前面的 MyConn.Open 方法打开并链接了相应的数据库后，再建立 RecordSet 对象，才能对其数据表进行各种操作。

1. 创建 RecordSet 对象

建立 RecordSet 对象，可以有两种方法：

（1）使用 Server.CreateObject（"ADODB.RecordSet"）创建 RecordSet 对象。然后通过打开 RecordSet 对象创建一个与指定数据库表关联的 RecordSet 对象实例。格式如下：

```
Set RecordSet 对象名=Server.CreateObject("ADODB.RecordSet")
```

（2）可以采用 Connection 和 Command 对象的 Execute( ) 方法，当用 Execute( ) 方法从一个数据库返回查询结果时，一个 RecordSet 对象会被自动创建。格式如下：

```
Set RecordSet 对象名=Connection.Execute("数据表名")
Set RecordSet 对象名=Connection.Execute(SQL 指令)
```

如下代码表示打开了 db.mdb 数据库，并建立了库中数据表 UserTable 的 RecordSet 对象 MyRS：

```
<% Set MyConn = Server.CreateObject("ADODB.Connection")
   MyConn.Open "hqqq"
   Set MyRS = MyConn.Execute("UserTable")%>
```

2. RecordSet 对象方法

建立了 RecordSet 对象之后，要用 RecordSet 对象的方法来实现对数据库中指定数据表进行相应的操作。RecordSet 对象的方法很多，以下分别介绍。

(1) Open 方法。

Open 方法有两种：

① RecordSet 对象名。Open SQL 指令，connection 对象，RecordSet 类型，锁定类型；

② RecordSet 对象名。Open 数据表名，connection 对象，RecordSet 类型，锁定类型。

Open 方法用于执行用户向数据库提出的请求，请求可以是执行一个 SQL 指令也可以打开一个指定的数据表。其中 connection 对象是当前正在操作的 connection 对象；而"RecordSet 类型"和"锁定类型"则是用于描述打开方式的。两者的具体取值如表 4.6.1 和表 4.6.2 所示。

表 4.6.1 RecordSet 类型设置

RecordSet 类型设置	说明
AdOpenForwardonly（=0）	只读，且当前数据记录只能向下移动
AdOpenStatic（=3）	只读，当前数据记录可自由移动
AdOpenKeySet（=1）	可读写，当前数据记录可自由移动
AdOpenDynamic（=2）	可读写，当前数据记录可自由移动*

* AdOpenKeySet 和 AdOpenDynamic 的差别表现在多人共用数据库时。

表 4.6.2 锁定类型设置

锁定类型设置	说明
AdLockReadOnly（=1）	默认值，用于打开只读的数据记录
AdLockPessimisitc（=2）	悲观锁定
AdLockOptimistic（=3）	乐观锁定
AdLockBatchOptimistic（=4）	批次乐观锁定

以下代码段是进行数据库链接操作的关键语句。

```
<%
1: Set MyConn = Server.CreateObject("ADODB.Connection")
2: MyConn.Open"hqqq"
3: Set MyRS = Server.Createobject("ADODB.RecordSet")
4: SQL = "select * from UserTable"
5: MyRS.Open SQL,MyConn,2,4
%>
```

(2) Close 方法。

关闭或者释放 RecordSet 对象的方法有如下两种：

方法Ⅰ：`RecordSet 对象名.Close`
方法Ⅱ：`Set RecordSet 对象名=nothing`

（3）指针移动方法。

RecordSet 对象的指针移动方法有 5 种，它分别是：

① MoveFirst：该方法将指针移动到 RecordSet 对象的第一条记录；

② MoveLast：该方法将指针移动到 RecordSet 对象的最后一条记录；

③ MoveNext：该方法将指针移动到 RecordSet 对象的当前记录的下一条记录；

④ MovePrevious：该方法将指针移动到 RecordSet 对象的当前记录的上一条记录；

⑤ Move NumRecord Start：将指针移动到 NumRecord 和 Start 参数指定记录处。

其引用方法如下：

`RecordSet 对象名.指定移动方法名`

如 MyRS.MoveLast 表示将 UserTable 中的指针移动到最后一条记录上。

（4）记录操作方法。

RecordSet 对象的记录操作方法有以下几种：

① Addnew：该方法可以向 RecordSet 对象中添加一条记录；

② Delete：该方法用于删除 RecordSet 对象中的一条记录；

③ Update：该方法用于更新 RecordSet 对象中的当前记录；

④ CancelUpdate：该方法用于取消对数据的更新操作，但该方法应在 Update 方法之前使用才有效；

⑤ UpdateBatch：该方法是在表 4.6.2 中的 AdLockBatchOptimistic（=1）时，该方法用于保存对一个或多个记录的修改。

其引用方法如下：

`RecordSet 对象名,UpdateBatch 更新条件`

其中"更新条件"有 3 个取值：

① AdAffectCurrent（=1）：表示对当前指针所指的记录进行更新；

② AdAffectGroup（=2）：表示对符合 Filter 属性的记录进行更新；

③ AdAffectAll（=3）：表示对所有记录进行更新。

3. RecordSet 对象属性

RecordSet 对象属性很多，下面分别介绍。

（1）CursorLocation 属性。

该属性用来设置记录指针的当前位置，有如下 3 个可取值：

① AdUseServer(=2)：表示对数据库的查询结果的操作将在服务器端进行；

② AdUseClient(=3)：表示对数据库的查询结果将返回到客户端以供处理；

③ AdUseClientBatch(=4)：表示动态地返回数据库的查询结果，并断开链接，如有新的查询请求，再重新建立链接。

(2) CursorType 属性。

① AdOpenForWardOnly(=0)：使用前向游标，只能在记录集中向前移动；

② AdOpenKeySet(=1)：使用 KeySet 游标，可以在记录集中向前或向后移动。如果另一个用户删除或改变了一条记录，记录集中将反映这个变化。但如果另一用户添加了一条记录，新记录不会出现在记录集中；

③ AdOpenDynamic(=2)：使用动态游标，可以在记录集中向前或向后移动。其他用户造成的记录任何变化都将在记录集中有所反映；

④ AdOpenStatic(=3)：使用静态游标，可以在记录集中向前或向后移动。但是静态游标不会对其他用户造成的记录变化有所反映。

(3) Locktype 属性。

该属性用于设置光标的类型，不同的光标类型会对 RecordSet 对象产生不同的影响，有如下 4 个可取值：

① AdLockReadOnly(=1)：是默认属性，表示 RecordSet 对象以只读方式打开，该参数无法使用 AddNew、Update、Delete 等方法；

② AdLockPessimistic(=2)：指定在编辑一个记录时，立即锁定它；

③ AdLockOptimistic(=3)：指定只有调用记录集的 Update 方法时，才锁定记录；

④ AdLockBatchOptimistic(=4)：指定记录只能成批地更新。

(4) Filter 属性。

该属性用于设置 RecordSet 对象的数据显示方式，有如下 4 个可取的值。

① AdFilterNone(=0)：表示显示所有的数据；

② AdFilterPendingRecords(=1)：表示只显示没有经过修改、添加或删除的数据；

③ AdFilterAffectedRecords(=2)：表示只显示最近更新过的数据；

④ AdFilterFetchedRecords(=3)：表示只显示存于服务器端缓存的数据。

(5) EditMode 属性。

该属性用于显示当前记录所处的状态，有如下 3 个可取的值。

① AdEditNone(=0)：表示当前记录尚未被修改；

② AdEditInProgress(=1)：表示当前记录正在处理中；

③ AdEditAdd(=2)：表示当前记录是通过 AddNew 方法添加的，并且该记录的数据未被存入数据库中。

(6) State 属性。

该属性用于设置的状态，有如下两个可取的值：

① AdStateClosed(=0)：表示 RecordSet 对象处于关闭状态；

② AdStateOpen(=1)：表示 RecordSet 对象处于链接状态。

(7) ActiveConnection 属性。

该属性用于链接 Connection 对象，其值可以是 Connection 对象名或包含"数据库链接信息"的字符串。

(8) Source 属性。

该属性用于链接 Command 对象，其取值可以是一个 Command 对象名，一段 SQL 指令，一个数据表名或一个内置过程名。

（9）RecordCount 属性。

通过该属性可以取得当前 RecordSet 对象中的记录条件。

（10）BOF 属性。

通过该属性可以判断指针是否已在数据表的开始处。

（11）EOF 属性。

通过该属性可以判断指针是否已在数据表的结束处。

（12）BookMark 属性。

该属性可以提供记录或指向数据指针当前位置的功能。

（13）MaxRecords 属性。

通过该属性可以设置每次从数据库中取得数据记录的最大条数。

（14）CacheSize 属性。

通过该属性可以设置客户端每次可以从服务器端数据库中取得的数据量的大小。

4. RecordSet 对象的应用

（1）取 RecordSet 对象数据。

与数据库的关系表一样，记录集对象的数据结构由记录行（Row）和字段（Field 或 Column）构成，任何时候对记录集数据的访问只是访问其当前的记录。一个记录是若干字段（域）的集合，故读取记录数据即为对字段的访问。就 RecordSet 对象来说，字段名和字段的顺序号均可识别一个字段，例如 sales 表的第一个字段的字段名为 ID，第二个字段的字段名为 GoodsName，其字段的顺序号则为 0 和 1。对字段的访问既可以通过字段名也可以通过字段的顺序号。如要访问 RecordSet 对象 RS 的字段 ID，可用以下几种表达式：RS（"ID"）；RS（0）；RS.Fields（"ID"）；RS.Fields（0）；RS.Fields.Item（"ID"）；RS.Fields.Item（0）。当要读取记录集的所有字段时，用字段的顺序号来访问比较简单。

采用 ASP 脚本在 Web 页面上显示表 sales 的所有记录数据，读取字段值时采用字段顺序号，如下例所示。

```
<% '4-6-a.asp
  Set Conn=Server.CreateObject("ADODB.Connection")
  Conn.Open"driver={Microsoft Access Driver(*.mdb)};dbq="&server.MapPath(MyData.mdb")
  Set RS=Conn.Execute("SELECT * FROM sales") '将通过执行 SELECT 语句创建一个记录集%>
    <TABLE border--1><TR>
      <%
      for I=0 to RS.Fields.Count-1           'Fields.Count 是记录集的字段数
      %>
        <TH>
          <%  RS.Fields(i).Name              '显示字段名
          %>
        </TH>
      <% next%>
    </TR>
```

```
<% while not RS.EOF%>
<TR>
<% for i = 0 to RS.Fields.Count -1%>
  <TD>
  <% RS.Fields(i).Value            '显示字段的值
  %>
</TD>
<% next%>
</TR>
<%
RS.MoveNext                         '移向下一个记录
Wend
RS.Close
Conn.Close
%>
</TABLE>
```

(2) 记录集记录间的移动方法和记录集游标。

可以使用 RecordSet 对象的一组移动方法进行当前记录的重定位,以达到遍历记录集的目的。记录集的移动方法不能任意使用。记录集游标的性质决定可以对记录集进行何种移动,还决定了其他用户对一条记录集能进行怎样的改变。

在 Web 页中列出数据库表 sales 的 GoodsName 域,要求显示顺序从最后一条记录开始直至第一条记录,如下例所示。

```
<% '4-6-b.asp
Set Conn = Server.CreateObject("ADODB.Connection")
Set RS = Server.CreateObject("ADODB.RecordSet")
Conn.Open"driver = {Microsoft Access Driver(*.mdb)};dbg = "&server.MapPath(
"MyData.mdb")
     '打开记录集时,将指定游标的类型为 adOpenstatic,可在记录集中前向或后向移动
RS.Open  "SELECT * FROM sales",Conn,1
RS.MoveLast                         '移向最后一个记录
While not RS.BOF
    Response.Write("<BR>"&RS.Fields("名称").value
    RS.MovePrevious                 '移向前一记录
Wend
RS.Close
Conn.Close
%>
```

(3) 记录集记录的修改和记录锁定。

除了可以用 SQL 更新数据库表的记录外,还可以使用 RecordSet 对象的一组记录增、删、改的方法修改记录集记录。

在数据库表 sales 中插入一条新记录,如下例所示。

```
<%  '4-6-c.asp
    Set Conn = Server.CreateObject("ADODB.Connection")
    Set RS = Server.CreateObject("ADODB.RecordSet")
    Conn.Open" driver = {Microsoft Access Driver (*.mdb)}; dbg = " &server
.MapPath(
    "MyData.mdb")
```

```
                '记录集打开时,将指定锁定方式为 adLockPessimistic
    RS.Open"SELECT * FROM sales",Conn,1,2
    RS.AddNew                                  '插入一条新记录
            '以下将为新记录的两个字段赋值
    RS.Fields("编号") = "200012"
    RS Fields("名称") = "Computer"
    RS.Update                                  '保存该新增记录
    RS.Close
    Conn.Close
    %>
```

(4) 记录集记录的分页处理。

在一页中列出成千上万条信息显然不现实。一种可能的做法是每次从数据库中读出一定数目的记录在一页中显示，用户通过单击上下翻页来访问数据库。另一种做法是将所有记录一次从数据库读出放在记录集中，然后利用 RecordSet 对象的属性实现分页控制。后者适合在数据库中记录数据不是很多时使用；如果每个用户访问时一次读取很多记录则采用第一种方法。由于 RecordSet 对象具有许多属性，所以采用第二种方法进行分页控制十分方便。与分页相关的属性有以下几个。

① PageSize：指定一页记录数，是分页的关键；

② AbsolutePage：表示当前记录所在页的页号；

③ AbsolutePosition：表示当前记录相对于第一条记录的位置，当前记录是第一条记录时，其值为 1；

④ PageCount：RecordSet 对象总的页数；

⑤ RecordCount：RecordSet 对象总的记录数。

利用这些属性和 Move 方法，可以在 ASP 脚本中很方便地实现分页控制。通常步骤是：

① 通过设置 RecordSet 的 PageSize 属性指定页面大小；

② 将数据库中的数据一次读入 RecordSet 中；

③ 根据 RecordSet 的 PageCount 属性在显示页面上显示总页数和页面链接项；

④ 设置 AbsolutePage 属性。

4.6.5　Parameter 对象

1. Parameter 对象

Parameter 对象表示一个基于带参数的查询或存储进程的 Command 对象相关的参数。Parameter 对象的属性是从传递给 Command 对象 CreateParameter 方法的参数那里继承而来的。但是有些属性是不能继承的，可在对象创建后设置，然后加入 Parameters 中。

(1) Parameter 对象的属性。

① Attributes 属性：该属性用来返回或设置它所能接受的任何特殊类型的数据。

② Direction 属性：该属性从 Command 对象的 CreateParameter 方法继承而来，用来表示 Parameter 对象传递命令的一个参数或者由存储进程返回的值。

③ Name 属性：Parameter 对象的 Name 属性用来定义它的名称。它是一个字符串的

值,用来表示 Parameters 集合中的 Parameter 对象。如果没有把它加入 Parameters 集合,它的 Name 属性是可读/写的。

④ Precision 属性:该属性用来设置或返回数值的位数。

⑤ Size 属性:同 Command 对象的 CreateParameter 方法的 Size 参数一样,该属性定义了 Parameter 对象的最大范围。即使把该 Parameter 对象加入 Parameters 集合后,它仍然是可读/写的。

⑥ Type 属性:该属性一般是从 Command 对象那里继承而来,记录了某参数对象的字段数据类型。

⑦ Value 属性:该属性定义了要传递给 Command 对象绑定的查询或存储进程的值。记录了某参数对象的字段初始值。

(2) Parameter 对象的方法。

Parameter 对象只有一个方法,即 AppendChunk 方法,用来处理传递给一个参数的长文本或二进制数据。

AppendChunk 方法允许把一个长文本或二进制信息加入到 Parameter 对象,它的使用语法是:

```
ParameterObject.AppendChunk Data
```

其中 Data 参数是一个要加入到 Parameter 对象的长文本或二进制数据。但是在使用该方法前,Parameter 对象的 Attributes 必须设置为 adFLDLong,这样 Parameter 对象能够接受该方法加入的长文本或二进制数据。在内存不太多的时候,AppendChunk 方法可以用来处理部分长数据。当多次调用该方法时,新数据就可以不断被加入到现存的参数中。

2. Parameters 集合

Parameters 集合主要用于存储过程传递参数。

(1) Parameters 集合的属性。

① Count 属性:该属性返回某个 Command 对象的参数个数。

② Item 属性:该属性返回集合中的某一个参数。它有一个索引值,它可以是所有参数在 Parameters 集合中的参数值,也可以是参数的名字。

(2) Parameters 集合的方法。

① Append 方法:当调用 CreateParameter 方法后,就可以调用 Parameters 集合的 Append 方法增加一个参数。Parameters 集合的 Append 方法的唯一参数就是一个 Parameter 对象名。

② Delete 方法:该方法把 Parameters 集合中的 Parameter 对象删除。它的参数就是要删除的 Parameter 对象名。

③ Refresh 方法:一旦一个 Command 对象通过 CommandText 属性与某个存储进程绑定后,就可以利用 Refresh 方法来从存有 Parmeters 集合的数据提供者那里查询信息。

4.6.6　Property 对象

1. Property 对象

在 ADO 中，将每个对象的每个属性都作为一个对象来看待，并用 Property 对象来保存。ADO 对象通常提供多个属性，而每一个属性都是一个独立的 Property 对象，拥有自己的名称、值、数据类型与属性，为了方便 ADO 管理与控制，ADO 把这些具有相同父对象的属性集合于 Properties 数据集合中。Property 对象是作为一个对象的辅助信息，它可以是一个对象目前处理的状态，也可以是辅助其他方法或对象的数据，它表示由数据提供源定义 ADO 对象的动态特性。Property 对象属性如下：

（1）Attributes 属性：控制 Property 对象行为，记录了 Property 对象属性的特性，其返回一个整数值；

（2）Name 属性：记录了 Property 对象名称；

（3）Type 属性：记录了 Property 对象数据类型，即记录了 ADO 的所有数据类型；

（4）Value 属性：记录了 Property 对象属性的值。

2. Properties 集合

Properties 数据集合内置于 Connection、RecordSet、Command、Field 对象中，要获取 Properties 数据集合，引用格式如下：

Set 集合名称=对象名.Properties 或对象名.Properties

下面分别介绍 Properties 数据集合的属性与方法。

Count 属性：记录了 Properties 数据集合中 Property 对象的数目；

Refresh 方法：该方法强制重新读取某属性数据；

Item 方法：该方法可以取得 Properties 数据集合中所包含的任何一个 Property 对象。

4.6.7　Error 对象

在 ADO 中，所有的错误信息都由 Connection 对象的 Errors 数据集合来管理。网络传输的中断、数据控制器的不支持等很多原因可能会造成 ADO 应用程序上执行的错误，这些错误的信息则记录在 Error 对象。Connection 对象通过 Errors 数据集合取得这些错误的信息细节。

Errors 数据集合属于 Connection 子对象，因此在 ADO 程序中如果直接使用 Connection 对象取得对数据库服务器的链接，那么可以按照下面的方法取得 Errors 的数据集合：

```
<% Set Errors=On.Errors%>
```

如果要判断执行程序中是否有错误发生，那么可以检查 Errors 数据集合中的 Count 属性（Count 属性记录 Errors 数据集合内的 Error 对象个数），若 Count 属性值为 0 则表示执行程序未发生任何错误，若返回大于等于 1 的数值则表示执行当中有某部分发生了错误。

1. Error 对象

Error 对象负责存储一个系统在运行时发生的错误或警告。Error 对象的属性如下。

（1）Description：返回与该错误相关的错误信息；

（2）HelpComtext：记录特定错误的帮助信息的 ID 值；

（3）HelpFile：记录描述错误帮助文件的所在路径；

（4）Number：记录发生错误的代码号；

（5）SQLState：返回一个在数据提供者处理 SQL 语句时返回的 5 个字母字符串的错误代码，代表一个给定的 Error 对象的 SQL 状态；

（6）Source：返回一个用来代表产生错误对象的字符串。

2. Errors 集合

（1）Errors 集合的方法。

Errors 集合拥有两个内部方法。

① Clear 方法：用来清除 Errors 集合中的所有 Error 对象，语法为：

Errors.Clear

② Item 方法：用来返回某个特定的 Error 对象，语法为：

Set Error = Errors.Item(index)

其中 index 为欲返回的 Error 对象名称或整数索引值。

（2）Errors 集合的属性。

Errors 集合有一个 Count 属性，该属性用来返回 Errors 集合中错误对象的个数。

4.6.8　Field 对象

RecordSet 对象除包含 Properties 集合外，还包含一个 Fields 集合，该集合由 Field 对象组成。每个 Field 对象代表了一个 RecordSet 对象的数据列。

（1）Field 对象的方法。

Fields 对象有一个重要的方法：Item 方法，它用于返回集合的成员。

Item 方法的语法为：

Set object = collection.Item(Index)

其中，object 为一个对象引用，collection 为集合名（此处为 Fields，另外还可以是 Properties 以及 Errors，Parameters），Index 为索引号或者列名。

此外，由于 Item 方法为 Fields 集合的默认方法，因此可以不包含关键字 Item，即下面两句代码相同：

collection.Item(Index)

collection(Index)

(2) Field 对象属性。

Field 对象有一个属性：Count 属性，用于表示集合中对象的个数。

例如：

```
ColNum = RecordSet.Fields.Count
```

表示 RecordSet 对象的数据列的列数。

4.6.9 用 ADO 发布 Web 数据库实例

1. 创建和配置 ODBC 数据源

ODBC 技术的支持，使得凡是能提供 ODBC 专用驱动程序的数据库均可成为 Web 数据库进行访问与通信。ASP 通过 ODBC API 访问相应的数据库，首先被访问的数据库要能生成数据源，也就是要先建立数据源。如果在 IIS/PWS 的运行环境下建立数据源，可以通过将指定使用的数据库在"控制面板"的 ODBC 数据管理器中进行注册来实现。实际操作就是确定该数据库的"系统 DSN"名称，当然用户系统中必须有相应数据库的 ODBC 驱动程序，用户系统中有哪些驱动程序可以从 ODBC 数据管理器的"驱动程序"标签中查看到，如图 4.6.2 所示。我们可以很容易地获得许多数据库提供的 ODBC 驱动程序，如，Access、SQL Sever、Oracle、dBASE、Visual Foxpro 等的 ODBC 驱动程序。数据源的建立与配置具体操作可参见创建 DNS 数据源部分。

2. Web 数据库发布关键步骤

用户可以根据自己网站建设开发的实际选择合适的数据库系统进行安装，并建立相应的数据库。合理地规划其中的各类数据表以及定义好各数据表的结构，然后将其存放在 IIS/PWS 服务器的根目录或其子目下。

除了建立了 ASP 的运行环境之外，通过 ODBC 发布数据库的关键有如下 5 个步骤。

（1）启动"控制面板"上的 ODBC 数据源系统。在"ODBC 数据源管理器"对话框中选择"系统 DSN"标签，单击"添加"按钮即可按提示创建新的数据源，即注册了数据源名。

（2）建立 Connection 对象，打开数据库。

用 Server 对象的 CreateObject 方法建立 ADO 中的 Connection 组件对象，方法如下：

```
<% Set MyConn = Server.CreateObject("ADODB.Connection")%>
```

用 Connection 对象的 Open 方法打开数据库，可选择下列方法之一。

① 用全路径 DSN 方法打开数据库（用全路径 DSN 方法打开数据库，可省去前面"创建数据源"步骤）。

```
<%
Set MyConn = Server.CreateObject("ADODB.Connection")
MyConn.Open "driver = {Microsoft Access Driver(*.MDB)};dbq = "&Sever.MapPath
(数据库名)
%>
```

② 用 DSN 方法打开数据库。

```
<%
Set MyConn = Server.CreateObject("ADODB.Connection")
MyConn.Open "数据库的 DSN 名称"
%>
```

（3）建立 RecordSet 对象，打开数据表。

该步骤有如下4种方法可选用：

方法Ⅰ `Set MyRS = MyConn.Execute(数据表名称)`

方法Ⅱ `Set MyRS = MyConn.Excute(SQL 指令)`

方法Ⅲ `Set MyRS = Server.CreateObject("ADODB.RecordSet")`
　　　`MyRS.Open 数据表名, connection 对象名, RecordSet 类型, 锁定类型`

方法Ⅳ `Set MyRS = Server.CreateObject("ADODB.RecordSet")`
　　　`MyRS.Open SQL 指令, connection 对象名, RecordSet 类型, 锁定类型`

（4）对数据库进行各种操作。

使用 SQL 查询语言，ASP 的内置对象和组件对数据库各类数据表进行数据增、删、改、查等各种数据库操作，实现 Web 数据库的发布功能。

（5）关闭数据库。

完成数据库操作后关闭数据库，方法如下：

```
<% MyRS.Close %>
<% Set MyRS = nothing %>
<% MyConn.Close %>
<% Set MyConn = nothing %>
```

3. 企业人事档案管理实例

以下虚拟一个公司的企业职员人事档案管理系统作为背景进行 Web 数据库信息发布。

（1）建立数据库与创建数据源。

用 MicrosoftAccess 数据库系统建立数据库，并存放在 IIS 服务器的 \ Inetpub \ wwwroot 目录下。企业职员人事档案管理数据库名为 company_rsgl，其中有两个表，职员信息表表名为 Worker – Info，管理员权限表表名为 UserID。表结构如下：

① Worker-Info 表结构。

- ID（序号），长整型，自动编号；
- No（编号），字符型（4），不为空，不重复；
- Name（姓名），字符型（8）；
- Sex（性别），字符型（2）；
- Age（年龄），整型；
- Duty（职位），字符型（10）；
- Unit（工作单位），字符型（10）；
- Work（参加工作时间），日期/时间型；

- Salary（工资），货币型；
- Phone（电话号码），整型；
- Address（通讯地址），字符型（50）。

② UserID 表结构。
- ID（序号），长整型，自动增加；
- UserName（管理员名），字符型（8），不为空；
- UserPW（管理员密码），字符型（6），不为空；
- UserClass（管理员等级），字符型（2），不为空。

（2）编制相关人事管理程序，对数据库进行库链接、建立记录集和各种数据库操作。本实例有 7 个程序，如表 4.6.3 所示。

表 4.6.3 人事管理相关程序

序 号	文件名	功能说明	注
1	4-6-1.html	企业职员人事档案管理主页面	一级页面
2	4-6-2.asp	职员资料查询方式选择页面	二级页面
3	4-6-2_1.asp	浏览全体职员资料页面	三级页面
4	4-6-2_2.asp	按职员姓名查询页面	三级页面
5	4-6-2_3.asp	按职员编号查询页面	三级页面
6	4-6-2_4.asp	按职员职位查询页面	三级页面
7	4-6-3.asp	查询处理程序与结果显示	结果显示
8	Include4-6-0.asp	ASP 包含文件（公用信息"返回"按钮程序）	包含文件
9	Company_rsgl	企业职员人事档案数据库	数据库
10	A01	主页背景图	
11	B01	背景图	

以下给出关键程序的代码。

【例 4.6.1】 企业人事档案管理主页面。

4-6-1.html 程序代码如下：

```
<html>
<head><title>企业人事档案管理</title><meta http-equiv="Content-Type"
    content="text/html;charset=gb2312"></head>
<body bgcolor="#FFFFFF" background="A01.JPG" text="#FFC4FF" link="#FFFFFF"
    vlink="#FFFFFF" alink="#FFFFFF">
    <p align="center"><font size="+7"><strong><font face="华文新魏"#ffffff>企业人事档案管理</font></strong></font></p>
    <hr width=80% size="8">
    <P align="center"><A HREF=4-6-2.asp><font size="3">职员资料查询</font></a>
    <P align="center"><A HREF=4-6-4.asp>增加职员资料</a>
    <P align="center"><A HREF=4-6-5.asp>更改职员资料</a>
```

```
    < P align = "center" > < A HREF = 4 - 6 - 6.asp > 系统权限管理 </a >
    < P align = "centr" >
    < hr width = 80%  size = "10" >
    < P align = "center" >
</body >
</html >
```

程序执行结果如图 4.6.6 所示。

图 4.6.6　企业人事档案管理主页

【例 4.6.2a】　职员资料查询方式选择页面。

程序代码如下:

```
<% '4 - 6 - 2.asp
Const Mytitle = "职员资料查询选择" %>
< HTML >
< HEAD > < TITLE > <% = Mytitle%>  </TITLE >
< meta http - equiv = "Content - Type" content = "text /html; charset = gb2312" >
</HEAD >
< BODY background = "b01.JPG" vlink = "#000000" >
    < center >
    < H1 > < font color = red > <% = Mytitle%> </font > </H1 > < HR >
    < form method = "POST" action = "4 - 6 - 2.asp" >
        <a href = 4 - 6 - 2_1.asp > 浏览全体职员资料 </a > <p>
        <a href = 4 - 6 - 2_2.asp > 按照职员姓名查询 </a > <p>
        <a href = 4 - 6 - 2_3.asp > 按照职员编号查询 </a > <p>
        <a href = 4 - 6 - 2_4.asp > 按照职员职位查询 </a > <p>
    </form >
</BODY >
</HTML >
<! -- #Include file = "Include4 - 6 - 0.asp" -->
```

程序执行结果如图 4.6.7 所示。

图 4.6.7　职员资料查询选择页面

【例 4.6.2b】　按职员姓名查询页面。

程序代码如下：

```
<% '4-6-2_2.asp
   Const title1 = "按职员姓名查询"%>
<HTML>
<HEAD><TITLE><%=title1%></TITLE></HEAD>
<BODY BACKGROUND="B01.jpg"><br>
   <center><H2><font color=red><%=title1%></font></H2><HR>
<form action=4-6-3.asp method=post>
   输入要查询的姓名：
   <input type="text" name="txtVal" size="10">
   <input type="hidden" name="txtN"  value=1><p>
   <input type="submit" value="查询" name="B1">
   <input type="reset" value="重写" name="B2">
</form>
</BODY>
</html>
<!-- #Include file="Include4-6-0.asp" -->
```

程序执行结果如图 4.6.8 所示。

图 4.6.8　按姓名查询页面

【例 4.6.3】 查询处理程序与结果显示。

4-6-3.asp 程序代码如下:

```asp
<% '4-6-3.asp 程序
  Const Head = "查询结果"
  MyPath = SERVER.MapPath("company_rsgl.mdb")
  Set MyConn = Server.CreateObject("ADODB.Connection")
  MyConn.open "driver={Microsoft Access Driver(*.mdb)};dbq="&MyPath
  Set MyRS = Server.CreateObject("ADODB.RecordSet")
  Sql = "select * from workerinfo"
  MyRS.open SQL,MyConn,2,4
  Mynub = request.form("txtN")
  MyVal = request.form("txtVal")
if Mynub = 1 then
    MySQL = "select * from workerinfo where name = '"&MyVal&"'"
    title = "按姓名查询的结果"
  elseif Mynub = 2 then
      MySQL = "select * from workerinfo where No = '"&MyVal&"'"
      title = "按编号查询的结果"
      else
        MySQL = "select * from workerinfo where Duty = '"&MyVal&"'"
        title = "按职称查询的结果"
  end if
  Set MyComm = Server.CreateObject("ADODB.Command") '建立查询集 MyRS1
  Set Mycomm.ActiveConnection = MyConn
  MyComm.CommandText = MySQL
  set MyRS1 = MyComm.Execute %>
 <HEAD><TITLE><% = Head%></TITLE></HEAD>
 <BODY BACKGROUND = "b01.jpg"><center>
   <H2><font color = red><font face = "华文中宋"><% = Title%></font></H2>
   <% if MyRS1.eof then%>
      <% response.write "没有要查的资料..."%>
   <% else%>
   <table><tr><td>编号</td><td>姓名</td><td>性别</td><td>年龄</td>
      <td>职务</td><td>工作单位</td><td>参加工作日期</td><td>工资</td>
      <td>电话</td><td>住址</td><tr><br>
      <% While Not MyRS1.EOF %><tr>
      <td><% = MyRS1("No")%></td><td><% = MyRS1("Name")%></td>
      <td><% = MyRS1("Sex")%></td><td><% = MyRS1("age")%></td>
      <td><% = MyRS1("duty")%></td><td><% = MyRS1("unit")%></td>
      <td><% = MyRS1("Work")%></td><td><% = MyRS1("Salary")%></td>
      <td><% = MyRS1("phore")%></td><td><% = MyRS1("address")%></td></tr>
      <br><% MyRS1.MoveNext %>
      <% Wend %>
    </table>
    <% end if
  set MyRS1 = nothing
  set MyRS = nothing
  set MyConn = nothing   %>
 </BODY>
 <!-- #Include file = "Include4-6-0.asp" -->
```

程序执行结果如图 4.6.9 所示。

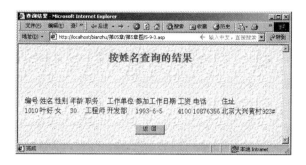

图 4.6.9 按姓名查询结果

【例 4.6.4】 ASP 包含文件（公用信息"返回"按钮程序代码）。
Include 4-6-0.asp 程序代码如下：

```
<HTML>
  <center>
  <form method = "POST" action = "Include 4-6-0.asp">
    <input name = "按钮" type = "button" onClick = history.back() value = "返回">
  </form>
</HTML>
```

4.7 思考题

1. 使用 File 对象与 FileSystemObject 对象可以对指定文件和文件夹进行复制、移动、删除等文件操作。相关的方法有哪些？
2. 如何在网页中打开一个文件进行读写操作？
3. 如何使用 Ad Rotator 组件来轮换显示广告图像？
4. 如何利用 Content Linker 组件将 Web 页按次序链接起来？
5. 什么是 ADO？ADO 有哪些常用对象？其原理是什么？
6. 什么是 ODBC？如何创建 ODBC 数据源？
7. Connection 对象有哪些方法？如何用 Connection 对象链接数据库？
8. 如何用 Command 对象执行数据库操作？
9. RecordSet 有哪些常用属性、方法？如何用 RecordSet 对象访问数据库？
10. 在 ASP 中如何打开、关闭数据库？如何使用数据库中的数据？

第 5 章 ASP 综合应用实例

5.1 网上购物系统

5.1.1 应用系统设计分析

1. 购物流程分析

顾客到自选超市购物，通常是先浏览一下各种商品的品牌、介绍、价位，选中合意的物品后，将它们放入购物袋，然后继续挑选其他物品。等到物品选齐了，便到"收银台"付款。

2. 系统设计分析

网上购物的实现紧紧围绕着购物流程进行。首先，为了使商家能够将自己商场中的商品展现在顾客面前，需要建立一个数据库和一个商品清单页面。当顾客访问商品清单页面的物品时，服务器便搜索数据库中的商品信息，将搜索结果换成 HTML 文档后，随时返回给客户浏览。顾客按照页面上的商品清单开始挑选自己想买的商品并加入购物车，服务器必须逐一将顾客已经选择的商品信息存入商品信息缓冲区。Session 变量是同一用户所有网页共用的对象，这一特性用来保存顾客的购物信息是最方便的。我们把利用 Session 变量记录顾客商品信息的网页变量，形象地称为"购物袋"。

顾客时常改变主意，不想买或想少买或不止买一件，随意增减购买数量，随意更改已购商品，也希望看看"购物袋"中商品总价格是多少。网上购物系统应该让顾客随心所欲，随时把"购物袋"中商品总价格算出来告诉顾客。购物完毕，应该请顾客填写相关信息。如：姓名、电话、住址、付款方式、交货方式等，服务器将提交的信息存入数据库，完成一次完整的网上购物过程。最后商家将在后台读取数据库中顾客的购物信息，根据顾客的要求进行个性服务。当然，作为完整的网上购物系统还应该具有系统的后台管理程序，包括商品信息更新录入、系统权限管理、系统安全维护、顾客购物信息分析等。

网上购物程序具体设计大致可采取以下步骤：存放商品信息的数据库数据表用来保存商品类别、名称、简介等字段信息，商品详细信息用另外网页单独存放，供购物时通过单击商品清单中的"信息简介"链接来显示，实现图文并茂；"购物袋"信息的保存，是通过 Session 对象来实现的；商品类别可设计一个数据库数据表专门存放，通过程序解决所有商品网页的分类问题。

5.1.2 数据库设计

1. 建立系统数据库

"网上商城"的数据库使用 Access 数据库,数据库名为 ShopBag.mdb。它包含 3 个数据表:Category 商品分类表、Products 商品信息表、Buyinformation 顾客信息表。数据表结构分别如表 5.1.1、表 5.1.2、表 5.1.3 所示。其中 Products 商品信息表中的 Link 字段是考虑到当商品的图片、文字信息大且需要动态更新时,另外制作商品详细内容的专门网页让顾客进一步浏览。Category 数据表与 Products 数据表的数据记录将由商家管理员通过系统管理入口页面进行录入更新,而 Buyinformation 数据表的数据记录则由顾客填单提交,自动生成。

表 5.1.1 Category 商品分类表

字段名称	数据类型	说　　明
CategoryID	数值	商品分类代码
Description	文本	商品分类说明

表 5.1.2 Products 商品信息表

字段名称	数据类型	说　　明
CategoryID	数值	商品分类代码
ProductID	文本	商品号
ProductName	文本	商品名称
Price	数值	价格
Description	文本	商品简介
Link	文本	商品详细信息的网页链接地址

表 5.1.3 Buyinformation 顾客信息表

字段名称	数据类型	说　　明
BuyTime	日期/时间	顾客提交购物信息的时间
Name	文本	顾客姓名
Tel	文本	顾客电话
Address	文本	顾客详细住址
ProductID	文本	顾客购物编号序列(用'/'分隔)
Quantity	文本	顾客购物数量序列(用'/'分隔)
Sum	文本	顾客本次购物总金额

2. 创建数据源

数据库 ShopBag.mdb 的 ODBC 数据源的创建采用在程序代码中使用全路径 DSN 方式建

立数据源，即程序中直接指定用 Access 数据库 ODBC 驱动程序名来建立数据库的链接。

5.1.3 前台购物功能页面设计

（1）"网上购物商场"主页设计。

这个网页提供了"书籍课本""学习用品""数码产品"3 种分类商品的网页链接和系统管理功能链接。页面设计如图 5.1.1 所示，该页面程序代码见 5.1.5 节 Main.asp 程序代码。

（2）商品选购网页设计。

当顾客选择某一类商品链接后即转入该类商品购物网页，该页面应提供详尽的选购物品清单，方便顾客在商品的"挑选"栏选购，和"放入购物袋"。页面设计如图 5.1.2 所示。该页面程序代码见 5.1.5 节 Buy.asp 程序代码。

图 5.1.1 网上购物商场主页

图 5.1.2 购物界面

（3）"购物袋"查看与商品增减认购页面设计。

顾客单击"查看购物袋"，则进入查看和认购页面。顾客可以随意更改购买数量，可以清除购物袋，可以另选其他类的商品网页（包括"计算机必读教材""中学生学习用品""数码与电子产品"）等，也可以结束购买，填写顾客信息。页面设计如图 5.1.3 所示。该页面程序代码见 5.1.5 节 Check.asp 程序代码。

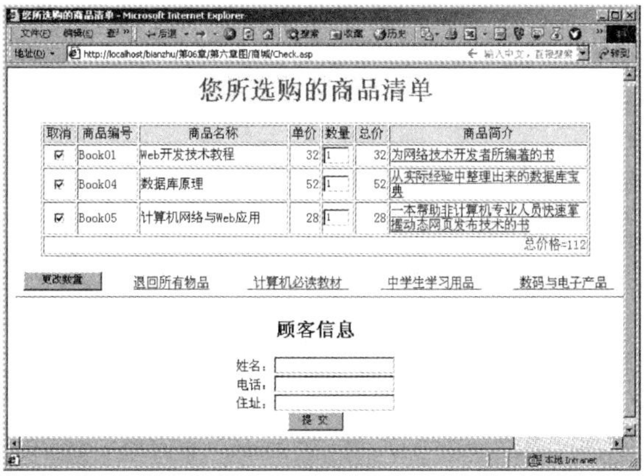

图 5.1.3 查看购物袋与认购界面

5.1.4 后台系统管理程序设计

系统的后台管理程序包括商品信息更新录入、系统权限管理、系统安全维护、顾客购物信息分析等,通过输入管理员权限密码进入系统管理与维护。管理入口界面如图 5.1.4 所示。

图 5.1.4 系统管理入口界面

5.1.5 程序模块设计

(1)"网上购物商场"主程序 Main.asp 源程序代码。

```
<%
Const Head = "网上购物商场"
DbPath = SERVER.MapPath("ShopBag.mdb")
Set conn = Server.CreateObject("ADODB.Connection")
conn.open "driver = {Microsoft Access Driver(*.mdb)};dbq = " & DbPath
Set rs = conn.Execute("Category")
Session("First") = "yes"
Session.TimeOut = 60
%>
<HTML>
<HEAD><TITLE><% = Head%></TITLE></HEAD>
```

```asp
< BODY BACKGROUND = "b01.jpg" > < br >
< center > < H1 > < font color = red face = "华文新魏" > < % = Head% > </ font > </
H1 >
< %
    While Not rs.EOF
% >
< A HREF = buy.asp?CategoryID = < % = rs("CategoryID")% >&Description =
< % = Server.URLEncode(rs("Description"))% >> < % = rs("Description")% > </A >
< P >
< %
    rs.MoveNext
  Wend
% >
< A HREF = "LOGIN.asp" >系统管理员入口 </A >
</ BODY >
</ HTML >
```

(2) 共用子程序的 Util.asp 源程序代码。

```asp
< %
Sub ListCategory(conn)
  Set rs = conn.Execute("Category")
  While Not rs.EOF
% >
< A HREF = buy.asp?CategoryID = < % = rs("CategoryID")% >&Description =
< % = Server.URLEncode(rs("Description"))% >> < % = rs("Description")% > </A >
< %
    rs.MoveNext
  Wend
End Sub
Sub PutToShopBag(ProductID,ProductList)
  If Len(ProductList) = 0 Then
    ProductList = "'" & ProductID & "'"
  ElseIf InStr(ProductList,ProductID) <= 0 Then
    ProductList = ProductList & ",'" & ProductID & "'"
  End If
End Sub
% >
```

(3)"购物界面" Buy.asp 源程序代码。

```asp
<!-- #include file = "Util.asp" -->
< %
DbPath = SERVER.MapPath("ShopBag.mdb")
Set conn = Server.CreateObject("ADODB.Connection")
conn.open "driver = {Microsoft Access Driver(*.mdb)};dbq = " & DbPath
CategoryID = Request("CategoryID")
Description = Request("Description")
Head = " ----- 网上【" & Description & "】商场 ----- "
sql = "Select * From Products Where CategoryID = " & CategoryID
sql = sql & " Order By ProductID"
Set rs = conn.Execute(sql)
% >
< HTML >
< HEAD > < TITLE > < % = Head% > </TITLE > < meta http - equiv = "Content - Type"
```

```
content = "text/html; charset = gb2312" > </HEAD >
<BODY >
<font color = "#ff0000" > <H1 ALIGN = CENTER > <% = Head% > </H1 > </font >
<Form Action = Add.asp Method = POST >
<div align = "center" > <A HREF = Check.asp > 查看购物袋 </A >
<A HREF = Clear.asp > 退回所有物品 </A > <A HREF = Clear.asp > </A >
    <Input Type = Submit Value = "放入购物袋" >
    </p > <hr width = 100% > </div > <CENTER >
    <TABLE width = "609" Border = 1 align = "center" >
        <TR bordercolor = "1" BGCOLOR = #D7F5FF >
        <TD width = "35" > <div align = "center" >挑选 </div > </TD >
        <TD width = "66" > <div align = "center" >商品编号 </div > </TD >
        <TD width = "192" > <div align = "center" >商品名称 </div > </TD >
        <TD width = "34" > <div align = "center" >价格 </div > </TD >
        <TD width = "248" > <div align = "center" >商品简介 </div > </TD > </TR >
<%
    While Not rs.EOF
        IsCheck = ""
        If InStr(Session("ProductList"),rs("ProductID")) > 0 Then
            IsCheck = "Checked"
        End If
%>
        <TR > <TD Align = Center >
        <Input Type = CheckBox Name = "ProductID" Value = " <% = rs("Produc-
tID")% > "
    <% = IsCheck% >> </TD >
        <TD > <% = rs("ProductID")% > </TD >
        <TD > <% = rs("ProductName")% > </TD >
        <TD Align = Right > <% = rs("Price")% > </TD >
        <TD > <A HREF = <% = rs("Link")% >> <% = rs("Description")% > </A > </TD
> </TR >
<%
    rs.MoveNext
    Wend
%>
</TABLE >
</Form > <P >
</CENTER >
</BODY >
</HTML >
```

(4)"放入购物袋" Add.asp 源程序代码。

```
<!-- #include file = "Util.asp" -->
<%
Head = "您所选购的物品已放入购物袋!"
DbPath = SERVER.MapPath("ShopBag.mdb")
Set conn = Server.CreateObject("ADODB.Connection")
conn.open "driver = {Microsoft Access Driver(*.mdb)};dbq = " & DbPath
ProductList = Session("ProductList")
Products = Split(Request("ProductID"),",")
For I = 0 To UBound(Products)
    PutToShopBag Products(I),ProductList
Next
```

```
        Session("ProductList") = ProductList
%>
<HTML>
<HEAD><TITLE><%=Head%></TITLE>
<meta http-equiv="Content-Type" content="text/html; charset=gb2312">
</HEAD>
<BODY>
     <H2 ALIGN=CENTER><%=Head%><HR></H2>
     <CENTER>
     <A HREF=Check.asp>查看购物袋</A>
     <A HREF=Clear.asp>退回所有物品</A><P>
     <% ListCategory conn %>
     </CENTER>
</BODY>
</HTML>
```

(5) "查看购物袋" Check.asp 源程序代码。

```
<!-- #include file="Util.asp" -->
<%
Head = "您所选购的商品清单"
ProductList = Session("ProductList")
If Len(ProductList) = 0 Then Response.Redirect "Nothing.asp"
DbPath = SERVER.MapPath("ShopBag.mdb")
Set conn = Server.CreateObject("ADODB.Connection")
conn.open "driver={Microsoft Access Driver(*.mdb)};dbq=" & DbPath
If Request("MySelf") = "Yes" Then
    ProductList = ""
    Products = Split(Request("ProductID"),",")
    For I = 0 To UBound(Products)
        PutToShopBag Products(I),ProductList
    Next
    Session("ProductList") = ProductList
    Session("First") = "no"
End If
sql = "Select * From Products"
sql = sql & " Where ProductID In (" & ProductList & ")"
sql = sql & " Order By ProductID"
Set rs = conn.Execute(sql)
%>
<HTML>
<HEAD><TITLE><%=Head%></TITLE>
<meta http-equiv="Content-Type"content="text/html; charset=gb2312">
</HEAD>
<BODY><font color="#ff0000">
<H1 ALIGN=CENTER><%=Head%></H1>
<CENTER>
<Form Action=Check.asp Method=POST>
<Input Type=Hidden Name=MySelf Value=Yes>
<TABLE width="695" Border=1>
<TR BGCOLOR=#DDFFFF>
<TD width="37"><div align="center">取消</div></TD>
<TD width="72"><div align="center">商品编号</div></TD>
<TD width="184"><div align="center">商品名称</div></TD>
```

```
<TD width = "35"> <div align = "center">单价</div> </TD>
<TD width = "36"> <div align = "center">数量</div> </TD>
<TD width = "37"> <div align = "center">总价</div> </TD>
<TD width = "248"> <div align = "center">商品简介</div> </TD> </TR>
<%
    Sum = 0
    C_ProductID = ""
    C_Quatity = ""
    While Not rs.EOF
      if Session("First") = "yes" then
         Quatity = 1
    else
      Quatity = CInt(Request("Q_" & rs("ProductID")))
      If Quatity <= 0 Then
         Quatity = CInt(Session(rs("ProductID")))
         If Quatity <= 0 Then Quatity = 1
      End If
      end if
      Session(rs("ProductID")) = Quatity
      Sum = Sum + CDbl(rs("Price")) * Quatity
      If Len(C_ProductID) = 0 Then
         C_ProductID = "" & rs("ProductID") & ""
         C_ProductName = "" & rs("ProductName") & ""
         C_Quatity = "" & Quatity & ""
      Else
         C_ProductID =  C_ProductID & "/" & rs("ProductID") & ""
         C_ProductName =  C_ProductName & "/" & rs("ProductName") & ""
         C_Quatity = C_Quatity & "/" &  Quatity & ""
      End If
%>
<TR>
<TD Align = Center>
<Input Type = CheckBox Name = "ProductID" Value = "<% = rs("ProductID")%>" Checked>
</TD>
<TD> <% = rs("ProductID")%> </TD>
<TD> <% = rs("ProductName")%> </TD>
<TD Align = Right> <% = rs("Price")%> </TD>
<TD> <input type = Text name = "<% = "Q_" & rs("ProductID")%>" value = <% = Quatity%>
size = 3> </TD>
<TD Align = Right> <% = CDbl(rs("Price")) * Quatity%> </TD>
<TD> <A HREF = <% = rs("Link")%> > <% = rs("Description")%> </A> </TD> </TR>
<%
     rs.MoveNext
     Wend
%>
<TR> <TD Align = Right ColSpan = 7> <Font Color = Red>总价格 = <% = Sum%> </Font> </TD>
</TR> </TABLE> <p>
<Input Type = Submit Value = " 更改数量 ">
<A HREF = Clear.asp>退回所有物品</A>
<% ListCategory conn %>
```

```
<HR width=120%>
</Form>
<Font Color=#000000>
<h2>顾客信息</h2>
<form action=BuyFinish.asp Method=POST>
姓名：<input Type=text    name=Customer_N Value="" ><br>
电话：<input Type=text    name=Customer_T Value="" ><br>
住址：<input Type=text    name=Customer_A Value="" ><br>
<input type=hidden name=Customer_P value="<%=C_ProductID%>">
<Input Type=hidden Name=Customer_PN Value="<%=C_ProductName%>">
<Input Type=hidden Name=Customer_Q Value="<%=C_Quatity%>">
<Input Type=hidden Name=Customer_S Value="<%=Sum%>">
<input name="提交" type=submit value=" 提 交 ">
</form>
</CENTER>
</BODY>
</HTML>
```

(6) "完成购物" BuyFinish.asp 源程序代码。

```
<%
Name=Request("Customer_N")
Tel=Request("Customer_T")
Address=Request("Customer_A")
ProductID=Request("Customer_P")
ProductName=Request("Customer_PN")
Quatity=Request("Customer_Q")
Sum=Request("Customer_S")
Session("ProductList")=""
%>
<HEAD><META HTTP-EQUIV="REFRESH" CONTENT="30;URL=main.asp">
<meta http-equiv="Content-Type" content="text/html; charset=gb2312">
</HEAD>
<body>
<%=sql%><br>
<center><h2><font color=blue>顾客购物信息：</font></h2>
<table width=50% border=1><tr><td>
姓名：<%=Name%><br>
电话：<%=Tel%><br>
住址：<%=Address%><br>
<% Products=Split(ProductID,"/")
   ProductNames=Split(ProductName,"/")
   Quatities=Split(Quatity,"/") %>
   商品编号__商品名称(数量)<br>
   <% For I=0 To UBound(Products) %>
   <%=Products(i)%>_<%=ProductNames(i)%>(<%=Quatities(i)%>)<br>
<% next%>
商品总价：<%=Sum%><br>
</td></tr></table>
上述购物清单已提交服务台办理.多谢惠顾！
<hr width=80%>
<a href=main.asp>返回</a>
</body>
<%
```

```
sql = "Insert into BuyInfomation(Name,Tel,Address,ProductID,Quatity,Sum) "
sql = sql & " Values('" + Name + "','" + Tel + "','" + Address + "','" + ProductID +
    "','" + Quatity + "','" + Sum + "')"
DbPath = SERVER.MapPath("ShopBag.mdb")
Set conn = Server.CreateObject("ADODB.Connection")
conn.open "driver = {Microsoft Access Driver(*.mdb)};dbq = " & DbPath
Set rs = conn.Execute(sql)
Set conn = nothing
%>
```

(7)"退回所有物品"Clear.asp 源程序代码。

```
<!-- #include file = "Util.asp" -->
<%
Head = "您放入购物袋的物品已全数退回!"
DbPath = SERVER.MapPath("ShopBag.mdb")
Set conn = Server.CreateObject("ADODB.Connection")
conn.open "driver = {Microsoft Access Driver(*.mdb)};dbq = " & DbPath
Session("ProductList") = ""
Session("First") = "yes"
%>
<HTML>
<HEAD><TITLE><% = Head%></TITLE>
<meta http-equiv = "Content-Type" content = "text/html; charset = gb2312">
</HEAD>
<BODY>
<H2 ALIGN = CENTER><% = Head%><HR></H2>
<CENTER>
<A HREF = Check.asp>查看购物袋</A>
<A HREF = Clear.asp>退回所有物品</A><P>
<% ListCategory conn %>
</CENTER>
</BODY>
</HTML>
```

(8)"购物袋"没有任何商品时显示的 Nothing.asp 源程序。

```
<!-- #include file = "Util.asp" -->
<%
Head = "您尚未选购任何物品!"
DbPath = SERVER.MapPath("ShopBag.mdb")
Set conn = Server.CreateObject("ADODB.Connection")
conn.open "driver = {Microsoft Access Driver(*.mdb)};dbq = " & DbPath
%>
<HTML>
<HEAD><TITLE><% = Head%></TITLE>
<meta http-equiv = "Content-Type" content = "text/html; charset = gb2312">
</HEAD>
<BODY>
    <H2 ALIGN = CENTER><% = Head%><HR></H2>
    <CENTER>
    <% ListCategory conn %>
    </CENTER>
</BODY>
</HTML>
```

5.2 电子政务 Web 系统设计

上一个实例从编程角度做了较详细的程序设计与代码剖析，本实例作为综合例子侧重于对 Web 系统设计思想和组成结构进行深入的分析与讨论。

5.2.1 系统设计

1. 系统需求分析

系统开发背景：本实例是"数字福建"示范工程项目（福建省政务信息共享平台劳动社会保障厅信息网站）的原创。作为电子政务 Web 系统典型设计，必须为省政务网提供信息共享和增值服务。

2. 信息应用系统结构与网络结构

Web 应用系统软件总体设计采用 B/S 三层结构模式——数据服务层、应用逻辑层、表现层。用户对数据的访问请求，通过表现层的客户端（IE 浏览器或其他应用程序）提供的用户界面提交给应用逻辑层处理，应用逻辑层把请求转换成对数据服务层的数据访问，数据服务层将结果通过应用逻辑层返回给表现层，由表现层显示和输出用户所需的结果。该系统信息流程设计的硬件平台基本配置由 P3CPU、256M 内存和 80G 服务器等支持，软件平台选择 Windows2000 Advance Server 网络操作系统，数据库采用 Microsoft SQL Server，可保证系统的合理架构及网站安全。

5.2.2 系统功能模块设计

根据实际需求，系统功能模块划分主要有系统管理、政务统计、医疗保险、劳动力市场、养老保险等五大模块。网站功能模块程序设计如图 5.2.1 所示。

图 5.2.1 功能模块程序设计

5.2.3 数据库设计

(1) 系统数据库结构设计由前台功能模块数据表结构设计和后台管理数据表设计两部分。前台功能模块数据表结构设计包括政务统计、医疗保险、劳动力市场和养老保险。

后台管理数据表设计主要有：管理员表 userlist（主键 userid）；系统权限表 programe；权限分配表 userprivilege（主键 userid）。系统管理的数据结构如图5.2.2所示。

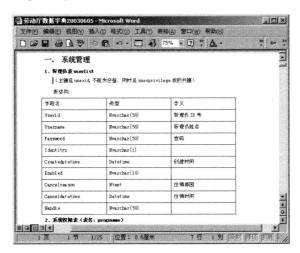

图 5.2.2 系统管理的数据结构

(2) 政务统计数据库结构设计。政务统计数据库数据结构主要有新闻发布 new（含专题报道/公告栏/各地信息/新闻动态）；统计与公报发布表，如全省失业保险基金征缴情况 qssybxjjzqk；社会保障论坛管理 bbs 等。

(3) 医疗保险数据库结构设计。医保数据结构描述主要有医保查询数据表，如公务员划拨金额表 gwyhbje 等。

(4) 劳动力市场需求数据库结构设计。劳动力市场数据结构描述新闻发布 new；高级查询数据表。

(5) 养老保险数据库结构设计。数据结构描述主要有养老保险查询数据表；政策法规文件等。

5.2.4 共享信息发布前台设计

1. 网站主页设计

网站主页设计强调优良的美术设计风格，主题突出，个性鲜明，动静结合，新颖大方，和谐自然。

本例网站主页设计如图5.2.3所示。

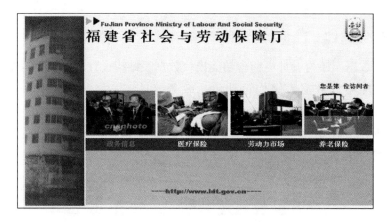

图 5.2.3　网站主页设计界面

主页 Index.asp 的完整代码如下所示：

```asp
<!-- #include file = "connection/CONN.ASP" -->
<html>
<head>
<meta http-equiv = "Content-Type" content = "text/html; charset = gb2312">
<meta name = "GENERATOR" content = "Microsoft FrontPage 4.0">
<meta name = "ProgId" content = "FrontPage.Editor.Document">
<title>Fu Jian Provincial Department Of Labour</title>
<STYLE type = text/css>
A:link { COLOR:white; FONT-SIZE: 15px; TEXT-DECORATION: none}
A:visited { COLOR: lime; FONT-SIZE: 15px; TEXT-DECORATION: none}
A:hover {COLOR: white; FONT-SIZE: 15px; TEXT-DECORATION: overline under-
line}
</STYLE>
<script language = "JavaScript">
<!--
function MM_reloadPage(init) {//reloads the window if Nav4 resized
  if(init == true) with (navigator) {if
((appName == "Netscape")&&(parseInt(appVersion) == 4)) {
    document.MM_pgW = innerWidth; document.MM_pgH = innerHeight;
onresize = MM_reloadPage; }}
  else if(innerWidth != document.MM_pgW || innerHeight != document.MM_pgH) loca-
tion.reload();
}
MM_reloadPage(true);
//-->
</script>
</head>
<body>
<div align = "center">
  <table border = "0" cellpadding = "0" cellspacing = "0" width = "760" height =
  "310">
    <tr>
      <td width = "758" bgcolor = "#108600" height = "439">
        <div align = "center">
          <table border = "0" cellpadding = "0" cellspacing = "0" width = "759"
          height = "276">
```

```html
<tr>
  <td width = "100%" bgcolor = "#FFFFFF" height = "236" valign = "top">
    <div align = "center">
      <table border = "0" cellpadding = "0" cellspacing = "0" width = "105%" height = "11">
      <tr>
        <center>
          <td width = "14%" valign = "top"
          background = "images/left_bg_3.jpg" height = "91"> <img border = "0" src = "images/left_1.gif" width = "130" height = "177"> </td>
        </center> <td width = "90%" valign = "top" rowspan = "3" height = "11"> <div align = "center">
          <table border = "0" cellpadding = "0" cellspacing = "0" width = "99%" height = "155">
          <tr>
            <td width = "85%" height = "1" valign = "top">
              <p align = "left"> <img border = "0" height = "23" src = "IMAGES/jiantou.gif" width = "33"> <font color = "#009900" face = "Arial Black" size = "2"> FuJian Province Ministry of Labour And Social Security </font> </p>
            </td>
            <td width = "15%" height = "34" valign = "top" rowspan = "2">
              <img border = "0" height = "60" src = "images/laber_logo.jpg" width = "46">
            </td>
          </tr>
          <tr>
            <td width = "85%" height = "33">
              <b> <font size = "6" face = "华文中宋"> <span style = "letter-spacing:7"> 福建省社会与劳动保障厅 </span> </font> </b>
            </td>
          </tr>
          <tr>
            <td width = "80%" height = "8" colspan = "2"> </td>
          </tr>
          <tr>
            <td width = "80%" height = "8" colspan = "2"> </td>
          </tr>
            <tr>
            <td width = "80%" height = "8" colspan = "2"> </td>
          </tr>
            <tr>
            <td width = "50%" height = "8" valign = "bottom" align = "right" colspan = "2">
            </td>
          </tr>
          <tr>
            <td width = "100%" height = "52" colspan = "2">
            </td>
          </tr>
          <tr>
```

```
<td width = "100%" height = "15" bgcolor = "#FFFFFF" valign
= "top" colspan = "2" >
  <div align = "center" >
    <table border = "0" cellpadding = "0" cellspacing = "0"
      width = "100%" height = "18" >
      <tr >
        <td width = "93%" height = "18" >
          <p align = "right" >
            <b ><font  size = 2 color = 108600 >您是第<% = My-
            Counter(Application("CountAll"))% >
            位访问者</b ></font >
            <% Function MyCounter(counter)
                Dim S,i,G
                S = CStr(counter)
                For i = 1 to Len(S)
                  G = G & "<IMG SRC = ./IMAGES/gif/" & Mid(S,i,
                  1) & ".gif Align =middle >"
                Next
                Response.write G
                End Function
            % >
          </td >
          <td width = "7%" height = "18" >
            <p align = "right" ></td >
      </tr >
    </table >
  </div >
  <div align = "center" >
    <table border = "0" cellpadding = "0" cellspacing = "0"
    width = "105%" height = "124" >
    <tr >
      <td width = "18%" height = "95" valign = "bottom" >
      <embed width = "156" height = "109" src = "IMAGES/LO-
      GO/logo1.swf" >
      </td >
      <td width = "18%" height = "95" valign = "bottom" >
      <embed width = "155" height = "106" src = "IMAGES/LO-
      GO/logo2.swf" >
      </td >
      <td width = "19%" height = "95" valign = "bottom" >
      <embed width = "163" height = "107" src = "IMAGES/LO-
      GO/logo3.swf" >
      </td >
      <td height = "95" valign = "bottom" >  <a href = "yang-
      lao/index.asp" > <embed width = "151" height = "109"
      src = "IMAGES/LOGO/logo4.swf" >
        </a >
      <td width = "50%" height = "95" >
    </td >
  </tr >
  <tr bgcolor = "#108600" >
    <td width = "18%" height = "29" valign = "middle" >
      < p align = " center " > < b > < a href = " zhengwu/
DEFAULT.asp" >政务信息</a ></b ></p >
```

```html
      </td>
      <td width = "18%" height = "29">
        <p align = "center"><b><a href = "yiliao/index.asp">医疗保险</a></b>  </p>
      </td>
    <td width = "19%" height = "29" valign = "middle">
      <p align = "center"><b><a href = "laodongli/labour-market.asp">劳动力市场</a></b></p>
    </td>
    <td width = "50%" height = "29" valign = "middle">
      <p align = "center"><b><a href = "yanglao/index.asp">养老保险<font color = "#00CC00"> </font></a><font color = "#FFFFFF">         
        </font></b></p>
    </td>
          </tr>
          </table>
          </div>  </td>
     </tr>
    <center>
    <tr>
        <td width = "100%" height = "1" bgcolor = "#D7D7D7" colspan = "2">
          <div align = "center">
            <table border = "0" cellpadding = "0" cellspacing = "0" width = "100%">
              <tr>
                <td width = "100%"><div id = "Layer2" style = "position: absolute; left: 323; top: 414; width: 279; height: 46; z-index: 2">----<b><font face = "Arial Black" color = "#009900" size = "2">http://www.ldt.gov.cn</font></b>----</div>
               </td>
              </tr>
               <tr>
                <td width = "100%"></td>
            </tr>
            </table>
          </div>
       </td>
      </tr>
       <tr>
          <td width = "100%" height = "125" bgcolor = "#D7D7D7" align = "center" valign = "bottom" colspan = "2">
          </td>
       </tr>
     </center></table>
      </div>
    </td>
  </tr>
  <tr>
  <td width = "14%" valign = "top" background = "images/left_bg_3.jpg" height = "1"><img border = "0" src = "images/left_
```

```
                    2.gif" width = "130" height = "158" > </td >
                    <td width = "3%" valign = "top" background = "images/logo_
                    bg.gif" height = "129" > </td >
                   </tr >
                   <tr >
                    <td width = "14%" valign = "top" background = "images/left_
                    bg_3.jpg" height = "1" >
                    <p align = "center" > <img border = "0" src = "images/left_
                    3.gif" width = "130" height = "107" > </p >
                    </td >
                    <td width = "3%" valign = "top" background = "images/logo_
                    bg.gif" height = "1" >   </td >
                   </tr >
                  </table >
                </div >
              </td >
             </tr >
            </table >
          </div >
        </td >
      </tr >
    </table >
  </div >
 </body >
</html >
<html > <script language = "JavaScript" >
</script > </html >
<html > </html >
```

2. 政务统计模块设计

各功能模块页面设计风格注重版面布局合理，栏目设置贴切，有特色，导航清晰，内容丰富，图文并茂，生动新颖，美观大方。

政务统计页面如图5.2.4所示，其栏目设计及功能描述主要有：

（1）厅领导。

（2）机构介绍。

（3）专题报道。

（4）统计与公报。

（5）社保论坛。

（6）公告栏。

（7）各地信息。

（8）政策法规。

（9）办事指南。

（10）新闻动态。

（11）在线调查。

其他功能设计有：

（1）站内搜索。

（2）友情链接。

（3）世界时差表。

……

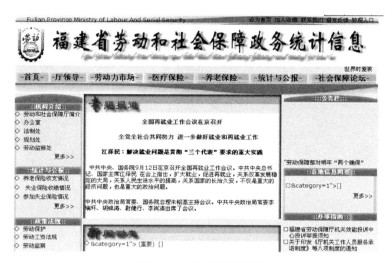

图5.2.4 政务统计页面

3．医疗保险模块设计

医疗保险页面设计如图5.2.5所示，其主要栏目设计及功能描述如下。

（1）政策文件。

（2）政策法规。

（3）参保须知。

（4）住院须知。

（5）定点医院。

（6）收费简介。

（7）药品查询。

（8）诊疗项目查询。

（9）个人医保账户查询。

（10）高级查询。

（11）单位经费查询。

（12）单位属性查询。

（13）人员查询。

（14）政策文件发布。

（15）医保中心科室介绍。

（16）定点医疗机构介绍。

（17）医保数据更新设计。

（18）数据源的改造与整合规范设计（格式转换、权限、更新方式）。

（19）数据导入/导出设计（界面设计、功能描述）。

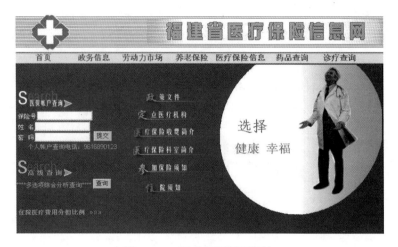

图 5.2.5 医疗保险页面设计

4．劳动力市场需求模块设计

劳动力市场需求页面设计如图 5.2.6 所示，其栏目设计及功能描述主要有：
(1) 新闻发布设计。
(2) 高级查询设计。
(3) 供求总体情况。
(4) 产业劳动力需求。
(5) 行业需求情况。
(6) 用人单位需求情况。
(7) 各类职业供求情况。
(8) 求职人员构成情况。
(9) 招聘、应聘条件情况。

图 5.2.6 劳动力市场页面设计

5. 养老保险模块设计

养老保险页面设计如图 5.2.7 所示,其栏目设计及功能描述主要有:
(1) 政策法规设计。
(2) 养老保险查询。
(3) 季度养老保险。
(4) 统计表。

图 5.2.7 养老保险页面设计

5.2.5 系统管理实现设计

系统管理的实现设计是网站中十分重要的环节,功能齐全、使用方便的人机交互界面设计,有利于信息动态更新与维护,有利于系统参数配置、性能管理、故障维护、安全管理,保障系统正常运行。

系统管理界面设计如图 5.2.8 所示。

图 5.2.8 系统管理界面设计

第三部分

第 6 章 ASP.NET 应用开发环境

6.1 ASP.NET 概述

6.1.1 ASP.NET 简介

ASP.NET 是个统一的 Web 开发平台,它是 .NET 框架(.NET Framework)中专门用来开发 Web 应用程序的一个框架,在这个框架下可以采用 VB.NET、C#(读作 C Sharp)等其他 .NET 语言,开发 Web 应用程序,生成企业级 Web 应用程序所需要的各种服务。虽然 ASP.NET 有很大一部分的语法与 ASP 兼容,但是它提供了一个全新的程序设计模型与架构,使能够生成功能更强大更完善的应用程序。由于 ASP.NET 完全架构在 .NET 框架的支撑体系下,这又使得用户能够更好地利用公共语言运行库(Common Language Runtime,CLR)、类型安全性、继承性以及该平台的其他各项特性。

ASP.NET 是建立在公共语言运行库上的编程框架,可用于在服务器上生成功能强大的 Web 应用程序。它的优点突出表现在以下几个方面。

(1)效率增强:ASP.NET 是在服务器上运行的是编译后的公共语言运行库代码,它可利用早期绑定、实时编译、本机优化和盒外缓存服务等技术,开发效率显著提高。

(2)灵活方便:ASP.NET 基于公共语言运行库,使得 Web 应用程序开发人员可以充分利用整个平台,有极大的灵活性。ASP.NET 与语言无关,可跨多语言分割应用程序,可以用 VB.NET、C#或 JavaScript 多种语言来编写。此外,如 .NET 框架类库、消息处理和数据访问解决方案都可从 Web 无缝访问。

(3)多功能性:ASP.NET 框架扩充了 Visual Studio 集成开发环境中的大量工具箱和设计器,以及所见即所得编辑、拖放服务器控件和自动部署等功能,ASP.NET 可以向目标服务器直接复制组件,也可以用自定义组件扩展或自动逐步替换 ASP.NET 运行库的任何子组件。因此开发工具十分强大。

(4)开发简单:在 ASP.NET 框架下,从简单的窗体提交,客户端身份验证到站点配置都变得十分容易。例如:ASP.NET 页框架可以生成将应用程序逻辑与表示代码分开的用户界面,可以在类似于 Visual Basic 的简单窗体模型环境下处理事件。

(5)可缩放重用:ASP.NET 增加了专门用于在聚集环境和多处理器环境中提高性能的功能。应用程序逻辑与表示代码分离,使得程序的可重用性大大地提高了。

(6)安全管理:借助于内置的 Windows 身份验证对每个应用程序的配置,ASP.NET 可以保证应用程序是安全的。另外,ASP.NET 运行库可以密切监视和管理进程。同时 ASP.NET 采用基于文本的分层配置系统,简化了将设置应用于服务器环境和 Web 应用程序的管理。

6.1.2 .NET 框架及工作原理

.NET 的核心目标之一就是要搭建第三代互联网平台，帮助用户能够在任何时候、任何地方、利用任何工具都可以获得网络上的信息，享受网络通信所带来的快乐。这种网络平台将打破不同的上网设备、不同的操作系统、不同的网站以及各大机构和工业界的网络障碍，使网站之间协同合作，自动交流，最大限度地共享资源。.NET 框架正是为了满足以上需求而提供的基础架构，.NET 框架提供了应用程序模型及关键技术，让开发人员容易用原有的技术来产生和部署并继续发展具有高安全性、高稳定性和高延展性的 WebServices。为此，微软发起软件技术的一次大革命，推出了 Visual Studio.NET，这是一个开发 VB.NET、C#、ASP.NET 等应用程序的总框架，这个架构器包括开发工具、支持组件、运行环境和示例文档等。它将使建立 WebServices 以及因特网应用程序的工作变得简单。

.NET 框架主要由公共语言运行库，基础类库（Base Class Library），ASP.NET、VB.NET、C#等语言运行库三部分组成，如图 6.1.1 所示。

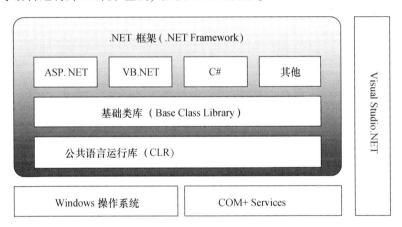

图 6.1.1 .NET 框架示意图

（1）公共语言运行库（CLR）。

CLR 是 .NET 框架的运行环境，负责运行和维护程序员编写的任何程序代码，包括提供所有的运行时服务：内存管理、线程执行、代码执行、安全验证、实时编译及其他系统服务等。CLR 是 .NET 框架的核心。

ASP.NET 的工作原理如下。用户向 Web 服务器发送访问一个 Web 页面的 HTTP 请求，Web 服务器通过分析客户的 HTTP 请求来定位请求网页的位置。如果网页的文件扩展名为 aspx，那么将这个文件送到 SDK 的 CLR 进行处理，当网页第一次被访问时，会被编译成 MSIL 中间语言后利用即时编辑器 JIT 生成相应机器代码并执行，然后获取 HTML 结果；如果已经执行过这个程序，那么就直接执行已编译好的程序并得到 HTML 结果。最后将响应 HTTP 请求的结果返回给客户端，浏览器就可以显示 Web 页面了。

可见，编写 ASP.NET 应用程序不需要使用特定的编译器，因为对各种语言的支持都来自 CLR，各种编译器都是 SDK 的一部分。.NET 框架明确规定，应用程序可以使用任何支持 CLR 的编程语言来编写。CLR 将所有 CLR 相应的应用程序转换为微软中间语言（Intermediate Language，IL），然后，这种中间代码被执行平台进行编译。这种简单的处理方式使得用户使用某种语言编写的应用程序可以在任何使用 CLR 的操作系统上运行。

（2）基础类库（Base Class Library）。

.NET 框架提供了让所有的 .NET 程序语言共享使用的基础类库，基础类库将成百个面向对象的类组成几组统一的、层次化的、可扩展的编程接口，提供了从基本输入输出到数据库操作各种功能，协助程序员利用这些共享的类别库快速开发各种应用程序。常见的类库有如下几种。

① System 类：提供支持其他类所需基本服务，如底层服务、I/O、文本处理等。
② Data 类：提供处理数据库的操作。
③ XML 类：提供处理 XML 文件的操作。
④ Web 类：用来完成用户界面和 Web 服务的任务。
⑤ Windows Forms 类：提供传统的桌面应用程序服务。
⑥ Drawing 类：提供创建图形、复杂字体等操作。

6.1.3 ASP.NET 运行环境

为了建立一个 ASP.NET 的正确运行环境，服务器端必须安装如下软件：

（1）Windows Server 2003、Windows XP、Windows 7 或更高版本；
（2）IIS 5.0（Internet 信息服务管理器 5.0）或 IIS 7.0 更高版本；
（3）.NET Framework SDK（.NET 框架开发工具包）；
（4）SQL Server 数据库。

为了便于编写和调试程序，通常需要用户同时安装服务器端和客户端必需的软件。客户端使用普通的浏览器即可，如 IE 5.0 或更高版本。如果希望有高效的开发平台，建议安装 Visual Studio 2010。

下面介绍主要软件的安装方法。

（1）在 Windows XP 环境下安装 IIS 5.0。

IIS 5.0 附带在系统安装盘中，Server 版本一般已经默认安装了 IIS。否则需要自己安装 IIS。安装方法如下：依次选择"开始"|"设置"|"控制面板"|"添加/删除程序"命令，在"添加/删除程序"对话框中选择"添加/删除 Windows 组件"按钮，就会弹出"Windows 组件向导"对话框。在其中选择"Internet 信息服务（IIS）"，然后单击"下一步"按钮，随后根据提示一步步安装即可。

安装完毕后，依次选择"开始"|"程序"|"管理工具"|"Internet 服务管理器"菜单命令，就会出现"Internet 信息服务"对话框。选择"默认 Web 站点"，右边显示的是"C:\inetpub\wwwroot"中的内容。该文件夹是默认 WWW 主目录，是 IIS 安装过程中

自动生成的。其后即可进行 IIS 的相应配置（包括 ASP.NET 版本信息）和建立虚拟目录及配置。

(2) 在 Windows7 环境下安装 IIS 7.0。

Windows 7 下安装 IIS 7.0 步骤如下：在 Windows 7 操作系统单击"控制面板"|"程序"，选择"打开或关闭 Windows 功能"。在弹出的 Windows 功能对话框中，选中"Internet 信息服务"复选框，单击"确认"按钮，即可完成安装。

转到控制面板，单击"管理工具"选项，选择"Internet 信息服务（IIS）管理器"选项。在"Internet 信息服务（IIS）管理器"窗口，单击右侧的"绑定"超级链接选项，可以进行添加、编辑、删除和浏览绑定的网站的操作；可以在对话框中设置要绑定的网站的类型、IP 地址、端口和主机名等信息。单击右侧的"基本设置"超级链接选项，可以在对话框中设置应用程序池、网站的物理路径等信息；可以在下拉列表中选择所要使用的相应 ASP.NET 版本等信息。

(3) 安装.NET Framework SDK。

该软件可从微软中文网站 http://www.microsoft.corn/china 免费下载 dotnetfx_2.0、dotnetfx 3.5、dotnetfx 4.0 相应压缩包。下载后双击其中的 dotnetfx.lexe 安装文件就可以运行安装程序，根据提示采用默认设置即可完成。安装.NET Framework 和.NET Framework SDK 时应注意：.NET Framework SDK 必须在 IIS 5.0 安装完成后再行安装，否则将无法使用。

(4) 安装数据库系统，如 SQL Server 等。

(5) 建议安装 Visual Studio 2010。

6.2　ASP.NET 编程环境

6.2.1　ASP.NET 编程语言

微软公司发布了 4 种可用于编写 CLR 特定代码的语言，它们分别是 Visual Basic.NET（也叫 VB.NET）、C#、C++.NET 和 JScript.NET。第三代语言也在开发中，随着这种技术越来越流行，它支持的语言将越来越多。下面对上述微软公司开发的语言做一简要的描述。

(1) Visual Basic.NET：VB.NET 是一种相对容易学习的高级编程语言，因此本书的代码范例将使用 VB.NET 编写。

(2) C#.NET：C#是从 C 和 C++派生而来的，是一种简单的、面向对象的、类型安全的现代编程语言。C#旨在将 Visual Basic 的高效性和 C++的威力融合在一起，因此它吸引了越来越多的开发人员。

(3) Visual C++.NET：C++.NET 是微软公司的 Visual C++编程语言的下一个版本，是一种功能强大的、面向对象的编程语言，通常用来创建非常复杂的高级应用程序。

（4）JScript .NET：JScript 是一种专门用于 Internet 的、功能强大的脚本编写语言，也是唯一一种完全遵守 ECMAScript 的标准 Web 脚本语言。该语言的语法与 C#和 C++ 类似，但实现起来更容易些。

在每个 ASPX 页面中，都需要声明编写代码使用的编程语言。这种声明是通过一种页面编译指令来完成的，该编译指令类似于 ASP 中的脚本语言编译指令。声明语法如下：

```
<% @ Page Language = "VB" % > 或 <% @ Page Language = "C#" % >
```

值得注意的是，不能在页面的脚本块中使用不同的语言，页面中的所有代码都必须使用页面开始位置的页面编译指令中声明的语言来编写。

6.2.2 ASP.NET 文件层次结构

在创建 ASP.NET 应用程序时，会生成很多类型的文件。表 6.2.1 列出了组成 ASP.NET 应用程序的各种文件及其在应用程序中所扮演的角色。

表 6.2.1 ASP.NET 应用程序的文件

文件扩展名	描 述
.asax	ASP.NET 系统环境设置文件，包含了为 ASP.NET 应用程序级事件编写的事件语法，位于 ASP.NET 应用程序的根目录中，作用相当于 ASP 中的 Global.asa
.ascx	包含用户自定义控件文件，可嵌入多个 .aspx 文件中，作用相当于 ASP 中的 .inc 文件
.asmx	生成 Web 服务的源文件。是可编程实体，能够供给本地或远程应用程序特定的功能
.aspx	用来创建和规划 Web 页面的核心文件，作用相当于 ASP 中的 .asp 文件
.axd	与 ASP.NET 应用程序跟踪相关的文件，能收集关于应用程序的 HTTP 请求信息
.vsdisco	一种 XML 文件，提供到其他描述 Web 服务资源的链接。用于发现公用的 Web 服务
.htm	一种标准的 HTML 文件，包含静态元素和内容
.xml	一种供 ASP.NET 应用程序使用的 XML 文档，XML 的用途很多，其中包含保存应用程序信息和从数据库返回的数据集
.vb	一种代码文件，包含可供 ASPX 或 ASCX 文件继承的 Visual Basic 代码。这种文件也被称为 code-behind
.config	配置文件，用于设置应用程序的各种属性。这些属性包括高度设置、安全认证、跟踪功能、会话维护和国际化等

6.2.3 命名空间

由于管理成百个类是非常复杂的问题，所以 .NET 引入了命名空间的概念。命名空间是一种逻辑命名方案，用于将相关的类分组，它有助于避免类的方法和属性因为使用相同的标识符而引起混乱。命名空间采用了树状结构的管理方式，每一层中间用"."隔开。如果要在 ASP.NET 页面中使用这些类，就必须在页面中引用命名空间。

命名空间在开发 ASP.NET 应用程序中扮演了重要的角色。微软在命名空间中使用层次结构，将类似的对象分为一组，并放在通用命名空间的子空间中，从而使得标识命名空间更容易，同时使代码的面向对象性更强。下面简要介绍两个命名空间。

（1）System 命名空间。

System 是开发基于 ASP.NET 和其他 .NET 框架的应用程序的核心命名空间。在应用程序中能够完成的任何工作都是通过 System 命名空间进行处理的。例如，数组处理、数学运算和数据类型转换都是通过 System 命名空间及其子命名空间进行处理的。默认情况下，每个 ASP.NET 页面都将导入 System（System.ComponentModel.Design，System.Data，System.Drawing，System.Web.SessionState，System.Web，System.Web.UI，System.Web.UI.WebControls，System.Web.UI.HTMLControls）命名空间，即 System 命名空间及其 8 个子命名空间。

（2）Microsoft 命名空间。

除了 .NET 框架中的 System 命名空间外，Microsoft 中还包含多个能够为应用程序中使用的编程语言提供功能的命名空间。下面是几个常用的命名空间。

① Microsoft.VisualBasic：包含 Visual Basic .NET 运行阶段，后者用于 VB.NET 语言；另外，还包含使用 Visual Basic .NET 语言支持编译和代码生成的类。

② Microsoft.JScript：包含 Jscript 语言支持编译和代码生成的类。

③ Microsoft.CSharp：包含 C#语言支持编译和代码生成的类。

④ Microsoft.Win32：提供用于操纵注册表蜂巢和键的类和接口。

虽然 .NET 框架已经提供了很多命名空间，但用户仍然可以为自己创建的每个类生成一个命名空间。下面将介绍如何在 ASP.NET 页面中使用命名空间。

将命名空间导入 ASP.NET 应用程序中的方法有两种：页面编译指令@Import 和 Imports 关键字分别用于将命名空间导入前台 ASPX 页面和后台 code-behind 页面中。下面的代码说明了将命名空间 System.Web.UI.WebControls 导入 ASP.NET 页面中的语法：

```
<%@ Import namespace = "System.Web.UI.WebControls"%>
```

而要将命名空间导入到 code-behind 中，请在代码页的开始位置使用如下所示的语法：

```
Imports System.Web.UI.WebControls
```

如果要将多个命名空间导入到 ASP.NET 页面和 Visual Basic code-behind 页面中，则需要分别导入它们。例如，对于 ASP.NET 页面，请使用下面的方法来导入命名空间：

```
<%@ Import namespace = "System.Web.UI.WebControls" %>
<%@ Import namespace = "System.Web.UI.HTMLControls" %>
<%@ Import namespace = "namespace name" %>
```

而对于 Visual Basic code-behind 页面，则使用下面的方法：

```
Imports System.Web.UI.WebControls
Imports System.Web.UI.HTMLControls
Imports namespace
```

6.2.4 编写一个简单的 ASP.NET 程序

下面举一个简单的例子，我们可以新建一个文本文档，输入 6-2-1.aspx 所示的代码，最后将文件的后缀名 .txt 改成 .aspx，并保存在 Web 服务器的虚拟目录下。

【例 6.2.1】 ASP.NET 简单的例子代码 6-2-1.aspx。

6-2-1.aspx 程序代码如下：

```
<%@ Page Language = "VB"%>
<script runat = "server">
    Sub Enter_Click(Sender As Object, E As EventArgs)
        Message.Text = username.Text & "您好,欢迎光临我的主页!"
    End Sub
</script>
<html>
<head>
    <title>一个简单示例 welcom.aspx</title>
</head>
<body>
    <form runat = server>
        请输入您的姓名：
        <asp:textbox id = "username" runat = "server"/>
        <asp:button id = "enter" text = "确定" Onclick = "Enter_Click"
            runat = "server"/>    <p>
        <asp:label id = "Message"  runat = server/>
    </form>
</body>
</html>
```

说明：该程序分为前后两部分，前面部分是程序代码，后面部分是 HTML 代码（也分别称为动态部分和静态部分）。在前面部分中是一个事件，表示如果客户单击"确定"按钮，就执行该事件，即在 Message 控件中显示欢迎字样。后面部分就是一个表单。第一行 <%@ Page Language = "VB" %> 表示使用 VB.NET 编程语言。假设文件 6-2-2.aspx 在您的机子上保存的虚拟目录为 dd，则可以通过如下方法访问该文件：

（1） http://localhost/dd/6-2-2.aspx

（2） http://127.0.0.1/dd/6-2-2.aspx

（3） http://您的计算机的名字/dd/6-2-2.aspx

（4） http://您的计算机的 IP 地址/dd/6-2-2.aspx

前 3 种方法一般指的是在自己的计算机上访问自己的 ASP.NET 文件，第 4 种方法指的是别人通过 Internet 访问您的文件，前提是您的计算机必须连入 Internet 且别人知道您的 IP 地址。显示结果如图 6.2.1 所示。

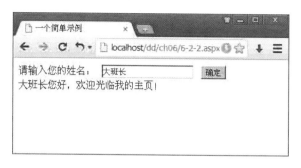

图 6.2.1　程序 6-2-2.aspx 的运行结果

6.3　Visual Studio 2010 开发工具

6.3.1　Visual Studio 2010 简介

Visual Studio 2010 简称 VS 2010，它是微软搭建第三代互联网平台精心推出的 Microsoft .NET 重要组件，是用于创建下一代应用程序的理想的开发工具。作为快速创建和集成 XML Web 服务和应用程序的统一综合的开发工具，Visual Studio 2010 在改善程序员操作环境的同时极大地提高了开发者的效率。

Visual Studio 2010 是目前唯一一开始就是为 XML Web 服务创建的开发环境。Visual Studio 2010 提供简单、灵活、基于标准的模型，（允许开发人员从新的和现有的代码开发应用程序）而与平台、编程语言或对象模型无关。借助 Visual Studio 2010 和 .NET 框架，允许更快地开发先进的软件应用程序和 XML Web 服务，同时为应用程序和 XML Web 服务提供更高的可靠性。此外，XML Web 服务的使用将允许在 NET 平台上创建的应用程序和服务更容易、更有效地集成在一起。

Visual Studio 2010 的主要特性如下所示。

（1）基于 .NET 的应用，提供了 XML Web 服务、Windows 表单、Web 表单、移动 Web 表单、控制台应用、Windows 控件库、Web 控件库以及 Windows 服务等。

（2）提供了 4 种强大、高效的开发语言。

（3）提供了功能强大的统一的集成开发环境。

（4）提供了强大的数据库应用。

（5）提供了一组企业生命周期工具。

6.3.2　Visual Studio 2010 开发环境

Visual Studio 2010 集成开发环境是一个非常丰富的编程环境，用户可以选择自己熟悉

和喜欢的编程语言，如 Visual C#、Visual C++、Visual Basic .NET 等。在 Visual Studio 2010 安装好后，在 Windows 任务栏上单击"开始"按钮，执行"程序"中的"Microsoft Visual Studio 2010"文件夹的"Microsoft Visual Studio 2010"选项。启动后，将出现一个包含许多菜单、工具和组件窗口的开发环境。可以在"起始页"窗口的左边使用"新建项目"和"打开项目"；可以在菜单栏单击"文件"|"新建"|"项目"，进入"新建项目"的功能面板（如图 6.3.1 所示），这个面板给予了各类编程人员施展才能的空间。我们可以通过这个面板来选择是进行 Visual Basic 开发还是 Visual C++ 开发，选择 Windows 窗体应用程序还是 ASP .NET Web 应用程序，以及选择 .NET 框架、定义名称、确定保存位置等。

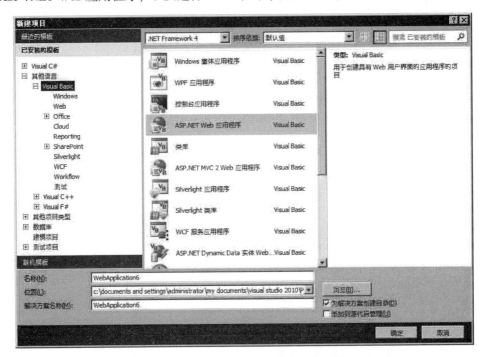

图 6.3.1　Visual Studio 2010 新建项目的界面

6.3.3　Windows 窗体与 Web 窗体

Visual Studio 2010 集成了 Windows 窗体与 Web 窗体。

Web 窗体是一种基于 ASP .NET，用于开发 Internet 用户界面的程序设计模型。它取代了 Visual Basic 6.0 中的 WebClasses 和 DHTML Page Designer。和 Windows 窗体相似，Web 窗体可以包括文本、图形图像、按钮、列表框，以及其他用于提供信息、处理用户输入或者显示输出的对象。但是用于创建 Web 窗体页面的主要控件，并不相同于 Windows 窗体选项卡上提供的控件。

创建 ASP .NET Web 应用程序，必须使用工具箱中 HTML 选项卡或 Web 窗体选项卡上的控件。每一个 HTML 控件或 Web 窗体控件都有其特有的方法、属性和事件。HTML 控件是一套早期的用户界面工具，它们严格遵从早期 HTML 标准，并被绝大多数 Web 浏览器支持。它包括按钮、文本字段和复选框等主要的控件，用于管理完全通过 HTML 代码在网页上表示的信息。Web 窗体控件是 Visual Studio 2010 中的新特性。Web 窗体控件比 HTML 控件的功能更为强大，并且与 Windows 窗体控件有很多相同之处。许多 Web 窗体控件不但命名与 Windows 窗体控件相同，还具有很多相同的属性、方法和事件。这为程序员使用这些控件创建 ASP.NET Web 应用程序带来了方便。

Web 窗体除了和 Windows 窗体控件有许多共同之处外，它们之间也有着重要区别。首先，Web 窗体提供的程序设计范例与 Windows 窗体略有不同。Windows 窗体把 Windows 窗口用做程序的主要用户界面，Web 窗体则通过程序代码为用户提供一个或多个网页的信息。这些网页可以通过 Web 浏览器查看，可以用 Web 窗体设计器创建。Web 窗体控件是服务器控件，也就是说，它们可以在 Web 服务器上运行及设计。

Windows 窗体控件、Web 窗体控件和 HTML 控件如图 6.3.2 所示。

图 6.3.2　Windows 窗体控件、Web 窗体控件和 HTML 控件

6.3.4　ASP.NET 开发实例

以下将以 ASP.NET 为例创建一个用 VB.NET 语言编写的简单的 Web 应用程序。

（1）新建一个 ASP.NET Web 应用程序。

创建 ASP.NET Web 应用程序可以在"Microsoft Visual Studio 2010"开发环境"新建项目"功能对话框通过创建网站面板来完成。启动 Visual Studio 2010（如图 6.3.1 所示），设置开发语言、.NET 框架、名称、保存位置后，选择"ASP.NET Web 应用程序"

模板，即可完成创建。

在 Web 开发环境中，需要为项目制定具体的 Web 服务器。默认值是 http://localhost。在项目构建时，可以为项目选择本地或者远程 Web 服务器，Visual Studio 2010 将用指定的 Web 服务器放置并组织这些项目文件。该 Web 服务器的辨认不是通过驱动器命名或者目录命名，而是通过合法的 Internet 地址（URL）来确认。"位置"文本框中输入本机器 Web 服务器 URL 和 Web 应用程序的命名，单击"确定"按钮，Visual Studio 2010 将载入 Web 窗体设计器，并创建一个将包含用户界面的 Web 窗体页面文件（如 WebForm1.aspx）和一个将包含 Web 应用程序代码的后台代码文件（WebForm1.aspx.vb）。

新建 ASP.NET Web 应用程序，也可以在"Microsoft Visual Studio 2010"开发环境菜单栏直接选择"新建网站"功能对话框来创建网站。以下介绍实例步骤。

① 创建一个 ASP.NET 网站。

在"Microsoft Visual Studio 2010"开发环境菜单栏选择"文件"|"新建"|"网站"，进入"新建网站"功能对话框，如图 6.3.3 所示。选定 VB.NET 开发语言、.NET 框架、网站名称和保存位置（可单击"浏览"按钮设置，确认）。完成 ASP.NET 网站的创建。

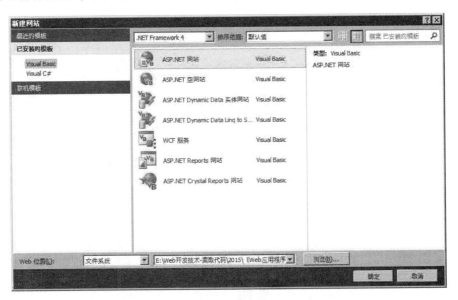

图 6.3.3　新建网站对话框

② 新建一个 ASP.NET Web 应用程序。

在新建网站的"解决方案资源管理器"中选中当前项目，右击，然后选择"添加新项"，输入网页面名称后即可在网站中加入新建的 ASP.NET 网页，如图 6.3.4 所示。可以在该 Web 窗体设计器进行网页设计。

Web 窗体设计器在开发环境的中心显示 Web 窗体。设计器底部的三个标签"设计""拆分"和"源"，可以用来更改 Web 窗体页面的视图。单击"设计"标签可以设置对象在 Web 浏览器中的显示效果，视图有 Table 表格布局和 CSS+DIV 布局两个模式。处于表格布局模式时，可以在 Web 窗体添加 HTML 格式表格，直接添加文本或服务器控件。文本可以像在 Word 中那样，按照从上到下的格式显示，对其进行编辑，方便快捷。使用 CSS + DIV 布局模式，可以通过 CSS 样式控制，使 Web 窗体页精确地定位、确定大小以及重叠，需要熟悉 CSS 样式编程的显示效果。单击"源"标签则用于查看并编辑 HTML 代码。

图 6.3.4　新建的 ASP .NET Web 应用程序项目

（2）使用 Web 窗体设计器设计页面。

① 在窗体上直接输入文本。

先选定 Web 窗体页面，在 Web 窗体中键入文本，并设置字体。单击 HTML 标签，可以查看 HTML 代码。

② 在窗体上添加控件。

单击"设计"标签。向页面程序中添加一些控件。这些控件位于工具箱的 Web 窗体选项卡上，将"Web 窗体"选项卡上的 TextBox 控件、Label 控件和 Button 控件用拖拽的方式添加到 Web 窗体中，如图 6.3.5 所示。

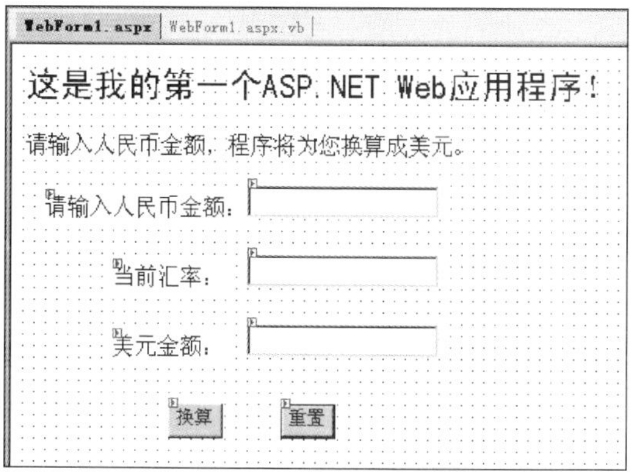

图 6.3.5　向 Web 窗体中添加控件

③ 设置控件属性。

完成用户界面设置后，为 Web 窗体页面上的 8 个控件设置一些属性，参照表 6.3.1。Web 窗体有些属性表示和 Windows 窗体属性有差异，同样都是名称功能属性，在 Windows 窗体中是 Name 属性，在 Web 窗体中称为 ID 属性。

表 6.3.1　设置控件的属性

对　　象	属　　性	设　　置
TextBox1	ID	txtRMB
TextBox2	ID	txtRate
TextBox3	ID	txtUSD
Label1	ID	lblRMB
	Text	请输入人民币金额
Label2	ID	lblRate
	Text	当前汇率
Label3	ID	lblUSD
	Text	美元金额
Button1	ID	btnCalculate
	Text	换算
Button2	ID	btnReset
	Text	重置

（3）为 Web 窗体控件编写事件过程。

在 Web 窗体页面上双击对象并在相应的代码编辑器中输入相关的程序代码，可以为 Web 窗体页面上的控件编写事件过程。用户在客户端 Web 浏览器中的 Web 窗体页面上可以看到这些控件，但是运行这些控件的代码实际位于 Web 服务器上，由 Web 服务器执行。例如，当用户单击按钮时，浏览器通常将按钮单击事件发送到服务器端，服务器处理该事件并将执行结果以一个新网页形式返回浏览器。也就是服务器执行了事件处理程序（事件过程）响应了客户端用户的单击按钮的请求。

以下我们为 Web 窗体页面上的 btnCalculate 和 btnReset 命令控件分别创建一个事件过程。双击 Web 窗体页面上的"换算"按钮。后端代码文件（WebForm1.aspx.vb）在代码编辑器中打开，显示 btnCalculate_Click 事件过程。输入下列程序代码：

```
Dim USD As Single
USD = txtRate.Text * txtRMB.Text
txtUSD.Text = USD
```

再双击 Web 窗体页面上的"重置"按钮。在 btnReset_Click 事件过程中输入下列代码：

```
txtRMB.Text = ""
```

```
txtRate.Text = ""
txtUSD.Text = ""
```

执行菜单命令"文件/全部保存",然后单击标准工具栏上的"启动"三角形按钮,或者在 WebForm1.aspx 上击右键,再选择"在浏览器中查看",则会立即弹出浏览器窗口。在"请输入人民币金额"的文本框中输入数值 10000,然后在"当前汇率"文本框中输入人民币对美元的汇率值 0.122,单击"换算"按钮,在"美元金额"文本框中就会显示 1220,单击"重置"则会清空三个文本框,以便重新输入。运行结果如图 6.3.6 所示。

最后说明一点,从这个小例子中可以看出,Web 应用程序的构建与运行基本上和 Windows 应用程序一样,不同的是最终应用程序是在浏览器上运行的。Web 程序开发者还可以设置断点并对应用程序进行调试,这一点与 Windows 应用程序也是一样的。

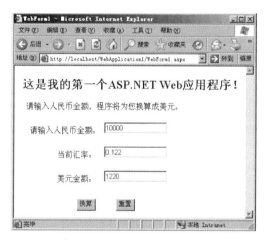

图 6.3.6 换算运行结果

6.4 思考题

1. 什么是 ASP.NET?它有哪些特点?
2. .NET 框架由哪几个部分组成?
3. 叙述 ASP.NET 工作原理,指出其核心技术的优势。
4. ASP.NET 应用程序都有哪些类型的文件?它们分别用于哪些用途?
5. 什么是 .NET 命名空间?它在 ASP.NET 应用程序中扮演了什么样的角色?
6. VB.NET 编程语言有哪些数据类型?
7. 叙述 VS 2010 的"属性"窗口有何作用。
8. 举例说明创建一个 ASP.NET 网站的具体步骤。
9. 参考本章实例,编写 ASP.NET 应用程序:创建一个页面,实现简单的计算器功能。

第 7 章 ASP.NET 服务器控件

7.1 服务器控件及公共属性

7.1.1 服务器控件

ASP.NET 是基于控件设计的,它主要有两种服务器控件:即 HTML 控件和 Web 控件。

(1) HTML 控件是在 HTML 的基础上发展过来的。它由 System.Web.UI.HtmlControls 类实现的,是 HTML 标记的可编程版本,主要用于需要交互的场合。这部分控件基本对应于传统的 HTML 标记。只是在每个 HTML 标记的属性中添加 runat = "server" 构成了 HTML 服务器控件,可以在程序代码中对其进行操作。也适应于将 ASP 程序转换为 ASP.NET 程序。

(2) Web 控件是一种超越了 HTML 标记,进行性能新扩展的控件,功能更强大。它是由 System.Web.UI.HtmlControls 类实现的。它是 .NET 针对 Web 表单提供的全新的解决方案,它的属性和 HTML 标记的属性不尽相同。Web 控件包括内部控件、列表控件和验证控件等。

除此之外,用户还可以自定义自己的控件,称之为用户控件。

7.1.2 控件的声明以及属性、事件和方法

在 ASP.NET 中,有两种声明控件的方式,以常用的按钮控件 Button 为例:

<asp:Button id = "enter"Text = "确定"onClick = "Enter"runat = "server"/>

和

<asp: Button id = "enter"Text = "确定"onClick = "Enter"runat = "server" > </asp: Button >

ASP.NET 中的所有控件都是用类实现的,也可以看作一个对象,因此有它的属性、方法和事件等。以上例子中,声明控件语句的 id、runat 都是控件的属性,id 表示这个控件的名称,用来识别每一个控件;runat = "server" 表示该控件运行在服务器端。这两个属性几乎是所有控件所必需的。

在 Button 控件中,Text 属性表示显示的文本信息,它可以在声明控件时赋值,也可以在程序代码中赋值;另有一个特殊的属性 onClick,又称为事件属性,表示当用户单击

按钮时，就执行该属性对应的事件过程 Enter。

7.2 HTML 控件

前面我们已经熟悉的 HTML 元素是基于客户的，服务器完全不知道它的状态及属性等，而 HTML 控件是基于服务器的，因此服务器可以跟踪该控件，及时地响应控件的相关操作。

HTML 控件的语法是：`<HTML 标记 id="控件名称" runat="server">`

其中 id 是用来指定这个控件的名称的，且这个名称应该是唯一的，而这个名称则成为 ASP.NET 程序中的一个对象名称；runat="server" 属性是告诉 ASP.NET 程序这是个位于服务器端执行的控件，它是所有的服务器控件都必须加上的属性。

要使用 HTML 控件，只要在 HTML 元素后加上 id="控件名称" 及 runat="server" 就可以。表 7.2.1 列出了命名空间 System.Web.UI.HtmlControls 定义的 HTML 控件。

表 7.2.1 命名空间 System.Web.UI.HtmlControls 定义的 HTML 控件

HTML 控件	对应 HTML 标记	描 述
HtmlAnchor	`<a>`	创建一个超链接
HtmlButton	`<button>`	执行一项任务
HtmlContainerControl	`<form>`，`<table>`，`<tr>`，`<td>`，`<a>`，`<span>`	为被转换的对象创建一个容器模型
HtmlForm	`<form>`	定义一个表单
HtmlGenericControl	`<span>`，`<div>`，`<body>`，`<font>`	为被转换的对象创建一个基本的对象模型
HtmlImage	`<img>`	显示图像
HtmlInputButton	`<input type="button">`	执行一项任务
HtmlInputCheckBox	`<input type="checkbox">`	创建一个复选框
HtmlInputFile	`<input type="file">`	创建一个文件上传的表框
HtmlInputImage	`<input type="image">`	创建一个图片按钮
HtmlInputHidden	`<input type="hidden">`	创建一个隐藏的信息按钮
HtmlInputRadioButton	`<input type="radio">`	创建一个单选框
HtmlInputText	`<input type="text">`	创建一个文本输入框
HtmlSelect	`<select>`	创建一个列表框
HtmlTable	`<table>`	创建一个表格
HtmlTableCell	`<td>`	在表格中创建一个单元格
HtmlTableRow	`<tr>`	在表格中创建一行
HtmlTextArea	`<textarea>`	创建多行文本框

7.2.1 Form Web 表单控件

HtmlForm（窗体）控件是设计动态网页的一个相当重要的组件，它可以将客户端的数据传送至服务器端进行处理。窗体内的"确认"按钮被按下去后，只要被 HtmlForm 控件所包含的数据输入控件都会被一并送到服务器端。服务器端收到这些数据及 OnServerClick 事件后会执行指定的事件程序，并且将执行结果重新下载到客户端浏览器。其使用语法为：

```
<Form id = "控件名称" runat = "server" Method = "post | get" action = "执行程序的 URL">
其他控件
</Form>
```

说明： form 控件其实是个容器，在 form 控件中可以放置其他控件。如果该页面需要向服务器提交表单，就必须有该控件。如果 Method 属性为 Post（默认值）则表示由 Server 端来读取数据，如为 Get 则表示由浏览器主动上传数据至 Server 端。Get 是立即传送，所传送的数据不能太大；Post 则表示等待 Server 来读取数据，传送数据量不受限制。而 Action 属性则表示数据要送至处理程序的网址，默认是自己当前页。

7.2.2　Button 按钮控件

HtmlButton 控件主要是让用户通过按钮执行命令或动作，如果要指定发生 OnServerClick 事件时所要执行的程序，则设定 OnServerClick 属性即可。使用语法为：

```
<Button id = "控件名称" runat = "server" OnServerClick = "事件过程名">
```

按钮上的文字、图形或控件：

```
</Button>
```

说明： Botton 是容器控件，背景可显示文本、图像、GIS 图像；可通过设置 OnServerClick 属性表示触发处理方法。

【例 7.2.1】 图像按钮。

7-2-1 程序代码如下：

```
<Button id = "display" style = "font-size:9pt" runat = "server">
<img id = "picture" src = "1.jpg"><br><u>Display</u>
</Button>
```

在浏览器中运行结果如图 7.2.1 所示。

图 7.2.1　图像按钮

7.2.3　InputButton 提交/重置/普通按钮控件

HtmlInputButton 控件是按钮控件，用来提交表单/重置表单/普通按钮，语法为：

```
< input  id = "控件名称"  type = "submit | reset | button"
         value = "按钮上的文字"  onServerClick = "事件过程名称"
         runat = "server"/>
```

说明：当 type 属性为 submit 时是提交按钮，单击时提交表单内容。当 type 属性为 reset 时是重置按钮，单击时将表单控件内容恢复原先内容；当 type 属性为 button 时是普通按钮。

【例 7.2.2】 提交/重置/普通按钮。

7-2-2 程序代码如下：

```
< Html >
< Script Language = "VB" Runat = "Server" >
Sub Button1_Click(Sender As Object, e As EventArgs)
Sp1.InnerText = "您按了 Button"
End Sub
Sub Submit1_Click(Sender As Object, e As EventArgs)
Sp1.InnerText = "您按了 Submit"
End Sub
</Script >
< Form Runat = "Server" >
< Input Type = "Text" Id = "Text1" Runat = "Server" Value = "这是文字输入盒" >
< Input Type = "Button"  Id = "Button1"  Runat = "Server"  Value = "这是按钮"
        OnServerClick = "Button1_Click" >
< Input Type = "Submit" Id = "Submit1" Runat = "Server" Value = "这是确定"
        OnServerClick = "Submit1_Click" >
< Input Type = "Reset" Runat = "Server" Value = "这是重置"
        OnServerClick = "Reset_Click" > </Form >
< Span ID = "Sp1" Runat = "Server"/>
</Html >
```

在浏览器中运行结果如图 7.2.2 所示。

图 7.2.2　HtmlInputButton 按钮控件

7.2.4　InputText 单行文本/密码控件

HtmlInputText 控件是一个可以输入文本或密码的控件。
语法为：

```
< input id = "控件名"  type = "text|password"  maxlength = "整数值,输入最大字符数"
        size = "整数,文本框宽度"  value = "文本框中的文字"  runat = "server"/>
```

说明：当 type 为 password，则为密码框，文字显示为 ＊＊＊＊；Value 属性表示显示在文本框中的文字。

7.2.5 TextArea 多行文本框控件

HtmlTextArea 控件可以用来输入多行文本。

语法为：

```
<textarea id = "控件名称"cols = "整数,显示的列数"rows = "整数,显示的行数"
       value = "多行文本框中的文字"runat = "server"/>
```

说明：常用来输入留言内容等大段文字。Value 属性表示显示在文本框中的文字。

7.2.6 InputHidden 隐藏信息控件

HtmlInputHidden 控件是一个隐藏控件，它类似于文本框，但是客户端看不到信息。

语法为：

```
<input  id = "控件名称"  type = "hidden"  value = "隐藏框中的文字"
       runat = "server"/>
```

说明：该控件经常用来存放一些不想让用户看到的内容。

7.2.7 InputRadioButton 单选框控件

HtmlInputRadioButton 控件是一个单选框控件，可用多个单选框控件的 name 属性同名，编组后单选一。语法为：

```
<Input id = "控件名称"  type = "radio"  value = "单选框的值"
       name = "组的名称"Checked = "True | False"  runat = "server"/>
```

说明：创建表单按钮可使用 HTML 服务器端 InputRadioButton 控件，可通过定义过程来检测按钮控件选择值。

7.2.8 InputCheckBox 复选框控件

HtmlInputCheckBox 控件是一个复选框控件，用于在提供的项目中复选多个项目。

语法为：

```
<Input id = "控件名称"  type = "Checkbox"  value = "复选框的值"
       Checked = "True | False"runat = "server"/>
```

说明：创建表单复选框使用 HTML 服务器端 InputCheckBox 控件，可通过定义过程来检测复选框控件选择值；checked 属性取值为 true 和 false，分别表示选中和未选中状态。

【例 7.2.3】 复选框按钮控件。

7-2-3 程序代码如下：

```
<html>
<script language = "VB" runat = server>
```

```
Dim result as String = "您选择了:"
Sub ButtonClick(Sender as object, E as EventArgs)
  if chk1.Checked Then result = result + "齐达内"
  if chk2.Checked Then result = result + "小贝"
End Sub
</script>
<body>
<form runat = "server">
  请选择您喜欢的球星:<br>
  <input type = checkbox runat = server id = "chk1">齐达内<br>
  <input type = checkbox runat = server id = "chk2">小贝<br>
  <button runat = server onserverclick = "ButtonClick">提交
  </button><br><br>
  <% = result% >
</form>
</body>
</html>
```

在浏览器中运行结果如图 7.2.3 所示。

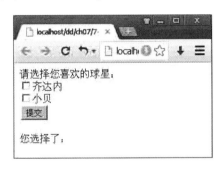

图 7.2.3　HtmlInputCheckBox 复选框控件

7.2.9　Select 下拉列表框控件

Htmlselect 控件是一个下拉列表框控件。有两种风格：下拉式选单，需单击按钮列表显示；清单，列出所有选项。分别由 size 属性决定。可利用 Items 集合的 Add 方法动态加入项目。

语法为：

```
<select id = "控件名称"Size = "整数值,表示显示行数"  runat = "server">
    <option value = "选项值1">选项1</option>
    <oPtion value = "选项值2">选项2</option>
</select>
```

说明：一个<option …/option>就是一个选项。当需要知道选择哪一个时，可以使用"控件名.value"返回值。

7.2.10　GenericControl 一般控件

HtmlGenericControl 控件是在所有的标记中添加 id 和 runat 属性使之变成服务器控件，

就可以在程序代码中对其操作。

语法为：

<body | span | div | … id = "控件名称" runat = "server"/>

显示的 HTML 代码 | 显示的文本

</body | span | div | … >

说明：它有两个属性 innerhtml 和 innertext，前者表示显示在控件中的 HTML 代码，后者是其中的文本。但是这两个属性只能在程序运行时赋值。

7.2.11 HtmlInputFile 文件上传控件

HtmlInputFile 控件可以将客户端的文件上传到服务器端，如学生在线递交作业文件等。声明控件语法为：

<input id = "空间名称" type = "file" runat = "server" >

说明：可以使用 Contentlength、ContentType 和 FileName 属性分别获取文件大小、文件类型和在客户端的路径。上传文件应为非只读属性，Form 控件需添加 enctype 属性。使用 SaveAs 方法可将文件上传保存在指定位置。

【例 7.2.4】 用 InputFile 控件实现将文件上传到服务器。

7-2-4 程序代码如下：

```
<html>
<script language = "VB" runat = "server">
Sub Enter_Click(sender As Object, e As EventArgs)
uploadfile.PostedFile.SaveAs("c:\inetpub\wwwroot\upload.txt")
End Sub
</script>
<body>
    <h4 align = "center">文件上传例子</h4>
    <form enctype = "multipart/form-data" runat = "server">
        选择文件: <input id = "uploadfile" type = "file" runat = "server">
        <br><input type = "button" id = "enter" value = "提交"
                OnServerClick = "Enter_Click" runat = "server">
    </form>
</body>
</html>
```

在浏览器中运行结果如图 7.2.4 所示。

7.2.12 Image 显示图片控件

HtmlImage 控件用来显示图片。对应于 HTML 标记中的 <Img>，可随程序来改变其属性。

语法为：

<Img id = "控件名称" Runat = "server" Aft = "无法显示图形时的说明文字"
    Align = "Top | Middle | Bottom | Left | Right"

```
Border = "边框宽度"   Height = "图片高度"
Src = "图片来源 URL"  Width = "图片宽度"/>
```

说明：用 src 属性可以指定图片来源地址。Align 设定图片相对于旁边文字的排列方式。

图 7.2.4　HtmlInputFile 文件上传控件

7.2.13　InputImage 图片按钮控件

图片按钮控件利用 < input type = "image" > 元素可显示一个"可单击"的图像，功能像 Submit 按钮，单击时，包含这个元素的窗体连同鼠标指针在图像中的坐标会被一起提交给服务器。

语法为：

```
< input type = image runat = "server" id = "控件名称" src = "图片 URL 地址" >
```

【例 7.2.5】 图片按钮控件。

7-2-5 程序代码如下：

```
< form runat = "server" >
    < input type = image runat = server id = "image1" src = "1 - b.jpg" >
</form >
```

在浏览器中运行结果如图 7.2.5 所示。

图 7.2.5　图片按钮控件

7.2.14　Anchor 超链接控件

HtmlAnchor 控件可以指定超级链接，通过超级链接联系不同的页面。

语法为：

```
<A id="控件名称" Runat="server"Href="链接到的URL地址"name="书签名称"
    OnserverClick="事件过程名称" Target="要将链接开启至哪个框架"
    Title="鼠标指向时出现的提示">
    超链接文字
</A>
```

说明：Href 属性用来指定要链接到的 URL 地址。Target 属性指定要将链接转至哪个框架，可以设为 _blank、_self、_parent、_top。

7.2.15 Table 表格控件（Table/TableRow/TableCell）

表格是网页常用的元素。HtmlTable 控件中有 Rows 集合，HtmlTableRow 控件中有 Cells 集合。利用 HtmlTableRow 中 Cells 集合的 Add 方法，将 HtmlTableCell 控件串成一行（Row），再将这一行加到 HtmlTable 的 Rows 集合中，这样就可完成表格的制作。这些组成表格的控件都可以设定一些外观属性。HtmlTable 控件可以配合 HtmlTableRow 以及 HtmlTableCell 控件来动态地产生表格。

下面介绍一下 HtmlTable、HtmlTableRow 和 HtmlTableCell 控件。

（1）HtmlTable 控件的语法如下：

```
<Table id="控件名称"Runat="Server"Align="Left | Center | Right"
    BGColor="背景色"BorderColor="边框颜色"CellPadding="像素"
    Cellspacing="像素"Height="表格高度">
        <Tr><Td><Td></Tr>
        <Tr><Td><Td></Tr>
</Table>
```

说明：表格常用在网页中定位，利用表格使大量的数据在网页中排列得更为整齐美观。

（2）HtmlTableCell 控件的语法如下：

```
<Td 或 Th Id="控件名称"runat="server"Align="Left | Center | Right"
    BGColor="背景色"BorderColor="边框颜色"ColSpan="跨列数"
    Height="表格高度" Width="表格宽度"
    NoWarp="true | false"Rowspan="跨行数"Valign="垂直对齐方式">
储存表格内容
</Td 或/Th>
```

说明：一般来说，我们会利用程序来产生 HtmlTableCell 对象，设定好属性之后，再加入 HtmlTableRow 对象中的 Cells 集合中。

（3）HtmlTableRow 控件的语法如下：

```
<Tr id="控件名称"Runat="Server"Align="Left | Center | Right"
    BGColor="背景色"BorderColor="边框颜色"Height="表格高度"
    Cells="Cells 集合"Valign="垂直对齐方式">
        <Td>字段内容1</Td> <Td>字段内容2</Td>
        ……
        <Td>字段内容n</Td>
</Tr>
```

说明：利用程序来产生 HtmlTableCell 对象后，加入 HtmlTableRow 对象中的 Cells 集合。等表格的一列定义好后，再利用 HtmlTable 对象的 Rows 集合将表格的列加入集合中。

7.3 Web 内部控件

7.3.1 Web 控件简介及其属性

（1）Web 控件。

ASP.NET 提供的另一种服务器控件是 Web 控件。它是为了方便在微软新集成的开发环境（Visual Studio.NET）中开发 ASP.NET 程序而开发的控件，除了基本功能与 HTML 控件相类似之外，还提供了许多超越了 HTML 控件的功能。HTML 控件是将 HTML 标注对象化，使程序代码容易控制及管理这些控件；Web 控件会依照 Client 端的状况产生一个或多个适当的 HTML 控件，它可以自动侦测 Client 端浏览器的种类并自动调整成适合浏览器的输出。Web 控件另一个非常重要的功能是支持数据绑定，这种能力可以和数据源链接，用来显示或修改数据源的数据。

Web 控件的语法为：

<ASP:控件标记 id＝"控件名称"runat＝"server"属性 1＝"属性 1 值"…/>

或

<ASP:控件标记 id＝"控件名称"runatt＝"server"属性 1＝"属性 1 值">
</ASP:控件标记>

（2）Web 控件的公共属性。

① Border 属性。

Border 属性包括 BorderColor、BorderStyle 和 BorderWidth 等属性：

- BorderColor 属性用于设置 Web 控件的边框颜色。
- BorderStyle 属性用于设置 Web 控件的边框样式。
- BorderWidth 属性用于设置 Web 控件的边框宽度。

② Font 属性。

它包括用于设置控件中文字的样式、大小及颜色等属性。

③ 其他样式属性。

Web 控件还包括 BackColor、CssStyle、Height 和 Width 等属性：

- BackColor 属性用于设置控件背景颜色，取值为合法的颜色参数。
- CssStyle 属性用于设置控件外观样式，设置的种类参考 CSS 资料。
- Height 属性用于设置控件的高度，取值为正整数（单位为像素）。
- Width 该属性用于设置控件的宽度，取值为正整数（单位为像素）。

④ Web 控件还包括事件属性 AccessKey、Attributes、Enabled、TabIndex、ToolTip 和 Viseble。

7.3.2 TextBox 文本输入控件

TextBox 控件是一个可以输入单行文本、密码和多行文本的控件。

语法为：

```
<asp:Textbox id="控件名称" TextMode="Sillgle|Multiline|PassWord"
    Text="要显示的文字" maxLength="整数" rows="整数" Columns="整数"
    wrap="True | False,分别表示允许不允许换行,默认为 True"
    AutoPostBack="True|False" onTextChanged="文字改变时触发的事件过程"
    runat="server"/>
```

说明：TextMode 的 3 个取值分别表示单行文本，多行文本和密码，默认为单行文本。AutoPostBack 属性和 OnTextChangee 事件过程可以让文字改变时立即触发事件。

【例 7.3.1】 图片按钮控件。

7-3-1 程序代码如下：

```
<html>
<head>
ASP:TextBox 控件
</head>
<form runat="server">
单行文本:<br>
<asp:textbox id="singlecontrol" text="textbox" runat="server"/><br>
多行文本:<br>
<asp:textbox id="multicontrol" columns=20 rows=4 textmode=multiline wrap
=true runat="server"/><br>
密码输入框:<br>
<asp:textbox id="passwordControl" textmode=password runat="server"/><br>
</form>
</html>
```

在浏览器中运行结果如图 7.3.1 所示。

图 7.3.1 TextBox 文本输入控件

7.3.3 Label 文本显示控件

Label 控件用来在页面上显示信息，可定义外观的属性，如 ToolTip、AccessKey 等。

语法为：

<asp:Label id = "控件名称"Text = "显示的文字"runat = "server"/>

说明：Web服务器控件和HTML服务器控件的主要语法区别是，Web服务器控件以ASP：开头。

7.3.4 Panel容器

Panel控件是一个容器，可以用来放置其他控件，可以使用Panel来组合控件的集合，利用Visible属性可显示或隐藏控件。语法为：

```
<asp: Panel id = "控件名称"BackImageUrl = "背景图像文件的路径"
      HorizontalAlign = "center | Left | Right,表示其中控件的水平对齐方式"
      Wrap = "True | False,表示其中控件是否允许换行"
      Visible = "True | False,表示其中控件是否显示"  runat = "server" >
      其他控件
</ASP: Panel >
```

说明：可以利用Visible属性显示或隐藏一组控件。

7.3.5 Image图片显示Web控件

Image Web控件用来显示图片，属性imageUrl指明图片文件地址（所在目录或网址）语法为：

```
<asp:image  id = "控件名称"  runat = "server"  imageUrl = "图片地址"
      alternateText = "图片还没加载时所显示文字"
         imageAlign = "NoSet | AbsBottom | AbsMiddle | baseline | Bottom | Left |
Middle | Right | TextTop | Top"/>
```

说明：该控件利用各类属性（定位、大小、样式）显示图像，并能够访问服务器端代码。

【例7.3.2】 图片按钮控件。

7-3-2 程序代码如下：

```
<html>
<head>
ASP:Image 控件
</head>
<form runat = "server" >
  <asp:Image id = "imgcontrol"ImageUrl = "2 - fzzs.jpg"
  BorderStyle = Ridge Height =140 Width =200 runat = "server"/>
  <br>
</form>
<html>
```

在浏览器中运行结果如图7.3.2所示。

图7.3.2　图片显示Web控件

7.3.6　Button 按钮 Web 控件

Button 控件是个普通按钮控件，单击按钮会自动将所在窗体提交服务器处理。一般用来接收用户的 Click 事件，提交 Web 表单，也可用作提交按钮，实现图片文件上传。语法为：

```
<asp:Button ID="控件名称" Text="按钮上的文字"
    OnClick="事件过程名称" runat="server"/>
```

说明：该控件的属性 CommandName 和 CommandArgument，一般用在一个表单中有多个按钮的情况。

7.3.7　LinkButton 超链按钮控件

LinkButton 控件是一个具有超链接的外观和普通按钮功能的控件，可触发服务器端事件，可实现文件上传。语法为：

```
<asp:LinkButton id="控件名称"Text="按钮上的文字"
    OnClick="事件过程名称" runat="server"/>
```

7.3.8　ImageButton 图片按钮 Web 控件

ImageButton Web 控件是把图片当作按钮，单击后将控件所在的窗体提交给服务器。可通过事件程序的参数接收传递单击图片位置。语法为：

```
<asp:ImageButtonid="控件名称"runat="server"Command="命令名称"
    CommandArgument="命令参数"OnClick="事件程序名"/>
```

说明：这里要特别注意事件程序的参数接收。ImageButton Web 控件在触发 Click 事件时，会传递使用者在图形的哪个位置上按下鼠标按钮；所以参数 e 的类型要更改为 ImageClick EventArgs，若还是维持原先的 EventArgs 将发生错误。

7.3.9　RadioButton 单选框 Web 控件

RadioButton 控件是一个单选框控件，可用多个单选框控件的 GroupName 属性同名编组后单选一。语法为：

```
<asp:radioButton = "控件名称"  Checked = "True | False"
    Text = "单选框后边的文字"GroupName = "组的名称"
    AutoPostBack = "True | False"
    OnCheckedChanged = "单击时触发的事件过程"runat = "server"/>
```

说明：可以根据Checked属性判断是否被选中。GroupName属性可以将多个单选框编成一组，在一组内只能选择其中一个。只要将多个单选框控件的GroupName属性设成相同就可以了。

7.3.10 CheckBox 复选框 Web 控件

CheckBox控件可以在页面产生复选按钮，根据属性判断是否被选中，用Text和TextAlign属性值自动为控件建标签和定位置。语法是：

```
<asp:CheckBox id = "控件名称"runat = "server"  text = "显示的文字"
    Checked = "True | False"  AutoPostBack = "True | False"
    OnCheckedChanged = "单击时触发的事件过程"  runat = "server"/>
```

说明：可以根据Checked属性来判断是否被选中。

【例7.3.3】 使用CheckBox和RadioButton控件实例。

7-3-3 程序代码如下：

```
<html>
<head>
Asp:checkBox控件和asp:radioButton控件
</head>
<body>
<form ectype = "multipart/form-data" runat = "server">
<asp:checkbox runat = server text = "复选框1" id = "checkbox1"/><br>
<asp:checkbox runat = server text = "复选框2" id = "checkbox2"/><br>
<asp:radioButton runat = server text = "单选按钮1" id = "radiobutton1"/><br>
<asp:radioButton runat = server text = "单选按钮2" id = "radiobutton2"/><br>
</form>
</body>
</html>
```

在浏览器中运行结果如图7.3.3所示。

7.3.3 CheckBox 控件和 RadioButton 控件

7.3.11 HyperLink 超链 Web 控件

HyperLink 控件可以用来创建超链接，和 HTML 中超链接的 <a> 标记类似。语法为：

```
<asp:HyperLink id="控件名称" Text="显示文字"
    NavigateUrl="URL 地址"
    Target="目标框架,默认为本框架,_black 为新窗口" runat="server"/>
```

7.3.12 Ad Rotator 广告轮播控件

Ad Rotator 控件可以添加一个广告条，单击图像可以链接到相应的网站。先建广告信息文件（XML 文件），修改广告信息只改该文件即可。语法为：

```
<asp:AdRotator id="控件名称" AdvertisementFile="广告信息文件路径"
    runat="server"/>
```

说明：在广告信息文件中，每一个 Ad 标记就是一家公司广告，参数包括图片地址、网址、说明文字、过滤和显示频率。

【例 7.3.4】 广告轮播控件示例。

7-3-4 程序代码如下：

```
<html>
<body>
<form runat=server>
    <asp:adrotator id="myadrotator" runat=server advertisementfile=
    "adverts.xml" keywordfile="1"/>
</form>
</body>
</html>
```

adverts.xml 代码内容：

```
<?xml version="1.0" encoding="gb2312"?>
<Advertisements>
    <Ad>
        <ImageUrl>Google.gif</ImageUrl>
        <NavigateUrl>http://www.google.com/</NavigateUrl>
        <AlternateText>ai</AlternateText>
        <Impressions>20</Impressions>
        <Keyword>1</Keyword>
    </Ad>
    <Ad>
        <ImageUrl>YaHoo.gif</ImageUrl>
        <NavigateUrl>http://cn.yahoo.com/</NavigateUrl>
        <AlternateText>xidian</AlternateText>
        <Impressions>30</Impressions>
        <Keyword>2VKeyword>
    </Ad>
    <Ad>
        <ImageUrl>SoGua.gif</ImageUrl>
        <NavigateUrl>http://www.sogua.com/</NavigateUrl>
        <AlternateText>machineinfo</AlternateText>
```

```
    <Impressions>30</Impressions>
    <Keyword>1</Keyword>
  </Ad>
  <Ad>
    <ImageUrl>wyiz.jpg</ImageUrl>
    <NavigateUrl>http://www.wyiz.com/VNavigateUrl>
    <AlternateText>wyiz</AlternateText>
    <Impressions>30VImpressions>
    <Keyword>2VKeyword>
  </Ad>
</Advertisements>
```

在浏览器中运行结果如图7.3.4所示。

图7.3.4 AdRotator 广告轮播控件

7.3.13 Calendar 日历控件

Calendar 控件可以在页面上建立 HTML 表显示全月完全交互式日历。语法为：

```
<asp:calendar id = "控件名称"onselectlonChanged = "日期选择事件过程"
    TodnyDaystyle_BackColor = "当天日期背景颜色值"
    SelectedDaystyle_BackColor = "选定日期背景颜色值"runat = "server"/>
```

说明：日历控件相当复杂，不仅可以选定某一天，还可以选定一段日期。ToLongDateString 可以将选定的日期转化成长日期格式。

【例7.3.5】 使用 ASP：Calendar 控件显示交互式日历。

7-3-5 程序代码如下：

```
<html>
<script language = "VB" runat = "server">
    Sub Date_Selected(sender As Object, e As EventArgs)
        message.Text = "选定日期:" & Calendar1.SelectedDate.ToLongDateString
    End Sub
</script>
<body>
<h4 align = "center">日历控件示例</h4>
<form runat = "server">
    <asp:Calendar id = "Calendar1" runat = "server"onSelectionChanged = "Date_Selected"
        TodayDayStyle - BackColor = "gray"  SelectedDayStyle - BackColor = "red"/>
    <p><asp:Label id = "message" runat = "server"/>
</form>
```

```
</body>
</html>
```

在浏览器中运行结果如图 7.3.5 所示。

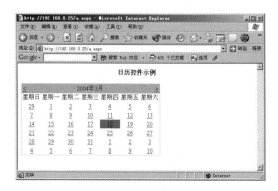

图 7.3.5 日历控件示例

7.3.14 XML Web 控件

XML 服务器控件用来显示 XML 文档的内容；XML 控件所有属性和事件均列在 Options 位置。语法为：

```
<asp:Xml options/>
```

【例 7.3.6】 使用 ASP：Xml 控件显示将 Xml 文档在页面上。

7-3-6 程序代码如下：

```
<html>
<head>
ASP:Xml 控件
<hr>
</head>
<body>
<form runat = server>
  <ASP:Xml id = "myXml" DocumentSource = "adverts.xml" runat = "server"/>
</table>
</form>
</body>
</html>
```

在浏览器中运行结果如图 7.3.6 所示。

图 7.3.6 Xml 服务器控件

7.4 列表 Web 控件

7.4.1 RadioButtonList 单选框列表 Web 控件

RadioButtonList 控件是一个单选框列表控件，可设置一组单选框。语法为：

```
<asp:RadioButtonList id = "控件名称" AutoPostBack = "True | False"
    OnselectedIndexChanged = "改变选择时触发的事件过程"
    RapeatColunms = "整数,表示显示的列数,默认为1"
    RepeatDirection = "Vertical | Horizontal,表示排列方向"
    RepeatLayout = "Flow | Table,表示排列布局"
    SelectedIndex = "索引值,从 0 开始,表示默认选中项,只能在运行时设置"
    Runat = "server" >
  <asp:ListItem value = "选项值 0" Selected = "True | False" >选项文字 0
  </asp:ListeItem >
    asp:ListItem value = "选项值 1" Selected = "True | False" >选项文字 1
  </asp :ListeItem >
        ……
</asp:RadioButtonList >
```

RadioButtonList Web 控件的属性和 RadioButton Web 控件并不太相同，表 7.4.1 为 RadioButtonList Web 控件的常用属性。

表 7.4.1 RadioButtonList Web 控件的常用属性

属　　性	说　　明
AutoPostBack	设定是否要使用 OnSelectedIndexChanged 事件
CellPading	设定 RadioButtonList Web 控件中各项目之间的距离，单位是像素
DataSource	设定数据链接所要使用的数据源
DataTextField	设定资料链接所要显示的字段
DataValueFiled	设定选项的相关数据要使用的字段
Items	传回 RadioButtonList Web 控件中 ListItem 的参数
RepeatColumns	设定 RadioButtonList Web 控件项目的横向字段数
RepeatDirection	设定 RadioButtonList Web 控件的排列方式是以水平排列还是垂直排列
RepeatLayout	设定 RadioButtonList Web 控件的 ListItem 排列方式为要使用 Table 来排列还是直接排列，预设是 Table
SelectedIndex	传回被选取到 ListItem 的 Index 值
SelectedItem	传回被选取到 ListItem 参数，也就是 ListItem 本身
TextAlign	设定 RadioButtonList Web 控件中各项目所显示的文字是在按钮的左方或右方，预设是 Right

7.4.2 CheckBoxList 复选框列表 Web 控件

CheckBoxList Web 控件是一个复选列表框控件，可以设置一组复选框。当要使用一群 CheckBox Web 控件时，在程序的判断上非常麻烦，因此 CheckBoxList Web 控件和 RadioButtonList Web 控件一样，是让我们方便地取得使用者选取的项目。语法为：

```
< asp :CheckBoxList id = "控件名称"AutoPostBack = "True | False"
    OnselectedIndexChanged = "改变选择时触发的事件过程"
    RepeatColumns = "整数,表示显示的列数,默认为1"
    RepeatDirecton = "Vertical | Horizontal 表示排列方向"
    RepeatLayout = "Flow | Table,表示排列布局"
    SelectedIndex = "索引值,从 0 开始,表示默认选中项.只能在运行时设置"
    Runat = "server" >
     < asp:ListItem value = "选项值 0"Selected = "True | False" > 选项文字 0 </asp:ListeItem >
     < asp:ListItem value = "选项值 1"Selected = "True | False" > 选项文字 1 </asp:ListeItem >
     …………..
</asp:CheckBoxList >
```

CheckBoxList Web 控件的属性和 CheckBox Web 控件的属性并不太相同，表 7.4.2 为 CheckBoxListWeb 控件的常用属性。

表 7.4.2 CheckBoxList Web 控件的常用属性

属 性	说 明
AutoPostBack	设定是否要使用 OnSelectedIndexChanged 事件
CellPading	设定 CheckBoxList Web 控件中各项目之间的距离，单位是像素
DataSource	设定数据链接所要使用的数据源
DataTextField	设定资料链接所要显示的字段
DataValueFiled	设定选项的相关数据要使用的字段
Items	传回 CheckBoxList Web 控件中 ListItem 的参数
RepeatColumns	设定 CheckBoxList Web 控件项目的横向字段数
RepeatDirection	设定 CheckBoxList Web 控件的排列方式是以水平排列还是垂直排列
RepeatLayout	设定 CheckBoxList Web 控件的 ListItem 排列方式为要使用 Table 来排列还是直接排列，预设是 Table
SelectedIndex	传回被选取到 ListItem 的 Index 值
SelectedItem	传回被选取到 ListItem 参数，也就是 ListItem 本身
SelectedItems	由于 CheckBoxList Web 控件可以复选，被选取的项目会被加入 ListItems 集合中；本属性可以传回 ListItems 集合，只读
TextAlign	设定 CheckBoxList Web 控件中各项目所显示的文字是在按钮的左方或右方，预设是右方

【例 7.4.1】 使用 CheckBoxList Web 控件实例。

7-4-1 程序代码如下：

```
<Html>
<Form Id = "Form1" Runat = "Server">
请输入您的兴趣: <br>
<ASP:CheckBoxList Id = "cblA" Runat = "server">
<ASP:ListItem>打球</ASP:ListItem>
<ASP:ListItem>看书</ASP:ListItem>
<ASP:ListItem>摄影</ASP:ListItem>
<ASP:ListItem>爬山</ASP:ListItem>
</ASP:CheckBoxList>
</Form>
</Html>
```

在浏览器中运行结果如图 7.4.1 所示。

图 7.4.1 CheckBoxList Web 控件

7.4.3 DorpDownList 下拉列表 Web 控件

DropDownList Web 控件是一个下拉列表框控件，可获取被选中选项值和选项文字。该 Web 控件功能和 RadioButtonList Web 控件类似，提供使用者在一群选项中选择单一的值；不过 RadioButtonList Web 控件适合使用在较少量的选项群组项目，而 DropDownList Web 控件则适合用来管理大量的选项群组项目。语法为：

```
<asp:DropDownList id = "控件名称" AutoPostBack = "True | False"
   OnselectedIndexChanged = "改变选择时触发的事件过程"Runat = "server">
    <asp:ListItem  Value = "选项值1"Selected = "True|False">选项文字1 </asp:
listItem>
    <asp:ListItem  Value = "选项值2"Selected = "True|False">选项文字2
    </asp:listItem>
    ……………
</asp:DropDownList>
```

表 7.4.3 为 DropDownList Web 控件的常用属性。

表 7.4.3   DropDownList Web 控件的常用属性

属　　性	说　　明
AutoPostBack	设定是否要触发 OnSelectedIndexChanged 事件
DataSource	设定数据链接所要使用的数据源
DataTextField	设定资料链接所要显示的字段
DataValueFiled	设定选项的相关数据要使用的字段
Items	传回 DropDownList Web 控件中 ListItem 的参数
SelectedIndex	传回被选取到 ListItem 的 Index 值
SelectedItem	传回被选取到 ListItem 参数，也就是 ListItem 本身

7.4.4 ListBox 容器列表 Web 控件

ListBox Web 控件是一个列表框控件，它的功能和 DropDownList Web 控件的功能一样，只是 ListBox Web 控件是一次将所有的选项都显示出来。语法如下：

```
<asp:ListBox id = "控件名称" runat = "server" AutoPostBack = "True|False"
    Datasource = "<%数据绑定叙述%>"  DataTextField = "数据源的字段"
    DateValueField = "数据源的字段"  Rows = "一次要显示的列数"
    SelecttionMode = "Multiple | single;选择的模式(复选,单选)"
    OnselectedIndexChanged = "事件过程名称" >
    <asp:ListItem > item0 的内容 </asp:ListItem >
    <asp:ListItem > item1 的内容 </asp:ListItem >
        ……………………
</asp:ListBox >
```

表 7.4.4 为 ListBox Web 控件的常用属性。

表 7.4.4 ListBox Web 控件的常用属性

属 性	说 明
AutoPostBack	设定是否要触发 OnSelectedIndexChanged 事件
DataSource	设定数据链接所要使用的数据源
DataTextField	设定资料链接所要显示的字段
DataValueFiled	设定选项的相关数据要使用的字段
Items	传回 ListBox Web 控件中 ListItem 的参数
Rows	设定 ListBox Web 控件一次要显示的列数
SelectedIndex	传回被选取到 ListItem 的 Index 值
SelectedItem	传回被选取到 ListItem 参数，也就是 ListItem 本身
SelectedItems	由于 ListBox Web 控件可以复选，被选取的项目会被加入 ListItems 集合中；本属性可以传回 ListItems 集合，只读
SelectionMode	设定 ListBox Web 控件是否可以按住 Shift 或 Ctrl 键进行复选，默认值为 Single

7.4.5 Repeater 数据格式输出绑定 Web 控件

Repeater 控件可以用来绑定数据库，Repeater Web 控件最主要的用途是可以将数据依照我们所制定的格式逐一显示出来。只要将想要显示的格式先定义好，Repeater Web 就会依照我们所定义的格式来显示；这个预先定义好的格式我们称为"样板"（Template）。使用样板让我们的资料可以更容易、更美观地呈现给使用者；支持样板的 Web 控件有 Repeater、DataList 以及 DataGrid。与 DataList 控件非常相似，Repeater 控件也需自定义模板列，并自定义内容和布局。Repeater 控件显示更自由、简单。但是有几个区别：

（1）DataList 控件显示时会把每一条记录放在一个表格单元内可以在创览器中查看源代码，而 Repeater 控件就会严格按照用户的定义显示数据；

（2）DataList 控件支持更新和删除记录，而 Repeater 控件则只支持查询记录；

（3）DataList 控件可在 1 行显示若干记录，而 Repeater 控件 1 行只能显示 1 条记录。

Repeater 控件的基本语法如下：

```
<asp:Repeater id = "控件名称"
    OnItemCommand = "单击其中按钮时的事件名称"
    runat = "server"/>
    模板列
</asp:DataList>
```

Repeater Web 控件所支持的样板如表 7.4.5 所示。

表 7.4.5　Repeater Web 控件所支持的样板

样板名称	说　　明
HeaderTemplate	数据表头的样式
ItemTemplate	呈现数据的样式，本样板为必要样板，不可以省略
AlternatingItemTemplate	如有定义本样板，则显示时会与 Item 样板交互出现
SeparatorTemplate	分隔两笔数据的样式
FooterTemplate	数据表尾的样式

说明：其中 Item 样板必须要定义才能顺利显示资料。

7.4.6　DataList 数据列表绑定 Web 控件

DataList Web 控件也可以绑定数据库，并可以利用它来更新和删除记录。在控件中需自定义模板列，DataList Web 控件和 Repeater Web 控件有点类似，不过 DataList Web 控件除了可以将数据依照我们所制定的样板显示出来外，还可以进行 Repeater Web 控件无法做到的数据编辑。语法如下：

```
<asp:DataList  id = "控件名称"
    RepeatDirection = "Vertical Horizontal,表示垂直还是水平显示"
    RepeatColumns = "整数值,表示控件中显示的列数"
    RepeatLayout = "Table | Flow,表示是否以表格的形式显示数据"
    OnEditCommand = "单击编辑按钮时的事件名称"
    OnUpdateCommand = "单击更新按钮时的事件名称"
    OnCancelCommand = "单击取消按钮时的事件名称"
    OnDeleteCommand = "单击删除按钮时的事件名称"
    OnItemCommand = "单击其他按钮时的事件名称"
    Runat = "server" >
    ……. 模板列
</asp:DataList >
```

DataList Web 控件常用的属性如表 7.4.6 所示。

表 7.4.6　DataList Web 控件常用的属性

属　性	说　明
CellPadding	储存格与表格边框的距离
CellSpacing	储存格和储存格边框的距离
DataKeyField	设定在数据源中为主键的字段
DataSource	设定要使用的数据源
EditItemIndex	设定要被编辑的字段名称。本属性设为 -1 可放弃编辑
GridLines	设定是否显示网格线。本属性在 RepeatLayout 属性设为 Table 时才有效
Items	DataListItem 的集合对象。本对象只包含和数据源链接的 Item，也就是说不包含 Header、Footer 及 Separator 样板
RepeatColumns	设定一次所要显示的字段数，默认值是 1
RepeatDirection	设定资料所要显示的方向。假设 RepeatColumns 属性为 2，如果设定为 Vertical，则资料的显示为上下依序显示，显示完毕后再显示第二栏；如果设定为 Horizontal，则资料的显示为左右依序显示，显示完毕后再显示第二列。设定为 1 时，本属性为 Vertical
RepeatLayout	设定所要显示资料的方式是逐行显示（Flow）还是利用表格显示（Table）。默认值是 Table
SelectedIndex	设定哪一列被选择到。设定此属性时，该列以 Selected 样板的样式来显示
SelectedItem	传回被选择到的 Item
ShowFooter	设定是否要显示脚注（Footer），True/False
ShowHeader	设定是否要显示表头（Header），True/False

DataList Web 控件所支持的样板如表 7.4.7 所示。

表 7.4.7　DataList Web 控件所支持的样板

样板名称	说　明
HeaderTemplate	数据表头的样式
ItemTemplate	呈现数据的样式，本样板一定要宣告，不可以省略
AlternatingItemTemplate	如有定义本样板，则显示时会与 Item 样板交互出现
EditItem	编辑数据的样板
SelectedItem	选择项目时的样板

7.4.7　DataGrid 数据分页绑定 Web 控件

　　DataGrid 控件可以用表格自动显示数据库中的数据，它是三个 Web 数据显示控件中功能最强的。我们在撰写动态网页的时候，常需要将数据以不同的风格呈现出来。DataGrid Web 控件和上述介绍的 Repeater Web 控件及 DataList Web 控件都可以办到。但如果所要呈现的数据量非常庞大，而需要将这些数据分页展示的话，那就要靠 DataGrid Web 控件了。DataGrid Web 控件除了支持分页的功能外，也可以让使用者编修数据，并可以利用它来更新和删除记录，它有大量的属性和方法。

语法如下：

```
<asp:DataGrid id = "控件名称"
    Headerstyle-BackColor = "颜色值,表示标题栏背景颜色"
    Width = "宽度值,可以使用像素值或百分比"
    OnEditCommand = "单击编辑按钮时的事件名称"
    OnUpdateCommand = "单击更新按钮时的事件名称"
    OnCancelConunand = "单击取消按钮时的事件名称"
    OnDeleteCommand = "单击删除按钮时的事件名称"
    OnItemCommand = "单击其他按钮时的事件名称"
    DataKeyField = "关键字段,类似于数据库中的主键"
    AutoGenerateColunins = "True | False,是否自动产生每一列"
    runat = "server"/>
```

DataGrid Web 控件常用的属性如表 7.4.8 所示。

表 7.4.8　DataGrid Web 控件常用的属性

属　　性	说　　明
AllowCustomPaging	设定是否允许自定义分页
AllowPaging	设定是否允许分页
AllowSorting	设定是否允许排序数据
AutoGenerateColumns	设定是否要自动产生数据源中每个字段的数据，预设为 true
BackImageUrl	设定表格背景所要显示的图形
CellPadding	储存格与表格边框的距离
CellSpacing	储存格和储存格边框的距离
Columns	传回控件中所显示的字段数，只读
CurrectPageIndex	设定控制项目前所在的数据页数，只能用程序设定
DataKeyField	设定在数据源中为主键的字段
DataSource	设定数据链接所要使用的数据源
EditItemIndex	设定要被编辑的字段名称；本属性设为 -1 可放弃编辑
GridLines	设定是否要显示网格线；本属性在 RepeatLayout 属性设为 Table 时才有效
HorizontalAlign	设定水平对齐的方式
Items	DataListItem 的集合对象；本对象只包含和数据源链接的 Item，也就是说不包含 Header、Footer 及 Separator 样板
ShowFooter	设定是否要显示脚注（Footer），true/false
PageCount	传回总共有几页，只读
PageSize	设定每页所要显示的记录笔数
SelectedIndex	设定哪一列被选择到；设定此属性时，该列会以 Selected 样板的样式来显示
ShowHeader	设定是否要显示表头（Header），true/false
SelectedItem	传回被选择到的 Item
VirualItemCount	设定所要显示的记录笔数；如果 AllowCustomPaging 属性为 true，本属性则用来设定总共所要显示的页数；如果为 false，本属性则用来传回总共的页数

DataGrid Web 控件所支持的样板如表 7.4.9 所示。

表 7.4.9 DataGrid Web 控件所支持的样板

样版名称	说　明
HeaderTemplate	数据表头的样式
ItemTemplate	呈现数据的样式；本样板为必要样板，不可省略
EditItemTemplate	编辑数据的样板
FooterTemplate	数据表尾的样式
PagerTemplate	数据分页的样式

7.4.8 Table 表格 Web 控件（Table/TableRow/TableCell）

Table Web 控件的用法和传统 HTML 的 Table 元素差异很大，为了对网页设计对象导向，Table 内的列和字段也都对象化了。Table Web 控件的使用方式基本上和 Table HTML 控件没有什么差别。

其使用语法为：

```
<asp:Table id = "控件名称"
    Runat = "Slrver"
    BackImageUrl = "背景图片 URL"
    Cellspacing = "像素"
    CellPadding = "像素"
    GridLines = "Both | Horizontal | None | vertical"
    HorizontalAlign = "Center | Justify | Left | Notset | Right"/>
```

TableCell 对象是 TableRow 的子对象，而 TableRow 是 Table 的子对象。利用 TableRows.Add 和 TableRow.Cells.Add 方法可建立这些对象的关系。

表格制作有两种方式：

（1）使用类似于 HTML 标记法，只是将标记的名称改为 Web 控件的名称；

（2）使用程序动态新增法，用法和 HtmlTable 控件一样，也只是将 HTML 控件改为 Web 控件。使用 TableCell 对象中 Controls 集合的 Add 方法可以在表格中显示文字和放置控件。

Table Web 控件的基本属性如表 7.4.10 所示。

表 7.4.10 Table Web 控件的基本属性

属　性	说　明
BackImageUrl	设定表格的背景图形
CellPadding	设定储存格与表格边框的距离
CellSpacing	设定储存格和储存格边框的距离
GridLines	设定表格内的水平线或垂直线是否出现，有四种值： ① None：两者都不出现；　② Horizontal：只出现水平线； ③ Vertical：只出现垂直线；　④ Both：两者都出现
HorizontalAlign	设定水平对齐方式
Rows	TableRow 集合对象，用来设定或取得 Table 中有多少列

7.5 数据验证 Web 控件

7.5.1 Web 表单验证简介与属性

开发一个良好高效的数据输入表单，必须要有优良的数据验证设计。当用户输入数据提交表单时，首先就应该执行数据验证工作。数据验证是一种对用户输入的限制，可以确认用户所输入的数据是正确的，或是强制用户一定要输入必要的数据。先执行数据验证，确保用户所输入的数据是一个有效值，比起输入了错误的数据，形成垃圾数据后再让数据库提示错误信息，无疑前者是理智的、高效率的。

数据验证 Web 控件可以帮助我们少写许多程序来验证用户输入的数据。ASP.NET 所提供的数据验证 Web 控件主要有以下几种。

（1）RequiredFieldValidator：验证用户是否有输入数据。
（2）CompareValidator：验证输入的数据和某个定值比较是否匹配。
（3）CustomValidator：订制的验证方式。
（4）RangeValidator：验证使用者输入的数据是否在指定范围内。
（5）RegularExpressionValidator：以特定规则验证使用者输入的数据。

表 7.5.1 是一些常用的数据验证 Web 控件属性。

表 7.5.1 常用的数据验证 Web 控件属性

属 性	描 述
AccessKey	指定将焦点置于 Web 控件上的快捷键
BackColor	指定验证控件显示的错误消息的背景色
BorderStyle	指定验证控件显示的错误消息的边框样式
BordWidth	指定验证控件显示的错误消息的边框宽度
ControlToValidate	指定要验证的 HTML 控件或 Web 控件
CssClass	指定与验证控件相关联的级联样式工作表类
Display	指定验证控件的显示行为，可取值：None、Static、Dynamic
Enabled	指定是否启用控件的验证功能
ErrorMessage	指定错误消息文本
Font	返回 Web 控件的字体信息
ForeColor	指定错误消息的文本颜色
Height	指定验证控件的高度
ID	指定验证控件的标识符或名称
IsValid	指定被验证的控件是否通过了验证
Text	指定验证控件的文本内容
Visible	指定验证控件是否显示在页面上
Width	指定验证控件的宽度

7.5.2 RequiredFieldValidator 必填验证

RequiredFieldValidator 控件用于确保用户在一个控件中输入了内容。语法为：

```
<asp:RequiredFieldValidator id = "控件名称"
    ControlToValidate = "被验证的控件的名称"
    ErrorMessage = "错误发生时提示信息"
    Display = "dynamic | static | none"
    runat = "server"/>
```

其常用属性说明如下所示。

（1）ControlToValidate：所要验证的控件名称。

（2）ErrorMessage：所要显示的错误信息。

（3）Text：未通过验证时所显示的信息。

【例 7.5.1】 RequireFieldValidator 必填验证示例。

7-5-1 程序代码如下：

```
<script language = "VB" runat = "server">
Sub Enter_Click(Sender As Object, E As EventArgs)
    If Page.IsValid = True Then    '如果通过验证,则显示有关信息
    Dim strMessage As String
    strMessage = "用户名:" & user_name.text
    strMessage = strMessage & "<br>用户密码:" & password1.text
    message.text = strMessage
    End IF
End sub
</script>
<html>
<body>
<h4 align = "center">验证控件示例</h4>
<form runat = "server">
    用户名:<asp:textbox id = "user_name" runat = "server"/>
    <asp:RequiredFieldValidator id = "require1" ControlToValidate = "user_name" ErrorMessage = "必须输入用户名"  runat = "server"/>
    <asp:RegularExpressionValidator id = "Regular1" ControlToValidate = "user_name"
    ValidationExpression = "[a-zA-Z][a-zA-Z0-9_]{0,}" ErrorMessage = "第1个字符必须是字母,且只能包含字母、数字和下划线" runat = "server"/>
    <p>用户密码:<asp:textbox id = "password1" textmode = "Password" runat = "server"/>
    <p>确认密码:<asp:textbox id = "password2" textmode = "Password" runat = "server"/>
    <asp:RequiredFieldValidator id = "require2" ControlToValidate = "password1" ErrorMessage = "必须输入密码"  runat = "server"/>
    <asp:CompareValidator id = "Compare1" ControlToValidate = "password1" ControlToCompare = "password2" ErrorMessage = "密码和确认密码必须一致" runat = "server"/>
    <p><asp:button id = "Enter" text = "提交"  onClick = "Enter_Click" runat = "server"/>
    <p><asp:label id = "message" runat = "server"/>
</form>
</body>
</html>
```

在浏览器中运行结果如图 7.5.1 所示。

图 7.5.1 验证控件示例

7.5.3 CompareValidator 比较验证

CompareValidator 控件一般用于将一个控件的值和另一个控件的值进行比较，也可以用来将一个控件的值和一个指定的值进行比较，作为密码验证工具。语法为：

```
<asp:CompareValidator id = "控件名称"
     ControlToValidate = "第一个被验证的控件的名称"
     ControlToCompare = "第二个被验证的控件的名称"
     ValueToComPare = "指定的数据值"
     Type = "String | Integer | Date |…,表示按哪一种数据类型比较"
     Operator = "Equal | NotEqual | GreaterThan | GreaterThanEqual |
     LessThan | LessThanEqual,分别表示 =、< >、>、> =、<、< = "
     ErrorMessage = "错误发生时提示信息"
     Display = "dynamic | static | none"
     runat = "server"/>
```

其常用属性说明如下所示。

（1）ControlToCompare：要比较的控件名称是。

（2）ControlToValidate：所要验证的控件名称。

（3）ErrorMessage：所要显示的错误信息。

（4）Operator：所要执行的比较种类，有 DataTypeCheck（只比较数据类型）、Equal（等于）、NotEqual（不等于）、GreaterThan（大于）、GreaterThanEqual（大于等于）、LessThan（小于）、LessThenEqual（小于等于）。其中，如果为 DataTypeCheck 时，只需要填入要验证的数据类型，不需要设定 ControlToCompare 或是 ValueToCompare。

（5）Text：未通过验证时所显示的信息。

（6）Type：所要比较或验证的数据类型，可以设定为 Currency、Date、Double、Integer 和 String 数据类型。

（7）ValueToCompare：要比较的值。

7.5.4 RangeValidator 范围验证

RangeValidator 控件用来验证输入值是否在指定范围内。语法为：

```
<asp:RangeValidator  Id = "控件名称"
    ControlToValidate = "被验证的控件的名称"
    MinimumValue = "最小值"
    MaximumValue = "最大值"
    MinimumControlValue = "限制最小值的控件名称"
    MaximumControlValue = "限制最大值的控件名称"
    Type = "String | Integer | Date | …,表示接哪一种数据类型比较"
    ErmrMessage = "错误发生时提示信息"
    Display = "dynamic | static | none"
    runat = "server"/>
```

其常用属性说明如下所示。

（1）ControlToValidate：所要验证的控件名称。

（2）ErrorMessage：所要显示的错误信息。

（3）MaximumControl：限制可以接受最大值所要参考的控件。

（4）MaximumValue：限制可以接受的最大值。

（5）MinimumControl：限制可以接受最小值所要参考的控件。

（6）MinimumValue：限制可以接受的最小值。

（7）Text：未通过验证时所显示的信息。

（8）Type：所要比较或验证的数据类型，可以设定为 Currency、Date、Double、Integer 和 String 数据类型。

7.5.5 RegularExpressionValidator 正则验证

RegularExpressionValidator 控件用来验证输入值是否和正则表达式定义的模式匹配，常用来验证电话号码、邮政编码、E-mail 等。可以用来执行更详细的限制。语法为：

```
<asp:RegularExpressionValidator id = "控件名称"
    ControlToValidate = "被验证的控件的名称"
    ValidationExpression = "正则表达式"
    ErrorMessage = "错误发生时提示信息"
    Display = "dynamic | static | none"
    runat = "server"/>
```

其常用属性说明如下所示。

（1）ControlToValidate：所要验证的控件名称。

（2）ErrorMessage：所要显示的错误信息。

（3）Text：未通过验证时所显示的信息。

（4）ValidationExpression：验证规则。

验证规则的设置要用到以下常用的符号。

（1）[ ] 表示只能接收此符号中所定义的单一字符。

(2) {} 表示最多只接收多少字符或最少要有多少字符或最少要有多少个字符最多不超过多少个字符。

(3) ·表示接收除空白外的任意字符。

(4) *表示最少 0 个字符最多到无限个字符。

(5) +表示最少 1 个字符最多到无限个字符。

(6) | 表示"或"即符合两个规则的其中一个就接受。

(7) \ 表示"转义"即后面的字符不是正则表达式的特殊字符。详细用法参照其他参考手册。

7.5.6　ValidationSummary 显示错误验证

ValidationSummary 控件本身不验证只是可以集中显示所有未通过验证的控件的错误提示信息。ValidatorSummary Web 控件最主要的功能是用来显示没有通过验证 Web 控件的 ErrorMessage 属性，所以，必须先设定没有通过验证 Web 控件的 ErrorMessage，才能使用 ValidatorSummary Web 控件。语法为：

```
<asp:Validationsummry  id="控件名称"  HeaderText="标题文字"
    displayMode="List | BulletList | singleParagraph,List 表示分行显示;
    bulletList 表示分项显示;singleParagraph 表示显示为一行."
    runat="server"/>
```

其常用属性说明如下所示。

(1) DisplayMode：显示信息的模式。可以设定为：

① BulletList，以项目的方式显示。

② List，显示在不同列。

③ SingleParagraph，显示在同一列。

(2) HeaderText：控件的标题文字。

7.5.7　CustomValidator 自定义验证

如果所要处理的数据验证 Web 控件无法执行，可利用 CustomValidator Web 控件自定义数据的检验方式。

语法为：

```
<asp:customValidator  id="控件名称"runat="server"
    controlTovalidate="要检验的控件名称"
    onServerValidate="自定义的验证程序"
    errorMessage="所要显示的错误信息"text="未通过验证时显示的信息"  />
```

其常用属性说明如下所示。

(1) ControlToValidate：所要验证的控件名称。

(2) ErrorMessage：所要显示的错误信息。

(3) OnServerValidate：执行验证的程序名称。

(4) Text：未通过验证时所显示的信息。

说明：CustomValidator Web 控件通过呼叫 OnServerValidate 属性所指定的程序来执行自定义验证；当被呼叫的程序传回 true 时则表示验证成功，传回 false 则表示验证失败。

7.6 思考题

1. ASP.NET 服务器控件有哪几类？它们各有什么特点？
2. Panel 控件是否可以显示滚动条？如果可以需要哪些设置？
3. 如何使用 DataList 数据列表绑定控件？
4. 如何使用 Repeater 控件绑定数据库？
5. 如何使用 DataGrid 控件实现分页功能？
6. 数据验证控件有哪些？叙述其功能特点。
7. 如何验证电话号码、邮箱地址等特殊格式？最好使用哪种验证控件？

第8章 ASP.NET 数据库编程技术

8.1 ADO.NET 概述

8.1.1 ADO.NET 及其架构

ADO.NET 是一组由微软通过 .NET Framework 提供的共享对象类别库，是新一代 .NET 数据源存储访问框架。是面向对象的数据库应用程序与数据源之间沟通的桥梁。ADO.NET 用于数据存储中的数据交互，完成与数据源的链接和记录查询、增加、删除、更新等操作。既可以处理数据库中数据，又可以处理其他数据存储方式中的数据（如 XML/Excel/文本等格式数据）。这些共享对象类别库涵盖了 Windows API 的所有功能，包含了放在不同 COM 组件上的对象及功能，并将 XML 整合了进来。

ADO.NET 是为适应广泛的数据控制而设计的，应用与开发比 ADO 更灵活有弹性。ADO.NET 提供了更多的功能，更有效率的数据存取，使得数据交换容易，编程简单。

为了满足新编程模型的断开式数据结构、与 XML 的紧密集成、能够组合来自多个不同数据源的数据表示形式以及与数据库交互而优化的需要。ADO.NET 基于无链接模型，被设计成对于数据处理不一直保持联机的架构，其应用程序只有在要取得数据或是更新数据时才对数据源进行联机工作，因此减少了链接，减轻了负载，提升了效能。

8.1.2 ADO.NET 对象模型与数据操作组件

ADO.NET 对象模型中有 5 个主要的组件，分别介绍如下。

（1）Connection 对象：负责与数据源链接。

（2）Command 对象：用来对数据库执行 SQL 指令。

（3）DataAdapter 对象：数据存取的桥，负责从数据源返回数据到 DataSet 对象中并保持数据的一致性。

（4）Dataset 对象：内存数据库，通过 DataAdapter 对象将数据源的数据送到 Dataset 对象，完成数据操作后将更新的数据反映回数据源。

（5）DataReader 对象：从数据源返回只读数据。

这些组件中负责建立联机和数据操作的部分称为数据操作组件，由 Connection 对象、Command 对象、DataAdapter 对象以及 DataReader 对象所组成。数据操作组件最主要的作用是当作 Dataset 对象以及数据源之间的桥梁，负责将数据源中的数据取出后植入 Dataset 对象中以及将数据存回数据源的工作。

8.1.3 ADO.NET 数据存取方式

ADO.NET 的数据存取方式有两种。

(1) 直接存取 MS SQLServer 中的数据。

(2) 透过 OLEDB 来存取其他数据库中的数据。对应地，ASP.NET 提供了两组数据操作组件，分别为 OLEDB 数据操作组件和 SQLClient 数据操作组件。每组数据操作组件内都有 Connection 对象、Command 对象、DataAdapter 对象及 DataReader 对象。为了区分这两组数据控制对象，分别在这 4 个对象前面加上前缀 OLEDB 和 SQLClient，如：

① OLEDB 数据操作组件：OLEDBConnection、OLEDBCommand、OLEDBDataAdapter、OLEDBDataReader。

② SQLClient 数据操作组件：SQLClientConnection；SQLClientCommand；SQLClientDataAdapter；SQLClientDataReader。

数据操作组件最主要的作用是当作数据源与 DataSet 对象之间的桥梁，负责将数据源中的数据取出后植入 DataSet 对象中以及将数据存回数据源。这两种数据操作组件针对的数据源不一样，但是这些对象的架构都一样，都有一样的属性、事件及方法，所以使用起来只要针对所要建立的数据源种类来选择 OLE DB 数据操作组件或是 SQL 数据操作组件就可以了。因为 SQL 类别不经过 OLE DB 这一层，而是直接调用 MS SQLServer 中的 API，所以虽然也可以通过 OLE DB 来存取 MS SQLServer 中的数据，但是通过 SQL 类别直接存取 MS SQLServer 中的数据效率最高。

8.1.4 OLE DB 与 ADO.NET 命名空间

OLE DB 是一种设计成 COM 组件的开放式的标准。它由 DataProviders 数据提供者（如数据表、mdb 文件）、DataConsumers 数据用户（如应用程序、组件、网页）和 Service Components 数据服务组件三个部分组成。通过数据服务组件，可以执行数据提供者以及数据用户请求之间的数据传递工作。

命名空间中记录了对象的名称以及所在地址，要先加载后使用。加载命名空间的语法：

```
<%@ Import Namespace = "对象类别的命名空间"%>
```

要使用 ADO.NET，必须要先加载 System.Data 命名空间；要使用 OLE DB 数据操作组件来存取数据，必须加载 System.Data.OLE DB 命名空间；要使用 SQL 数据操作组件来存取数据，必须加载 System.Data.SQLClient 命名空间。

8.2 ADO.NET 链接数据库

8.2.1 链接数据库方式

要存取数据源中的数据,可以选择透过 OLE DB 与数据源联机,或是与 MS SQL Server 直接联机。我们可以通过 ASP.NET 提供的两组数据操作组件 Connection 对象、Command 对象、DataAdapter 对象以及 DataReader 对象完成数据操作。

因此链接数据库方式有两种:可以采用 ADO.NET Managed Provider 和 ODBC 链接数据库,也可以采用 ADO.NET Managed Provider 和 OLE DB 链接数据库。

8.2.2 使用 Connection 对象

1. 建立 Connection 链接

实现对数据源内的数据存取,首先要使用 Connection 对象在程序和数据源之间建立链接。以下以 Access 数据库链接为例,在 ASP.NET 网页程序代码前面加载命名空间:

```
<% Import NameSpace = "System.data"%>
<% Import NameSpace = "System.data.oledb" %>
```

因为要使用 ADO.NET,所以要加载 System.data 名称空间;因为必须通过 OLE DB 与 Access 数据库链接,所以要加载 System.data.oledb 命名空间,以便使用 ADO 数据控制组件。

可以使用下列语法来建立 Connection 对象:

```
Dim cn as new oleDbconnection
Cn.connectionString = "connectionString"
```

建立链接后,在 Page_load 事件中加载一个指到 OLEDBConnection 对象的变量 cm,并且利用 New 运算符实际产生 OLEDBConnection 对象后,再将对象的地址传给变量 cm:

```
Dim cm as new oleDbcommand
Cn.open()
cm.connection = cn
```

2. 设置 ConnectionString 属性

完成数据源链接后要设置 Connection 对象的属性,常用的 Connection 对象属性如表 8.2.1 所示。如果打开一个数据库,必须指明要打开数据库的种类、数据库服务器名称、数据库名称、登入用户名称以及密码等信息,这些信息可以直接加载在 ConnectionString 属性里面。ConnectionString 属性包括的参数如表 8.2.2 所示,表 8.2.3 所示为 Provider 参数支持的设定值。

表 8.2.1　常用的 Connection 对象属性

属　　性	功能说明
ConnectionString	指明如何链接至数据源
ConnectionTimeout	链接超时时间
DataBase	打开链接时所要打开的数据库，或目前打开的数据库
DataSource	要链接的数据库
UserId	登入数据库的账号
Password	登入数据库的密码
Provider	要链接数据库的种类

表 8.2.2　ConnectionString 属性参数说明

参　　数	功能说明
Provider	要链接数据库的种类
UserId	登入数据库的账号
Password	登入数据库的密码
DataSource	数据库档案：数据库档案所在地址 数据服务器：指定数据服务器中所要链接的数据库名称
InitialCatalog	指定数据服务器中所要链接的数据库名称

表 8.2.3　Provider 参数支持的设定值

数据源	功能说明
SQLOLEDB	MS SQL Server（建议不采用 OLEDB 操作）
MSDASQL	ODBC
Microsoft.Jet.OLEDB.4.0	MS JET 引擎 4.0（链接 access 的 mdb 文档）
MSIDXS	MS INDEX SERVER
ADSDSOObject	MS Active Directory Services
MSDAORA	oracle

属性表中注意参数和参数之间要用分号";"作分隔，密码允许省略。设定 ConnectionString 属性可用于指定 Connection 对象的链接行为，也可以直接指定 Connection 对象的属性。当设定好相关链接字符串后即可用 Open 方法与数据源链接。以下是打开 Connection 对象的两个程序代码实例：

```
<%@ Import NameSpace = "System.Data"%>
<%@ Import NameSpace = "System.Data.OleDb" %>
<script Language = "vb" Runat = "server">
   Sub page_load(sender as object, e as eventargs)
```

```
    Dim cn as new oleDbConnection
    Cn.connectionString = " provider = Microsoft.Jet.OLEDB.4.0;Data Source =
e:\Web.mdb;user id = admin"
    cn.open()    '打开数据链接
    end sub
</script >
```

上述程序也可以改写成如下形式：

```
<% @ Import NameSpace = "System.Data"% >
<% @ Import NameSpace = "System.Data.OleDb"% >
< script Language = "vb"Runat = "server" >
  Sub page_load(sender as object, e as eventargs)
  Dim cn as new oleDbConnection
  Cn.provider = "Microsoft.Jet.OLEDB.4.0"
  Cn.DataSource = "e:\Web.mdb"
  Cn.userid = "admin"
  cn.open()'打开数据链接
  end sub
</script >
```

8.2.3 使用 Command 对象

和数据源联机后还必须透过 Command 对象来对数据源进行数据操作。Command 对象最主要的工作是透过 Connection 对象对数据源下达操作数据库的命令，执行 SQL 语句或存储程序。

可以通过下列语法创建 Command 对象：

```
Dim cm  AS new oleDbCommand
```

1. Command 对象基本属性

完成 Command 对象的建立之后，就可以设定 Command 对象的属性。常用的 Command 对象属性如表 8.2.4 所示。

表 8.2.4 常用的 Command 对象属性

属　　性	功能说明
CommandBehavior	设定 Command 对象的动作模式
CommandType	命令类型
CommandText	要下达给数据源的命令
CommandTimeout	指令超时时间
Parameters	参数集合
RecordsAffected	受影响的记录个数

（1）CommandType。

CommandType 属性可以用来指定 CommandText 属性中的内容是 SQL 语句、数据表名称还是预存程序。CommandType 属性的参数说明如下：

① CommandType.TableDirect：表示数据表操作；

② CommandType.TextSQL：表示 SQL 语句；

③ CommandType.StoredProcedure：表示存储过程。

如果属性没有被指定，则默认值为 CommandType.Text。例如：指定以数据表名称将数据表内的数据全部返回来，可设定为：

```
cm.ComxnandType = CommandType.TableDirect
```

（2）CommandText。

根据已设定 CommandType 属性，CommandText 表示要下达到数据源的内容是 SQL 语句、数据表名称或预存程序名。以下语句直接输入数据表名称，将数据表中所有数据返回：

```
cm.CommandType = commandType.TableDirect
cm.commandText = "stu"
```

2. Command 对象常用的方法

完成好 Command 对象的属性设定后，可以使用 Command 对象常用的方法进行数据操作。常用的 Command 对象方法如表 8.2.5 所示。其中，ExecuteReader 是 Command 对象最常用的方法，它可以将 CommandText 属性中的数据传到数据源。

表 8.2.5　常用的 Command 对象方法

方　　法	功能说明
ExecuteReader	通过 Connection 对象下达命令给数据源
ExecuteNonQuery	所下达的命令不会返回任何记录
ExecuteScalar	从数据库中检索单个值

8.2.4　使用 DataReader 对象

DataReader 对象类似于 ADO 的 RecordSet 对象，都是先提取数据再迭代。它支持平面数据和分层数据，使用 SQL 语句或存储过程获取数据集。对数据存储提供部分游标功能。当 Command 对象执行 Select 语句时，会自动产生一个 DataReader 对象。利用这一点，可以在执行 Command 对象 Execute 方法时传入一个 DataReader 类型的变量来接收返回数据。DataReader 对象一次只读取一条记录，而且只能只读，所以效率高而且可以降低网络负载。由于 Command 对象会自动产生 DataReader 对象，所以只要加载一个指向 DataReader 对象的变量来接收即可，并不需要使用 New 运算符来产生。注意到 DataReader 对象在操作的时候 Connection 对象是保持联机状态的，而且 DataReader 对象只能配合 Command 对象使用。

以下程序代码段返回可以读取 stu 数据表中所有记录的 DataReader 对象。

```
Dim cn as new oledbconnection
Dim cm as new oledbcommand
Dim dr as oledbdataReader
Cn.provider = "Microsoft.jet.oledb.4.0"
Cn.datasource = " \ stu.mdb"
Cn.userid = "admin"
Cn.open()
cm.connection = cn
cm.executeReader(dr)
```

1. DataReader 对象基本属性

DataReader 对象基本属性如表 8.2.6 所示。

表 8.2.6　常用的 DataReader 对象属性

属　　性	功能说明
FieldCount	只读，表示记录中有多少字段
HasMoreResults	表示是否有多个结果
HasMoreRows	只读，表示是否还有资料未读取
IsClosed	只读，表示 dataReader 是否关闭
Item	只读，本对象是集合对象，以键值（key）或索引值（Index）的方式取得记录中某个字段的数据
RowFetchCount	用来设定一次取回多少记录，预设值为 1

2. DataReader 对象方法

在取得 Command 对象执行 Execute 方法所产生的 DataReader 对象后，可以利用 DataReader 所提供的方法来取出记录中的数据。常用的 DataReader 方法如表 8.2.7 所示。

表 8.2.7　常用的 DataReader 方法

方　　法	功能说明
Close	将 DataReader 对象关闭
GetDataTypeName	取得指定字段的数据类型
GetOrdinal	取得指定字段名称在记录中的顺序
GetName	取得指定字段的字段名称
GetValue	取得指定字段的数据
GetValues	取得全部字段的数据
IsNull	用来判断字段内是否为 null 值
NextResult	表示取得下一个结果
Read	DataReader 读取下一条记录，如读到数据则返回 true，否则返回 false

以下介绍一些常用方法的使用。

（1）Read 方法。

DataReader 一开始并没有取回任何数据，要使用 Read 方法让 DataReader 先读取一批数据。如果 DataReader 对象成功取得数据则返回 true，否则返回 false。我们就可以利用 Do While...Loop 循环来取得所有的数据，如下程序所示。

```
Do While dr.Read()
Response.Write("User Id: " & dr.Item("UserId") & ", Password: ")
Response.Write(dr.Item(1) & "<br>")
Loop
```

上述程序代码段利用 Read 方法将数据取回后，再利用 Item 集合以键值（Key）的方式取出 UserId 字段的数据，以及利用索引值（Index）取得使用者 UserPwd 字段的数据；索引值是由 0 开始计数，当数据读取完毕后 Read 方法会返回 false，跳出循环。

（2）GetValue 方法。

使用 GetValue 方法可以取得指定字段内的记录。这个方法和 Item 属性相似。但是 GetValue 方法的参数只接收索引值，并不接收键值。如果改用 GetValue 取得所有字段内的数据，则可使用如下程序。

```
Do While dr.Read()
Response.Write("User Id: " & dr.GetValue(0) & ", Password: ")
Response.Write(dr.GetValue(1) & "<br>")
Loop
```

（3）GetValues 方法。

GetValues 方法是取得字段内所有的记录。这个方法接收一个数组，并且将所有字段填入数组中，如下程序所示。

```
Dim arValue(dr.FieldCount)
dr.Read() '先获取一批记录
dr.GetValues(arValue) '将记录填入数组中
For shtI = 0 To dr.FieldCount - 1
Response.Write(dr.GetValue(shtI) & "<br>")
Next
```

（4）GetDataTypeName 以及 GetName 方法

GetDataTypeName 方法可以返回指定字段的数据类型，而 GetName 方法则是返回指定字段的字段名称（就是键值）。这两个方法一样以键值或是索引的方式来指定字段。下列程序代码片段显示每个字段的名称以及数据类型：

```
Dim shtI As Short
For shtI = 0 To dr.FieldCount - 1
Response.Write("索引值为 " & shtI.ToString & " 的字段,名称为: " & Dr.GetName
(shtI) & ",数据类型: " & Dr.GetDataTypeName(shtI) &"<br>")
Next
```

（5）Close 方法。

Close 方法用来关闭 DataReader 对象和数据源之间的联机。当 DataReader 对象尚未关闭时，DataReader 所使用的 Connection 对象是无法执行其他动作的。

8.3 ADO.NET 数据库操作

ADO.NET 数据库操作主要指在动态网站上采用数据库技术来管理网站，实现在线增、删、更改和查相关数据。首先要建立数据库，规划数据表结构并将数据库置于根目录下或应用程序目录下，同时还要对数据库文件的属性进行可读性设置。以下介绍 ADO.NET 数据库记录的查询、插入、更新、删除操作。

8.3.1 查询记录

为了将数据库中的记录显示在网站的页面上，就需要用到 SQL 语言的 Select 等查询数据库记录的基本语句。查询数据库操作过程如下。

（1）使用 Connection 对象建立与数据库的链接。其中，数据库链接字符串的语法如下所示。

"Provider=OLEDB 驱动程序;Data Source=数据库文件物理路径"

（2）创建 Command 对象，执行查询语句命令。

（3）用 Command 对象的 ExecuteReader 方法生成 DataReader 对象，获取数据库数据。

（4）将 DataReader 对象返回的数据看作一记录集，在记录集中移动记录指针就可以依次显示所有记录。记录集类似于一个数据库中的表，可看作一个虚拟表。可以依次读取每一行记录，然后显示在网页上。

查询程序代码形式如下：

```
Dim conn As New OleDbConnection("数据库链接字符串")
Dim cmd As New OleDbCommand("SQL 语句字符串", conn)
……(使用 Select 语句)
conn.Open()
Dim dr As OleDbDataReader = cmd.ExecuteReader()
……(显示数据)
conn.Close()
```

【例 8.3.1】 查询数据库记录实例。

8-3-1.aspx 程序代码如下：

```
<%@ Import Namespace="System.Data" %>
<%@ Import Namespace="System.Data.OleDb" %>
<script language="VB" runat="server">
Sub Page_Load(Sender As Object, E As EventArgs)
 Dim conn As New OleDbConnection("Provider=Microsoft.Jet.OLEDB.4.0;
     DataSource="&Server.Mappath("stu.mdb"))  '建立 Connection 对象
Dim cmd As New OleDbCommand("select * from student",conn)'建 Command 对象
conn.Open()
Dim dr As OleDbDataReader = cmd.ExecuteReader() '建立 DataReader 对象
    '以下先显示数据标题,再循环显示每条记录
```

```
message.text = "<table width ='90%' border ='1'>"&
    "<tr bgcolor ='#CDCDCD'><td>名字</td><td>年级</td><td>简介</td>
</tr>"
    Do While dr.Read()
        message.Text & = "<tr>"
        message.Text & = "<td>" & dr.Item("name") & "</td>"
        message.Text & = "<td>" & dr.Item("grade") & "</td>"
        message.Text & = "<td>" & dr.Item("intro") & "</td>"
        message.Text & = "</tr>"
    Loop
    message.text & = "</table>"
    conn.Close()
End Sub
</script>
<html>
<body>
    <h4 align = "center">学生信息</h4>
    <center><asp:Label id = "message" runat = "server"/></center>
</body>
</html>
```

在浏览器中运行结果如图 8.3.1 所示。

图 8.3.1　查询记录

8.3.2　插入记录

在数据库中直接增加一条记录，需要用到 SQL 语言的插入记录 Insert 语句。插入记录具体过程如下：

（1）首先利用 Connection 对象建立和数据库的链接；

（2）然后建立 Command 对象，执行查询语句命令；

（3）利用 Command 对象的 ExecuteNonQuery 方法插入记录。

插入记录与查询程序基本相似，只是插入记录时不需要返回记录集，不使用 DataReader 对象。插入程序代码形式如下：

```
Dim conn As New OleDbConnection("数据库链接字符串")
Dim cmd As New OleDbCommand("SQL 语句字符串",conn)
……（使用 Insert 语句）
conn.Open()
cmd.ExecuteNonQuery()
conn.Close()
```

8.3.3 更新记录

动态网站发布信息，数据经常发生变化，这就需要更新记录值。更新记录可以使用 SQL 语言的 Update 语句。更新记录具体过程如下：

（1）利用 Connection 对象建立和数据库的链接；

（2）建立 Command 对象，执行查询语句命令；

（3）利用 Command 对象的 ExecuteNonQuery 方法更新记录与插入程序相似，更新记录程序代码形式如下：

```
Dim conn As New OleDbConnection("数据库链接字符串")
Dim cmd As New OleDbCommand("SQL 语句字符串",conn)
……(使用 Update 语句)
conn.Open()
cmd.ExecuteNonQuery()
conn.Close()
```

8.3.4 删除记录

当需要在数据库中删除记录，要用到 SQL 语言的 Delete 语句。删除记录具体过程如下：

（1）首先利用 Connection 对象建立和数据库的链接；

（2）然后建立 Command 对象，执行查询语句命令；

（3）利用 Command 对象的 ExecuteNonQuery 方法删除记录。

利用该方法删除记录和插入记录类似，区别只是 SQL 语句。删除记录程序代码形式如同前面插入记录形式。

8.4 ADO.NET 数据集 DataSet

8.4.1 DataSet 对象

1. DataSet 对象

Dataset 对象是 ADO.NET 架构中非常重要的对象。它完全独立于数据库，可以从数据库中填充数据，也可以从 XML 文件中填充数据，甚至还可以完全手工建立并填充数据。所有从数据源取回的数据暂存在内存区。它由若干数据表（DataTable）组成，每个表有若干行（DataRows）和若干列（DataColumns）。可以进行增、删、改、查、排序、筛选、关联、限制等数据操作。因此被称为内存数据库。

DataSet 对象本身没有和数据源联机的能力，数据的存取可以通过数据操作组件来执行；也可以利用程序自行设计产生。DataSet 对象基本上被设计成不和数据源一直保持联机的架构，它和数据源的联机的时间很短暂。通过 DataSetCommand 对象取得数据后就立即和数据源断开,只有再存取或是数据修改完毕借助于 DataAdapter 对象将更新数据写回数据源时才会再建立链接。这样减少了和数据源联机时间,减轻了网络负载,提高了效率。

创建 DataSet 对象的语法格式如下:

```
<% Imports system.data %>
dim ds as new system.data.dataset
```

2. DataSet 内部对象

DataSet 对象功能强大,要使用 DataSet 对象,必须了解 DataSet 对象内部的对象。在 DataSet 对象实例中可以包含多个 DataTable 对象,一个 DataTable 对象又可以包含多个 DataRow 对象,DataColumn 对象则是构成 DataTable 对象的最基本单位。实际上,DataTable 对象就是指一个数据表,DataRow 对象是指向这个数据表中的数据行,所有数据行的集合便形成了 DataRowsCollection 对象。

下面分别介绍这些内部对象。

(1) DataTable 对象。

DataTable 对象由 DataColumns 集合以及 DataRows 集合组成,是构成 DataSet 对象的最主要对象。通过数据操作组件将数据从数据源取回后,被复制到一个 DataTable 对象中。可以通过对 DataTable 数据访问来实现对 DataSet 数据访问,通过修改 DataTable 数据来更新 DataSet 内容。DataTable 也可以产生自定义的数据表,只要先将数据表的字段定义好,就可以利用 DataTable 中 DataRows 集合对象的 Add 方法加入新的数据。

建立 DataTable 对象的语法如下:

```
Dim 变量 As DataTable = New DataTable("DataTable 名")
```

DataTable 对象的常用属性如表 8.4.1 所示。

表 8.4.1 常用的 DataTable 对象属性

属性	功能说明
CaseSensitive	表示执行字符串比较、查找以及过滤时是否区分大小写
Columns	返回 DataTable 内的字段集合
Constraints	返回 DataTable 的限制集合
DataSet	返回 DataTable 对象所属 DataSet 名称
DefaultView	返回 DataTable 对象的视图,可用来排序、过滤及查找数据
Name	返回或设定数据表的 Name 属性
ParentRelations	返回 DataTable 对象的父关联集合
PrimaryKey	设定或返回字段在 DataTable 对象中的功能是否是主键
Rows	返回 DataTable 内的记录集合
TableName	返回或设定 DataTable 的名称

DataTable 对象常用的方法如表 8.4.2 所示。

表 8.4.2 常用的 DataTable 对象方法

方法	功能说明
AcceptChanges	确定 DataTable 所做的改变
Clear	清除 DataTable 内所有的数据
NewRow	增加一条新的记录

（2）DataColumn 对象。

DataColumn 对象是组成 DataTable 数据表的最基本单位，也就是字段对象。通过它的属性可以获取或更新 DataTable 数据表的数据。

DataColumn 对象的属性如表 8.4.3 所示。

表 8.4.3 DataColumn 对象的属性

属性	功能说明
AllNull	返回或设定 DataColumn 是否接受 Null 值
AutoIncrement	返回或设定当加入 DataRow 时，是否自动增加段值
AutoIncrementSeed	返回或设定 DataColumn 的递增种子
AutoIncrementSupported	返回或设定 DataColumn 是否支持自动递增
Caption	返回或设定 DataColumn 的标题
ColumnName	返回或设定在 DataColumns 集合中字段的名称
DataType	返回或设定 DataColumn 的默认类型
DefaultValue	返回或设定 DataColumn 的默认值
Ordinal	返回字段集合中 DataColumn 的顺序
ReadOnly	返回或设定 DataColumn 是否为只读
Table	返回 DataColumn 所属 DataTable 对象的参数
Unique	返回或设定 DataColumn 是否允许重复的数据

下面程序段将建立一个自定义 DataColumn 对象，有两个字段并设定类型和输入要求：

```
Dim dtTable AS DataTable = New DataTable()
Dim dcColumn AS DataColumn = New DataColumn()
dcColumn.ColumnName = "Userid " '设定字段名称
dcColumn.DataType = System.Type.GetType("System.String").'设定字段类型
dcColumn.AllowNull = False          '不允许空白
dtTable.Columns.Add(dcColumn)'字段的定义加入 DataTable 对象的 Column 集合里
dcColumn = New DataColumn()   '产生一个新的 DataColumn 对象
doColumn.columnName = "UBerPWd" '设定字段名称
dcColumn.DataType = system.Type.GetType("system.string")'设定字段类型
dcColumn.AllowNull = false         '不允许空白
dtTable.Columns.Add(dcColumn)'字段的定义加入 DataTable 对象的 Column 集合
```

（3）DataRow 对象。

要为 DataTable 对象添加记录，首先要创建 DataRow 对象，这个对象由 DataTable 的

NewRow 方法产生，不需要使用 new。产生 DataRow 时，DataTable 会依照 Columns 集合中的字段架构的定义来产生一个独立的 DataRow 对象。所以新产生的 DataRow 对象中会有一个和 DataTable 内的 Columns 集合架构一样的 Columns 集合。程序代码如下：

```
Dim drRow As DataRow
drRow = dtTable.NewRow()
```

DataRow 对象常用的属性如表 8.4.4 所示。

表 8.4.4 常用的 DataRow 对象属性

属 性	功能说明
Item	返回或设定 DataRow 内 DataColumn 的数据
ItemArray	以数组的方式返回或设定所有 DataColumn 内容
RowState	返回或设定 DataRow 的状态

利用 DataRow 对象的 Item 属性来设定或返回记录中字段的数据，程序代码如下：

```
drRow.Item("Userid") = "hero"    '以传入 key 来指定
或:drRow(0) = " hero"    '省略 Item 的简略写法,并传入 Index 来指定
```

DataRow 对象是独立的对象，DataTable 在产生 DataRow 时并没有将它加入自己的 Rows 集合内，所以设定完 DataRow 对象中的数据后，还必须使用 DataTable 对象中 Rows 集合的 Add 方法将 DataRow 加入到 DataTable 内，如下程序代码片段所示。

```
dtTable.Rows.Add(drRow)          '将 DataRow 对象加入 DataTable 中
```

要取得指定的记录可以利用 DataTable 对象中 Rows 集合的 Item 属性来指定。例如下列程序代码片段将第一条记录的第一个栏的值取回：

```
Dim strFiled As String
strField = dtTable.Rows.Item(0).Item(0)'将第一条数据的第一个字段取回
```

或：`strFiled = dtTable.Rows(0).Item(0)` '省略 Rows 的 Item 属性也可以

或：`strFiled = dtTable.Rows(0)(0)` '省略全部的 Item 属性也接受

（4）DataRowCollection 对象。

DataRowCollection 对象是 DataTable 对象中所有数据行的集合。DataRowCollection 提供添加和删除数据行的方法，并根据某个主键值找到指定行。

DataRowCollection 对象的基本方法如表 8.4.5 所示。

表 8.4.5 DataRowCollection 对象的基本方法

方 法	功 能
Add	将 DataTable 对象中的 NewRow 方法创建的新行添加到表中
Remove	从表中永久删除指定的 DataRow 对象
RemoveAt	根据行的索引从表中永久删除该行
Find	提取一个主键值的数组，并把匹配的行返回为一个 DataRow 对象

8.4.2 DataSet 与 Adapter 对象

1. Adapter 对象与数据存储原理

DataAdapter 对象是 DataSet 对象与数据源沟通的桥梁。通过 DataAdapter 对象来取得数据源的数据时，它会首先依照数据在数据源中的架构产生一个 DataTable 对象，然后将数据源中的数据取回填入 DataRow 对象，再将 DataRow 对象加入 DataTable 的 Rows 集合，直到将数据源中的数据取完为止。DataAdapter 对象将数据源中的数据取出并将这些数据都填入自己所产生的 DataTable 对象后，立即将这个 DataTable 对象加入 DataSet 对象的 DataTables 集合中，最后结束与数据源的联机。

由此可见，数据存储操作主要靠 DataAdapter 对象完成的，DataAdapter 对象是通过 Command 对象下达将数据取回的命令。这些命令通过 Connection 对象送至数据源后，数据源会将所要取得的数据通过 Connection 对象返回给 DataAdapter，DataAdapter 将这些数据填入自己产生的 DataTable 对象。待全部数据取回后，再把 DataTable 对象加入到 DataSet 的 DataTables 集合对象中来统一管理，完成数据存储的全部过程。

2. DataAdapter 对象属性与方法

DataAdapter 中有四个属性，这四个属性都是 Command 对象，分别是 SelectCommand、InsertCommand、UpdateCommand 以及 DeleteCommand 属性。这些属性可以被设定，可以指定适当的 SQL 语句对数据源进行 Insert、Update 以及 Delete 等操作，但是实际上 DataAdapter 对象会自动产生它所需要的 SQL 语句，并不需要特别指定。

DataAdapter 对象的 Update 方法能够将 DataSet 对象的状态更新回数据源。使用 Update 方法时，DataAdapter 对象会检查 DataTable 中每一条记录的 Rowstate。并能够自动产生适当的 SQL 语句将数据传送到数据源。

3. 使用 DataAdapter 对象

DataAdapter 对象是 Dataset 对象的工作引擎，使用 DataAdapter 的定义语法如下：

```
Dim 变量 As DataAdapter = New DataAdapter()
```

或：`Dim 变量 As  DataAdapter = New  DataAdapter("命令字符串","联机字符串")`

在定义 DataAdapter 对象时，会直接指定 DataAdapter 对象所要执行的命令，以及如何建立 Connection 对象和数据源链接。在使用这个 DataAdapter 对象时，它会自动建立并管理 Command 对象以及 Connection 对象；也就是说 DataAdapter 使用的 Connection 对象并不需先用 Open 方法打开。在调用 DataAdapter 对象的 FillDataSet 时，如果 Connection 对象没有开启和数据源的链接，DataAdapter 对象会自动调用 Connection 对象的 Open 方法将对数据源的链接打开；DataAdapter 对数据源的操作执行完毕后，会自动将 Connection 对象和数据源的链接利用 Connection 对象的 Close 方法关闭。如果 DataAdapter 在执行

FillDataSet 方法时 Connection 对象已经开启链接，在执行完毕后 DataAdapter 会维持 Connection 对象原来开启链接的状况。

使用 DataAdapter 对象的语法示例如下：

```
Dim strCon as string = "provider = Microsoft.jet.oledb.4.0;
    data sourece = \stu.mdb"
Dim strCom as string = "select * from student"
Dim dsca as oleDbDataAdapter = new oleDbDataAdapter(strcom,strcon)
```

用 DataAdapter 从数据源取回数据，并填入 Dataset 对象，可以利用 DataAdapter 对象的 FillDataSet 方法。以下为使用的语法：

```
Dim 变量 As  Dataset = New  Dataset("Dataset 名称")
DataAdapter.fillDataset(Dataset,"DataTable 名称")
```

下列示例使用 DataAdapter 对象从数据源获取数据，并填入 DataSet 对象中：

```
<%@ import Namespace = system.data.oledb%>
<%@ import Namespace = system.data %>
<script language = "vb" runat = "server">
sub page_load(sender as object,e as eventArgs)
   Dim strCon as string = "provider = Microsoft.jet.oledb.4.0;data sourece = f:\stu.mdb"
   Dim strCom as string = "select * from student"
   Dim dsca as oleDbDataAdapter = new oleDbDataAdapter(strcom,strcon)
   Dim dsDataSet as dataset = new dataset()
   dsca.fillDataset(dsDataset,"student")
   dim   i as short
   for i = 1 to(dsdataset.tables("student").rows.count).toInt16
      response.write(dsdataset.tables(0).rows(i-1)("name")&"<br>")
   next
end sub
</script>
```

4. 更新写回数据源

在处理数据的时候，DataRow 对象会自动记录目前记录的状况，只要记录一有改变便做标记。调用 DataAdapter 对象的 Update 方法时，DataAdapter 会自动产生适当的 SQL 语句将修改更新至数据源。以下为 Update 方法的语法：

```
DataAdapter.Update(Dataset,"DataTable 名称")
```

下列程序代码片段，显示如何更改 DataSet 对象中 DataTable 对象里的数据：

```
Dim dtTable As DataTable
dtTable = dsDataset.Tables("student")
dtTable.Row.Item(0).Item(0) = 资料
dsca.Update(dSDataset,"student")
```

8.4.3 DataView 对象

OLEDB.NET 提供了一个可以自定义数据外观的 DataView 对象。它用来帮助设定

DataTable 中的资料如何显示，本身并不包含 DataTable 中的数据。DataView 对象可以被看作是一种经过排序或是条件过滤过的 DataTable 对象，可以取得原 DataTable 中记录的状态，也可以用来指定记录的排列顺序或是指定所要过滤的数据，甚至是查找数据。这样就可以通过 DataView 将同一个 DataTable 以不同的方式呈现出来，让 DataTable 的运用变得更灵活。DataTable 已经准备了一个 DataView 对象，这个对象就是 DataTable 的 DatatView 属性。

DataView 对象的属性与方法如表 8.4.6 所示。

表 8.4.6 DataView 对象的常用属性及方法

属性或方法	说　明
Count	返回 DataView 中的记录条数
RowFilter	返回或设定过滤记录的条件
RowStateFilter	返回或设定以记录的状态来设定过滤条件
Sort	返回或设定记录的显示顺序
find	查找指定的记录数据排序

数据排序可以使用 DataView 对象的 Sort 属性。Sort 属性以字段作为排序的依据，其设定语法如下所示。

`DataView.Sort = "字段一 ASC | DESC ",…字段 N ASC | DESC" "`

要查找 DataTable 里面的数据，可以利用 DataView 的 Find 方法。如果 Find 方法找到符合的数据，则返回数据所在记录的 Index 值；倘若没找到则返回 –1。其使用语法如下所示。

`变量 = DataView.Find("要查找的字符串")`

8.5　数据绑定技术

8.5.1　数据绑定简介

要将数据透过控件显示，可编写一些程序进行手动的数据绑定；或是透过控件本身的绑定能力，让控件自动呈现数据。要将控件和数据源进行绑定，最简单的方式是直接把数据指定给控件的某个属性，或者是使用数据绑定语句。数据绑定语句可以让控件取得数据源的数据，只要在控件中需要数据源提供数据的地方插入'<%#数据源%>'这个语句即可。请看下面示例：

```
<html>
<asp:label id = "label1" text = '<%#strMsg%>' runat = "server"/>
<script language = "vb" runat = "server">
Dim strmsg as string
```

```
Sub page_load(sender as object, e as eventargs)
Strmsg = "this is databinding example"
Label1.databind()
End sub
</script>
</html>
```

ASP.NET 可以当作数据源的对象很多，从最基本的变量到 Array、ArrayList、Collection、DatasetView、DataView、DataSet、DataTable，或是一个对象的属性、一个语句式、程序的返回值等都可以当作数据源。

8.5.2 使用 Repeater 控件

Repeater 控件可以用来绑定数据库，Repeater 控件会严格按照用户的定义显示数据；它只支持查询记录；1 行只能显示 1 条记录。Repeater 控件最主要的用途是将数据依照所制定的格式逐一显示。只要将想要显示的格式先定义好，Repeater 就会依照所定义的格式称为"模板"来显示。使用模板可以让数据更容易、更美观地呈现给用户。支持模板的 Web 控件有 Repeater、DataList 以及 DataGrid。

Repeater Web 控件的使用语法如下：

```
<ASP:Repeater Id = "名称" Runat = "Server"
    datasource = "<% #数据绑定语句%>">
    <TemPlate Name = "模板名称">
    以 HTML 所定义的模板
    </Template>
    其他模板定义…
</ASP:Repeater>
```

下面是查询记录一个示例，该示例使用了大部分模板列。

【例 8.5.1】 使用 Repeater 控件查询记录示例。

8-5-1.aspx 程序代码如下：

```
<%@ Import Namespace = "System.Data" %>
<%@ Import Namespace = "System.Data.OleDb" %>
<script language = "VB" runat = "server">
Sub Page_Load(Sender As Object, E As EventArgs)
    Dim conn As New OleDbConnection("Provider = Microsoft.Jet.OLEDB.4.0;
        Data Source = "&Server.Mappath("stu.mdb"))    '建立 Connection 对象
    Dim cmd As New OleDbCommand("select * from student",conn)'建 Command 对象
    conn.Open()
    Dim dr As OleDbDataReader = cmd.ExecuteReader() '建立 DataReader 对象
    MyRepeater.DataSource = dr              '指定数据源
    MyRepeater.DataBind()                   '执行绑定
    conn.Close()
End Sub
</script>
<html>
<body>
<asp:Repeater id = "MyRepeater" runat = "server">
    <HeaderTemplate>
```

```
            <h4 align = "center" >学生信息 </h4 >
        </HeaderTemplate >
        <ItemTemplate >
        <table width = "80% " bgcolor = "#D9D9D9" align = "center" >
            <tr ><td width = "30% " ><b ><% # Container.DataItem("name")%> </b > </td >
            </tr >
            <tr ><td >年级:</td > <td > <% # Container.DataItem("grade")%> </td >
            </tr >
            <tr ><td >简介:</td > <td > <% # Container.DataItem("intro")%> </td >
            </tr >
        </table >
        </ItemTemplate >
        <AlternatingItemTemplate >
        <table width = "80% " bgcolor = "#FFFFFF" align = "center" >
            <tr ><td width = "30% " ><b ><% # Container.DataItem("name")%> </b > </td >
            </tr >
            <tr ><td >年级:</td > <td > <% # Container.DataItem("grade")%> </td >
            </tr >
            <tr ><td >简介:</td > <td > <% # Container.DataItem("intro")%> </td > </tr >
        </table >
        </AlternatingItemTemplate >
        < SeparatorTemplate >
            < hr width = "80% " >
        </SeparatorTemplate >
        < footerTemplate >
            < hr width = "80% " > <p align = "center" >welcome </p >
        </footerTemplate >
</asp:Repeater >
</body >
</html >
```

在浏览器中运行结果如图 8.5.1 所示。

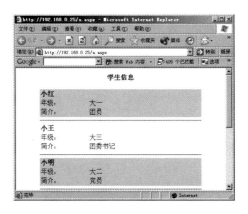

图 8.5.1　Repeater 控件示例

8.5.3　使用 DataList 控件

DataList 控件也可以绑定数据库,并可以利用它更新和删除记录编辑数据。可以依照所制定模板格式来显示,还可以以更自由的方式显示数据,一行能显示多条记录。

DataList 控件的基本语法如下:

```
<asp:DataList id = "控件名称"
    RepeatDirection = "Vertical | Horizontal,表示垂直还是水平显示"
    RepeatColumns = "整数,表示控件中显示的列数"
    RepeatLayout = "Table | Flow,表示是否以表格的形式显示数据"
    OnEditCommand = "单击编辑按钮时的事件名称"
    OnUpdateCommand = "单击更新按钮时的事件名称"
    OnCancelCommand = "单击取消按钮时的事件名称"
    OnDeleteCommand = "单击删除按钮时的事件名称"
    OnItemCommand = "单击其他按钮时的事件名称"
    Runat = "server"/>
    ……. 模板列
```

(1) 更新和删除记录。

使用 DataList 控件更新和删除记录,需要在 EditItemTemplate 列中自定义编辑时的内容和样式；分别对应单击"编辑""更新""取消"和"删除"按钮时的事件过程,添加 OnEditCommand、OnUpdateCommand、OnCancelCommand、OnDeleteCommand 事件属性；还要利用 dataKeyField 属性设置关键字段。在 ItemTemplate 和 EditItemTemplate 列中要分别添加几个 LinkButton 控件,当单击按钮时就会触发相应的事件过程。

另外,在进行数据的更新与删除操作时,需要注意对数据库文件安全访问权限的设置；否则,可能拒绝数据操作。

【例 8.5.2】 使用 DataList 控件更新和删除记录示例。

8-5-2.aspx 程序代码如下:

```
<%@ Import Namespace = "System.Data" %>
<%@ Import Namespace = "System.Data.OleDb" %>
<script language = "VB" runat = "server">
Dim conn As OleDbConnection              '定义 Connection 对象变量
Sub Page_Load(Sender As Object, E As EventArgs)
  Dim conn As New OleDbConnection("Provider = Microsoft.Jet.OLEDB.4.0;
      Data Source = "&Server.Mappath("stu.mdb"))  '建立 Connection 对象
  If Not IsPostBack Then
  Call BindData()                        '绑定数据
  End If
End Sub
  '单击编辑时执行该过程
Sub DataList_EditCommand(sender As Object, e As DataListCommandEventArgs)
  MyDataList.EditItemIndex = e.Item.ItemIndex
  Call BindData()                        '绑定数据
End Sub
  '单击取消时执行该过程
Sub DataList_CancelCommand(sender As Object, e As DataListCommandEventArgs)
  MyDataList.EditItemIndex = -1
  Call BindData()                        '绑定数据
End Sub
  '单击更新时执行该过程
Sub DataList_UpdateCommand(sender As Object, e As DataListCommandEventArgs)
                                         '建立 Command 对象
  Dim txtName,txtIntro,txtGrade As textbox   '声明文本框控件变量
  txtName = e.Item.FindControl("theName")    '查找 txtName 控件
```

```vb
    txtIntro = e.Item.FindControl("theIntro")
    txtGrade = e.Item.FindControl("theGrade")
    Dim conn As New OleDbConnection("Provider=Microsoft.Jet.OLEDB.4.0;
        DataSource="&Server.Mappath("stu.mdb"))    '建立 Connection 对象
    Dim strSql As String
    strSql="Update student Set name='"&txtName.Text &"',intro='"&
        txtIntro.Text &"',grade='"&txtGrade.Text &"' Where id='"&
        MyDataList.DataKeys(CInt(E.Item.ItemIndex))&"'"
    Dim cmd As New OleDbCommand(strSql,conn)
    conn.Open()
    cmd.ExecuteNonQuery()                '执行更新操作
    conn.Close()
    MyDataList.EditItemIndex= -1
    Call BindData()                      '绑定数据
End Sub
'单击删除时执行该过程
Sub DataList_DeleteCommand(sender As Object, e As DataListCommandEventArgs)
                                '建立 Command 对象
    Dim strSql As String
    strSql="Delete from student Where id='"&MyDataList.DataKeys(CInt(
        E.Item.ItemIndex))&"'"
    Dim conn As New OleDbConnection("Provider=Microsoft.Jet.OLEDB.4.0;
        Data Source="&Server.Mappath("stu.mdb"))   '建立 Connection 对象
    Dim cmd As New OleDbCommand(strSql,conn)
    Dim Exp As Exception
    conn.open()
    cmd.ExecuteNonQuery()                '执行删除操作
    conn.close()
    MyDataList.EditItemIndex= -1
    Call BindData()                      '绑定数据
End Sub
'数据绑定
Sub BindData()
    Dim conn As New OleDbConnection("Provider=Microsoft.Jet.OLEDB.4.0;
        Data Source="&Server.Mappath("stu.mdb"))   '建立 Connection 对象
    Dim cmd As New OleDbCommand("select * from student",conn)'建 Command 对象
    conn.Open()
    Dim dr As OleDbDataReader = cmd.ExecuteReader()   '建立 DataReader 对象
    MyDataList.DataSource = dr           '指定数据源
    MyDataList.DataBind()                '执行绑定
    conn.Close()
End Sub
</script>

<html>
<body>
<form runat="server">
  <asp:DataList id="MyDataList" width="100%" RepeatDirection="Horizontal"
  RepeatColumns="2" EditItemStyle-BackColor="yellow" OnEditCommand=
  "DataList_EditCommand" OnUpdateCommand="DataList_UpdateCommand"
  OnCancelCommand="DataList_CancelCommand" OnDeleteCommand=
  "DataList_DeleteCommand"  DataKeyField="id" runat="server">
<HeaderTemplate>
  <h4 align="center">学生信息</h4><hr>
```

```
    </HeaderTemplate>
    <ItemTemplate>
        <br><b><%#Container.DataItem("name")%></b>
        <br>年级:<%#Container.DataItem("grade")%>
        <br>简介:<%#Container.DataItem("intro")%><br>
        <asp:LinkButton id="button1" Text="编辑" CommandName="edit" runat=
            "server"/>   
        <asp:LinkButton id="button2" Text="删除" CommandName="Delete" runat=
            "server"/>
    </ItemTemplate>
    <EditItemTemplate>
        <br>名字:<asp:textBox id="theName" Text='<%#Container.DataItem("
name"
            )%>' runat="server"/>
        <br>年级:<asp:textBox id="theGrade" Text='<%#Container.DataItem("
grade"
            )%>' runat="server"/>
        <br>简介:<asp:textBox id="theIntro" Text='<%#Container.DataItem("in-
tro"
            )%>' runat="server"/><br>
        <asp:LinkButton id="Button3" runat="server" Text="更新" CommandName=
            "update"/>   
        <asp:LinkButton id="button4" runat="server" Text="取消" CommandName=
            "cancel"/>
    </EditItemTemplate>
    </asp:DataList>
</form>
</body>
</html>
```

在浏览器中运行的结果如图8.5.2所示。

图8.5.2 使用DataList控件更新和修改记录

（2）查询记录。

在DataList控件中可使用SelectedItemTemplate模板列设定选中项的内容和样式。需要在该列中添加一个LinkButton控件，并设置OnItemCommand事件属性对应的事件过程；当单击按钮时，在事件过程中设置SelectedIndex属性为选中项，然后重新绑定数据。

程序代码与例8.5.2相似，请读者参照例8.5.2修改。

8.5.4 使用 DataGrid 控件

DataGrid 控件可以用表格自动显示数据库中的数据,是 3 个 Web 数据显示控件中功能最强的。尤其适合于将数据以不同的风格呈现出来且数据量非常庞大,需要分页展示的情景。DataGrid Web 控件支持分页显示数据、链接到详细页、自定义列、对数据进行排序等功能。也可以让用户查询、插入、删除、更改数据等。

DataGrid Web 控件的基本语法如下:

```
<ASP:DataGrid  id = "控件名称"
    AutoGenerateColumns = "True|False,是否自动产生每一列"
    DataKeyField = "关键字段,类似数据库的主键"
    HeaderStyle - BackColor = "表示标题栏背景颜色值"
    Width = "宽度值,可以使用像素值或百分比"
    OnEditCommand = "单击编辑按钮时的事件名称"
    OnUpdateCommand = "单击更新按钮时的事件名称"
    OnCancelCommand = "单击取消按钮时的事件名称"
    OnDeleteCommand = "单击删除按钮时的事件名称"
    OnItemCommand = "单击其他按钮时的事件名称"
    Runat = "server"/>
```

把数据绑定到 DataGrid 控件后,会根据其中的字段自动产生每一列。数据绑定到 DataGrid 控件的使用语法如下:

```
DataGrid 控件名称.DataSource = 数据对象
DataGrid 控件名称.DataBind()
```

(1) 分页显示数据。

采用分页显示数据可以把成千上万条记录以每页只显示若干条记录形式提供给用户浏览。要分页显示数据,必须要在 DataGrid 控件中添加属性,还可以利用 Pagerstyle 属性设置分页导航栏的样式。

使用 DataGrid 控件时,首先要确认是否允许分页显示、每页显示记录数和引发事件过程等,也就是需添加分页属性和设置分页导航栏的样式属性,同时设置引发事件时的处理事件过程(例如,将当前页设置为要切换的数据页,以便重新绑定数据等)。

添加分页属性:

```
AllowPaping = "True"                    '表示允许分页显示
Pagesize = "整数值"                      '每页显示多少条记录
OnPageIndexChanged = "事件过程"          '切换到另一页时的事件过程
```

设置样式:

```
Pagerstyle - Mode = "NextPrev | NumericPages"        '显示为下一页或数字
Paperstyle - HorizontalAlign = "Left | Right | center"   '水平对齐方式
Paperstyle - PrevPapeText = "字符串"                 '显示为"上一页"时的文字
Paperstyle - NextPapeText = "字符串"                 '显示为"下一页"时的文字
```

【例 8.5.3】 使用 DataGrid 分页显示数据示例。

8-5-3.aspx 程序代码如下:

```
<%@ Import Namespace = "System.Data" %>
<%@ Import Namespace = "System.Data.OleDb" %>
<script language = "VB" runat = "server">
Sub Page_Load(Sender As Object, E As EventArgs)
  IF Not Page.IsPostBack Then
    Call BindData()                              '绑定数据
  End If
End Sub
  '单击导航栏的页码时执行该过程
Sub MyDataGrid_Page(sender As Object, e As DataGridPageChangedEventArgs)
  MyDataGrid.CurrentPageIndex = e.NewPageIndex   '设置只要显示的新页
  Call BindData()                                '绑定数据
End Sub
Sub BindData()
  Dim conn As New OleDbConnection("Provider=Microsoft.Jet.OLEDB.4.0;
    Data Source = "&Server.Mappath("stu.mdb"))   '建立 Connection 对象
  Dim adp As New OleDbDataAdapter("select * from student",conn) '建 Adapter
  Dim ds As New DataSet()                        '建立 DataSet 对象
  adp.Fill(ds,"student")                         '填充 DataSet 对象
  MyDataGrid.DataSource = DS.Tables("student").DefaultView  '指定数据源
  MyDataGrid.DataBind()                          '执行绑定
End Sub
</script>
<html>
<body>
  <h4 align = "center">学生信息</h4>
<form runat = "server">
  <ASP:DataGrid id = "MyDataGrid" HeaderStyle-BackColor = "#BCBCBC"
    Width = "100%"    AllowPaging = "True"    PageSize = "5"
    OnPageIndexChanged = "MyDataGrid_Page" PagerStyle-HorizontalAlign =
    "Right"  PagerStyle-Mode = "NumericPages"  runat = "server"/>
</form>
</body>
</html>
```

在浏览器中运行的结果如图 8.5.3 所示。

图 8.5.3 使用 DataGrid 分页显示数据

(2) 链接到详细页。

当数据表有很多字段时,不宜在页面中全部显示出来。通常做法是只显示若干重要字段,再单击一个"详细"超链接后,就可以打开另一个详细页面,在详细页面中显示

所有字段。为实现这一目的，只要利用 HyperLinkColumn 列，链接到一个新的页面即可。

（3）自定义列。

DataGrid 控件可以按照数据库中的字段自动产生每一列，也可以自己定制每一列，包括每一列的显示内容、顺序和样式等。要自己定制列，也就是表示不允许自动产生列。因此需要在 DataGrid 控件中添加属性：AutoGenerateColumns ＝"false"另外，还需要自己添加 BoundColumn、HyperLinkColumn 列。事实上，可以利用 TemplateColumn 可更加自由地定义每一列，代码如下。

```
<asp:TemplateColumn>
<Item TemplateColumn>
    服务器控件         '在其中设置显示记录时的控件
</Item TemplateColumn>
<EditItem TemplateColumn>
    服务器控件         '在其中设置编辑记录时的控件
</EditItem>
</asp:TemplateColumn>
```

（4）对数据进行排序。

利用 DataGrid 控件可以动态地按任意字段排序。排序指当单击 DataGrid 某一列的标题时，就将这一列的字段名称赋值给 DataSet 对象默认视图的 sort 属性，然后就可以按该列排序（调用排序对应的事件过程）。要进行排序，必须要在 DataGrid 控件中添加如下属性：

```
Allowsorting = "True"
OnsortCommand = "事件过程"
```

【例 8.5.4】 使用 DataGrid 控件排序示例。

8-5-4 .aspx 程序代码如下：

```
<%@ Import Namespace = "System.Data" %>
<%@ Import Namespace = "System.Data.OleDb" %>
<script language = "VB" runat = "server">
Dim SortField As String      '定义一个变量,用来存放排序字段
Sub Page_Load(Sender As Object, E As EventArgs)
  IF Not Page.IsPostBack Then
    SortField = "name"       '第一次启动页面时排序字段
    Call BindData()          '绑定数据
  End If
End Sub
'单击某一列的标题时执行该过程
Sub MyDataGrid_Sort(Sender As Object, E As DataGridSortCommandEventArgs)
  SortField = E.SortExpression        '令排序字段为选择的字段
  BindData()                          '绑定数据
End Sub
Sub BindData()
  Dim conn As New OleDbConnection("Provider=Microsoft.Jet.OLEDB.4.0;
      Data Source ="&Server.Mappath("stu.mdb"))   '建立 Connection 对象
  Dim adp As New OleDbDataAdapter("select * from student",conn)'Adapter 对象
  Dim ds As New DataSet()              '建立 DataSet 对象
  adp.Fill(ds,"student")               '填充 DataSet 对象
```

```
        MyDataGrid.DataSource = DS.Tables("student").DefaultView    '指定数据源
        DS.Tables("student").DefaultView.Sort = SortField    '指定排序字段
        MyDataGrid.DataBind()                          '执行绑定
End Sub
</script>
<html>
<body>
    <h4 align = "center">学生信息</h4>
<form runat = "server">
    <ASP:DataGrid id = "MyDataGrid" HeaderStyle - BackColor = "#BCBCBC" Width = "100%" AllowSorting = "true" OnSortCommand = "MyDataGrid_Sort" runat = "server"/>
</form>
</body>
</html>
```

在浏览器中运行的结果如图 8.5.4 所示。

· 图 8.5.4 使用 DataGrid 对数据进行排序

8.6 思考题

1. 什么是 ADO.NET？它和以前的 ADO 相比有什么不同？
2. ADO.NET 对象模型主要有哪些组件？各组件主要功能是什么？
3. ADO.NET 链接数据库方式有哪些？
4. 什么是 DataSet 对象？它与 DataReader 有什么不同？
5. 什么是 DataAdapter 对象？其功能是什么？
6. 叙述 DataSet、DataTable、DataView 三者间的关系。
7. 如果链接 SQL Server 数据库，需要使用哪种 Connection 对象？
8. 什么是数据绑定？如何进行数据绑定？
9. 简述 DataGrid 控件的作用。
10. 如何运用 DataList 控件进行查询、更新与删除？
11. 如何运用 DataGrid 控件进行数据分页显示和排序？
12. 简述 Repeater、DataList 和 DataGrid 控件三者各有哪些相同与不同之处。

第 9 章 ASP.NET 应用程序

9.1 ASP.NET 应用程序编程

9.1.1 ASP.NET 应用程序概述

所谓 ASP.NET 的应用程序，是指能够在一个 Web 应用服务器的子目录或者虚拟目录上运行的所有的文件、网页或者能被执行的代码。ASP.NET 应用程序就是一种可以通过 Web 访问的 Web 应用程序。例如，在一个 Web 服务器上，一个 WebApplication1 应用程序将会在/WebApplication1 这个目录下被发布。在应用程序环境下，ASP.NET 将并发处理客户端请求，为用户通过访问 Web 站点首页以及链接各种网页提供应用程序服务。因此，从服务角度来说，ASP.NET 应用程序就是添加了虚拟目录可访问的文件夹（Web 应用服务）；从用户角度来看，可以看作通常所说的完整的可共享网站（Web 服务网站）。

下面将着重讲述 ASP.NET 应用程序的配置、应用程序的框架以及应用程序的创建。

1. 配置应用程序

一个 Web 站点可以有多个应用程序，而每个应用程序的配置都可以不同。具体阐述如下。

（1）设置应用程序的目录结构。

如何设置应用程序的配置环境，使得一个 Web 站点可以有多个应用程序运行，而每一个应用程序如何用唯一的 URL 来访问？首先应利用 IIS 将应用程序的目录设置为"虚拟目录"。这时，各个应用程序的"虚拟目录"就不存在任何物理上的关系。

应用程序的 URL 以及物理路径对应如下：

```
http://www.myWeb.com                    c:\inetpub\wwwroot
http://www.myWeb.com/myapp              c:\myapp
http://www.myWeb.com/myapp/myapp1       c:\myWeb\myapp
```

以上 http://www.myWeb.com/myapp 和 http://www.myWeb.com/myapp/myapp1 从"虚拟目录"上来看，似乎存在某种联系，但实际情况却是两者完全分布于不同的物理目录上。

（2）设置相应的配置文件。

设置完虚拟目录后，我们就可以根据应用的具体需要，可以复制相应的 global.asax 和 Web.config 配置文件，并且设置相应的选项。简单来说，global.asax 主要配置 Web 应用程序的 application_start、application_end、session_start 和 session_end 等事件；而 Web.config 主要配置 Web 应用程序的动态调试编译、自定义错误信息、身份验证、应用程序级别跟踪记录、会话状态设置、全球化设置等信息。

(3) 把应用程序所涉及的各种文件放入"虚拟目录"中。

最后，把.aspx 文件、.ascx 文件以及各种资源文件分门别类放入应用目录中，把类引用所涉及的集合放入应用目录下的 bin 目录中。

2. 应用程序框架

首先，我们来看一个应用程序的基本框架：

```
<%@ Application attribute = "value" [attribute = value …] %>
<%@ Import namespace = "value" %>
<%@ Assembly Name = "assemblyname" %>
<script language = "vb" runsat = server>
…
</script>
<Html>
<Body>
<form runat = server>
…
</form>
</Body>
</Html>
```

对上面的应用程序的基本框架进行以下的分析。

(1) <%@ Application attribute = "value" [attribute = value …] %> 表示应用程序从另一个应用中动态编译一个类来继承使用。如：

```
<%@ Application Inherits = "MyApp.Object" Description = "myapp" %>
```

指定应用程序从 Myapp 应用中编译一个 MyApp.Object 的类以提供使用，其说明为"myapp"。

(2) <%@ Import namespace = "value" %> 显式导入一个命名空间到应用程序，以便让应用程序可以使用命名空间中定义的各种类和接口来完成特定的功能，加快了程序的开发速度。如：

```
<%@ Import Namespace = "System.IO" %>
<%@ Import Namespace = "System.NET" %>
```

导入 System.IO 和 System.NET 这两个命名空间可以利用系统提供的大量文件和网络对象快速开发自己的文件和网络应用程序。

(3) <%@ Assembly Name = "assemblyname" %> 在页面编译时产生到 assemblyname 的链接，这样可以使用集合中的类及接口。默认情况下，会把应用程序目录下 bin 中的集合都动态载入。该项功能也可以在应用程序的 Web.config 中配置。默认情况下，Web.config 中有如下形式：

```
<Assembly>
```

```
< add assembly = " * " / >
</Assembly >
```

即默认情况下，加载 bin 下的所有集合。如：

<％@ Assembly Name = " myassembly. dll " %> 加载 bin 下 myassembly. dll 集合。

（4）< script > 和 </script > 之间的代码通常是各种事件的定义，诸如页面开始时、某个按件被触发时所要做的事情。< body >、</body > 和 < form > 之间通常是页面的界面要素，显示给客户端的可视界面。

3. 创建应用程序

应用程序的创建，一般包括两个部分的内容：Web. config、global. asax 等配置文件，主程序文件。

（1）配置 Web. config。

以下定义为 gb2312 字符集，提供中文显示。

```
< configuration >
< globalization requestencoding = "gb2312" responseencoding = "gb2312" / >
</ configuration >
```

（2）配置 global. asax。

以下定义应用程序初始化和结束，会话开始和结束，请求开始和结束等事件发生时，应用程序要处理的事务。

```
< script language = "VB" runat = "server" >
Sub Application_Start(Sender As Object,E As EventArgs)
End Sub
Sub Applicaion_End(Sender As Object,E As EventArgs)
End Sub
Sub Session_Start(Sender As Object,E As EventArgs)
End Sub
Sub Session_End(Sender As Object,E As EventArgs)
End Sub
Sub Application_BeginRequest(Sender As Object,E As EventArgs)
End Sub
Sub Application_EndRequest(Sender As Object,E As EventArgs)
End Sub
</ script >
```

（3）主程序文件。

前面已经介绍，要创建一个应用程序必须先在 Web 服务器上发布目录下创建一个新的目录或者创建一个虚拟目录。可以通过 IIS 管理工具来创建一个新的目录或者虚拟目录。在同一个目录下，它们可以方便地进行各种文件的管理。例如：一个应用程序可能含有大量的 aspx 文件、ascx 文件、由其他工具产生的 assembly 集合以及页面中用到的各种资源文件（声音、图片、动画等）。

例 9.1.1 的程序是创建一个简单的 aspx 页面，它只含有一个 . aspx 文件，在用户浏览时显示 "Hello World!"。

【例9.1.1】 简单的Web应用示例。

9-1-1.aspx程序代码如下所示：

```
<%@ Page Language = "VB" %>
<html>
<head><title>Hello World</title></head>
<body>
<center>
<h1><% Response.Write("Hello World!") %></h1>
</center>
</body>
</html>
```

在浏览器中的运行结果如图9.1.1所示。

图9.1.1 简单的Web应用示例

9.1.2 配置Web.config

1. ASP.NET配置

Visual Studio.NET集成开发环境（IDE）是一个非常丰富的编程环境，用户可以选择熟悉的编程语言，如Visual C#或者Visual Basic.NET创建ASP.NET Web应用程序。在生成一个新的ASP.NET Web应用程序时，可以在IDE的解决方案资源管理器中，看到自动生成的Web.config默认文件。ASP.NET提供了一个丰富而可行的配置系统，以帮助管理人员轻松快速地建立自己的Web应用环境。ASP.NET提供的是一个层次配置架构，可以帮助Web应用、站点、机器分别配置自己的扩展配置数据。ASP.NET具有以下优点，并因此而成为唯一适合生成和维护Web应用程序的配置系统。

（1）ASP.NET允许配置内容可以和静态页面、动态页面和商业对象放置在同一应用的目录结构下。当管理员需要安装新的ASP.NET应用时，只需要将应用目录拷贝到新的机器上即可。

（2）配置数据以既具有可读性又具有可写性的纯文本文件的形式存储。管理员和开发人员可以使用任何标准的文本编辑器、XML分析器或脚本语言来解释和更新配置设置。

（3）ASP.NET提供了扩展配置内容的架构，以支持第三方开发者配置自己的内容。为他们自己的配置设置持久格式，智能化地参与他们的处理，以及控制用来最终公开这些设置的结果对象模型。

(4) ASP.NET 配置文件的修改被系统自动监控，无须管理员手工干预。

2. Web.config 配置格式

(1) Web.config 配置文件的基本规则。

ASP.NET 的配置文件存在于应用的各个目录下，统一命名为 Web.config，是一个 XML 格式的文本文件。它决定了所在目录及其子目录的配置信息，并且子目录下的配置信息可覆盖其父目录的配置。Windows \ Microsoft.NET \ Framework \ 版本号下的 Web.config 作为整个机器的根配置文件，定义了整个环境下的默认配置。在运行状态下，ASP.NET 会根据远程 URL 请求，把访问路径下的各个 Web.config 配置文件叠加，产生一个唯一的配置集合。例如，一个对 URL：http://localhost/myapp/mydir/test.aspx 的访问，ASP.NET 会根据以下顺序来决定最终的配置情况：

① \ Microsoft.NET \ Framework \ Web.config（默认配置文件）；
② \ myapp \ Web.config（应用的配置）；
③ \ myapp \ mydir \ Web.config（自己的配置）。

说明：默认情况下，浏览器不能够直接访问目录下的 Web.config 文件。

(2) Web.config 配置文件的语法规则。

① 标记：Web.config 文件的根元素总是 <configuration> 标记。ASP.NET 和最终用户设置都封装在该标记中，如：

```
<configuration>
...
</configuration>
```

② 配置节句柄说明：ASP.NET 的配置文件架构并未指定任何文件格式或者是支持的配置属性。相反，它提出了"配置节句柄声明"的概念来支持任意的用户定义配置节。如：

```
<configsections>
<add name=欲定义配置节名  type=处理的句柄函数/>
</configsections>
```

③ 配置节：配置节具体定义配置的内容，供应用程序使用。

(3) ASP.NET 定义的标准配置节。

如表 9.1.1 所示给出了 ASP.NET 定义的标准配置节及其说明。

表 9.1.1　ASP.NET 定义的标准配置节及其说明

节　名	说　明
<httpmodule>	配置应用程序中的 HTTP 模块。HTTP 模块参与处理应用程序中的每个请求，常用的用途包括安全性和日志记录
<httphandlers>	负责将传入的 URL 映射到 IHttpHandler 类。子目录不继承这些设置，还负责将传入的 URL 映射到 IHttpHandlerFactory 类。<httpHandlers> 节中表示的数据由子目录分层继承
<sessionstate>	配置 HTTP 模块的会话状态

续表

节　名	说　明
< globalization >	配置应用的公用设置
< compilation >	配置 ASP.NET 的编译环境
< trace >	配置 ASP.NET 的跟踪服务
< security >	配置 ASP.NET 的安全设置
< iisprocessmodel >	配置 IIS Web 服务器系统上的 ASP.NET 进程模型设置
< browercaps >	配置浏览器的兼容部件

3. Web.config 配置实例

在新生成的一个 ASP.NET 应用程序中，我们可以看到一个默认设置的完整的 Web.config 配置实例。

【例 9.1.2】 完整的 Web.config 配置实例。

Web.config 配置程序如下：

```
< ?xml version = "1.0"encoding = "Utf - 8? >
< configuration >
    < system.Web >
    <!-- 动态调试编译
    设置 compilation debug = "true"以将调试符号(.pdb 信息)插入到编译页中.因为这将创
    建执行起来较慢的大文件,所以应该只在调试时将该值设置为 true,而所有其他时候都设置
    为 false.
    -->
    < compilation defaultLanguage = "vb" debug = "true"/>
    <!-- 自定义错误信息
    设置 customErros mode = "On"或"RemoteOnly"以启用自定义错误信息,或设置为"Off"
    以禁用自定义错误信息.为每个要处理的错误添加 < error > 标记
    -->
    < customErrors mode = "RemoteOnly"/>
    <!-- 身份验证
    此节设置应用程序的身份验证策略.可能的模式是"Windows""Forms""Passport"
    和"None"
    -->
    < authentication mode = "Windows"/>
    <!—授权
    此节设置应用程序的授权策略.可以允许或拒绝用户或角色访问应用程序资源.通配符:"*"表
    示任何人,"?"表示匿名(未授权的)用户
    -->
    < authorization >
    < allow users = "*"/>
    <!-- 允许所有用户 -->
    <!-- < allow users = "[逗号分隔的用户列表]"
    roles = "[逗号分隔的角色列表]"/>
    < deny users = "[逗号分隔的用户列表]"
    roles = "[逗号分隔的角色列表]"/>
    -->
```

```
        </authorization>
        <!-- 应用程序级别跟踪记录
应用程序级别跟踪在应用程序内为每一页启用跟踪日志输出.
设置 trace enabled = "true"以启用应用程序跟踪记录.如果 pageOutput = "true",则跟踪信
息将显示在每一页的底部;否则,可以通过从 Web 应用程序根浏览"trace.axd"页来查看应用程序
跟踪日志.
        -->
        <trace enabled = "false" requestLimit = "10"
            PageOutput = "false" traceMode = "SortByTime"
            localOnly = "true"/>
        <!-- 会话状态设置
默认情况下,ASP.NET 使用 cookie 标识哪些请求属于特定的会话.如果 cookie 不可用,则可以通
过将会话标识符添加到 URL 来跟踪会话.若要禁用 cookie,则设置 sessionStatecookieless =
"true"
        -->
        <SessionStat mode = "InProc
            StateConnectionStrin = "tcpip = 127.0.0.1:424"
            sqlConnectionString = "date source = 127.0.0.1;
            useid = sa;password = ''"
            cookleless = " false"
            timeout = "20"
        />
        <!--全球化
此节设置应用程序的全球化设置
        -->
        <globalization requestEncoding = "utf - 8" responseEncoding = "utf - 8"/>
    </system.Web>
</configuration>
```

9.1.3 使用 Global.asax 文件

1. Global.asax 文件简介

在 ASP.NET 应用程序中，Global.asax 文件用来存放 Session 对象和 Application 对象的事件过程。比如，当有客户登录网站时会触发该文件中的 Session 事件，就可以记载登录信息。每个应用程序只能有 1 个 Global.asax 文件，并必须存放在应用程序的根目录下。也可以不使用该文件，但是就发挥不出 Application 对象和 Session 对象的强大威力了。

2. Global.asax 文件的基本格式

Global.asax 文件包括了若干 Application 对象或 Session 对象的事件，程序运行时会自动触发其中的事件。基本格式如下：

```
<Script language = "VB" runat = "server">
    Sub Application_OnStart(Sender As Object,E As EventArgs)
        '当应用程序启动后第一个客户访问时会触发该事件.
    End Sub
    Sub Application_OnEnd(Sender As Object,E As EventArgs)
        '当应用程序停止时触发该事件,比如关闭服务器,或修改 Global.asax
```

```
            '文件,或修改 Web.Config 文件时.
      End Sub
      Sub Session_OnStart(Sender As Object,E As EventArgs)
            '当每一个客户登录时触发该事件.
      End Sub
      Sub Session_OnEnd(Sender As Object,E As EventArgs)
            '当每一个客户超过会话时间(默认为 20 分钟)没有和服务器交互,
            '客户关闭浏览器后也会触发,但不会立即触发,须等待会话时间结束.
      End Sub
      Sub Appllcation_OnBeginRequest(Sender As Object,E As EventArgs)
            '当每一个用户请求访问每一个 ASP.NET 文件时,触发该事件.
      End Sub
      Sub Application_OnEndRequest(Sender As Object,E As EventArgs)
            '当每一个用户请求访问每一个 ASP.NET 文件结束时,触发该事件.
      End Sub
      </Script>
```

说明：对于 Application_OnStart，也可以使用 Application_Start。在事件过程中一般可以添加存取文件或存取数据库的内容，不过需要导入相应的名称空间。也可以将一些常数存放在 Application 对象中，并在 Application_OnStart 事件中执行。比如，将数据库链接字符串保存起来，在其他所有页面都可以方便地调用：

```
Sub Application_OnStart(Sender As Object,E As EventArgs)
Application("strConn") = "Provider=Microsoft……"
End Sub
```

3. Global.asax 文件示例

利用 Global.asax 编制一个网站日志，用于当系统启动、系统关闭或是用户登录、用户退出的事件发生时，在文本文件 log.txt 中记录有关的信息。

【例 9.1.3】 Global.asax 网站日志示例。

Global.asax 文件程序代码如下所示：

```
  <%@ Import Namespace = "System.IO" %>
  <Script language = "VB" runat = "server">
Dim sw As StreamWriter    '定义 StreamWriter 对象变量
Sub Application_OnStart(Sender As Object,E As Eventargs)
  '当应用程序启动后,第一个客户访问时触发该事件
  sw = New StreamWriter("C:\Inetpub\wwwroot\log.txt",True,
      Encoding.Default)
  sw.Writeline(Now() & "  System start...")
  sw.Close
End Sub
  Sub Appllcation_OnEnd(Sender As Object,E As EventArgs)
  '当应用程序关闭,或修改 Global.asax、Web.Config 文件时触发该事件
  sw = New StreamWriter("C:\Inetpub\wwwroot\log.txt",True,
      Encoding.Default)
  sw.Writeline(Now() & "  System stop...")
  sw.Close
End Sub
Sub Session_OnStart(Sender As Object,E As Eventargs)
```

```
        '每一个客户登录时触发该事件
        sw = New StreamWriter("C:\Inetpub\wwwroot\log.txt",True,
             Encoding.Default)
        '将客户IP保存到Session中
        Session("IP") = Request.ServerVariables("REMOTE_ADDR")
        sw.Writeline(Now() & "  User   " & Session("IP") & "  login")
        sw.Close
    End Sub
Sub Session_OnEnd(Sender As Object,E As Eventargs)
        '当每一个客户超过会话时间没有和服务器交互,或关闭浏览器后触发该事件
        sw = New StreamWriter("C:\Inetpub\wwwroot log.txt",True,
             Encoding.Default)
        sw.Writeline(Now() & "  User   " & Session("IP") & "  logout")
        sw.Close
End Sub
</Script>
```

该Global.asax文件首先导入一个System.IO命名空间,通过这个命名空间,我们就可以定义一个StreamWriter对象实例。接着,在Application_OnStart事件中,我们用StreamWriter对象的Writeline方法,在日志文件中写入系统启动的信息。同样,在Application_OnEnd事件中,在日志文件中写入系统关闭信息。而在Session_OnStart和Session_OnEnd两个事件中,我们也分别用该方法把具体用户Session的登录和退出的信息写入到日志文件。

将该文件保存在已创建了虚拟目录（如ch09）的文件夹下。再建立文件showLog.aspx来读取该日志文件,它就是一个普通的读取文本文件程序,如例9.1.4所示。

【例9.1.4】 showLog.aspx读取日志信息。

showLog.aspx程序代码如下:

```
<%@ Import NameSpace = "System.IO"%>
<script language = "VB" runat = "server">
Sub Pape_Load(Sender As Object,E As EventArgs) Handles MyBase.Load
        '建立StreamReader对象
        Dim file As New StreamReader("c:\Inetpub\wwwroot\log.txt")
        Dim oneLine As String
        oneLine = file.ReadLine()
        While file.Peek() > -1                    '循环读取数据,到文件尾 sr.Peek() = -1
            message.Text & = oneLine & "<BR>"     '在页面上输出1行和换行标记
            oneLine = file.ReadLine()             '读取1行,并移动到下1行
        End While
        file.Close()                              '关闭StreamReader对象
End Sub
</script>
<html>
<body>
    <h2 align = "center">网站日志示例</h2><br>
    <div align = center>
        <table border = 0 id = "showLog" runat = server width = 500>
        <tr><td><asp:label id = "message" runat = server/></td>
        </tr>
        </table>
    </div>
</body>
</html>
```

在浏览器中输入 showLog.aspx 的具体网址 http://localhost/ch09/showLog.aspx 后，我们就可以看到网站的启动和关闭的时间，以及每个用户登录和退出的时间。运行结果如图 9.1.2 所示。

图 9.1.2　程序 showLog.aspx 的运行结果

9.2　NET XML Web 服务

9.2.1　Web 服务

1. Web 服务简介

Web 服务是 .NET 架构搭建下一代 Internet 的关键所在，它的英文全称是 Web Service。下面举一个简单的例子。假如你想买一台笔记本电脑，就会经常关注笔记本电脑的市场行情，可能每天会到新浪、中关村在线等网站的笔记本电脑专栏去逐个查看你所关心的笔记本电脑的每日行情。或者你可以做一个页面，在其中分别链接到各大商业网站，把这些网站的相关栏目直接收集到收藏夹中，但这样还是需要打开每个网站的页面，还是需要在每个页面中寻找。Web 服务可以解决这个问题，使你无须到各个网站每个页面中寻找笔记本电脑的每日行情。假如新浪网站和中关村在线都提供了关于笔记本电脑行情的 Web 服务，你就可以访问自己的服务器，它向新浪网站和中关村在线发出请求，并返回笔记本电脑行情数据；然后，你自己的服务器就可以对返回的数据进行处理并发送给你。

由此可以从商业角度给 Web 服务下个定义，Web 服务是指由某个企业或某些企业发布的、可以完成某种特定商务需求的在线应用服务，其他公司或个人的应用软件能够通过因特网来访问并使用这项在线服务。

2. Web 服务的工作原理

Web 服务的工作原理是基于 SOAP（Simple Object Access Protocol，简单对象访问协

议)。这是一种基于 XML 的信息格式协议标准,用来在两个终端之间传递信息。这些信息以 SOAP 信封(类似于数据包)的方式在发送方和接收方之间传送。它的具体工作过程如下:首先,本地服务器向新浪服务器发送请求获得 Web 服务的 SOAP 信封;其次,新浪服务器返回带有 WSDL(Web Service Description Language,Web 服务描述语言)信息的 SOAP 信封,它是一个 XML 文档,描述了该 Web 服务提供了什么类,有什么方法,需要什么参数等说明信息;再次,本地服务器接收到 WSDL 信息后,就可以向新浪服务器发送带有正确调用方法格式和参数的 SOAP 信封;最后,新浪服务器返回带有请求结果的 SOAP 信封,而本地服务器得到请求结果后,就可以对其进行处理并发送给用户。Web 服务的本质就是可以让用户服务器像调用内置类一样调用提供 Web 服务器提供的类。因此,也可以把 Web 服务理解为一种应用程序逻辑模块,这些模块通过 XML 为基础的各种标准规范,可以在网络上相互发现及呼叫。

ASP.NET 是支持 Web 服务的理想的技术平台,ASP.NET 应用程序能解决提供和调用 Web 服务问题,因此,具体使用 Web 服务时,并不需要关心技术细节。Web 服务能返回的数据类型,最简单最常用的是返回字符串、整数、日期、布尔值、小数等基本数据类型。它也可以返回一个数组或数组列表,一个 DataSet 对象,甚至还可以用来返回一个类。

9.2.2 建立一个简单的 Web 服务

1. 创建 Web 服务

建立 Web 服务的过程类似于开发一个业务对象,它的扩展名是.asmx。下面程序介绍如何开发一个可以计算两个整数的和与乘积功能的 Web 服务。

【例 9.2.1】 一个求和与乘积的 Web 服务。

9-2-1.asmx 程序代码如下所示:

```
<%@ WebService Language = "VB" Class = "myMath" %>
Imports System
Imports System.Web.Services                '导入名称空间 WS
Public Class myMath :Inherits WebService   '定义一个类,并继承 WebService
'声明一个用于计算 a 和 b 的求和的方法
<WebMethod()> Public Function mySum(a As Integer,b As Integer) As Integer
    Dim c As Integer
    c = a + b                              'a 和 b 的求和计算
    Return(c)                              '返回结果
End Function
'声明一个用于计算 a 和 b 的乘积的方法
<WebMethod()> Public Function myMulti(a As Integer,b As Integer) As Integer
    Dim c As Integer
    c = a * b                              'a 和 b 的乘积计算
    Return(c)                              '返回结果
End Function
End Class
```

说明:程序第 1 行是一个必需的 WebService 指令,其中,Class 属性会告诉 ASP.NET 该文档的什么类中包含 Web 服务的方法;第 3 行必须导入 System.Web.Services 名称空间；第4行定义了1个myMath类，并继承自WebService类；第6行定义了1个用于计算a和b的求和的计算方法，注意必须用<WebMethod()>声明为Web服务方法。这里定义了一个Integer函数，As Integer表示返回一个整数。

把命名为9-2-1.asmx的文件保存到localhost中和存放Web服务文件的文件夹ch09下，完成建立Web服务的过程。为方便叙述，假设已经为存放9-2-1.asmx Web服务文件的文件夹ch09添加了虚拟目录为ch09（或其他名称dd、test），使其成为应用程序。并在其中建立bin文件夹。

2. 简单调用Web服务

Web服务文件是个可直接执行的文件，可以直接执行，访问窗口，在浏览器地址中输入http://localhost/ch09/9-2-1.asmx后，就可以打开如图9.2.1所示的Web服务窗口。单击myMulti或者mySum链接就可以调用求乘积或求和的Web服务，如图9.2.2所示。

图9.2.1 调用Web服务窗口

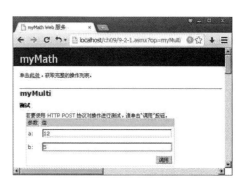
图9.2.2 选择求乘积输入数据

选择求乘积，在图9.2.2中输入a=12，b=5后，单击"调用"按钮，就可以获得如图9.2.3所示的计算结果：答案为60。

图9.2.3 简单调用Web服务的计算结果

9.2.3 通过SOAP代理类调用Web服务

1. 通过SOAP代理类调用Web服务

实际意义上的Web服务是要通过Internet对外开放被用户调用的。调用者需要由开发人员创建用户端应用程序来查找 Web 服务，以便发现 Web 服务中提供的方法，从而调用方法实现 Web 服务功能。

如果要在请求 Web 服务的用户服务器上使用 Web 服务，就需要在用户服务器上创建一个 SOAP 代理类。SOAP 代理类是指将提供 Web 服务的远程应用服务器上的 Web 服务编译为本地用户服务器上的一个类。它负责和 Web 服务打交道，发送请求并返回结果。而在本地用户程序中就可以像使用内置类一样使用这个代理类，如图 9.2.4 所示。

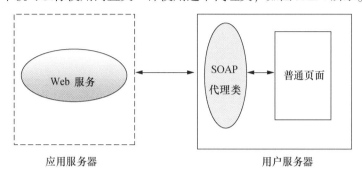

图 9.2.4 通过代理类调用 Web 服务的结果

2. 通过代理类调用 Web 服务示例

现将改变上述直接运行求解的示例，通过在本地创建 SOAP 代理类调用 Web 服务来进行计算，具体实现步骤如下。

（1）创建 Web 服务。

示例 9.2.1 已经建立了 Web 服务 9-2-1.asmx。并且简单地在同一台计算机上使用 http://localhost/ch09/9-2-1.asmx 测试了所建立的 Web 服务。所提供的计算方法如果被其他计算机调用，则需要创建用户端的 SOAP 代理类。

（2）生成 SOAP 代理类。

从"开始"菜单/"程序"/"附件"打开"命令提示符"窗口。在其中输入 cd C:\Inetpub\wwwroot\ch09（假设已定应用程序路径）后按回车键，切换到文件夹 ch09。继续输入 wsdl/l:vb/n:myWebService/out:9-2-1.vb http://localhost/ch09/9-2-1.asmx 后按回车键，就可以在当前文件夹 ch09 下生成一个代理类 9-2-1.vb，它是一个业务对象文件。

说明：如果系统提示 wsdl 既不是内部或外部命令，也不是可运行的程序或批处理文件，则需要将 VS 自带的（或下载的）wsdl.exe 复制到相应的 ch09 文件夹下。

wsdl 命令有 3 个主要参数，它们的意义如下所述。

① /l：表示输出何种语言的代理类，这里使用 VB.NET。

② /n：表示为代理类定义的名称空间，可以任意命名。

③ /out：表示输出的代理类文件路径，这里表示当前文件夹下，名为 9-2-1.vb。

http://localhost/ch09/9-2-1.asmx 表示提供 Web 服务的页面 URL 地址。例 9.2.1 在本机的服务器上调试使用了 localhost，如要使用其他服务器上的 Web 服务须填写正确的 URL 地址。

(3) 编译并部署代理类。

需要把所生成的代理类文件 9-2-1.vb 编译为 DLL 文件,并且存放到应用程序的 bin 文件夹下。具体操作是:在命令提示符中继续输入命令:vbc/t:library/out:bin\ 9-2-1.dll 9-2-1.vb/r:System.dll/r:System.Web.Services.dll/r:System.XML.dll,就可以在 ch09 的 bin 文件夹下生成一个 DLL 文件 9-2-1.dll。

说明:如果系统提示 vbc 既不是内部或外部命令,也不是可运行的程序或批处理文件,则需要将.NET Framework 自带的(或下载的) vbc.exe 复制到相应的 ch09 文件夹下。在命令行中,除了要引用系统类 System.dll 外,还必须引用 System.Web.Services.dll 和 System.XML.dll。

(4) 通过代理类调用 Web 服务。

生成代理类后,就可以在页面中像使用内置类一样使用 Web 服务了。通过代理类调用 Web 服务示例如例 9.2.2 所示。

【例 9.2.2】 通过代理类调用业务对象。

myWebService.aspx 程序代码如下所示:

```
<%@ Import NameSpace = "myWebService"%>
<script Language = "VB" runat = "server">
    Sub Page_Load(Sender As Object,E As EventArgs)
        Dim mm As New myMath()                          '建立一个代理类对象
        message1.Text = "求和 = " & mm.mySum(12,5)       '调用代理类的 mySum 方法
        message2.Text = "乘积 = " & mm.myMulti(12,5)     '调用代理类的 myMulti 方法
    End Sub
</script>
<html>
<body>
    <h4 align = "center">使用 Web 服务示例</h2>
    <asp:label id = "message1" runat = server/>
    <p><asp:label id = "message2" runat = server/>
</body>
</html>
```

说明:第 1 行必须导入第 1 步中定义的名称空间。第 4 行定义了一个代理类对象,即 Web 服务源文件中定义的类。第 5、6 行使用代理类的方法和使用内置类的方法是一样的。

在浏览器中输入 http://localhost/ch09/myWebService.aspx 后,运行结果如图 9.2.5 所示。

图 9.2.5 程序 myWebService.aspx 的运行结果图

3. 返回数据集的 Web 服务调用示例

数据集是一种强大的、基于 XML 的新方法，用于表示断开链接的数据。本示例显示如何从 Web 服务方法返回数据集。这是 XML Web 服务的一个非常强大的应用，因为数据集可以在智能结构中存储复杂的信息和关系。通过服务公开数据集后，可以限制数据服务器正在使用的数据库链接。

例 9.2.3 显示如何返回指定新浪网站新闻 DataSet 对象。首先在 ch09 目录下建立了一个名为 news.mdb 的数据库，规划一张表 sportnews，包括 newsId（编号，自增量）、newsType（类型，文本）、newsSubject（标题，备注）、newsContent（内容，备注）4 个字段。

在调用 Web 服务之前所要做的工作包括：建立 Web 服务、生成 SOAP 代理类、编译并部署代理类，最后才是通过代理类调用 Web 服务，下面通过返回 DataSet 对象示例进一步地解释说明。

(1) 建立 Web 服务。

【例 9.2.3】 返回 DataSet 对象的 Web 服务。9-2-2.asmx 程序代码如下所示：

```
<%@ WebService Language = "VB" Class = "mySportNews" %>
Imports System
Imports System.Data                       '导入数据库名称空间
Imports System.Data.OleDb
Imports System.Web.Services               '导入 WS 名称空间
Public Class mySportNews:Inherits WebService '定义 1 个类,并继承 WebService
    '该方法用于返回新闻数据,As DataSet 表示返回 DataSet 对象
<WebMethod()> Public Function SelectNews(newsType As string) As DataSet
     '建立 Connection 对象
    Dim conn As New OleDbConnection("Provider = Microsoft.Jet.OLEDB.4.0;
        Data Source = " & Server.Mappath("news.mdb"))
     '建立 DataAdapter 对象
    Dim strSql As String
    strSql = "Select * From sportnews Where newsType = '" & newsType & "'"
    Dim adp As New OleDbDataAdapter(strSql, conn)
     '建立 DataSet 对象
    Dim ds As New DataSet()
    adp.Fill(ds,"news")                   '填充 DataSet 对象
    Return(ds)                            '返回一个 DataSet 对象
End Function
End Class
```

说明：以上 Web 服务接收一个参数 newsType，并返回相应的 DataSet 对象。因为要使用到 Access 数据库，所以必须导入相应的名称空间。可以通过在浏览器中输入 http://localhost/ch09/9-2-2.asmx 测试 Web 服务是否正常。

(2) 生成 SOAP 代理类。

在"命令提示符"窗口中输入 cd C:\Inetpub\wwwroot\ch09（应用程序路径）后按"回车"键，切换到文件夹 ch09 中。输入以下命令后并按"回车"键，就可以在当前文件夹 ch09 下生成一个代理类 9-2-2.vb。

```
wsdl/l:vb/n:my mySportNews/out:9-2-2.vb http://localhost/ch09/9-2-2.asmx
```

(3) 编译并部署代理类。

在"命令提示符"窗口继续输入如下命令,就可以在 ch09 的 bin 文件夹下生成一个 DLL 文件 9-2-3.dll。这里因为使用了数据库,所以引用 System.Data.dll:

```
vbc/t:library/out:9-2-2.dll 9-2-2.vb/r:System.dll/r:System.Web.Services.dll/
r:System.XML.dll/r:System.Data.dll:
```

(4) 通过代理类调用 Web 服务。

例 9.2.4 中,通过使用代理类,并根据用户传入的查询类型参数,调用 Web 服务返回一个 Dataset 对象,并绑定到一个 DataGrid 控件中。

【例 9.2.4】 通过代理类调用业务对象。

mySportNews.aspx 程序代码如下所示:

```
<%@ Import Namespace = "myWebService" %>
<%@ Import Namespace = "System.Data" %>
<script language = "VB" runat = "server">
Sub Enter_Click(Sender As Object, E As EventArgs)
    '建立 DataSet 对象
    Dim ds As New DataSet()
    '下面调用代理类,返回 DataSet 对象
    Dim mn As New mySportNews()           '使用 New 创建一个代理类对象
    ds = mn.SelectNews(keyword.Text)      '根据参数传入,返回 DataSet 对象
    '下面绑定数据
    MyDataGrid.DataSource = DS.Tables(0).DefaultView  '也可以用 Tables("news")
    MyDataGrid.DataBind()
End Sub
</script>
<html>
<body>
    <h4 align = "center">新浪新闻</h4>
    <form runat = "server">
        请输入新闻类型<asp:textbox id = "keyword" runat = "server"/>
        <asp:buttonid = "enter"text = "查找" onClick = "Enter_Click"
            runat = "server"/>
        <asp:DataGrid id = "MyDataGrid"HeaderStyle - BackColor = "#BCBCBC"
            Width = "100% " runat = "server"/>
    </form>
</body>
</html>
```

用户在浏览器中输入 http://localhost/ch09/mysportnews.aspx 后,输入要查询的新闻类型,如"体育",单击"查找"按钮后,就调用了 Web 服务返回一个 DataSet 对象,运行显示结果如图 9.2.6 所示。

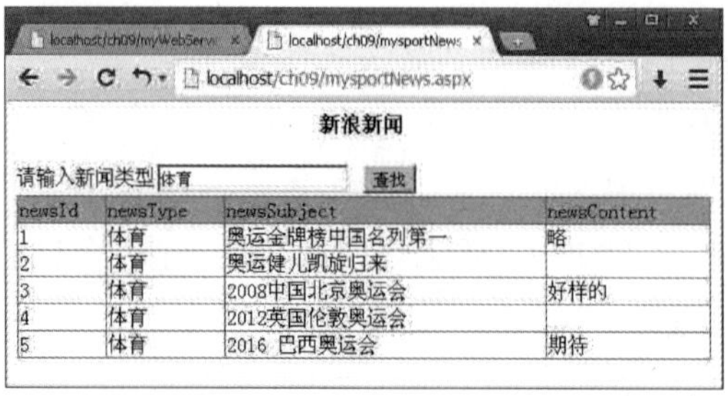

图 9.2.6 程序 mySport News.aspx 的运行结果

9.3 数据库查询与记录增、删、改

现行的各类应用程序开发，无论是企业事业办公自动化系统，还是网络运营系统，都离不开数据库应用。大数据的存储检索无处不在，数据库的应用至关重要，数据库的增、删、改、查是整个应用系统的核心。

下面介绍的是数据库的查询与增删改的典型实例。使用 DataGrid 控件绑定数据库中的表格，使它自动地显示数据库中的数据，是我们前面所学的数据库操作的综合应用。

该实例应用程序中有两个文件：Index.aspx 用来查询、更新、修改记录；Add.aspx 用来插入记录。

该实例使用 access 数据库，数据表 link 的各个字段设置如图 9.3.1 所示。

图 9.3.1 数据库 link 表字段结构

9.3.1 Index.aspx 首页程序

【例 9.3.1】 Index.aspx 首页示例。

代码如下：

```
<%@ Import Namespace = "System.Data" %>
<%@ Import Namespace = "System.Data.OleDb" %>
<script language = "VB" runat = "server">
Dim conn As OleDbConnection                '定义 Connection 对象变量
Sub Page_Load(Sender As Object, E As EventArgs)
    '建立 Connection 对象
    conn = New OleDbConnection ( " Provider = Microsoft.Jet.OLEDB.4.0; Data Source =
" & Server.Mappath("url.mdb"))
    '启动页面时调用数据绑定子程序
    If Not IsPostBack Then
      Call BindData()
    End If
End Sub
    '单击编辑时,执行该事件过程
Sub MyDataGrid_Edit(Sender As Object, E As DataGridCommandEventArgs)
    MyDataGrid.EditItemIndex = CInt(E.Item.ItemIndex)
    Call BindData()
End Sub
    '单击取消时,执行该事件过程
Sub MyDataGrid_Cancel(Sender As Object, E As DataGridCommandEventArgs)
    MyDataGrid.EditItemIndex = -1
    Call BindData()
End Sub
    '单击更新时,执行该事件过程
Sub MyDataGrid_Update(Sender As Object, E As DataGridCommandEventArgs)
```

```
        '建立 Command 对象
        Dim txtSiteName,txtURL,txtIntro As textbox    '声明文本框控件变量
        txtSiteName = e.Item.Cells(2).Controls(0)
        txtURL = e.Item.Cells(3).Controls(0)
        txtIntro = e.Item.Cells(4).Controls(0)
        Dim strSql As String
        strSql = "Update link Set sitename ='" & txtSiteName.Text & "',URL =
'" & txtURL.Text & "',intro ='" & txtIntro.Text & "'" &" Where sitename =
" & "'"& MyDataGrid.DataKeys(CInt(E.Item.ItemIndex))&"'"
        Dim cmd As New OleDbCommand(strSql,conn)
        Dim Exp As Exception
        Try      '执行更新操作
          conn.open()
          cmd.ExecuteNonQuery()
          'message.text = strsql
          conn.close()
        Catch Exp
          message.Text = "发生错误,没有正常更新记录"
        End Try
          MyDataGrid.EditItemIndex = -1  '重新绑定
          Call BindData()
End Sub
          '单击删除时执行该事件过程
Sub MyDataGrid_Delete(Sender As Object, E As DataGridCommandEventArgs)
          '建立 Command 对象
        Dim strSql As String
        strSql = "Delete from link Where sitename = " & "'"&MyDataGrid.DataKeys(
CInt(E.Item.ItemIndex))&"'"
        Dim cmd As New OleDbCommand(strSql,conn)
        Dim Exp As Exception
        Try
        '执行删除操作
        conn.open()
        cmd.ExecuteNonQuery()conn.close()
Catch Exp
        message.Text = "发生错误,没有正常删除记录"
        End Try
        '重新绑定
        MyDataGrid.EditItemIndex = -1
        Call BindData()
End Sub
            '数据绑定子程序,供其他过程调用
Sub BindData()
        '直接建立 DataAdapter 对象
        Dim adp As New OleDbDataAdapter("select * from link", conn)
        Dim ds As New DataSet()                '建立 DataSet 对象
        adp.Fill(ds,"link")                    '填充 DataSet
        MyDataGrid.DataSource = DS.Tables("link").DefaultView  '指定数据源
        MyDataGrid.DataBind()                                  '执行绑定
End Sub
</script>
<html>
<body>
      <h2 align = "center">Web 数据库增删改查实例 ---- 网络导航</h2>
```

```
<center>
<a href = "add.aspx">插入记录</a>
<form runat = "server">
    <ASP:DataGrid id = "MyDataGrid" width = "95%"
        HeaderStyle-BackColor = "#aaaadd"
        OnEditCommand = "MyDataGrid_Edit"
        OnCancelCommand = "MyDataGrid_Cancel"
        OnUpdateCommand = "MyDataGrid_Update"
        OnDeleteCommand = "MyDataGrid_Delete"
        DataKeyField = "sitename" runat = "server">
     <Columns>
     <asp:EditCommandColumn EditText = "编辑"
         CancelText = "取消" UpdateText = "更新" ItemStyle-Wrap = "false"/>
    <asp:ButtonColumn Text = "删除"
        CommandName = "Delete" ItemStyle-Wrap = "false"/>
        </Columns>
    </ASP:DataGrid>
    <asp:Label id = "message" runat = "server"/>
</form>
</center>
</body>
</html>
```

运行结果如图 9.3.2 所示。

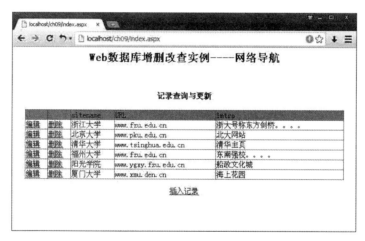

图 9.3.2　Index.aspx 运行结果

9.3.2　Add.aspx 程序

【例 9.3.2】　Add.aspx 示例。

代码如下：

```
<%@ Import Namespace = "System.Data" %>
<%@ Import Namespace = "System.Data.OleDb" %>
<script language = "VB" runat = "server">
Sub Enter_Click(Sender As Object, E As EventArgs)
    '建立 Connection 对象
```

```
    Dim conn As New OleDbConnection("Provider=Microsoft.Jet.OLEDB.4.0;
Data Source=" &Server.Mappath("url.mdb"))
    '建立 Command 对象
    Dim strA,strB,strSql As String
    strA = "Insert Into link(sitename,URL"
    strB = " Values('" & sitename.text & "','" & URL.text & "'"
    If Trim(intro.Text) <> "" Then      '如果网站简介不为空,就执行
       strA = strA & ",intro"
       strB = strB & ",'" & intro.Text & "'"
    End If
    strSql = strA & ")" & strB & ")"
     Dim cmd As New OleDbCommand(strSql, conn)
     Dim Exp As Exception
    Try
     '执行操作,插入记录
     conn.open()
     cmd.ExecuteNonQuery()
     conn.close()
     Response.Redirect("index.aspx")     '正常添加后,返回首页
    Catch Exp
     message.Text = "发生错误,没有正常插入记录"
    End Try
End Sub
</script>
<html>
<body>
    <h4 align="center">插入记录</h4>
<center>
<form runat="server">
<table border="1" width="80%" cellpading="2" cellspacing="0">
<tr>
        <td>网站名称:</td>
        <td><asp:textbox id="sitename" runat="server"/>
     <asp:RequiredFieldValidator id="Require1" ControlToValidate=
"sitename" ErrorMessage="必须输入名称" Display="Static" runat=
"server"/></td>
</tr>
<tr>
        <td>网站地址:</td>
        <td>http://<asp:textbox id="URL" columns="40" runat="serv-
er"/>
<asp:RequiredFieldValidator id="Require2" ControlToValidate="URL"
ErrorMessage="必须输入地址" Display="Static" runat="server"/></td>
</tr>
<tr>
       <td>网站简介:</td>
       <td><asp:textbox id="intro" textmode="multiline" columns="40"
    rows="4" runat="server"/></td>
</tr>
<tr>
        <td></td>
        <td><asp:button id="Enter" text="提交" onClick="Enter_Click"
    runat="server"/></td>
    </tr>
```

```
</table>
<asp:Label id = "message" runat = "server"/>
</form>
<a href = "index.aspx">取消添加,返回首页</a>
</center>
</body>
</html>
```

运行结果如图 9.3.3 所示。

图 9.3.3　Add.aspx 运行结果

9.4　思考题

1. 什么是 ASP.NET 应用程序？一个 ASP.NET 应用程序包括哪些基本的内容？
2. 什么是 Web.config 文件？若需要在远程查看错误信息，则应该怎么设置？
3. 什么是 Global.asax 文件？若需要进行网站在线人数统计，应该如何设置？
4. 什么是 Web Service？请简述它的工作原理。
5. Web 服务中使用哪种语言表示数据和交换数据的基本格式？
6. 若要使一种方法成为 Web 服务方法，则需要为该方法进行哪些设置？
7. 试根据 9.2.1 的例子，编写如下 Web Service 应用程序：要求创建一个能够计算数学运算表达式的 Web 服务，供 ASP.NET 网站调用。
8. 试根据 9.3.1 的例子，编写一个典型的对数据源增、删、改、查的数据库应用实例。

第四部分

第 10 章　PHP 开发环境

10.1　PHP 简介

PHP（Hypertext Preprocessor，超文本预处理器）是一种广泛应用的开放源代码的多用途脚本语言，它可嵌入到 HTML 中，尤其适合 Web 开发。但 PHP 的功能并不局限于输出 HTML。PHP 还能用来动态地输出图像、PDF 文件甚至 Flash 动画。还能够非常简便地输出文本，例如，XHTML 以及任何其他形式的 XML 文件。PHP 能够自动生成这些文件，在服务端开辟出一块动态内容的缓存，可以直接把它们打印出来，或者将它们存储到文件系统中。

PHP 于 1994 年由 Rasmus Lerdorf 创建，刚开始时 Rasmus Lerdorf 为了维护个人网页简单地用 Perl 语言编写了一段程序，用于显示他的个人履历以及统计网页流量。后来又用 C 语言重新编写，加入了访问数据库等功能。Rasmus Lerdorf 将这些程序与一些表单直译器整合，命名为 PHP/FI。此时的 PHP 是 Personal Home Page 的缩写。

在 1995 年，Rasmus Lerdorf 将 PHP/FI 公开发布，希望可以通过社群加速程序开发并寻找错误。这个发布的版本命名为 PHP 2，已经有 PHP 的一些雏形，比如类似 Perl 的变量命名方式、表单处理功能以及嵌入到 HTML 中执行的能力等。最重要的是加入了对 MySQL 的支持，从此建立了 PHP 在动态网页开发上的地位。

在 1997 年，任职于 Technion IIT 公司的以色列程序设计师 Zeev Suraski 和 Andi Gutmans，重写了 PHP 的剖析器，成为 PHP 3 的雏形，并改称为 PHP：Hypertext Preprocessor。1998 年 6 月 PHP 3 正式发布。之后 Zeev Suraski 和 Andi Gutmans 开始改写 PHP 的核心，1999 年发布的剖析器称为 Zend Engine，他们在以色列的 Ramat Gan 成立了 Zend Technologies 来管理 PHP 的开发。

2000 年采用第一代 Zend Engine 的 PHP 4 正式发布，2004 年采用第二代的 Zend Engine 的 PHP 5 发布。此时的 PHP 包含了许多新特色，如强化的面向对象功能、引入 PDO（PHP Data Objects，一个存取数据库的延伸函数库）以及许多效能上的增强。

截至 2016 年 2 月，PHP 有三个主要的版本分支 5.5、5.6 和 7.0。推荐使用的最新版本分别为 5.5.32、5.6.18、7.0.3。

10.2 PHP 的工作原理

PHP 的所有应用程序都是通过 Web 服务器（如 IIS 或 Apache）和 PHP 引擎程序解释执行完成的，工作过程如下。

（1）客户端浏览器发出访问 PHP 页面的请求，该请求将传送到支持 PHP 的 Web 服务器。

（2）Web 服务器接受这个请求，并根据其后缀进行判断，如果是一个 PHP 请求，Web 服务器从硬盘或内存中取出用户要访问的 PHP 应用程序，并将其发送给 PHP 引擎程序。

（3）PHP 引擎程序将会对 Web 服务器传送过来的文件从头到尾进行扫描并根据命令从后台读取，处理数据，并动态地生成相应的 HTML 页面。

（4）PHP 引擎将生成 HTML 页面返回给 Web 服务器。Web 服务器再将 HTML 页面返回给客户端浏览器。

10.3 PHP 运行环境的搭建

10.3.1 安装前的准备工作

要搭建 PHP 的运行环境，除了需要安装 PHP 之外，还需要安装 Web 服务器，以及一个数据库软件用于存放网站的数据。最为常见的搭配是 Apache 服务器和 MySQL 数据库。

在本书中使用 AppServ 搭建 PHP 的运行环境。AppServ 是一个免费软件，它将 Apache、PHP 和 MySQL 包装成单一的安装程序。用户只需一次安装 AppServ 即可完成 PHP 环境的构建。可以从 AppServ 的官方网站 www.appservnetwork.com 获得其最新版本。

本书中使用的是 AppServ 2.5.10。安装成功后，将包含以下软件。

（1）Apache 2.2.8：优秀的个人及商业 Web 服务器。

（2）PHP 5.2.6：PHP 的核心模块。

（3）MySQL 5.0.51b：优秀的个人及商业数据库。

（4）phpMyAdmin 2.10.3：便利的 MySQL 数据库图形管理界面。

10.3.2 安装过程

（1）从官方网站上获取 appserv – win32 – 2.5.10.exe 后，运行该安装程序，出现欢迎界面，如图 10.3.1 所示。

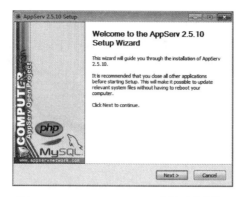

图 10.3.1　AppServ 2.5.10 安装欢迎界面

(2) 单击 Next 按钮，进入授权协议界面，如图 10.3.2 所示。

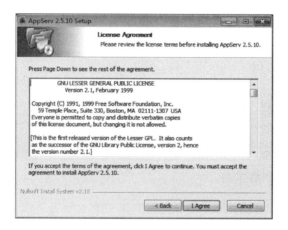

图 10.3.2　AppServ 2.5.10 授权协议界面

(3) 单击 I Agree 按钮，进入安装路径设置界面，如图 10.3.3 所示。

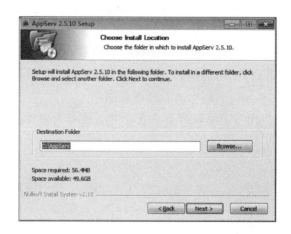

图 10.3.3　AppServ 2.5.10 安装路径设置界面

(4) 单击 Next 按钮，进入安装内容设置界面，如图 10.3.4 所示。

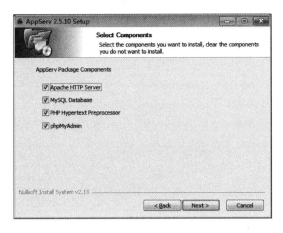

图 10.3.4　AppServ 2.5.10 **安装内容设置界面**

(5) 单击 Next 按钮，进入 Apache 设置界面，如图 10.3.5 所示。

图 10.3.5　AppServ 2.5.10 Apache **设置界面**

在该界面中，ServerName 可以输入本机的 IP 地址或 DNS 名称。在本书中由于采用的是个人计算机作为服务器，所以可以输入 127.0.0.1 或 localhost。Administrator's Email Address 可以填写用户的 Email 地址。Apache HTTP Port 中的默认值为 80，是 Web 服务器的默认端口，建议保持默认值。但如果计算机中已经安装有其他 Web 服务器，并且已经工作在 80 端口上，在这种情况下会引发端口冲突，需要换一个端口。若端口换成 8080，则之后要在浏览器中用 http://127.0.0.1:8080 这个地址来访问网站。

(6) 单击 Next 按钮，进入 MySQL 设置界面，如图 10.3.6 所示。

在该界面中，设置 MySQL 最高权限用户 root 的密码，其他保持默认即可。

(7) 单击 Install 按钮，进入安装完成界面，如图 10.3.7 所示。

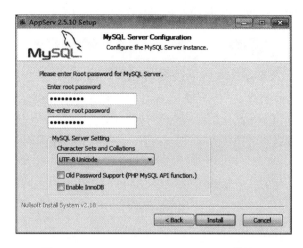

图 10.3.6　AppServ 2.5.10 MySQL 设置界面

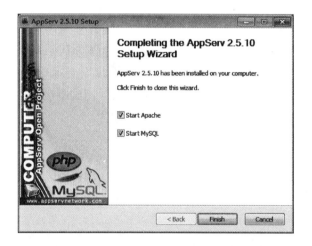

图 10.3.7　AppServ 2.5.10 安装完成界面

(8) 单击 Finish 按钮，完成安装，并启动 Apache 与 MySQL。

10.3.3　AppServ 的使用

1. 测试 AppServ 是否安装成功

在浏览器的地址栏中输入 http://127.0.0.1，访问本机的 Web 服务。如果出现如图 10.3.8 所示的页面，说明 AppServ 安装成功。

2. AppServ 的目录结构

进入 AppServ 的安装目录（即在图 10.3.3 中所设置的安装路径 C:\AppServ）。会看到 AppServ 的目录结构，如图 10.3.9 所示。

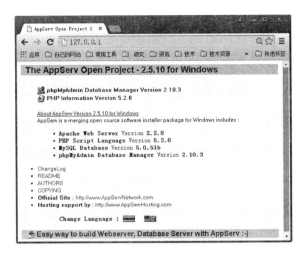

图 10.3.8　AppServ 2.5.10 Web 管理页面

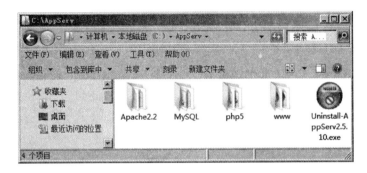

图 10.3.9　AppServ 2.5.10 目录结构

Apache2.2、MySQL、php5 等目录存放的是相应的程序文件，除非必要否则无须进入修改。

www 目录则是应该重视的，它是 Apache 的 Web 发布目录，所有发布的 HTML 页面和 PHP 页面都应放置在该目录中，http://127.0.0.1 地址指向的就是该目录。打开该目录，其中包含的内容，如图 10.3.10 所示。

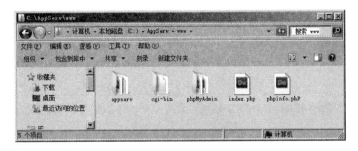

图 10.3.10　www 目录结构

index.php 文件就是我们在浏览器中输入 http://127.0.0.1 后所显示的页面，即图 10.3.8 所示页面。由于 Apache 默认的 Web 主页为 index.htm、index.html 以及 index. php，所以只要在地址栏中填写 http://127.0.0.1，而无须填写 http://127.0.0.1/index. php 即可访问该页面。appserv 目录中包含的是 index. php 页面的附加文件，如图片等。

phpinfo. php 文件也是一个 PHP 页面，该页面中显示了当前 PHP 的配置信息。其访问地址为 http://127.0.0.1/phpinfo. php。

phpMyAdmin 目录中放置的是一个提供了图形界面的 MySQL 数据库管理工具。它实质上是一个网站，其访问地址为 http://127.0.0.1/phpMyAdmin。

在后续的内容中，需要调试及发布的 PHP 页面都应放置到 www 目录中，然后通过浏览器，在地址栏中输入正确的地址，进行访问调试。为方便管理起见，可以在 www 目录中建立子目录，将相关页面放入各自的目录内。

10.4 PHP 开发工具简介

因为 PHP 是一种开放性的语言。所以可以使用 Dreamweaver 等网页设计工具，也可以使用记事本、EditPlus、UltraEdit 等文本编辑工具，或使用 Zend Studio、Eclipse、NetBeans 等集成开发工具。这些软件各有千秋，或体积微小、效率极高，或提供可视化编辑环境、使用便利，或对 PHP 语法提供语法加亮，代码提示，读者可以结合学习环境和自我学习阶段，采用适合的 PHP 开发工具。

10.5 一个简单的 PHP 程序

【例 10.5.1】 一个简单的 PHP 程序，在页面上输出 Hello World。

```
<html>
<head><title>The First PHP Program</title></head>
<body>
<?php
echo "Hello World \n";
?>
</body>
</html>
```

以上程序中不需要经过编译等复杂的过程，只要在记事本中输入以上代码，并将代码文件保存在 www 目录之下，以 hello. php 命名即可。然后在浏览器的地址栏中输入 http://127.0.0.1/hello. php，就可以看到运行结果，如图 10.5.1 所示。

例 10.5.1 中程序中只有第 4 行到第 6 行是 PHP 代码，其他都是标准的 HTML 代码。第 4 行的"<? php"及第 6 行的"? >"，分别是 PHP 代码的开始及结束的嵌入符号，第 5 行才是 PHP 执行的语句。其中，echo 表示输出字符串，后面的字符串用双引号引起来；"\ n"代表换行；分号代表语句的结束。

图 10.5.1　Hello World 程序运行结果

在浏览器中，通过"查看源文件"，可以看到 Web 服务器输出到浏览器的内容，如图 10.5.2 所示。

图 10.5.2　Web 服务器输出到浏览器的内容

从图 10.5.2 中可以看出 PHP 代码并没有传到浏览器上，浏览器接收到的只是 PHP 代码在服务器端执行的结果，即字符串 Hello World。

10.6　PHP 代码在 HTML 中的嵌入形式

从例 10.5.1 中可以看出 PHP 代码和 HTML 代码经常混用在一起。在混用过程中，需要把 PHP 代码和 HTML 代码加以区分，否则，PHP 解释器将无法判断要解释的代码。要在 HTML 中嵌入 PHP，有以下几种做法：

（1）＜？php echo " Hello World \ n"；？＞
（2）＜？echo " Hello World \ n"；？＞
（3）＜script language =" php"＞
　　　echo " Hello World \ n"；
　　　＜/ script＞
（4）＜％ echo " Hello World \ n"；％＞

第 1 种和第 2 种方法是最常用的，推荐使用第 1 种方法。

第 3 种方法是类似于 JavaScript 的风格。

第 4 种方法是类似于 ASP 的风格，需要 PHP 3.0.4 以上版本才可以使用，但是建议不要使用这种方法，因为当 PHP 与 ASP 代码混用时将造成混乱。

PHP 允许使用如下的结构：

```
<?php
if($expression){
?>
<strong>This is true.</strong>
<?php
}else{
?>
<strong>This is false.</strong>
<?php
}
?>
```

在以上程序中，PHP 与 HTML 代码充分地融合到了一起，这种写法对方便 HTML 的书写具有非常重要的意义，用户无须将 HTML 代码用 echo 来输出，而只需将 HTML 代码原样写出即可。

10.7　PHP 语句分隔

与 C 语言相同，PHP 的语句声明之间是用分号分隔的，例如：

```
<?php
echo "The first line";
echo "The second line";
?>
```

在以上两句中，每句结束都使用了分号。如果语句是 PHP 代码的最后一行，即它后面是 PHP 代码结束标记，这时可以不加分号，这是因为它后面再没有语句了，也就没有必要分隔了，例如：

```
<?php echo "This is a test"; ?>
```

和

```
<?php echo "This is a test" ?>
```

是完全相同的。但建议不要省略分号，因为如果在最后一行后面粘贴或加入新行忘记添加分号，就会造成语法错误。

10.8　程序注释

PHP 支持 C、C++ 和 UNIX Shell 风格（Perl 风格）的注释。例如：

```
<?php
echo "This is a test";//这是 C++ 风格的单行注释
```

```
/* 这是多行注释
多行注释中的一行 */
echo"This is yet another test"; #这是 Shell 风格的单行注释
?>
```

其推荐使用的注释方式是//的单行注释和/* … */的多行注释方式。但是在使用多行注释时，要避免注释嵌套，否则会引起错误。下面的例子就是使用嵌套的/* … */符号，结果导致错误。

```
<?php
echo"Hello World \n";
/*
后面的一句嵌套的注释引起了问题/*嵌套注释会引起问题*/
*/
?>
```

如果想让该代码正常运行，就需要删除嵌套的注释/*嵌套注释会引起问题*/部分。

10.9 引用文件

PHP 最具特色的是它引用文件的功能。用这个方法可以将常用的功能写成一个函数，放在文件中，引用该文件之后就可以调用这个函数。

引用文件的方法有两种：require 及 include。两种方式有不同的特性。

（1）require 的使用方法如 require("MyRequireFile.php");所示。这个函数通常放在 PHP 程序的最前面，PHP 程序在执行前，会先读入 require 所指定引入的文件，使它变成 PHP 程序的一部分。常用的函数可以用这个方法引入到程序中。

（2）include 的使用方法如 include("MyIncludeFile.php");所示。这个函数一般是放在流程控制的处理部分。PHP 程序在执行到 include 时，才读文件。这种方式可以使程序执行时的流程简明易懂。

10.10 思考题

1. AppServ 安装完成后，若要修改 Apache 的端口，要怎么做呢？
2. PHP 的开始标记与结束标记有哪些？
3. PHP 的注释种类有哪些？

第 11 章　PHP 语言基础

11.1　数值类型

PHP 支持 8 种基本的数据类型，分别为：

4 种标量类型：布尔型（boolean）、整型（integer）、浮点型（float，也称作 double）、字符串（string）。

2 种复合类型：数组（array）、对象（object）。

2 种特殊类型：资源（resource）、无类型（NULL）。

实际上 double 和 float 是相同的，由于一些历史的原因，这两个名称同时存在。

变量的类型通常不是由程序员设定的，确切地说，是由 PHP 根据该变量使用的上下文在运行时决定的。使用之前无须声明。例如：

```php
<?php
$a = TRUE;              //定义了一个布尔型变量
$b = "Hello World";     //定义了一个字符串型变量
$c = 2014;              //定义了一个整型变量
?>
```

可以看到 3 个变量均未定义类型，直接赋值。可以根据赋值的情况得出变量的类型。

如果想查看某个表达式的值和类型，可以用 var_dump() 函数；如果只是想得到一个易读懂的类型的表达方式用于调试，可以用 gettype() 函数；如果要判断是否为某个类型，可以用 is_type 函数。具体代码如下：

```php
<?php
$a_bool = TRUE;         //定义了一个布尔变量
$a_str  = "foo";        //定义了一个字符串
$an_int = 12;           //定义了一个整数
var_dump($a_bool);      //输出：bool(true)
var_dump($a_str);       //输出：string(3) "foo"
echo(gettype($a_bool)); //输出：boolean
echo(gettype($a_str));  //输出：string
if(is_int($an_int)) {
   echo"an_int is an integer";//输出：an_int is an integer
}
if(is_string($a_bool)) {
   echo"a_bool is a string";   //if 条件为 false 不会执行
}
?>
```

11.1.1 布尔型

布尔型值是最简单的类型。布尔型值表达了真值,可以为 TRUE 或 FALSE。要指定一个布尔值,使用关键字 TRUE 或 FALSE。两个都是大小写不敏感的。例如:

```
<?php
$foo=True;//将TRUE赋值给了变量 $foo
?>
```

以下值被认为是 FALSE:
(1) 布尔值 FALSE 自身;
(2) 整型值 0 (零);
(3) 浮点型值 0.0 (零);
(4) 空字符串,以及字符串 "0";
(5) 不包括任何元素的数组;
(6) 不包括任何成员变量的对象(仅 PHP4.0 适用);
(7) 特殊类型 NULL(包括尚未设定的变量);
(8) 从没有任何标记(tags)的 XML 文档生成的 SimpleXML 对象。
所有其他值都被认为是 TRUE(包括任何资源)。

注意:-1 和其他非零值(不论正负)一样,被认为是 TRUE。

11.1.2 整型

一个整型值是集合 Z = {⋯, -2, -1, 0, 1, 2, ⋯} 中的一个数。整型值可以使用十进制,十六进制,八进制或二进制表示,前面可以加上可选的符号(- 或者 +)。

要使用八进制表达,数字前必须加上 0 (零);要使用十六进制表达,数字前必须加上 0x;二进制表达的整型值自 PHP 5.4.0 起可用,要使用二进制表达,数字前必须加上 0b。例如:

```
<?php
$a=1234;    //十进制数
$a=-123;    //十进制的负数
$a=0b101;   //二进制数(等于十进制 5)
$a=0123;    //八进制数(等于十进制 83)
$a=0x1A;    //十六进制数(等于十进制 26)
?>
```

整型值的字长和平台有关,尽管通常最大值是大约二十亿(32 位有符号)。64 位平台下的最大值通常是大约 9E18。PHP 不支持无符号整数。整型值的字长可以用常量 PHP_INT_SIZE 来表示,自 PHP 4.4.0 后,最大值可以用常量 PHP_INT_MAX 来表示。

如果给定的一个数超出了整型值的范围,将会被解释为 float。同样,如果执行的运算结果超出了整型值范围,也会返回 float。

11.1.3 浮点型

浮点型，也叫浮点数（float）、双精度数（double）或实数（real），可以用以下任一语法定义：

```php
<?php
$a = 1.234;
$b = 1.2e3;
$c = 7E-10;
?>
```

11.1.4 字符串

一个字符串就是由一系列的字符组成，其中每个字符等同于一个字节。这意味着 PHP 只能支持编码值不超过 265 的字符集，因此不支持 Unicode 编码。

一个字符串可以用 4 种方式表达：单引号、双引号、heredoc 语法结构、nowdoc 语法结构（需 PHP 5.3.0 以上版本）。

1. 单引号

定义一个字符串最简单的方法是用单引号把它包围起来 '字符'。

要表达一个单引号自身，需在它的前面加个反斜线 " \ " 来转义。要表达一个反斜线自身，则用两个反斜线 " \\ "。其他任何方式的反斜线都会被当成反斜线本身；也就是说如果想使用其他转义序列，如 \r 或者 \n，并不代表任何特殊含义，就单纯是这两个字符本身。用单引号表达字符串时所具备的特性，如下方的代码所示。

```php
<?php
echo 'this is a simple string';
//单引号中包围的字符串可以分行写
echo 'You can also have embedded newlines in
strings this way as it is
okay to do';
//字符串中的双引号与单引号都会被输出
//输出: Arnold once said: "I'll be back"
echo 'Arnold once said: "I\'ll be back"';
//字符串中的两个反斜线输出为一个反斜线
//输出: You deleted C:\*.*?
echo 'You deleted C:\\*.*?';
//字符串中的一个反斜线照原样输出
//输出: You deleted C:\*.*?
echo 'You deleted C:\*.*?';
//字符串中的 \n,不会被转义成换行
//输出: This will not expand: \n a newline
echo 'This will not expand: \n a newline';
//字符串中的变量也不会被解释
//输出: Variables do not $expand $either
echo 'Variables do not $expand $either';
?>
```

2. 双引号

如果字符串是包围在双引号中，PHP 将对其中一些特殊的字符进行解析，如表 11.1.1 所示。

表 11.1.1 转义字符表

序　　列	含　　义
\n	换行（ASCII 字符集中的 LF 或 0x0A（10））
\r	回车（ASCII 字符集中的 CR 或 0x0D（13））
\t	水平制表符（ASCII 字符集中的 HT 或 0x09（9））
\v	垂直制表符（ASCII 字符集中的 VT 或 0x0B（11））（自 PHP 5.2.5 起）
\e	escape（ASCII 字符集中的 ESC 或 0x1B（27））（自 PHP 5.4.0 起）
\f	换页（ASCII 字符集中的 FF 或 0x0C（12））（自 PHP 5.2.5 起）
\\	反斜线
\$	美元标记
\"	双引号
\[0-7]{1,3}	符合该正则表达式序列的是一个以八进制方式来表达的字符
\x[0-9A-Fa-f]{1,2}	符合该正则表达式序列的是一个以十六进制方式来表达的字符

和单引号字符串一样，转义任何其他字符都会导致反斜线被显示出来。PHP 5.1.1 以前，\{$var} 中的反斜线还不会被显示出来。

用双引号定义的字符串最重要的特征是变量会被解析。

3. heredoc 结构

第三种表达字符串的方法是用 heredoc 句法结构：在运算符 <<< 之后要提供一个标识符，该标识符被称为定界符，然后换行。接下来是字符串 string 本身，最后要用前面定义的定界符作为结束标志。

结束时所引用的定界符必须在该行的第一列，而且，定界符的命名也要像其他标识符一样遵守 PHP 的规则：只能包含字母、数字和下划线，并且必须以字母和下划线作为开头。如下方程序所示：

```
<?php
$str = <<<EOT
This is a String using heredoc syntax.
EOT;
?>
```

要注意的是结束定界符这行除了可能有一个分号（;）外，绝对不能包含其他字符。这意味着标识符不能缩进，分号的前后也不能有任何空白或制表符。更重要的是结束定界符的前面必须是个被本地操作系统认可的换行，比如在 UNIX 和 MacOS 系统中是 \n，而结束定界符（可能其后有个分号）之后也必须紧跟一个换行。

如果不遵守该规则导致结束定界符不"干净"，PHP将认为它不是结束标志而继续寻找。如果在文件结束前也没有找到一个正确的结束定界符，PHP将会在最后一行产生一个解析错误。

heredoc结构就像是没有使用双引号的双引号字符串，这就是说在heredoc结构中单引号不用被转义，但是上文中列出的转义序列还可以使用。变量将被替换，但在heredoc结构中含有复杂的变量时，变量要用"{ }"包围。

heredoc结构不能用来初始化类的属性。自PHP 5.3起，此限制仅对heredoc包含变量时有效。

4. nowdoc结构

就像heredoc结构类似于双引号字符串，nowdoc结构是类似于单引号字符串的。nowdoc结构很像heredoc结构，但是nowdoc中不进行解析操作。这种结构很适合用于嵌入PHP代码或其他大段文本而无须对其中的特殊字符进行转义。与SGML的 <![CDATA[ ]]> 结构是用来声明大段的不用解析的文本类似，nowdoc结构也有相同的特征。

一个nowdoc结构也用和heredoc结构一样的标记 <<<，但是跟在后面的标识符要用单引号括起来，即 <<<'EOT'。heredoc结构的所有规则也同样适用于nowdoc结构，尤其是结束标识符的规则。

```
<?php
$str = <<<'EOT'
This is a String using nowdoc syntax.
EOT;
?>
```

11.1.5 数组

PHP中的数组实际上是一个有序映射。映射是一种把值（values）关联到键（keys）的类型。此类型在很多方面做了优化，因此可以把它当成真正的数组，或列表（向量）、散列表（是映射的一种实现）、字典、集合、栈、队列以及更多可能性。由于数组元素的值也可以是另一个数组，因此树形结构和多维数组也是允许的。

1. 数组的建立

可以用array()语言结构来新建一个数组。它接受任意数量用逗号分隔的键对（key） => 值（value）。

```
array( key => value
    ,...
    )
```

key可以是integer或者string。value可以是任意类型。

最后一个数组单元之后的逗号可以省略。通常用于单行数组定义中，例如，常用 array（1，2）而不是 array（1，2，）。对多行数组定义通常保留最后一个逗号，这样要添加一个新单元时更方便。一个简单的数组定义如下所示。

```
<?php
$array = array(
    "foo" => "bar",
    "bar" => "foo",
);
```

自 PHP 5.4 起可以使用短数组定义语法，用 [ ] 替代 array( )。

```
$array = [
    "foo" => "bar",
    "bar" => "foo",
];
?>
```

2. 键的强制转换与覆盖

键会有如下的强制转换：

（1）包含有合法整型值的字符串会被转换为整型。如键名 "8" 实际会被储存为 8。但是 "08" 则不会强制转换，因为其不是一个合法的十进制数值。

（2）浮点数也会被转换为整型，意味着其小数部分会被舍去。如键名 8.7 实际会被储存为 8。

（3）布尔值也会被转换成整型。即键名 true 实际会被储存为 1 而键名 false 会被储存为 0。

（4）null 会被转换为空字符串，即键名 null 实际会被储存为 ""。

（5）数组和对象不能用为键名。坚持这么做会导致警告：Illegal offset type。

如果在数组定义中多个单元都使用了同一个键名，则只使用了最后一个，之前的都被覆盖了。

下方的程序体现了键的强制转换与覆盖：

```
<?php
$array = array(
    1     => "a",
    "1"   => "b",
    1.5   => "c",
    true  => "d",
);
var_dump($array);
?>
```

以上例程会输出：

```
array(1) {
  [1] =>
  string(1) "d"
}
```

以上程序中所有的键名都被强制转换为 1,则每一个新单元都会覆盖前一个的值,所以最后剩下的只有一个 d。

3. 混合的键类型

PHP 数组可以同时含有 integer 和 string 类型的键名。如下方程序所示:

```
<?php
$array = array(
    "foo" => "bar",
    "bar" => "foo",
    100   => -100,
    -100  => 100,
);
var_dump($array);
?>
```

以上程序会输出:

```
array(4) {
  ["foo"]=>
  string(3) "bar"
  ["bar"]=>
  string(3) "foo"
  [100]=>
  int(-100)
  [-100]=>
  int(100)
}
```

4. 键名为空

键是可选项。如果未指定,PHP 将自动使用之前用过的最大 integer 键名加上 1 作为新的键名。如果对给出的值没有指定键名,则取当前最大的整数索引值,而新的键名将是该值加一。如果指定的键名已经有了值,则该值会被覆盖。如下方程序所示:

```
<?php
$array = array("foo","bar","hallo","world");
var_dump($array);
?>
```

以上程序会输出:

```
array(4) {
  [0]=>
  string(3) "foo"
  [1]=>
  string(3) "bar"
  [2]=>
  string(5) "hallo"
  [3]=>
  string(5) "world"
}
```

还可以只对某些单元指定键名而对其他的空置，如下方程序所示：

```php
<?php
$array = array(
        "a",
        "b",
    6 => "c",
        "d",
);
var_dump($array);
?>
```

以上程序会输出：

```
array(4) {
  [0] =>
  string(1) "a"
  [1] =>
  string(1) "b"
  [6] =>
  string(1) "c"
  [7] =>
  string(1) "d"
}
```

可以看到最后一个值 "d" 被自动赋予了键名 7。这是由于之前最大的整数键名是 6。

5. 数组单元的访问

数组单元可以通过 array [key] 语法来访问。例如：

```php
<?php
$array = array(
    "foo" => "bar",
    42    => 24,
    "multi" => array(
        "dimensional" => array(
        "array" => "foo"
        )
    )
);
var_dump($array["foo"]);
var_dump($array[42]);
var_dump($array["multi"]["dimensional"]["array"]);
?>
```

以上程序会输出：

```
string(3) "bar"
int(24)
string(3) "foo"
```

方括号和花括号可以互换使用来访问数组单元（例如 $array [42] 和 $array {42}

在上例中效果相同)。

11.1.6 资源

资源 resource 是一种特殊变量，保存了到外部资源的一个引用。资源是通过专门的函数来建立和使用的。可以用 is_resource() 函数测定一个变量是否是资源，可以用函数 get_resource_type() 返回该资源的类型。相关内容请参考 PHP 官方提供的《PHP 手册》中的资源类型列表部分。

11.1.7 NULL

特殊的 NULL 值表示一个变量没有值。NULL 类型只有一个值，就是不区分大小写的常量 NULL。如下方程序所示。

```
<?php
$var = NULL;
?>
```

在下列情况下一个变量被认为是 NULL：
（1）被赋值为 NULL；
（2）尚未被赋值；
（3）被 unset()。

11.2 常 量

常量是一个简单值的标识符（名字）。如同其名称所暗示的，在脚本执行期间该值不能改变。常量名和其他任何 PHP 标签遵循同样的命名规则。合法的常量名以字母或下划线开始，后面跟着任何字母、数字或下划线。常量默认为大小写敏感。传统上常量标识符总是大写的。PHP 定义了一些常量，称之为预定义常量，用户也可以使用 define() 函数来定义一个常量，称之为用户自定义常量。例如：

```
<?php
//合法的常量名
define("FOO",     "something");
define("FOO2",    "something else");
define("FOO_BAR","something more");
//非法的常量名
define("2FOO",    "something");
?>
```

11.3 变量

变量与常量相比，它的值可以变化。变量的作用就是存储数值，一个变量具有一个地址，这个地址中存储变量数值信息。在 PHP 中可以改变变量的类型，也就是说 PHP 变量的数值类型可以根据环境的不同而做调整。PHP 中的变量同样分为预定义变量和自定义变量。

11.3.1 预定义变量

预定义变量是指 PHP 内部定义的变量。PHP 提供了大量的预定义变量。这些预定义变量可以在 PHP 脚本中被调用，而不需要进行初始化。但是有一点需要注意，这些预定义变量并不是不变的，它们随着所使用的 Web 服务器以及系统的不同而不同，包括不同版本的服务器。预定义变量分为 3 个基本类型：与 Web 服务器相关的变量、与系统相关的环境变量以及 PHP 自身预定义变量。可以利用 phpinfo() 函数来查看系统中的预定义变量。www 目录下的 phpinfo.php 文件就是利用该函数来显示当前 PHP 的配置信息。文件中的代码如下所示：

```
<?php phpinfo(); ?>
```

在浏览器中访问 http://127.0.0.1/phpinfo.php，就可以查看当前 Apache 服务器所支持的预定义变量，如图 11.3.1 所示。

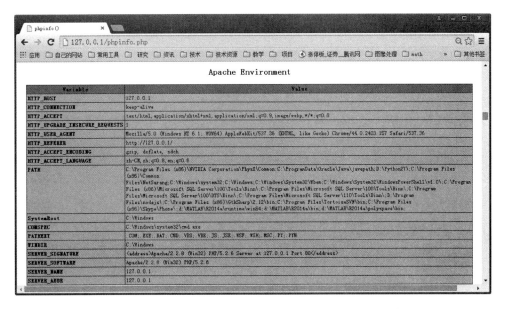

图 11.3.1　phpinfo.php 中输出的 Apache 预定义变量的列表

11.3.2 自定义变量

PHP 中的变量由一个美元符号 $ 和其后面的字符组成,字符是区分大小写的,如 $Var 和 $var 是两个不同的变量。变量名与 PHP 中其他的标签一样遵循相同的规则。一个有效的变量名由字母或者下划线开头,后面跟上任意数量的字母、数字或者下划线。例如:

```
$var = "Jack";
$Va = "Mike";
echo "$var, $Var"; //输出 "Jack,Mike"
$4site = 'not yet'; //非法的变量名,以数字开头,无法正常运行
$_4site = 'not yet'; //合法的变量名,以下划线开头,可以正常运行
```

PHP4.0 版本以上有一种特殊的赋值方法,就是传递变量的方法。这种方法把两个变量关联起来,它们的值同时发生变化,改变一个变量的值也会影响另外一个,反之亦然。实际上就是两个变量同时指向一个存储地址。这种赋值方法的优点是加快了速度。但是只有在很长的循环或者赋很大的值时其优点才能体现出来。具体的赋值方法是在原来的变量前面加一个 & 号。例如:

```
<?php
$foo = 'Bob'; //把字符串 "Bob" 赋给 $foo
$bar = &$foo; //把 $foo 赋给 $bar
$bar = "My name is $bar"; //改变 $bar 的值
echo $foo; // $foo 也随之改变
echo $bar;
?>
```

以上程序最后会输出两次 My name is Bob。

需要注意的是只有被命名的变量才能被赋给其他变量,例如:

```
<?php
$foo = 25;
$bar = &$foo; //合法
$bar = &(24 * 7); //不合法,把一个表达式赋给了变量
function test(){
ruturn 25;
}
$bar = &test(); //不合法,把一个函数赋给了变量
?>
```

11.3.3 变量的范围

变量的范围即它定义的上下文背景(也就是它的生效范围)。大部分的 PHP 变量只有一个单独的范围。这个单独的范围跨度同样包含了 include 和 require 引入的文件。例如:

```
<?php
$a = 1;
include 'b.inc';
?>
```

这里变量$a将会在包含文件b.inc中生效。但是，在用户自定义函数中，一个局部函数范围将被引入。任何用于函数内部的变量按缺省情况将被限制在局部函数范围内。例如：

```php
<?php
$a=1;/* 全局变量 */
function Test()
{
    echo $a;/* 函数的局部变量 */
}
Test();
?>
```

这个脚本不会有任何输出，因为 echo 语句引用了一个局部版本的变量 $a，而且在这个范围内，它并没有被赋值。PHP 的全局变量和 C 语言有一点点不同，在 C 语言中，全局变量在函数中自动生效，除非被局部变量覆盖。这可能引起一些问题，有些人可能不小心就改变了一个全局变量。PHP 中全局变量在函数中使用时必须声明为 global。例如：

```php
<?php
$a=1;
$b=2;
function Sum()
{
    global $a,$b;
    $b = $a + $b;
}
Sum();
echo $b;
?>
```

以上程序的输出将是3。在函数中声明了全局变量$a和$b之后，对任一变量的所有引用都会指向其全局版本。对于一个函数能够声明的全局变量的最大个数，PHP 没有限制。

在全局范围内访问变量的第二个办法，是用特殊的 PHP 自定义 $GLOBALS 数组替代 global。此前的程序可改写为：

```php
<?php
$a=1;
$b=2;
function Sum()
{
    $GLOBALS['b'] = $GLOBALS['a'] + $GLOBALS['b'];
}
Sum();
echo $b;
?>
```

$GLOBALS 是一个关联数组在全局范围内存在，每一个变量为一个元素，键名对应变量名，值对应变量的内容。

变量范围的另一个重要特性是静态变量（static variable）。静态变量仅在局部函数域中存在，但当程序执行离开此作用域时，其值并不丢失。例如：

```php
<?php
function test()
{
    static $a = 0;
    echo $a;
    $a ++;
}
?>
```

以上程序中变量 $a 仅在第一次调用 test( ) 函数时被初始化，之后每次调用 test( ) 函数都会输出 $a 的值并加一。

11.3.4 可变变量

有时候使用可变变量名是很方便的。就是说，一个变量的变量名可以动态地设置和使用。可变变量获取了一个普通变量的值作为这个可变变量的变量名。例如：

```php
<?php
$a = 'hello';
$$a = 'world';
?>
```

以上程序中定义了两个变量。一个是 $a，其内容是 hello。另一个是 $hello，其内容是 world。因此，以下两条语句：

```php
<?php
echo "$a ${$a}";
echo "$a $hello";
?>
```

将输出完全相同的结果：hello world。

11.3.5 外界 PHP 变量

外界 PHP 变量指通过其他途径传递给 PHP 文件的变量，而不是在 PHP 文件中定义的变量。例如，HTML 表单元素的值可以通过外界 PHP 变量传递给 PHP 文件。

1. HTML 表单（GET 和 POST）

HTML 表单在 HTML 中应用非常广泛，它向浏览器中输出一些选择项目或者需要用户填写的空白项目。用户填写完毕后，单击"提交"按钮把表单发送出去，然后根据表单中的设定由适当的文件对表单的内容做处理。当表单被提交给 PHP 脚本时，该表单中的所有变量都会自动转变为 PHP 可用的格式。如下面的程序段，它让用户填写 name 并提交：

```
<form action = "foo.php" method = "post">
Name:<input type = "text" name = "name"><br>
<input type = "submit">
</form>
```

提交时 PHP 将创建变量 $name，该变量中将存放任何在表单中输入到 name 中的内容。

同样 PHP 也能理解表单变量形式的数组。例如，可以将相关的数组组合到一个组中或者利用该特性对多重选定的输入进行检索。下面的例子是上一个例子的扩展，更复杂一点，让用户填写 name、Email 和 beer 等内容：

```
<form action = "array.php" method = "post">
Name:<input type = "text" name = "personal[name]"/><br/>
Email:<input type = "text" name = "personal[Email]"/><br/>
Beer:<br>
<select multiple name = "beer[]">
<option value = "warthog">Warthog</option>
<option value = "guinness">Guinness</option>
</select>
<input type = "submit"/>
</form>
```

2. IMAGE SUBMIT 变量名

当提交一个表单时，也可以使用图像来代替标准的提交按钮。例如：

```
<input type = "image" src = "image.gif" name = "sub"/>
```

当用户单击到图像中的某处时，相应的表单会被传送到服务器，并加上两个变量 sub_x 和 sub_y。它们包含了用户单击图像的坐标。浏览器发送的实际变量名包含的是一个点而不是下划线（即 sub.x 和 sub.y），但 PHP 自动将点转换成了下划线。

3. HTTP Cookies

PHP 支持 HTTP Cookies。Cookies 是一种在远端浏览器端存储数据并能追踪或识别再次访问的用户的机制。可以用 setCookie( ) 函数设定 Cookies。Cookies 是 HTTP 信息头中的一部分，因此 SetCookie 函数必须在向浏览器发送任何输出之前调用。对于 header( ) 函数也有同样的限制。客户机向服务器发送的任何 Cookies 都会自动转换成 PHP 变量，就像使用 GET 和 POST 方法的数值一样。如果需要将多个值赋予一个 Cookie，只要在 Cookie 名称后添加 [ ] 即可。例如：

```
setCookie("MyCookie[]","Testing",time + 3600);
```

注意除非路径或域不同，否则一个 Cookie 就会覆盖前面与其同名的 Cookie。

11.4　运算符

运算符用来对变量进行操作，可以链接多个变量组成一个表达式。

11.4.1 算术运算符

算术运算符属于二元运算符，如表 11.4.1 所示。

表 11.4.1 算术运算符

例 子	名 称	结 果
- $a	取反	$a 的负值
$a + $b	加法	$a 和 $b 的和
$a - $b	减法	$a 和 $b 的差
$a * $b	乘法	$a 和 $b 的积
$a/$b	除法	$a 除以 $b 的商
$a% $b	取模	$a 除以 $b 的余数

11.4.2 赋值运算符

基本的赋值运算符是"="。但其意义不是数学中的"等于"，而是把右边表达式的值赋给左边的运算数。

赋值运算表达式的值也就是所赋的值。即"$a=3"的值是 3。这可做运算技巧，如：

```
<?php
$a=($b=4)+5;//$a 现在成了 9,而 $b 成了 4.
?>
```

对于数组 array，对有名字的键赋值是用 => 运算符。此运算符的优先级和其他赋值运算符相同。

在基本赋值运算符之外，还有适合于所有二元算术、数组集合和字符串运算符的"组合运算符"，这样可以在一个表达式中使用它的值并把表达式的结果赋给它，例如：

```
<?php
$a=3;
$a +=5;//即:$a = $a + 5;执行后 $a 的值为 8
$b="Hello ";
$b .= "There!";//即:$b = $b . "There!" 执行后 $b 的值为"Hello There!";
?>
```

在 PHP 中普通的传值赋值行为有个例外就是碰到对象 object 时，在 PHP5 中是以引用赋值的，除非明确使用了 clone 关键字来复制。

11.4.3 位运算符

位运算符允许对整型数中指定的位进行求值和操作，如表 11.4.2 所示。

表 11.4.2 位运算符

例　子	名　称	结　果
$a & $b	and（按位与）	将把 $a 和 $b 中都为 1 的位设为 1
$a | $b	or（按位同或）	将把 $a 和 $b 中任何一个为 1 的位设为 1
$a ^ $b	xor（按位异或）	将把 $a 和 $b 中一个为 1 另一个为 0 的位设为 1
~ $a	not（按位取反）	将 $a 中为 0 的位设为 1，反之亦然
$a << $b	shift left（左移）	将 $a 中的位向左移动 $b 次（每一次移动都表示"乘以 2"）
$a >> $b	shift right（右移）	将 $a 中的位向右移动 $b 次（每一次移动都表示"除以 2"）

位移在 PHP 中是数学运算。向任何方向移出去的位都被丢弃。左移时右侧以零填充，符号位被移走意味着正负号不被保留。右移时左侧以符号位填充，意味着正负号被保留。

要用括号确保想要的优先级。如 $a & $b == true 先进行比较再进行按位与；而 ($a & $b) == true 则先进行按位与再进行比较。

11.4.4　逻辑运算符

常见的逻辑运算符有与、或、非、异或等，如表 11.4.3 所示。

表 11.4.3　逻辑运算符

例　子	名　称	结　果
$a and $b	and（逻辑与）	TRUE，如果 $a 和 $b 都为 TRUE
$a or $b	or（逻辑或）	TRUE，如果 $a 或 $b 任一为 TRUE
$a xor $b	xor（逻辑异或）	TRUE，如果 $a 或 $b 任一为 TRUE，但不同时是
! $a	not（逻辑非）	TRUE，如果 $a 不为 TRUE
$a && $b	and（逻辑与）	TRUE，如果 $a 和 $b 都为 TRUE
$a || $b	or（逻辑或）	TRUE，如果 $a 或 $b 任一为 TRUE

"与"和"或"有两种不同形式运算符的原因是它们运算的优先级不同。

11.4.5　比较运算符

比较运算符，用于对两个数进行比较，如表 11.4.4 所示。

表 11.4.4 比较运算符

例　　子	名　　称	结　　果
$a == $b	等于	TRUE，如果类型转换后 $a 等于 $b
$a === $b	全等	TRUE，如果 $a 等于 $b，并且它们的类型也相同
$a != $b	不等	TRUE，如果类型转换后 $a 不等于 $b
$a <> $b	不等	TRUE，如果类型转换后 $a 不等于 $b
$a !== $b	不全等	TRUE，如果 $a 不等于 $b，或者它们的类型不同
$a < $b	小与	TRUE，如果 $a 严格小于 $b
$a > $b	大于	TRUE，如果 $a 严格大于 $b
$a <= $b	小于等于	TRUE，如果 $a 小于或者等于 $b
$a >= $b	大于等于	TRUE，如果 $a 大于或者等于 $b

11.4.6　错误控制运算符

PHP 支持一个错误控制运算符：@，当将其放置在一个 PHP 表达式之前，该表达式可能产生的任何错误信息都被忽略掉。

如果激活了 track_errors 特性，表达式所产生的任何错误信息都被存放在变量 $php_errormsg 中。此变量在每次出错时都会被覆盖，所以如果想用它的话就要尽早检查。

```
<?php
/* 若发生了文件错误,则执行 or 之后的语句 */
$my_file = @ file('non_existent_file') or
echo "Failed opening file: error was '$php_errormsg'";
?>
```

11.4.7　自增（自减）运算符

PHP 支持 C 风格的自增与自减运算符，如表 11.4.5 所示。

表 11.4.5　自增自减运算符

例　　子	名　　称	结　　果
++$a	前加	$a 的值加 1，然后返回 $a
$a++	后加	返回 $a，然后将 $a 的值加 1
--$a	前减	$a 的值减 1，然后返回 $a
$a--	后减	返回 $a，然后将 $a 的值减 1

11.4.8　字符串链接运算符

有两个字符串运算符。第一个是链接运算符"."，它返回其左右参数链接后的字符串。第二个是链接赋值运算符".="，它将右边参数附加到左边的参数之后。例如：

```
<?php
$a = "Hello ";
$b = $a . "World!"; //$b 的值为"Hello World!"
$a = "Hello ";
$a .= "World!";    //$a 的值为"Hello World!"
?>
```

11.4.9 运算符的优先顺序和结合规则

运算符优先级指定了两个表达式绑定得有多"紧密"。例如，表达式 1 + 5 * 3 的结果是 16 而不是 18 是因为乘号（*）的优先级比加号（+）高。必要时可以用括号来强制改变优先级。例如：(1 + 5) * 3 的值为 18。

如果运算符优先级相同，其结合方向决定着应该从右向左求值，还是从左向右求值。表 11.4.6 按照优先级从高到低列出了运算符。同一行中的运算符具有相同优先级，此时它们的结合方向决定求值顺序。

表 11.4.6 运算优先级

结合方向	运算符	附加信息
无	clone new	clone 和 new
左	[	array()
右	++ -- ~ (int) (float) (string) (array) (object) (bool) @	类型和递增/递减
无	instanceof	类型
右	!	逻辑运算符
左	* / %	算术运算符
左	+ - .	算术运算符和字符串运算符
左	<< >>	位运算符
无	== != === !== <>	比较运算符
左	&	位运算符和引用
左	^	位运算符
左	|	位运算符
左	&&	逻辑运算符
左	||	逻辑运算符
左	?:	三元运算符
右	= += -= *= /= .= %= &= |= ^= <<= >>= =>	赋值运算符
左	and	逻辑运算符

续表

结合方向	运算符	附加信息
左	xor	逻辑运算符
左	or	逻辑运算符
左	,	多处用到

11.5 表达式

表达式是 PHP 最重要的基石。在 PHP 中，几乎所写的任何东西都是一个表达式。简单且最精确地定义一个表达式的方式就是"任何有值的东西"。最基本的表达式形式是常量和变量。当键入 $a=5，即将值 5 分配给变量 $a。等号右边的 5 是一个值为 5 的表达式（在这里，5 是一个整型常量）。赋值之后，$a 也是一个值为 5 的表达式。

稍微复杂的表达式例子就是函数。例如：

```
<?php
function foo()
{
    return 5;
}
?>
```

以上的程序中定义了一个函数，函数名为 foo，这个函数将返回一个值为 5 的结果。所以 $c=foo() 从本质上来说与 $c=5 是一样的。函数也是表达式，表达式的值即为它们的返回值。既然 foo() 返回 5，表达式 foo() 的值也是 5。通常函数不会仅仅返回一个静态值，而可能会计算一些东西。

比较表达式是一种常见的表达式。这些表达式的值为 FALSE 或 TRUE。PHP 支持 >（大于）、>=（大于等于）、==（等于）、!=（不等于）、<（小于）、<=（小于等于）。PHP 还支持全等运算符 ===（值和类型均相同）和非全等运算符 !==（值或者类型不同）。这些表达式在条件判断语句中十分常用。

三元条件运算表达式。它的形式如下所示：

```
$first ? $second : $third
```

如果第一个子表达式的值是 TRUE（非零），那么计算第二个子表达式的值，其值即为整个表达式的值。否则，将是第三个子表达式的值。

一些表达式可以被当成语句。这时，一条语句的形式是一个表达式加一个分号结尾。在 "$b=$a=5;" 中，$a=5 是一个有效的表达式，但它本身不是一条语句。"$b=$a=5;" 是一条有效的语句。

11.6 分支控制语句

11.6.1 if 语句

if 结构允许按照条件执行代码片段。PHP 的 if 结构和 C 语言相似。其形式如下所示：

```
<?php
if(expr)
  statement
?>
```

如果表达式 expr 的值为 TRUE，执行 statement 语句，如果值为 FALSE，将忽略 statement。下方的程序中，如果 $a 大于 $b，则将输出 a is bigger than b。

```
<?php
if($a > $b)
  echo "a is bigger than b";
?>
```

如果按照条件要执行的不止一条语句，可以将这些语句放入语句组中。即，将这些语句用 { } 包围。例如：

```
<?php
if($a > $b){
  echo "a is bigger than b";
  $b = $a;
}
?>
```

if 语句可以无限层地嵌套在其他 if 语句中，这给程序的不同部分的条件执行提供了充分的弹性。

11.6.2 else 语句

经常需要在满足某个条件时执行一条语句，而在不满足该条件时执行其他语句，这正是 else 的功能。else 延伸了 if 语句，可以在 if 语句中的表达式的值为 FALSE 时执行语句。例如以下代码在 $a 大于 $b 时显示 a is bigger than b，反之则显示 a is NOT bigger than b。

```
<?php
if($a > $b){
  echo "a is greater than b";
} else {
  echo "a is NOT greater than b";
}
?>
```

else 语句仅在 if 以及 elseif 语句中的表达式的值为 FALSE 时执行。

11.6.3　elseif 语句

elseif 和 else 一样延伸了 if 语句，可以在原来的 if 表达式值为 FALSE 时执行不同语句。但是和 else 不一样的是，它仅在 elseif 的条件表达式值为 TRUE 时执行语句。例如以下程序将根据条件分别显示 a is bigger than b、a is equal to b 或者 a is smaller than b。

```
<?php
if($a > $b) {
  echo "a is bigger than b";
} elseif($a == $b) {
  echo "a is equal to b";
} else {
  echo "a is smaller than b";
}
?>
```

在同一个 if 语句中可以有多个 elseif 部分，其中第一个表达式值为 TRUE（如果有的话）的 elseif 部分将会执行。

11.6.4　流程控制替代语法

PHP 提供了一些流程控制的替代语法，包括 if、while、for、foreach 和 switch。替代语法的基本形式是把左花括号 { 换成冒号 :，把右花括号 } 分别换成 endif;、endwhile;、endfor;、endforeach; 以及 endswitch;。

```
<?php if($a==5): ?>
A is equal to 5
<?php endif; ?>
```

在上面的程序中，HTML 内容"A is equal to 5"用替代语法嵌套在 if 语句中。该 HTML 的内容仅在 $a 等于 5 时显示。

替代语法同样可以用在 else 和 elseif 中。下面是一个包括 elseif 和 else 的 if 结构用替代语法格式写的例子：

```
<?php
if($a==5):
  echo "a equals 5";
  echo "...";
elseif($a==6):
  echo "a equals 6";
  echo "!!!";
else:
  echo "a is neither 5 nor 6";
endif;
?>
```

11.6.5 switch 语句

switch 语句类似于具有同一个表达式的一系列 if 语句。很多场合下需要把同一个变量（或表达式）与很多不同的值比较，并根据它等于哪个值来执行不同的代码。这正是 switch 语句的用途。

下面程序中分别使用一系列的 if 和 elseif 语句，以及 switch 语句实现相同的处理：

```
<?php
if($i==0){
  echo "i equals 0";
} elseif($i==1){
  echo "i equals 1";
} elseif($i==2){
  echo "i equals 2";
}
switch($i){
    case 0:
        echo "i equals 0";
        break;
    case 1:
        echo "i equals 1";
        break;
    case 2:
        echo "i equals 2";
        break;
}
?>
```

为避免错误，理解 switch 是怎样执行的非常重要。switch 语句一行接一行地执行（实际上是语句接语句）。开始时没有代码被执行。仅当一个 case 语句中的值和 switch 表达式的值匹配时 PHP 才开始执行语句，直到 switch 的程序段结束或者遇到第一个 break 语句为止。如果不在 case 的语句段最后写上 break 的话，PHP 将继续执行下一个 case 中的语句段。

在一个 case 中的语句也可以为空，这样只不过将控制转移到了下一个 case 中的语句。例如：

```
<?php
switch($i){
    case 0:
    case 1:
    case 2:
      echo "i is less than 3 but not negative";//当$i值为0.1.2时被执行
        break;
    case 3:
        echo "i is 3";
}
?>
```

一个 case 的特例是 default，它匹配了任何和其他 case 都不匹配的情况。例如：

```php
<?php
switch($i){
    case 0:
        echo "i equals 0";
        break;
    case 1:
        echo "i equals 1";
        break;
    case 2:
        echo "i equals 2";
        break;
    default:
        echo "i is not equal to 0,1 or 2";//当$i值不为0.1.2时,此句将被执行
}
?>
```

case 表达式可以是任何求值为简单类型的表达式,即整型或浮点数以及字符串。不能用数组或对象,除非它们被解除引用成为简单类型。

switch 也支持替代语法的流程控制,如下所示:

```php
<?php
switch($i):
    case 0:
        echo "i equals 0";
        break;
    case 1:
        echo "i equals 1";
        break;
    case 2:
        echo "i equals 2";
        break;
    default:
        echo "i is not equal to 0,1 or 2";
endswitch;
?>
```

11.7 循环控制语句

11.7.1 while 语句

while 循环是 PHP 中最简单的循环类型。它和 C 语言中的 while 表现得一样。while 语句的基本格式是:

```
while(expr)
    statement
```

while 语句的含意很简单,只要表达式 expr 的值为 TRUE 就重复执行嵌套中的循环语句。表达式的值在每次开始循环时检查,所以即使这个值在循环语句中改变了,语句

也不会停止执行，直到本次循环结束。有时候如果 while 表达式的值一开始就是 FALSE，则循环语句一次都不会执行。

和 if 语句一样，可以在 while 循环中用花括号括起一个语句组，或者用替代语法：

```
while(expr):
    statement
    ...
endwhile;
```

下面程序中的例子 1、例子 2 完全一样，都显示数字 1 到 10：

```
<?php
/* 例子 1 */
$i=1;
while($i<=10){
    echo $i++;
}
/* 例子 2 */
$i=1;
while($i<=10):
    print $i;
    $i++;
endwhile;
?>
```

11.7.2　do while 语句

do while 循环和 while 循环非常相似，区别在于表达式的值是在每次循环结束时检查而不是开始时。和一般的 while 循环主要的区别是 do while 的循环语句保证会执行一次（表达式的真值在每次循环结束后检查），然而在一般的 while 循环中就不一定了（表达式真值在循环开始时检查，如果一开始就为 FALSE 则整个循环立即终止）。

do while 循环只有一种语法：

```
<?php
$i=0;
do {
    echo $i;
} while($i>0);
?>
```

以上程序中循环将正好运行一次，因为经过第一次循环后，当检查表达式的真值时，其值为 FALSE（$i 不大于 0）而导致循环终止。

11.7.3　for 语句

for 循环是 PHP 中最复杂的循环结构，它的行为和 C 语言的相似。for 循环的语法是：

```
for(expr1; expr2; expr3)
    statement
```

第一个表达式 expr1 在循环开始前执行一次。expr2 在每次循环开始前求值。如果值为 TRUE，则继续循环，执行嵌套的循环语句。如果值为 FALSE，则终止循环。expr3 在每次循环之后被执行。

每个表达式都可以为空或包括逗号分隔的多个表达式。表达式 expr2 中，所有用逗号分隔的表达式都会计算，但只取最后一个结果。expr2 为空意味着将无限循环下去。但可以用 break 语句来结束循环。以下程序中的例子，它们都显示数字 1 到 10：

```php
<?php
/* 例子 1 */
for($i=1; $i<=10; $i++){
    echo $i;
}
/* 例子 2 */
for($i=1; ; $i++){
    if($i > 10){
        break;
    }
    echo $i;
}
/* 例子 3 */
$i=1;
for(;;){
    if($i > 10){
        break;
    }
    echo $i;
    $i++;
}
?>
```

for 循环的替代语法如下：

```
for(expr1; expr2; expr3):
    statement;
    ...
endfor;
```

11.7.4 break 语句

break 结束当前 for、foreach、while、do – while 或者 switch 结构的执行。

break 可以接受一个可选的数字参数来决定跳出几重循环，语法如下：

```php
<?php
$arr = array('one','two','three','four','stop','five');
while(list(,$val) = each($arr)){
    if($val == 'stop'){
        break;    /* 这是不带参数的用法. */
    }
    echo "$val<br/> \n";
}/* 使用可选参数 */
$i=0;
while(++$i){
    switch($i){
```

```
    case 5:
        echo "At 5 <br/> \n";
        break 1;  /* 只退出 switch. */
    case 10:
        echo "At 10; quitting <br/> \n";
        break 2;  /* 退出 switch 和 while 循环 */
    default:
        break;
    }
}
?>
```

11.7.5 continue 语句

continue 在循环结构中用来跳过本次循环中剩余的代码并在条件求值为真时开始执行下一次循环。

continue 接受一个可选的数字参数来决定跳过几重循环到循环结尾。默认值是 1，即跳到当前循环末尾。

continue 循环语法如下：

```
<?php
while(list($key,$value) = each($arr)) {
    if(!($key % 2)) {
        continue;  /*这是不带参数的用法.*/
    }
    do_something_odd($value);
}
$i = 0;
while($i ++ < 5) {
    echo "outer <br/> \n";
    while(1) {
        echo "Middle <br/> \n";
        while(1) {
            echo "Inner <br/> \n";
            continue 3;/* 跳过最外层的 while 循环 */
        }
        echo "This never gets output. <br/> \n";
    }
    echo "Neither does this. <br/> \n";
}
?>
```

11.8 函数

一个函数可由以下的语法来定义：

```
<?php
function foo($arg_1,$arg_2,/* ...,*/$arg_n)
```

```php
{
    echo "Example function.\n";
    return $retval;
}
?>
```

函数名和 PHP 中的其他标识符命名规则相同。任何有效的 PHP 代码都有可能出现在函数内部，甚至包括其他函数和类定义。PHP 中的所有函数和类都具有全局作用域，可以定义在一个函数之内而在之外调用，反之亦然。PHP 不支持函数重载，也不可能取消定义或者重定义已声明的函数。

11.8.1 返回值

函数中可以通过 return 语句返回一个值，可以返回包括数组和对象的任意类型。return 语句会立即中止函数的运行，并且将控制权交回调用该函数的代码行。如果函数中没有 return，则返回值为 NULL。return 语句的使用如下所示：

```php
<?php
function square($num)
{
    return $num * $num;
}
echo square(4);    //此处将输出 16
?>
```

函数不能返回多个值，但可以通过返回一个数组来得到类似的效果。如下所示：

```php
<?php
function small_numbers()
{
    return array(0,1,2);
}
list($zero, $one, $two) = small_numbers();
?>
```

如果希望函数返回一个引用，必须在函数声明和指派返回值给一个变量时都使用引用运算符 &，如下所示：

```php
<?php
function &returns_reference()
{
    return $someref;
}
$newref =& returns_reference();
?>
```

11.8.2 参数

可以通过函数的参数将数值传递到函数内部，参数列表是一个以逗号作为分隔符的表达式列表，参数是从左向右求值的。

PHP 支持按值传递参数（默认），通过引用传递参数以及默认参数。也支持可变长度参数列表。

1. 向函数传递数组

```
<?php
function takes_array($input)
{
    echo "$input[0] + $input[1] = ", $input[0] + $input[1];
}
?>
```

2. 通过引用传递参数

默认情况下，函数参数通过值传递（因而即使在函数内部改变参数的值，它并不会改变函数外部的值）。如果希望允许函数修改它的参数值，必须通过引用传递参数。如果想要函数的一个参数总是通过引用传递，可以在函数定义中该参数的前面加上符号 &，如下所示：

```
<?php
function add_some_extra(&$string)
{
    $string .= 'and something extra.';
} $str = 'This is a string,';
add_some_extra($str);
echo $str;    //此处将输出 This is a string, and something extra.
?>
```

3. 默认参数的值

函数可以定义 C++ 风格的标量参数默认值，如下所示：

```
<?php
function makecoffee($type = "cappuccino")//参数 $type 的默认值为 cappuccino
{
    return "Making a cup of $type.\n";
}
echo makecoffee();//调用函数所省略的参数,将取默认值
echo makecoffee(null);
echo makecoffee("espresso");
?>
```

以上例程会输出：

Making a cup of cappuccino.
Making a cup of .
Making a cup of espresso.

PHP 还允许使用数组 array 和特殊类型 NULL 作为默认参数，例如：

```
<?php
function makecoffee($types = array("cappuccino"), $coffeeMaker = NULL)
```

```php
{
    $device = is_null($coffeeMaker) ?"hands" : $coffeeMaker;
    return "Making a cup of ".join(",",$types)." with $device.\n";
}
echo makecoffee();
echo makecoffee(array("cappuccino","lavazza"),"teapot");
?>
```

要注意的是参数的默认值必须是常量表达式，不能是诸如变量、类成员或者函数调用等。

注意当使用默认参数时，任何默认参数必须放在任何非默认参数的右侧；否则，函数将不会按照预期的情况工作。函数默认参数的错误用法，如下所示：

```php
<?php
function makeyogurt($type = "acidophilus", $flavour)
{
    return "Making a bowl of $type $flavour.\n";
}
echo makeyogurt("raspberry");    //无法执行
?>
```

以上例程会输出：

```
Warning: Missing argument 2 in call to makeyogurt() in
    /usr/local/etc/httpd/htdocs/phptest/functest.html on line 41
    Making a bowl of raspberry .
```

函数默认参数正确的用法，如下所示：

```php
<?php
function makeyogurt($flavour, $type = "acidophilus")
{
    return "Making a bowl of $type $flavour.\n";
}
echo makeyogurt("raspberry");    //可以执行
?>
```

以上例程会输出：

```
Making a bowl of acidophilus raspberry.
```

4. 可变数量的参数列表

PHP 在用户自定义函数中支持可变数量的参数列表。其实很简单，只需使用 func_num_args()、func_get_arg() 和 func_get_args() 函数获取传入的参数即可。可变参数并不需要特别的语法，参数列表仍按函数定义的方式传递给函数，并按通常的方式使用这些参数。

11.8.3 变量函数

PHP 支持可变函数的概念，这意味着如果一个变量名后有圆括号，PHP 将寻找与变

量的值同名的函数,并且尝试执行它。如下所示:

```php
<?php
function foo() {
    echo "In foo()<br/>\n";
}
function bar($arg = '') {
    echo "In bar(); argument was '$arg'.<br/>\n";
}
$func = 'foo';
$func();           //此处调用了 foo()
$func = 'bar';
$func('test');     //此处调用了 bar()
?>
```

11.9 思考题

1. 列举常用的四种流程控制语句。
2. 编写代码实现字符串的翻转功能。
3. 编写一个求数组中最大的数的函数。
4. POST 和 GET 有什么区别?

第 12 章 MySQL 数据库编程

在 Web 系统的开发过程中，经常遇到大量的数据需要存储及查询。因此数据库是必不可少的。PHP 可以支持多种数据库，如：Microsoft Access、Microsoft SQL Server、Oracle 等，但最经常与 PHP 搭配使用的是 MySQL。

12.1 MySQL 数据库简介

MySQL 是一个快速、多线程、多用户 SQL 数据库服务器。它能够成为首选的与 PHP 搭配使用的数据库，主要原因在于：

（1）MySQL 是开源免费的。PHP 也是如此，因此采用 PHP 搭配 MySQL 构建的 Web 系统的开发成本低。

（2）MySQL 能够在 Windows、UNIX、Linux 和 SUN OS 等多种操作系统平台上运行。PHP 也是如此。因此在一个操作系统中实现的 PHP 搭配 MySQL 的 Web 系统，可以很方便地移植到其他的操作系统下。

（3）MySQL 有一个非常灵活而且安全的权限和口令系统。当客户与 MySQL 服务器链接时，他们之间所有的口令传送被加密，而且 MySQL 支持主机认证。

（4）MySQL 支持大型的数据库。MySQL 可以方便地支持上千万条记录的数据库。

（5）MySQL 拥有一个非常快速而且稳定的基于线程的内存分配系统，其稳定性足以应付一个超大规模的数据库。

（6）强大的查询功能。MySQL 支持查询的 select 和 where 语句的全部运算符和函数，并且可以在同一查询中混用来自不同数据库的表，从而使得查询变得快捷和方便。

（7）PHP 中提供了一整套的 MySQL 函数，对 MySQL 进行全方位的支持。

MySQL 默认的管理操作方式是基于命令行的，因此要使用 MySQL 需要掌握一些基本的 MySQL 命令以及 SQL 语句。此前安装的 AppServ 中已包含一个基于网页的图形界面的 MySQL 数据库管理工具 phpMyAdmin。若采用默认的安装方式，其访问地址为 http://127.0.0.1/phpMyAdmin。利用该工具能够大大简化 MySQL 的管理与操作。

12.2 登录 MySQL

AppServ 安装成功后，在开始菜单的程序中会有 AppServ 的目录。其中包含一个快捷地进入 MySQL 的方式：MySQL Command Line Client，如图 12.2.1 所示：

图 12.2.1　AppServ 的开始菜单目录截图

单击后,出现命令行界面,如图 12.2.2 所示。

图 12.2.2　MySQL Command Line Client 运行截图

此处需输入 root 账号的密码,即可登录 MySQL。当显示 mysql > 时,说明登录成功。如下图 12.2.3 所示。

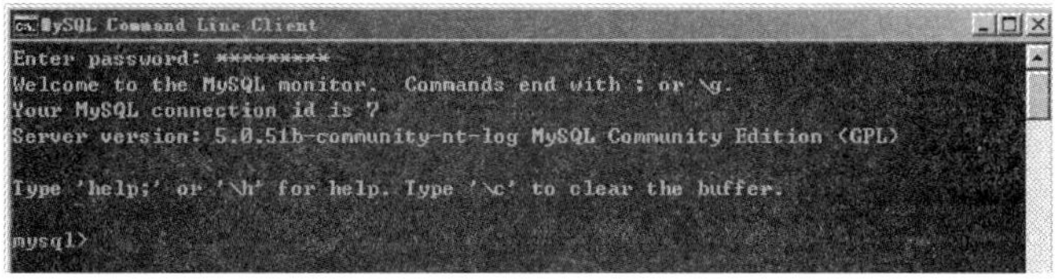

图 12.2.3　MySQL 登录成功截图

除此之外也可以在命令行中输入 mysql 命令登录到 MySQL,命令格式如下:

mysql -h host_name -u user_name -pyour_pass

host_name:运行 MySQL 的主机域名或 IP 地址。
user_name:MySQL 中的用户名。
your_pass:密码。注意:"-p"与密码之间没有空格。也可以在"-p"后直接回车,之后会要求输入密码。运行效果如图 12.2.4 所示。

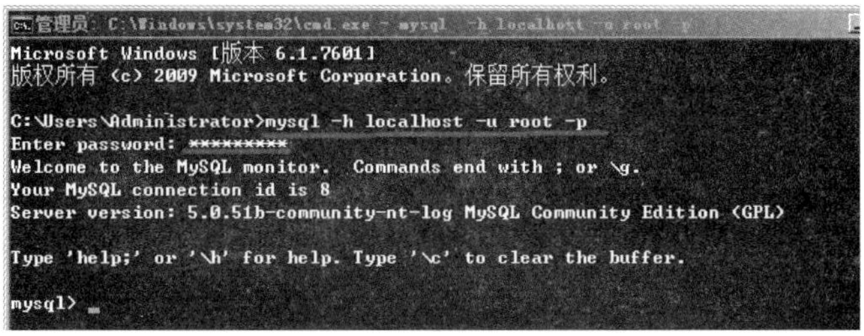

图 12.2.4　用 mysql 命令登录截图

mysql > 是 MySQL 的命令提示符。在其之后可以输入 MySQL 的命令以及 SQL 语句。下面列出一些 MySQL 的基本命令。

(1) help 显示命令帮助。
(2) clear 清除屏幕内容。
(3) connect 重新链接服务器。
(4) exit 退出 MySQL 数据库。
(5) print 打印当前命令。
(6) status 显示服务器当前信息。

12.3 MySQL 数据库的基本操作

从本质上说，数据库就是一种不断增长的复杂的数据组织结构。在 MySQL 数据库中，用于保存数据记录的结构被称为数据表。而每一条数据记录则是由更小的数据对象，即数据类型组成。因此，总体来说，一个或多个数据类型组成一条数据记录，一条或多条数据记录组成一个数据表，一个或多个数据表组成一个数据库。

SQL（Structured Query Language，结构化查询语言）是一种数据库查询和程序设计语言，用于存取数据以及查询、更新和管理关系数据库系统。MySQL 数据库支持标准的 SQL，因此对数据的各项操作通过输入 SQL 语句来实现。但要注意的是：

(1) SQL 语句使用分号；作为结束符。因此 SQL 语句可以换行输入，但语句末尾必须要有分号。

(2) SQL 语句中出现的关键字，大小写不敏感。

(3) MySQL 数据库所采用的 SQL 语言同其他绝大多数计算机编程语言一样，对命令的语法格式有严格的规定。任何语法格式上的错误，例如不正确地使用括号、逗号或分号等都可能导致命令执行过程中的错误。

12.3.1 数据库操作

1. 查看数据库

查看 MySQL 中存在哪些数据库，所使用的语句为：

HOW DATABASES;

执行结果如图 12.3.1 所示。

图 12.3.1 查看数据库

结果中的数据库列表有可能不同，但是很可能都有 mysql 和 test 数据库。mysql 是必需的，其中存放了 MySQL 数据库的用户信息。test 数据库经常作为用户试身手的工作区。

2. 创建数据库

创建数据库的语句格式为：

CREATE DATABASE database_name;

database_name 是要创建的数据库的名称。例如，要创建一个名为 firstdb 的数据库，语句为：

CREATE DATABASE firstdb;

输入该语句后，输出 Query OK 代表执行成功，执行效果如图 12.3.2 所示。

图 12.3.2　创建数据库

可以再一次执行 SHOW DATABASES; 语句，以查看刚创建的数据库。

3. 使用数据库

使用数据库意味着之后所执行的数据操作都限定于该数据库中，而无须再申明。其语句格式为：

USE database_name;

例如，要使用此前建立的 firstdb 数据库，语句为：

USE firstdb;

输入该语句后，输出 Database changed 代表执行成功，执行效果如图 12.3.3 所示。

图 12.3.3　使用数据库

4. 删除数据库

删除数据库的语句格式为：

DROP DATABASE database_name;

12.3.2 数据类型

MySQL 数据库中提供了多种数据类型,可以方便数据库的设计人员创建最理想的数据结构。能否正确选择恰当的数据类型对最终数据库的性能具有重要的影响。其中较为常用的几种类型如下。

1. CHAR（M）

CHAR 数据类型用于表示固定长度的字符串,可以包含最多达 255 个字符。其中 M 代表字符串的长度。例如:

```
str CHAR(10)
```

定义了一个长度为 10 的字符串类型的名为 str 的字段。

2. VARCHAR（M）

VARCHAR 是一种比 CHAR 更加灵活的数据类型,同样用于表示字符数据,但是 VARCHAR 可以保存可变长度的字符串。其中 M 代表该数据类型所允许保存的字符串的最大长度,只要长度小于该最大值的字符串都可以被保存在该数据类型中。因此,对于那些难以估计确切长度的数据对象来说,使用 VARCHAR 数据类型更加明智。VARCHAR 数据类型所支持的最大长度也是 255 个字符。例如:

```
str VARCHAR(10)
```

需要注意的是,虽然 VARCHAR 使用起来较为灵活,但是从整个系统的性能角度来说,CHAR 数据类型的处理速度更快,有时甚至可以超出 VARCHAR 处理速度的 50%。因此在设计数据库时应当综合考虑各方面的因素,以求达到最佳的平衡。

3. INT（M）[unsigned]

INT 数据类型用于保存从 -2 147 483 647 到 2 147 483 648 范围之内的任意整数数据。如果用户使用 unsigned 选项,则有效数据范围调整为 0~4 294 967 295。例如:

```
number INT
```

按照上述数据类型的设置,-24 567 为有效数据,而 3 000 000 000 则因为超出了有效数据范围成为无效数据。再例如:

```
number INT unsigned
```

这时,3 000 000 000 成为有效数据,而 -2 4567 则成为无效数据。

4. FLOAT [(M, D)]

FLOAT 数据类型用于表示数值较小的浮点数据,可以提供更加准确的数据精度。其中,M 代表浮点数据的长度(即小数点左右数据长度的总和),D 表示浮点数据位于小数点右边的数值位数。例如：

```
rainfall FLOAT(4,2)
```

按照上述数据类型的设置，42.35 为有效数据，而 324.45 和 3.542 则因为超过数据长度限制或者小数点右边位数大于规定值 2 成为无效数据。

5. DATE

DATE 数据类型用于保存日期数据，默认格式为 YYYY-MM-DD。MySQL 提供了许多功能强大的日期格式化和操作命令，例如：

```
birthday DATE
```

6. TEXT/BLOB

TEXT 和 BLOB 数据类型可以用来保存 255 到 65 535 个字符，如果用户需要把大段文本保存到数据库内的话，可以选用 TEXT 或 BLOB 数据类型。TEXT 和 BLOB 这两种数据类型基本相同，唯一的区别在于 TEXT 不区分大小写，而 BLOB 对字符的大小写敏感。

7. SET

SET 数据类型是多个数据值的组合，任何部分或全部数据值都是该数据类型的有效数据。SET 数据类型最大可以包含 64 个指定数据值。例如：

```
transport SET("truck","wagon") NOT NULL
```

根据上述数据类型的设置，truck、wagon 都可以成为 transport 的有效值。

8. ENUM

ENUM 数据类型和 SET 基本相同，唯一的区别在于 ENUM 只允许选择一个有效数据值。例如：

```
transport ENUM("truck","wagon") NOT NULL
```

根据上述设置，truck 或 wagon 将成为 transport 的有效数据值。更详细的说明请参看 MySQL 的技术文档。

12.3.3 数据表操作

一组经过声明的数据类型就可以组成一条记录。记录小到可以只包含一个数据变量，大到可以满足用户的各种复杂需求。多条记录组合在一起就构成了数据表的基本结构。

1. 建立数据表

在我们执行各种数据库命令之前，首先需要创建用来保存信息的数据表。数据表应创建在数据库之中，因此首先应创建一个数据库，并使用该数据库。若已经有可用的数据库，则直接使用该数据库。然后通过以下的语句在数据库中创建数据表：

```
CREATE TABLE test(
name VARCHAR(15),
  email VARCHAR(25),
  age INT,
  id INT NOT NULL AUTO_INCREMENT,
  PRIMARY KEY(id)
);
```

执行效果如图 12.3.4 所示。

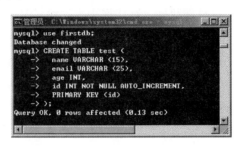

图 12.3.4　建立数据表

以上的语句创建了一个名为 test 的数据表。该表中包含 name、email、age 和 id 四个字段。MySQL 数据库允许字段名中包含字符或数字，最大长度可以达到 64 个字符。

注意，同一个数据库中不能存在同名的数据表。同样，一个表内不能存在同名的字段。

在创建该数据表时所用到的几个主要的参数选项如下。

（1）Primary Key：指明用哪个字段作为主键。主键用于区分同一个数据表中的不同记录。因为同一个数据表中不会存在两个具有相同值的 Primary Key 字段，所以对于那些需要严格区分不同记录的数据表来说，Primary Key 具有相当重要的作用。

（2）Auto_Increment：指明该字段的值从 1 开始，每增加一条新记录，值就会相应地增加 1。通常都会将主键的字段设置为 Auto_Increment，以使得每条记录的主键字段的值不同。

（3）NOT NULL：指明不得在该字段中插入空值。

2. 查看数据表

要查看当前所使用的数据库中有哪些数据表，可使用以下语句：

SHOW TABLES;

要查看数据表有哪些字段以及和字段相关的信息，可以使用以下语句：

SHOW COLUMNS FROM table_name;

table_name：是要查看的数据表的名称。

3. 删除数据表

若要删除数据表，可以使用以下语句：

```
DROP TABLE table_name;
```

12.3.4 数据操作

对 MySQL 数据库中数据的操作可以划分为添加、删除、修改和查询四种类型，我们将会在本节中对此进行介绍。

1. 添加数据

使用 INSERT 语句向数据表中添加新的记录。例如向此前建立的 test 表中增加记录的语句如下：

```
INSERT INTO test VALUES('Lingda ','chilingda@ qq.com ',30,NULL);
```

执行效果如图 12.3.5 所示。

图 12.3.5 添加数据

注意：
（1）所有的字符类型数据都必须使用单引号包围。
（2）NULL 关键字与 AUTO_INCREMENT 限制条件相结合可以为字段自动赋值。
（3）新记录的字段值必须与数据表中的原字段相对应，如果原数据表中有 4 个字段，而用户所添加的记录包含 3 个或 5 个字段的话都会导致错误出现。

2. 查询数据

使用 SELECT 语句进行数据的查询。例如要查询 test 表中的所有记录，可以使用以下语句：

```
SELECT * FROM test;
```

执行效果如图 12.3.6 所示。

图 12.3.6 查询数据

在 SELECT 语句中可以使用 WHERE，进行有条件的查询。例如要查询 test 表中的所有 age 为 30 的记录，可以使用以下语句：

```
SELECT * FROM test WHERE age=30;
```

3. 删除数据

使用 DELETE 语句进行数据的删除。例如要删除 test 表中 name 值为 Lingda 的记录，可以使用以下语句：

```
DELETE FROM test WHERE name='Lingda';
```

4. 修改数据

使用 UPDATE 语句进行数据的修改。例如要将 test 表中 name 值为 Lingda 的记录的 age 改为 25，可以使用以下语句：

```
UPDATE test SET age=25 WHERE name='Lingda';
```

以上仅对 MySQL 数据库的添加、删除、修改和查询等操作进行了简单的介绍。事实上，MySQL 数据库所支持的 SQL 语言具有非常丰富和强大的数据操作功能，可参阅 MySQL 的相关技术文档，在后续的章节中也将会涉及。

12.4 PHP 的 MySQL 数据库函数

PHP 中提供了许多函数用于操作 MySQL 数据库。这些函数有的自 PHP3 时就已经出现，有的已经不再被推荐使用。目前推荐使用的函数，如表 12.4.1 所示。

表 12.4.1 PHP 中的 MySQL 函数

函数	描述
mysql_affected_rows()	取得前一次 MySQL 操作所影响的记录行数
mysql_client_encoding()	返回当前链接的字符集的名称
mysql_close()	关闭非持久的 MySQL 链接
mysql_connect()	打开非持久的 MySQL 链接
mysql_data_seek()	移动记录指针
mysql_db_name()	从对 mysql_list_dbs() 的调用返回数据库名称
mysql_errno()	返回上一个 MySQL 操作中的错误信息的数字编码
mysql_error()	返回上一个 MySQL 操作产生的文本错误信息
mysql_fetch_array()	从结果集中取得一行作为关联数组，或数字数组，或二者兼有
mysql_fetch_assoc()	从结果集中取得一行作为关联数组
mysql_fetch_field()	从结果集中取得列信息并作为对象返回
mysql_fetch_lengths()	取得结果集中每个字段的内容的长度
mysql_fetch_object()	从结果集中取得一行作为对象

续表

函　　数	描　　述
mysql_fetch_row()	从结果集中取得一行作为数字数组
mysql_field_flags()	从结果集中取得和指定字段关联的标志
mysql_field_len()	返回指定字段的长度
mysql_field_name()	取得结果集中指定字段的字段名
mysql_field_seek()	将结果集中的指针设定为指定的字段偏移量
mysql_field_table()	取得指定字段所在的表名
mysql_field_type()	取得结果集中指定字段的类型
mysql_free_result()	释放结果内存
mysql_get_client_info()	取得 MySQL 客户端信息
mysql_get_host_info()	取得 MySQL 主机信息
mysql_get_proto_info()	取得 MySQL 协议信息
mysql_get_server_info()	取得 MySQL 服务器信息
mysql_info()	取得最近一条查询的信息
mysql_insert_id()	取得上一步 INSERT 操作产生的 ID
mysql_list_dbs()	列出 MySQL 服务器中所有的数据库
mysql_list_processes()	列出 MySQL 进程
mysql_num_fields()	取得结果集中字段的数目
mysql_num_rows()	取得结果集中行的数目
mysql_pconnect()	打开一个到 MySQL 服务器的持久链接
mysql_ping()	ping 一个服务器链接，如果没有链接则重新链接
mysql_query()	发送一条 MySQL 查询
mysql_real_escape_string()	转义 SQL 语句中使用的字符串中的特殊字符
mysql_result()	取得结果数据
mysql_select_db()	选择 MySQL 数据库
mysql_stat()	取得当前系统状态
mysql_thread_id()	返回当前线程的 ID
mysql_unbuffered_query()	向 MySQL 发送一条 SQL 查询（不获取/缓存结果）

12.4.1　数据库链接函数

要对 MySQL 数据库进行操作，首先要与数据库建立链接。mysql_connect() 函数用于打开非持久的 MySQL 链接。该函数的语法定义如下：

```
mysql_connect(server,user,pwd,newlink,clientflag)
```

其参数含义如表 12.4.2 所示。

表 12.4.2 mysql_connect 函数的参数含义

参数	描述
server	可选。规定要链接的服务器，可以包括端口号。例如 hostname：port。默认值为 localhost：3306
user	可选。用户名。默认值是服务器进程所有者的用户名
pwd	可选。密码。默认值是空密码
newlink	可选。如果用同样的参数第二次调用 mysql_connect()，将不会建立新链接，而将返回已经打开的链接标识。参数 new_link 改变此行为并使 mysql_connect() 总是打开新的链接
clientflag	可选。client_flags 参数可以是以下常量的组合： ● MYSQL_CLIENT_SSL － 使用 SSL 加密； ● MYSQL_CLIENT_COMPRESS － 使用压缩协议； ● MYSQL_CLIENT_IGNORE_SPACE － 允许函数名后的间隔； ● MYSQL_CLIENT_INTERACTIVE － 允许关闭链接之前的交互超时非活动时间

如果执行成功，则函数返回值是一个 MySQL 链接标识，失败则返回 FALSE。

如果要创建一个持久链接，应使用 mysql_pconnect() 函数。

12.4.2 数据库关闭函数

当数据操作完成后，应尽早地调用 mysql_close 函数关闭链接以节省资源，否则建立的链接将在 PHP 脚本运行结束时才关闭。该函数的语法定义如下：

```
mysql_close(link_identifier)
```

其参数含义如表 12.4.3 所示：

表 12.4.3 mysql_close 函数的参数含义

参数	描述
link_identifier	可选。规定 MySQL 的链接标识符，即调用 mysql_connect() 建立链接时的返回值。若未规定，则关闭最后建立的链接

如果执行成功则返回 TRUE，失败则返回 FALSE。

要注意的是，该函数只能关闭由 mysql_connect 函数建立的非持久链接。

【例 12.4.1】 以此前建立的 firstdb 数据库、test 数据表为例，假设所用的数据库用户名为 root，密码为 123456。(后续其他函数的使用范例也采用此假设)。

```
<?php
$con=mysql_connect("localhost","root","123456");
if(!$con)
{
die('数据库链接失败:'.mysql_error());
}
```

```
else
{
echo('数据库链接成功!');
}
mysql_close($con);
?>
```

12.4.3　数据库选择函数

当与数据库的链接建立后，就要使用 mysql_select_db 函数选择在哪一个数据库中进行操作。其作用相当于前文中的 USE 语句。该函数的语法定义如下：

```
mysql_select_db(database,connection)
```

其参数含义如表 12.4.4 所示：

表 12.4.4　mysql_select_db 函数的参数含义

参　　数	描　　述
database	必需。规定要选择的数据库
connection	可选。规定 MySQL 链接。如果未规定，则使用上一个链接

如果执行成功，则该函数返回 TRUE。如果失败，则返回 FALSE。

【例 12.4.2】　为了避免每个源代码文件中都写入服务器的地址、数据库的用户和密码等，将这些数据定义在一个配置文件中，以便于统一管理。

建立一个 config.inc.php 文件，该文件中的内容为：

```
<?php
$server="localhost";
$db_user="root";
$db_pwd="123456";
$db="firstdb";
?>
```

要用到该文件中设置的数值时，只需要 require("config.inc.php");即可（假设源代码文件与 config.inc.php 在同一个目录下）。此后的使用范例都将采用此种形式。

```
<?php
require("config.inc.php");
$con=mysql_connect($server,$db_user,$db_pwd);
if(!$con)
{
die('数据库链接失败:'.mysql_error());
}
$db_selected=mysql_select_db($db,$con);
if(!$db_selected)
{
die('无法使用'.$db.'数据库:'.mysql_error());
}
else
```

```
{
echo('使用'.$db.'数据库成功!');
}
mysql_close($con);
?>
```

12.4.4 数据库查询函数

在 PHP 中利用 mysql_db_query 函数可以执行任何 SQL 的查询语句,并得到完整的返回结果。该函数的语法定义如下:

mysql_query(query,connection)

其参数含义如表 12.4.5 所示:

表 12.4.5 mysql_query 函数的参数含义

参数	描述
query	必需。规定要发送的 SQL 查询。注释:查询字符串不应以分号结束
connection	可选。规定 MySQL 链接标识符。如果未规定,则使用上一个打开的链接

mysql_query() 函数仅对 SELECT、SHOW、EXPLAIN 或 DESCRIBE 语句返回一个资源标识符,如果查询执行不正确则返回 FALSE。对于其他类型的 SQL 语句,mysql_query() 在执行成功时返回 TRUE,出错时返回 FALSE。非 FALSE 的返回值意味着查询是合法的并能够被服务器执行。这并不说明任何有关影响到的或返回的行数,很有可能一条查询执行成功了但并未影响到或并未返回任何行。

【例 12.4.3】 向 test 表中增加记录。

代码如下:

```
<?php
require("config.inc.php");
$con=mysql_connect($server,$db_user,$db_pwd);
if(!$con)
{
die('数据库链接失败:'.mysql_error());
}
mysql_select_db($db,$con);
$sql = "INSERT INTO test VALUES ('testname','teste@ email.com ',18,NULL);";
$result=mysql_query($sql,$con);
if($result)
{
echo('数据增加成功!');
}
else
{
echo('数据增加失败!');
}
mysql_close($con);
?>
```

12.4.5 返回值处理函数

当 mysql_query 函数执行的是 SELECT 语句时，将返回一系列符合条件的记录。此时需要返回值处理函数来处理查询语句的返回结果。以下仅介绍最经常使用的几个函数。

1. mysql_fetch_array 函数

从查询结果中取出一行并转换为数组。该函数的语法定义如下：

```
mysql_fetch_array(data,array_type)
```

其参数含义如表 12.4.6 所示。

表 12.4.6 mysql_fetch_array 函数的参数含义

参数	描 述
data	可选。规定要使用的数据指针。该数据指针是 mysql_query() 函数产生的结果
array_type	可选。规定返回哪种结果。可能的值： ● MYSQL_ASSOC – 数组以字段名为索引； ● MYSQL_NUM – 数组以数字为索引； ● MYSQL_BOTH – 默认。同时产生字段名和数字的索引

【例 12.4.4】 查询 test 表中的所有记录。

代码如下：

```php
<?php
require("config.inc.php");
$con=mysql_connect($server,$db_user,$db_pwd);
if(!$con)
{
die('数据库链接失败:'.mysql_error());
}
mysql_select_db($db,$con);
$sql="SELECT * FROM test;";
$result=mysql_query($sql,$con);
echo('<table border=1>');
while($row=mysql_fetch_array($result))
{
echo('<tr><td>'.$row['id'].'</td>');
echo('<td>'.$row['name'].'</td>');
echo('<td>'.$row['email'].'</td></tr>');
}
echo('</table>');
mysql_close($con);
?>
```

以上代码将 test 表中的所有数据用 HTML 表格的形式输出，执行效果如图 12.4.1 所示。

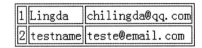

图12.4.1 运行效果截图

2. mysql_fetch_row 函数

从查询结果中取出一行并转换为以数字为索引的数组。其功能与 mysql_fetch_array 函数 array_type 参数为 MYSQL_NUM 时一样。该函数的语法定义如下：

```
mysql_fetch_row(data)
```

3. mysql_num_fields 函数

返回查询结果中字段的个数，若执行失败返回 FALSE。该函数的语法定义如下：

```
mysql_num_fields(data)
```

4. mysql_num_rows 函数

返回查询结果中记录的条数，若执行失败返回 FALSE。该函数的语法定义如下：

```
mysql_num_rows(data)
```

12.5 思考题

1. MySQL 数据库中的 VARCHAR 类型与 CHAR 类型之间有什么区别？
2. 在浏览器中访问 AppServ 的 www 目录下的 phpMyAdmin，使用 MySQL 数据库的 root 用户进行登录，然后利用 phpMyAdmin 创建一个数据库并在该数据库下创建一些数据表。
3. mysql_fetch_row 函数与 mysql_fetch_array 函数之间有什么区别？

第13章 PHP 综合应用实例

本章将以一个包含用户模块与文章模块的 Web 系统为实例,在逐渐实现该实例的过程中介绍 PHP、MySQL、JavaScript、AJAX 等在 Web 系统开发中的综合运用。

13.1 数据库结构的建立

为了能够实现用户模块以及文章模块,首先应设计用于存放用户数据以及文章数据的数据库结构。在此前所创建的 firstdb 中,创建 user 表和 article 表,建表的语句如下:

```
CREATE TABLE user(
uid INT NOT NULL AUTO_INCREMENT,
username VARCHAR (2.0),
  password CHAR (32),
  PRIMARY KEY (uid)
);
CREATE TABLE article (
aid INT NOT NULL AUTO_INCREMENT,
uid INT NOT NULL,
title VARCHAR (50),
  content TEXT,
  postDate DATE,
  PRIMARY KEY (aid)
);
```

上述建表语句已尽可能简化。在实际应用中可根据需要在 user 表中添加性别、电子邮件、手机号等字段。user 表以 uid 为主键,username 是用户名,password 是密码,此处用长度为 32 的字符是因为 md5 加密后的密文长度为 32。

article 表以 aid 为主键;uid 与 user 表中的 uid 关联,用于指明发表该文章的用户;title 是文章的标题;content 是文章的内容;postDate 是发表文章的时间。

13.2 主页面及导航栏的初步实现

Web 系统是由多个页面组成的。各个页面分别处理不同的事务,再通过链接与跳转使这些衔接在一起。在后续所要实现的具体功能页面中(如用户注册页面、登录页面),在处理完具体事务后通常需要跳转到一个默认访问的页面,因此先初步实现一个简单的主页面,作为后续页面跳转的目的地。

在主页面以及后续要实现的功能页面中都需要一个导航栏,将页面组织在一起,以便于用户在页面间切换。因此将导航栏以各页面共用的方式实现,既能避免代码重复编写,也更方便修改维护。

1. 导航栏的初步实现

在 AppServ 的安装目录下 www 目录中创建一个文本文件,并命名为 navigate.php。该文件中要实现的是由几个超链接组成的导航栏,因此不包含完整的 HTML 页面代码。其代码如下:

```
<div>
<a href="index.php">主页</a> |
<a href="regist.php">注册</a> |
<a href="login.php">登录</a>
</div>
```

上述 HTML 代码中包含了三个超链接,分别链接到主页面、注册页面和登录页面。

2. 主页面的初步实现

在 www 目录下创建 index.php,建议使用 Dreamweaver 之类的网页开发工具来编辑页面代码。在主页面中用 include 语句引用导航栏。其 HTML 代码如下:

```
<!DOCTYPE html>
<html>
<head>
<meta http-equiv="Content-Type" content="text/html; charset=utf-8"/>
<title>主页</title>
</head>
<body>
<?php include("navigate.php"); ?>
这是主页!
</body>
</html>
```

在浏览器中访问 http://127.0.0.1/index.php,页面效果如图 13.2.1 所示。

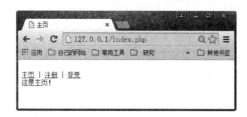

图 13.2.1　主页面的初步实现效果

13.3 注册页面的实现

在 www 目录下创建 regist.php,用于实现用户注册的功能。

13.3.1 用 HTML 建立注册的界面

首先用 HTML 代码建立注册页面的界面,其中最重要的是 form 表单。表单中包含用于填写用户名、密码、重复密码的输入框以及注册的提交按钮。其 HTML 代码如下:

```
<!DOCTYPE html>
<html>
<head>
<meta http-equiv="Content-Type" content="text/html;charset=utf-8"/>
<title>用户注册</title>
</head>
<body>
<?php include("navigate.php"); ?>
<form method="post">
用户名<input type="text" name="username"/><br/>
密码<input type="password" name="password"/><br/>
重复密码<input type="password" name="repeatPassword"/><br/>
<input name="regist" type="submit" value="注册"/>
</form>
</body>
</html>
```

在浏览器中访问 http://127.0.0.1/regist.php,页面效果如图 13.3.1 所示。

图 13.3.1 注册页面效果

13.3.2 用 JavaScript 验证用户输入的数据

利用 JavaScript 可以在数据被送往服务器前对 HTML 表单中的用户输入数据进行验证。例如,用户是否填写了必填的项目,用户输入的数据是否符合格式要求等。其实现方法如下。

（1）在 from 标签的 onsubmit 属性中指定表单被提交时要执行的 JavaScript 函数，代码如下：

```
<form method = "post" onsubmit = "return validate(this)">
```

（2）在页面中插入 JavaScript 脚本，定义上述 JavaScript 函数，当函数的返回值为 FALSE 时，表单将不被提交。习惯上会将 JavaScript 脚本写在 <head> 与 </head> 标签之间，具体代码如下：

```
<script type = "text/javascript">
function validate(thisform){
    with (thisform){
        if (username.value == null || username.value == " "){
            alert("请输入用户名");//利用警告框输出提示
            return false;
        }
        if (password.value == null || password.value == " "){
            alert("请输入密码");
            return false;
        }
        if (password.value != repeatPassword.value){
            alert("两次输入的密码不一致");
            return false;
        }
        return true;
    }
}
</script>
```

上述 JavaScript 脚本对数据的检查是尽可能简化的，仅用于体现 JavaScript 在表单验证中的使用方法。在实际开发中，通常会使用正则表达式进一步地检查数据的长度或格式等。例如，检查数据是否为合法的 Email 的 JavaScript 代码如下：

```
function isEmail(str) {
if (str1.search(/^\w+((-\w+)|(\.\w+))*\@[A-Za-z0-9]+((\.|-)[A-Za-z0-9]+)*\.[A-Za-z0-9]+$/)!= -1)
return true;
else
return false;
}
```

13.3.3 获取 form 表单提交数据

当用户单击"注册"按钮时，form 表单被提交。表单内所有的表单组件的值，都将以 form 标签中 method 属性所指定的方式，发送到 action 属性所指定的页面上，并以各组件的 name 属性所指定的名称命名。

以目前的 regist.php 的 HTML 代码为例。

（1）form 标签的 action 属性为空。这代表着该表单将被提交至 regist.php 自身进行处理。因此需要在 regist.php 中添加用于处理表单提交的 php 代码。

（2）form 表单内包含了 4 个表单组件，分别是用于输入用户名的文本框，用于输入密码、重复密码的密码框，以及注册的提交按钮。这些组件的值将分别以 username、password、repeatPassword、regist 命名。其中 regist 的值为"注册"。

（3）form 标签的 method 属性为 post。这代表 username、password、repeatPassword、regist 等将以 post 方式发送。在 PHP 的代码中，可以通过 $_POST["username"] 或 $username 获取在表单中所提交的用户名。若 method 属性为 get，可以通过 $_GET["username"] 或 $username 获取。

post 方式与 get 方式的主要差别在于：get 方式是将数据附加在 HTTP 请求地址的末尾发送的，多个数据间以 & 分隔，如 regist.php?username=xxxx&password=xxxx，因此所发送的数据在浏览器的地址栏上是可见的，而且不适宜发送较大的数据；post 方式则是将数据放在 HTTP 请求的数据包中的，因此可以发送较大的数据。

13.3.4 消息提示的处理

在处理注册的过程中，存在以下两种类型的消息提示。

1. 由用户导致的错误而产生的消息提示

例如，用户名已被注册。此类消息提示的特点是：给予提示的同时，应保持在注册页面上，并保留用户输入的一些数据（如用户名），以便让用户修改后能够继续完成注册。实现方法为在 PHP 代码中设置一个变量用于存放消息提示的内容，在 HTML 代码中输出该变量。范例代码如下：

```
<?php
$msg = " ";//设置 msg 变量,用于存放输出的消息提示
…………
$msg = "该用户名已被注册";//在处理过程中根据具体情况,对 msg 赋值
?>
<html>
…………
<?php echo($msg);>//在 HTML 中嵌入 PHP 脚本,输出 msg
…………
</html>
```

2. 由系统内部导致的错误或处理完毕产生的消息提示

例如，数据库链接失败，程序运行错误，注册成功等。此类消息提示的特点是：给予提示后，无须保持在注册页面上，或跳转到其他页面上。其实现方法是输出提示后终止页面的执行，并利用 meta 标签设定自动跳转。为了便于此类消息的处理，编写一个函数统一处理。在 www 目录下创建 util.php 文件，在该文件中定义常用的函数以便于调用，具体代码如下：

```php
<?php
//$message:消息提示的内容
//$url:跳转的页面地址.当 url 不为空时 3 秒后自动跳转,为空则输出返回的链接.
function gotourl($message="",$url="")
{
$html="<html><head><meta http-equiv="Content-Type" content=
    "text/html;charset=utf-8"/>";
    //当跳转地址不为空时,利用 meta 标签,设置过 3 秒后跳转
    if(!empty($url))
        $html.="<meta http-equiv='refresh' content="3;url='".$url."'"
        >";
        $html.="</head><body><p>".$message."</p><p>";
    if (!empty($url))
        $html.="系统将在 3 秒后返回<br>如果您的浏览器不能自动返回,请单击[<a href=
        ".$url." target=_self>这里</a>]进入";
    else
        $html.="[<a href='#' onclick='history.go(-1)'>返回</a>]";
        $html.="</p></body></html>";
        echo $html;//输出 HTML 代码
        exit;//终止程序的执行
}
?>
```

之后在页面中只需使用 `require("util.php");` 即可调用该函数。

13.3.5 注册操作的实现

用户注册处理程序的主要流程为：
（1）判断是否发生表单提交；
（2）判断用户名是否已被注册；
（3）将用户注册数据写入 user 表；
在 regist.php 的 HTML 代码前加入以下 PHP 代码：

```php
<?php
require("config.inc.php");
require("util.php");
$msg="";//输出的提示消息
//通过判断是否表单中传递的数据是否存在,来确定是否发生了表单提交
if($regist){
    //链接数据库
    $con=mysql_connect($server,$db_user,$db_pwd);
    if (!$con){gotourl("数据库链接失败".mysql_error()," ");
    }
    mysql_select_db($db, $con);
    //检测用户名是否已被注册
    //查询 user 表中是否有该用户名的记录,如果有,说明用户名已被注册
```

```php
    $sql = "SELECT * FROM user WHERE username = '$username';";
    $result = mysql_query($sql,$con);
    if(mysql_fetch_array($result)){$msg = '该用户名已被注册';
    }
    else
    {
        //将注册数据写入 user 表
        $password = md5($password);//密码用 md5 加密
        $sql = "INSERT INTO user (username,password) VALUES('$username',
        '$password');";
        $result = mysql_query($sql,$con);
        if($result){gotourl("注册成功","index.php");//提示注册成功,并跳转至 index.php
        }
        else{gotourl("注册失败".mysql_error()," ");
        }
    }
    mysql_close($con);
}
?>
```

在原来的 HTML 代码中,加入消息提示 **$msg** 的输出,以及保持用户输入的用户名。代码如下:

```html
<!--用 HTML 及 CSS 使输出的提示信息为红色字体-->
    <span style = "color:#F00"><?php echo($msg);?></span><br/>
    <!--将此前输入的用户名,输出在用户名的输入框内,避免用户重复输入-->
    用户名<input type = "text" name = "username" value = "<?php echo($username);?>"/><br/>
```

注册页面完整的代码如下:

```php
<?php
    require("config.inc.php");
    require("util.php");
    $msg = " ";
    if($regist){
        $con = mysql_connect($server,$db_user,$db_pwd);
        if (!$con){
            gotourl("数据库链接失败".mysql_error()," ");
        }
        mysql_select_db($db, $con);
        $sql = "SELECT * FROM user WHERE username = '$username';";
        $result = mysql_query($sql,$con);
        if(mysql_fetch_array($result)){
            $msg = '该用户名已被注册';
        }
        else{
```

```php
                $password=md5($password);
                $sql="INSERT INTO user (username,password) VALUES('$username',
                '$password');";
                $result=mysql_query($sql,$con);
                if($result){
                    gotourl("注册成功","index.php");
                }
                else{
                    gotourl("注册失败".mysql_error( )," ");
                }
            }
        mysql_close($con);
    }
?>
<!DOCTYPE html>
<html>
<head>
<meta http-equiv="Content-Type" content="text/html; charset=utf-8"/>
<title>用户注册</title>
<script type="text/javascript">
function validate(thisform){
    with(thisform){
        if (username.value==null || username.value==" "){
            alert("请输入用户名");
            return false;
        }
        if (password.value==null || password.value==" "){
            alert("请输入密码");
            return false;
        }
        if (password.value!=repeatPassword.value){
            alert("两次输入的密码不一致");
            return false;
        }
        return true;
    }
}
</script>
</head>
<body>
<?php include("navigate.php"); ?>
<form method="post" onsubmit="return validate(this)">
    <span style="color:#F00"><?php echo($msg);?></span><br/>用户名
    <input
type="text" name="username" value="<?php echo($username);?>"/>
    <br/>
    密码<input type="password" name="password"/><br/>
```

```
    重复密码 <input type = "password" name = "repeatPassword"/> <br/>
    <input name = "regist" type = "submit" value = "注册"/>
</form>
</body>
</html>
```

13.4 登录页面的实现

登录页面的实现与注册有部分相似，其主要的处理流程如下：
(1) 判断是否发生表单提交；
(2) 查询数据库中该用户名的记录是否存在；
(3) 比较用户输入的密码与记录中的密码是否一致；
(4) 将 uid、username 等代表用户登录身份的数据保存在 Session 中。

13.4.1 Session 的运用

Session 称为会话，存储于服务器端，当用户第一次访问时建立，浏览器关闭或长时间无访问后失效。Session 是临时性的，但在一定时间内用户的多次访问中，都是保持的，因此当用户完成登录后，将能代表其身份的数据写入 Session。在之后访问其他页面时，可以检查 Session 中的这些数据，以判断用户是否登录。

在 PHP 中使用 Session 的方法如下。

(1) 打开 Session。任何页面中若要访问 Session 中的数据，都应先调用 session_start() 函数，创建或获取已存在的 Sessioin。该函数没有参数，且返回值均为 TRUE。在调用该函数前不能有任何输出，因此通常将调用的语句放在页面代码的最前面。

(2) 注册 Session 变量。调用 session_register("变量名") 注册 session 变量，成功返回 TRUE，否则返回 FALSE。例如：

```
session_start();
session_register("username");//在 Session 中注册名为 username 的变量,其值为空.
```

(3) 访问 Session 变量。使用 $_SESSION ["变量名"] 可以直接设置或获取 Session 变量的值。例如：

```
session_start();
echo($_SESSION["username"]);//输出 Session 中 username 的值
```

(4) 销毁 Session 变量。使用 session_unregister("变量名") 或 unset($_SESSION["变量名"]) 注销单个 session 变量。使用 session_unset() 注销所有 Session 变量。使用 session_destroy() 注销整个 session 会话。

13.4.2 登录操作的实现

在 WWW 目录下创建 login.php，其完整代码如下：

```php
<?php
    session_start();//打开 Session
    require("config.inc.php");
    require("util.php");
    $msg=" ";
    if($login){
        $con=mysql_connect($server,$db_user,$db_pwd);
        if(!$con){
            gotourl("数据库链接失败".mysql_error()," ");
        }
        mysql_select_db($db,$con);
        //查询 user 表中是否有该用户名的记录
        $sql="SELECT uid,password FROM user WHERE username='$username';";
        $result=mysql_query($sql,$con);
        $row=mysql_fetch_array($result);
        if($row){
            //将用户输入的密码 MD5 加密后,与数据库中的密码相比较
            $password=md5($password);
            if($password==$row["password"]){
                session_register("login_uid");//在 Session 中注册变量
                session_register("login_username");//在 Session 中注册变量
                $_SESSION["login_uid"]=$row["uid"];//将 uid 保存于 Session 中
                $_SESSION["login_username"]=$username;//将 username 保存于 Session 中
                gotourl("登录成功","index.php");
            }
            else {
                $msg='登录失败,密码不正确!';
            }
        }
        else {
            $msg='登录失败,该用户不存在!';
        }
        mysql_close($con);
    }
?>
<!DOCTYPE html>
<html>
<head>
<meta http-equiv="Content-Type" content="text/html; charset=utf-8"/>
<title>用户登录</title>
<script type="text/javascript">
function validate(thisform){
    with (thisform){
        if (username.value==null || username.value==" "){
            alert("请输入用户名");
            return false;
        }
        if (password.value==null || password.value==" "){
            alert("请输入密码");
            return false;
        }
```

```
        return true;
    }
}
</script>
</head>
<body>
<?php include("navigate.php"); ?>
<form method = "post" onsubmit = "return validate(this)">
    <span style = "color:#F00"><?php echo($msg);?></span><br/>用户名<input type = "text" name = "username" value = "<?php echo($username);?>"/>
    <br/>
    密码<input type = "password" name = "password"/><br/>
    <input name = "login" type = "submit" value = "登录"/>
</form>
</body>
</html>
```

13.4.3 用户是否已登录的判断

在其他页面上，可以使用以下代码判断用户是否登录，以及获取已登录的身份。

```
<?php
    session_start();//打开 Session
    //判断 Session 变量 un 是否存在
    if (isset($_SESSION['login_username'])) {
        echo("您好!". $_SESSION['login_username']);
    }
    else {
        echo("您还未登录!");
    }
?>
```

13.4.4 注册后自动登录的实现

在注册页面中，当注册数据写入 user 表之后，可以也将 uid 及 username 保存到 Session 中，使得注册成功后即完成登录，避免用户注册后还要再去登录。regist.php 页面的代码修改如下：

```
session_start();//打开 Session
………………
$uid = mysql_insert_id();//获取刚添加的记录的主键值,即刚注册的用户的 uid
session_register("login_uid");
session_register("login_username");
$_SESSION["login_uid"] = $uid;
$_SESSION["login_username"] = $username;gotourl("注册成功","index.php");
………………
```

13.5 发表文章页面的实现

13.5.1 富文本编辑器的使用

在构建发表文章的页面时，文章内容这样的长文本通常会使用富文本编辑器作为输入的组件，使用户能够像在 Word 中一样，对内容进行可视化编辑。下面以常见的 ckeditor 为例，介绍富文本编辑器的使用。

ckeditor 的使用方法如下。

（1）从 ckeditor.com 下载最新的 ckeditor，免费的 Basic 或 Standard 版本即可。本书中使用的是 ckeditor_4.4.3_standard.zip，将其解压在 AppServ 的 www 目录下。

（2）在页面中引用 ckeditor 目录下的 ckeditor.js 文件。范例代码如下：

```
<script src="ckeditor/ckeditor.js"></script>
```

（3）将一个 textarea 组件的 class 属性的值设置为 ckeditor，该组件即成为 ckeditor 富文本编辑器。范例代码如下：

```
<textarea class="ckeditor" name="editor1"></textarea>
```

在 WWW 目录下创建 addArticle.php 页面，在页面中使用 ckeditor，其 HTML 代码如下：

```
<!DOCTYPE html>
<html>
<head>
<meta http-equiv="Content-Type" content="text/html; charset=utf-8"/>
<title>发表文章</title>
<script src="ckeditor/ckeditor.js"></script>
</head>
<body>
    <?php include("navigate.php");?>
    <form method="post">
        标题<input type="text" name="title"/><br/>
        内容<textarea class="ckeditor" name="content"></textarea><br/>
        <input name="post" type="submit" value="发表"/>
    </form>
</body>
</html>
```

页面效果如图 13.5.1 所示。

图 13.5.1　发表文章页面效果

13.5.2　发表文章操作的实现

发表文章页面，限定为已登录的用户才能发表文章。其主要的处理流程如下：
（1）判断用户是否登录，若未登录则输出提示信息，并跳转至登录页面；
（2）判断是否发生表单提交；
（3）将文章的数据写入 article 表。
addArticle.php 页面完整代码如下：

```php
<?php
    session_start();//打开 Session
    require("config.inc.php");
    require("util.php");
    //检查用户是否登录
    if (isset($_SESSION['login_uid'])) {
        $uid = $_SESSION['login_uid'];
            if($post){
                $con = mysql_connect($server, $db_user, $db_pwd);
                if (!$con){
                gotourl("数据库链接失败".mysql_error()," ");
            }
            mysql_select_db($db, $con);
            $sql = "INSERT INTO article (uid,title,content,postDate) VALUES('$uid','$title','$content',now());";
            $result = mysql_query($sql, $con);
            if($result){
                gotourl("发表成功","index.php");
            }
            else{
                gotourl("发表失败"," ");
            }
            mysql_close($con);
        }
    }
```

```
        else {
            gotourl("请先登录后,才可发表文章","login.php");
        }
?>
<!DOCTYPE html>
<html>
<head>
<meta http-equiv="Content-Type" content="text/html; charset=utf-8"/>
<title>发表文章</title>
<script src="ckeditor/ckeditor.js"></script>
<script type="text/javascript">
function validate(thisform){
    with (thisform){
        if (title.value==null || title.value==" "){
            alert("请输入文章标题");
            return false;
        }
        if (content.value==null || content.value==" "){
            alert("请输入文章内容");
            return false;
        }
        return true;
    }
}
</script>
</head>
<body>
<?php include("navigate.php"); ?>
<form method="post" onsubmit="return validate(this)">
    标题<input type="text" name="title" value="<?php echo($title);?>"/>
    <br/>
    内容<textarea class="ckeditor" name="content"><?php echo($content);?>
    >
    </textarea>
    <br/>
    <input name="post" type="submit" value="发表"/>
</form>
</body>
<//html>
```

13.6 文章搜索页面的实现

文章搜索页面由关键字输入框、搜索按钮、文章列表组成。所要实现的功能为:根据用户输入的关键字在文章的标题中进行模糊匹配;将结果以列表形式显示,并按时间逆序排列(即最新的文章排在前面)。

13.6.1 搜索相关的数据库操作

1. 模糊匹配

MySQL 提供了标准的 SQL 模式匹配。使用 "_" 匹配任何单个字符，用 "%" 匹配任意数目字符（包括零个字符）。用关键字 LIKE 和 NOT LIKE 进行匹配操作。例如，要查询标题中包含 PHP 的文章，所使用的 SQL 语句为：

```
SELECT * FROM article WHERE title LIKE '%PHP%';
```

2. 连表查询

为了能够在结果列表中显示文章发布者的用户名，所以需要将 article 表与 user 表进行连表查询。此处需要用到最常见的 LEFT JOIN（左链接），SQL 语句为：

```
SELECT aid,username,title,postDate FROM article LEFT JOIN user ON article.uid
=user.uid;
```

在上述 SQL 语句中，通常将 article 称为左表，在左链接中是以左表为基础的。即左表的记录将会全部表示出来，而右表只会显示符合搜索条件的记录。

3. 查询结果排序

为了让最新发布的文章排在结果列表的前面，需要对查询结果进行排序。只需要在查询语句的末尾加上 ODER BY 子句即可实现排序。对文章发布时间按递减顺序排序的 ORDER BY 子句如下：

```
ORDER BY postdate DESC
```

若要递增排序，只需用 ASC 代替 DESC 即可。在实际应用中由于 aid 是自增，即越晚发布的文章 aid 越大，因此用 aid 进行排序，效果与用 postDate 排序是一样的。但由于 aid 是主键因而排序的效率更高。

13.6.2 文章搜索操作的实现

在主页面 index.php 中实现文章搜索。其完整代码如下：

```php
<?php
    require("config.inc.php");
    require("util.php");
    $searchResult = " ";//用于输出文章列表的 HTML
    $con = mysql_connect($server, $db_user, $db_pwd);
    if (!$con){
      gotourl("数据库链接失败".mysql_error()," ");
    }
    mysql_select_db($db, $con);
    $sql = "SELECT aid,username,title,postDate FROM article LEFT JOIN user
```

```
ON article.uid = user.uid";
   //当关键字不为空时,在title字段上进行模糊匹配
   if($keyWord!=" ")
       $sql.=" WHERE title LIKE '%".$keyWord."%'";
   //由于aid是自增的,因此只需按aid递减排序,即可实现新的文章排在前面
   $sql.=" ORDER BY aid DESC";
   $result=mysql_query($sql,$con);
   //产生文章列表的表头
   $searchResult="<table border = "1"><tr><td>标题</td><td>作者</td><td>时间</td></tr>";
   while($row=mysql_fetch_array($result)){
       //每条记录,输出成文章列表中的一行
       $searchResult.="<tr>";
       $searchResult.="<td><a href = "showArticle.php?aid=".$row["aid"].""">".$row["title"]."</a></td>";
       $searchResult.="<td>".$row["username"]."</td>";
       $searchResult.="<td>".$row["postDate"]."</td>";
       $searchResult.="</tr>";
   }
   $searchResult.="</table>";
   mysql_close($con);
?>
<!DOCTYPE html>
<html>
<head>
<meta http-equiv = "Content-Type" content = "text/html; charset=utf-8"/>
<title>主页</title>
</head>
<body>
<?php include("navigate.php"); ?>
<form id = "form1" method = "post" action = " ">
    <input type = "text" name = "keyWord" value = "<?php echo($keyWord);?>"/>
    <input name = "search" type = "submit" value = "搜索"/>
</form>
<!--输出搜索结果的文章列表-->
<?php echo($searchResult);?>
</body>
</html>
```

运行效果如图13.6.1、图13.6.2所示。

图13.6.1　未输入关键字搜索的运行效果

图13.6.2　输入关键字搜索的运行效果

13.6.3 分页效果的实现

当查询结果有很多条时，对列表进行分页是必要的。分页的实现需要以下两个知识点。

(1) 利用 count 函数，获取查询结果的数量。例如，要查询 article 表中的记录数量，SQL 语句为：

```
SELECT count(*) FROM article;
```

(2) 利用 LIMIT 子句，获取特定范围的结果。LIMIT 子句的语法格式为：

```
LIMIT m,n
```

m 代表从哪一条开始读取，若从第一条开始读取 m 应设为 0；n 代表读取的数量。例如，要读取 article 表中的第 21 条到第 30 条的 SQL 语句为：

```
SELECT * FROM article LIMIT 20,10;
```

在具体实现过程中，仅需修改 PHP 代码的部分，以下仅对 PHP 代码中有修改的地方加以注释说明：

```php
<?php
    require("config.inc.php");
    require("util.php");
    $searchResult = " ";
    //$page 代表当前要显示的页号
//当未传递该参数时,将其设为1,即默认显示第一页
    if(!$page)
    $page = 1;
    $con = mysql_connect($server,$db_user,$db_pwd);
    if (!$con){
      gotourl("数据库链接失败".mysql_error()," ");V}
    mysql_select_db($db, $con);
    //查询符合条件的结果总数
    $sql = "SELECT count(*) FROM article";
    if($keyWord!= " ")
    $sql .= " WHERE title LIKE '%".$keyWord."%'";
    $result = mysql_query($sql,$con);
    $row = mysql_fetch_array($result);
    $totalNum = $row[0];//取得结果的总数
    $pageSize = 5;//设定每页显示的数量
    //计算总页数
    $totalPage = ceil($totalNum/$pageSize);//ceil 函数,向上舍入为最接近的整数.
如 ceil(5.3)的值为 6
    //计算当前页从哪一条记录开始
    $pageStart = ($page -1) * $pageSize;
    $sql = "SELECT aid,username,title,postDate FROM article LEFT JOIN user ON article.uid = user.uid";
    if($keyWord!= " ")
```

```php
    $sql .= " WHERE title LIKE '%". $keyWord."%'";
    $sql .= " ORDER BY aid DESC LIMIT ". $pageStart.",". $pageSize;//在查询语
句的末尾加上 LIMIT 子句
    $result = mysql_query($sql,$con);
    $searchResult = "<table border = "1"><tr><td>标题</td><td>作者</td><td>时间</td></tr>";
    while($row = mysql_fetch_array($result)){
        $searchResult .= "<tr>";
        $searchResult .= "<td><a href = "showArticle.php?aid = ". $row["aid"]."">". $row["title"]."</a></td>";
        $searchResult .= "<td>". $row["username"]."</td>";
        $searchResult .= "<td>". $row["postDate"]."</td>";
        $searchResult .= "</tr>";
    }
    $searchResult .= "</table>";
    //在结果列表的末尾,输出分页工具条
    $searchResult .= $page."/". $totalPage;//输出当前页与总页数
    //当不是第一页时,输出上一页的链接.链接中附带页号与查询关键字等参数
    if($page >1){
        $searchResult .= " <a href = \"search2.php?page = ".($page -1);
        if($keyWord != " ")
            $searchResult .= "&keyWord = ". $keyWord;
        $searchResult .= "\">上一页</a> ";
    }
    //当不是最后一页时,输出下一页的链接
    if($page < $totalPage){
        $searchResult .= " <a href = \"search2.php?page = ".($page +1);
        if($keyWord != " ")
            $searchResult .= "&keyWord = ". $keyWord;
        $searchResult .= "\">下一页</a> ";
    }
    mysql_close($con);
?>
```

运行效果如图 13.6.3、图 13.6.4 和图 13.6.5 所示。

图 13.6.3 第一页运行效果

图 13.6.4 第二页运行效果

图 13.6.5　第三页运行效果

13.7　文章内容页面的实现

在主页面的文章列表中，文章标题链接至 showArticle.php，并传递参数 aid。现在我们就来实现 showArticle.php 页面。该页面要实现的功能有：

（1）用正则表达式检查传入的 aid 是否为正整数，以防止 SQL 注入攻击；
（2）根据传入的 aid，查询并显示文章的具体内容；
（3）判断登录用户的身份，若是文章的作者，显示删除与修改的链接。
showArticle.php 的具体代码如下：

```php
<?php
session_start();
require("config.inc.php");
require("util.php");
//用正则表达式验证 aid 是否为正整数
if(!$aid || !preg_match('/^[0-9]*$/', $aid)){
    gotourl("传入参数错误"," ");
}
$con = mysql_connect($server, $db_user, $db_pwd);
if(!$con){
    gotourl("数据库链接失败".mysql_error()," ");
    return;
}
mysql_select_db($db, $con);
//由于两个表中都有 uid 字段,因此在 Select 时,必须指明用哪个表的 uid.
//用 as 操作给字段取别名,以使访问更简便
$sql = "SELECT user.uid as uid,username,title,postDate,content FROM article
LEFT JOIN user ON article.uid = user.uid WHERE aid = ".$aid;
$result = mysql_query($sql, $con);
$row = mysql_fetch_array($result);
if(!$row){
    mysql_close($con);
    gotourl("该文章数据不存在"," ");
```

```php
}
$uid = $row["uid"];
$username = $row["username"];
$title = $row["title"];
$postDate = $row["postDate"];
$content = $row["content"];
mysql_close($con);
//检查用户的登录身份是否是文章作者
if (isset($_SESSION['login_uid'])) {
    if($uid == $_SESSION['login_uid']){
        $link = "<a href = "modifyArticle.php?aid = ". $aid."">修改</a>";
        $link. = "<a href = "deleteArticle.php?aid = ". $aid."">删除</a>";
    }
}
?>
<!DOCTYPE html>
<html>
<head>
<meta http-equiv = "Content-Type" content = "text/html; charset = utf-8"/>
<title><?php echo($title);?></title>
</head>
<body>
<?php include("navigate.php"); ?>
<h1><?php echo($title);?><///h1>
<p>此文章由 <?php echo($username);?> 发表于 <?php echo($postDate);?></p>
<p><?php echo($content);?></p>
<?php echo($link);?>
</body>
</html>
```

在上述代码中应用了正则表达式对传入参数进行检查。在实际开发中，有必要对所有的传入参数进行检查，以防止 SQL、XSS 等攻击。除了根据每个参数的具体用途逐个检查之外，也可以编写一个函数遍历检查 $_POST、$_GET、$_COOKIE 中所有的数据。

13.8 文章删除页面的实现

当文章删除页面被访问时，首先应给予一个删除确认的提示。在该界面中应输出要删除的文章的标题，以便用户确认，并提供确定以及取消的按钮，如图 13.8.1 所示：

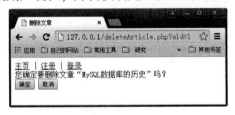

图 13.8.1 文章删除页面确认删除提示

用户单击确定按钮后，方可执行删除操作。该页面的处理流程如下所示。

(1) 检查传入的参数；

(2) 根据传入的 aid，查询要删除的文章，获取 title 与 uid；

(3) 判断登录用户的身份是否为文章的作者；

(4) 判断是否按下确定按钮；

(5) 若未按下，输出删除确认提示，将 aid 的值存放于隐藏控件中，以便按下确认按钮提交表单时，能够传递该值；

(6) 若按下，执行删除操作。

在 www 目录下创建 deleteArticle.php 文件，其具体代码如下：

```php
<?php
session_start();
require("config.inc.php");
require("util.php");
//检查传入参数
if (!$aid || !preg_match('/^[0-9]*$/', $aid)){
    gotourl("传入参数错误"," ");
}
$con = mysql_connect($server,$db_user,$db_pwd);
if (!$con){
    gotourl("数据库链接失败".mysql_error()," ");
}
mysql_select_db($db, $con);
//查询文章数据
$sql = "SELECT uid,title FROM article WHERE aid = ". $aid;
$result = mysql_query($sql,$con);
$row = mysql_fetch_array($result);
if (!$row)
    gotourl("该文章数据不存在"," ");
$uid = $row["uid"];
$title = $row["title"];
//检查用户的登录身份是否为文章作者
if (!isset($_SESSION['login_uid']) || $uid != $_SESSION['login_uid'])
    gotourl("您没有删除该文章的权限"," ");
//如果按了删除按钮,则进行删除操作
if($delete)
{
    $sql = "delete FROM article WHERE aid = ". $aid;
    $result = mysql_query($sql,$con);
    if($result)
        gotourl("删除成功","search.php");
    else
        gotourl("删除失败"," ");
}
mysql_close($con);
?>
<!DOCTYPE html>
<html>
```

```
<head>
<meta http-equiv = "Content-Type" content = "text/html; charset = utf-8"/>
<title>删除文章</title>
</head>
<body>
<?php include("navigate.php"); ?>
<form id = "form1" method = "post" action = " ">
    您确实要删除文章"<?php echo($title);?>"吗?<br/>
    <!--用隐藏控件保持 aid 的值-->
    <input name = "aid" type = "hidden" value = "<?php echo($aid);?>"/>
    <input name = "delete" type = "submit" value = "确定"/>
    <input type = "button" value = "取消" onclick = "history.go(-1)"/>
</form>
</body>
</html>
```

13.9 文章修改页面的实现

在 WWW 目录下创建 modifyArticle.php。文章修改页面在界面上与文章发表页面 addArticle.php 相似，只是在表单中多了个隐藏控件用于保持 aid 的值，其界面代码如下：

```
<!DOCTYPE html>
<html>
<head>
<meta http-equiv = "Content-Type" content = "text/html; charset = utf-8"/>
<title>修改文章</title>
<script src = "ckeditor/ckeditor.js"></script>
<script type = "text/javascript">
function validate(thisform){
    with (thisform){
        if (title.value == null || title.value == " "){
            alert("请输入文章标题");
            return false;
        }
        if (content.value == null || content.value == " "){
            alert("请输入文章内容");
            return false;
        }
        return true;
    }
}
</script>
</head>
<body>
<?php include("navigate.php"); ?>
<form method = "post" onsubmit = "return validate(this)">
    <input name = "aid" type = "hidden" value = "<?php echo($aid);?>"/>
```

```
        标题<input type = "text" name = "title" value = "<?php echo($title);?>"/>
        <br/>
        内容<textarea class = "ckeditor" name = "content"><?php echo($content);?
        >
</textarea><br/>
<input name = "modify" type = "submit" value = "修改"/>
</form>
</body>
</html>
```

在处理流程上，modifyArticle.php 与 deleteArticle.php 相似。其处理流程如下所示。
（1）检查传入的参数。
（2）根据传入的 aid，查询文章的数据。
（3）判断登录用户的身份是否为文章的作者。
（4）判断是否按下修改按钮。
① 若未按下，将 aid 的值存放于隐藏控件中，在组件中输出原有的标题和内容。
② 若按下，执行修改操作。
在 modifyArticle.php 的界面代码之前加入以下 PHP 代码：

```php
<?php
    session_start();//打开 Session
    require("config.inc.php");
    require("util.php");
    //检查传入参数
    if (!$aid || !preg_match('/^[0-9]*$/, $aid)) {
        gotourl("传入参数错误"," ");
    }
    $con = mysql_connect($server,$db_user,$db_pwd);
    if (!$con){
        gotourl("数据库链接失败".mysql_error()," ");
    }
    mysql_select_db($db, $con);
    //查询文章数据
    $sql = "SELECT uid,title,content FROM article WHERE aid = ". $aid;
    $result = mysql_query($sql, $con);
    $row = mysql_fetch_array($result);
    if (!$row)
       gotourl("该文章数据不存在"," ");
    $uid = $row["uid"];
    //检查用户的登录身份是否为文章作者
    if (!isset($_SESSION['login_uid']) || $uid!= $_SESSION['login_uid'])
       gotourl("您没有修改该文章的权限"," ");
    if($modify)
    {
        $sql = " UPDATE article SET title ='" . $title. "', content ='" . $content."'
 WHERE aid = ". $aid;
        $result = mysql_query($sql, $con);
        if ($result)
```

```
            gotourl("修改成功","showArticle.php?aid = ". $aid);//跳到文章内容
            页面
        else
            gotourl("修改失败"," ");
    }
    else
    {
        $title = $row["title"];
        $content = $row["content"];
    }
    mysql_close($con);
?>
```

13.10 用 AJAX 实现用户名检测

在此前所实现的注册页面中，若用户填写的用户名已被注册，要在用户提交注册表单后才知道，然后用户还要换个用户名，重新填写密码，再一次地提交注册表单。这样的处理方式显然是不够友好的。最常见的解决方案是利用 AJAX 技术，在用户填写完用户名之后，就立即异步地检测用户名是否可用。

13.10.1 jQuery 的基本使用

若直接使用 javaScript 实现 AJAX，代码较为烦琐，而且还需考虑不同浏览器的差异性。jQuery 是一个兼容多浏览器的 JavaScript 库。使用 jQuery 能极大地简化 JavaScript 编程。

首先从 jQuery 的官方网站（jQuery.com）下载最新的 jQuery。jQuery 本身只是一个 js 文件。本书所使用的是 jquery-1.11.1.min.js。将其放在 www 目录下，为了便于访问将其重命名为 jquery.js，然后在 regist.php 中引用该文件。其代码如下：

```
…………
<title>用户注册</title>
<script type = "text/javascript" src = "jquery.js"></script>
<script type = "text/javascript">
………… //原有的javascript 代码
</script>
…………
```

通常会将调用 jQuery 的代码写在一个 document ready 函数中,代码形式如下：

```
<script type = "text/javascript">
$(document).ready(function( ){
//在这里编写调用 jQuery 的代码
});
………… //原有的javascript 代码
</script>
```

这样的做法是为了防止页面在完全加载之前就运行 jQuery 代码，从而避免一些错误的发送，例如，访问未完全加载的图像。

13.10.2 用 jQuery 实现用户名检测

在输入用户名的文本框中设置 id 属性，以便于在 jQuery 的代码中能够访问到该文本框。在文本框后添加一个 span 标签用于输出用户名是否可用的提示信息。代码如下：

```
<input type = "text" id = "username" name = "username" value = "<?php echo($username);?>"/><span id = "usernameTip"></span>
```

在 jQuery 代码中，可以使用 $("#username") 与 $("#usernameTip") 来访问用户名输入框以及用于输出提示信息的 span 标签。

接下来，设置用户名输入框的 bulr 事件的处理函数，blur 事件发生在组件失去焦点的时候，当用户输入完毕并切换到其他地方的时候触发。此时，利用 jQuery 所提供的 $.get() 函数将用户输入的用户名发送到 checkUsername.php 页面。设定当 checkUsername.php 页面的返回内容为"1"时代表用户可以使用，否则为不可用。完整的代码如下：

```
<script type = "text/javascript" src = "jquery.js"></script>
<script type = "text/javascript">
usernameCanUse = false;//用户名是否可用的标志
$(document).ready(function(){
    //设置用户名输入框的 blur 事件的处理函数.
    $("#username").blur(function(){
        //将用户名发送到 checkUsername.php 进行检查,并设定返回数据的处理函数
        $.get("checkUsername.php?username = " + $("#username").val(),
        function(data){
                    if(data ==1){
                        usernameCanUse = true;
                        $("#usernameTip").html("该用户名可以使用");//输出提示信息
                    }
                    else{
                        usernameCanUse = false;
                        $("#usernameTip").html("该用户名已被注册");
                    }
        });
    });
});
function validate(thisform){
    with (thisform){
        //增加用户名是否可用的判断
        if(usernameCanUse == false)
            return false;
        …………………
    }
}
```

```
</script>
```

最后在 www 目录下创建 checkUsername.php，对用户名是否可用进行检查，其代码如下：

```php
<?php
    require("config.inc.php");
    $con = mysql_connect($server, $db_user, $db_pwd);
    mysql_select_db($db, $con);
    $sql = "SELECT * FROM user WHERE username = '$username';";
    $result = mysql_query($sql, $con);
    if(mysql_fetch_array($result)){
        echo("-1");
    }
    else{
        echo("1");
    }
    mysql_close($con);
?>
```

此例中 checkUsername.php 返回的数据是单一的，当需要返回多项数据时，可以采用 json 的形式。

13.11 用文件实现网站访问次数统计

在许多的网站上都有访问次数统计这样的功能。其实现原理是：当网页被访问时 PHP 获取一个全局的持久化的数值，将其加"1"后显示在网页上，并将该数值持久化。至于持久化的方式，当然可以使用数据库的方式，但若只是为了一个单一的数值专门设置一个数据表，未免有些杀鸡用牛刀，所以这里使用文件的方式来存储数据。

13.11.1 PHP 的文件操作

PHP 提供了许多与文件操作相关的函数。为简化起见，这里仅介绍需要用到的函数。

1. 打开文件操作

使用文件之前，都要进行文件打开的操作。打开文件操作函数的语法定义如下：

```
int fopen(string filename, string mode)
```

该函数的返回值是一个文件句柄，若打开失败则返回 -1。该函数的参数含义如表 13.11.1 所示。

表 13.11.1　fopen 函数的参数含义

参　　数	描　　述
filename	要打开的文件的路径及文件名
mode	打开文件的方式，它可以是以下的值： ● r：文件只读，文件指针指向文件的开头； ● r+：文件可读可写，文件指针指向文件的开头； ● w：文件只写，文件指针指向文件的开头，把文件长度截成 0，如果文件不存在，将尝试建立文件； ● w+：文件可读可写，文件指针指向文件的开头，把文件长度截成 0，如果文件不存在，将尝试建立文件； ● a：文件追加形式（只能写入），文件指针指向文件的最后，如果文件不存在，将尝试建立文件； ● a+：文件可读可写，文件指针指向文件的最后，如果文件不存在，将尝试建立文件

2. 读文件操作

打开文件之后，可以读取文件的内容。读文件操作函数的语法定义如下：

```
string fgets(int fp,int length)
```

该函数的返回值是读取到的数据。该函数的参数含义如表 13.11.2 所示。

表 13.11.2　gets 函数的参数含义

参　　数	描　　述
fp	要读取的文件的文件句柄，即 fopen 函数的返回数值
length	要读取的字符数，实际读取的字符数为 length−1

3. 写文件操作

写文件操作函数的语法定义如下：

```
int fputs(int fp,string str,int [length])
```

该函数的返回值是实际写入的字符个数。该函数的参数含义如表 13.11.3 所示。

表 13.11.3　fputs 函数的参数含义

参　　数	描　　述
fp	要读取的文件的文件句柄，即 fopen 函数的返回数值
str	要写入文件的字符串
length	可选。写入字符串的长度。若未指定该值，则参数 str 整个字符串将被写入；若有指定，则只写入 length 指定的字符数

4. 关闭文件操作

当文件的操作完成后,应关闭文件以释放资源。关闭文件操作函数的语法定义如下:

```
int fclose(int fp)
```

参数 fp 是要关闭的文件的文件句柄,即 fopen 函数的返回数值。

13.11.2 访问次数统计的实现

在 www 目录下创建 counter.php,其代码如下:

```php
<?php
    $count_num = 0;
    if(file_exists("counter.txt"))//判断文件是否存在
    {
        $fp = fopen("counter.txt","r");//以只读方式打开 counter.txt 文件
        $count_num = fgets($fp,9);//读取文件中的前 8 个字符
        $count_num++;//将从文件中读出的数值加 1
        fclose($fp);//关闭文件
    }
    $fp = fopen("counter.txt","w");//以只写的方式打开 counter.txt 文件
    fputs($fp,$count_num);//写入新的访问次数的值写入文件
    fclose($fp);//关闭文件
    echo "该页面已被访问".$count_num."次";//输出访问次数
?>
```

当用户访问 counter.php 页面之后,系统会在 counter.php 页面的同级文件夹内生成一个 counter.txt 文件,该文件中的内容就是页面访问次数的数值。

第五部分

第 14 章   JSP 开发环境与基本语法

14.1   JSP 概述

14.1.1   JSP 技术原理与特点

1. JSP 概述

JSP（Java Server Pages）是基于 Java Servlet 以及整个 Java 体系的 Web 开发技术，是由 Sun Microsystems 公司倡导、并采纳了计算机软硬件、通信、数据库领域多家厂商的意见而共同制定的一种基于 Java 的 Web 动态页面技术。

JSP 技术的设计目的是为了更加容易和快捷地构造基于 Web 的应用程序，而这些应用程序能够与各种 Web 服务器、应用服务器、浏览器和开发工具共同工作，为创建动态生成内容的 Web 页面提供了一个简捷而快速的方法。

JSP 技术秉承了 Java 的"一次编写，各处运行"的精神，既同硬件平台无关，也同操作系统和 Web 服务器无关，是一种与平台无关的技术。利用 JSP 技术我们可以设计出先进、安全和跨平台的动态网站。

2. JSP 的技术原理

JSP 提供在 HTML 代码中嵌入多种程序代码、由语言引擎解释执行程序代码的能力，这与 ASP 技术非常相似。在 ASP 或 JSP 环境下，HTML 代码负责描述信息的显示样式，而程序代码则用来描述处理逻辑。普通的 HTML 页面只依赖于 Web 服务器，而 ASP 和 JSP 页面需要附加的语言引擎分析和执行程序代码。程序代码执行的结果被重新嵌入到 HTML 代码中后一起发送给浏览器。ASP 和 JSP 都是面向 Web 服务器的技术，客户端浏览器不需要任何附加的软件支持。

JSP 技术是用 Java 语言作为脚本语言的，在 JSP 下，代码被编译成 Servlet 并由 Java 虚拟机执行，这种编译操作仅在对 JSP 页面的第一次请求时发生。

Java 是成熟、强大、易扩充的编程语言。与其他脚本语言相比，Java 的可执行性优于 VBScript 或 JScript 语言。因为它们利用 Java 技术并且都被编译为 Java Servlet，JSP 网页为整个服务器端的 Java 库单元提供了一个接口来服务于 HTTP 的应用程序。

3. JSP 的优点

JSP 技术是 Web 服务器、应用服务器、交易系统以及开发工具供应商之间广泛合作的结果。为了整合和平衡已经存在的 Java 编程环境（如 Java Servlet 和 JavaBeans），Sun Microsystems 公司开发出这个技术。作为一种全新的、开发基于 Web 应用程序的方法，它给予使用基于组件应用逻辑的页面设计者以强大的功能。它有以下优点。

（1）将内容的生成和显示进行分离。作为服务器端技术，在服务器端，JSP 引擎解释 JSP，生成所有客户端请求的内容，然后将结果以 HTML 或者 XML 页面的形式发送回客户端。这有助于开发人员既保护自己的代码，又保证任何基于 HTML 的 Web 浏览器的完全可用性。使用 JSP 技术，Web 页面开发人员可以使用 HTML 或者 XML 来设计页面的静态内容；使用 JSP 技术生成页面的动态内容。

（2）采用标识简化页面开发。JSP 技术封装了许多功能，这些功能是在生成易用的、与 JSP 相关的 HTML 或者 XML 的动态内容时所需要的。标准的 JSP 标识能够访问和实例化 JavaBean 组件、设置或者检索组件属性、下载 Applet 以及执行用其他方法更难于编码的耗时功能。JSP 技术是可以扩展的，通过开发定制标识库，开发人员可以创建自己的标识库，从而使 Web 页面开发人员能够使用如同标识一样的工具来执行特定功能的构件。

（3）可重用性组件技术。JSP 页面可以利用可重用的、跨平台的组件（JavaBeans 或者 Enterprise JavaBean）来执行更为复杂的程序。JavaBeans 已经是很成熟的技术，基于组件的方法可让开发人员共享已经开发好的组件，大大加速了总体开发过程。

（4）良好的移植性。作为 Java 平台的一部分，JSP 拥有 Java 编程语言"一次编写，各处运行"的特点，即具有良好的移植性。

（5）企业级的扩展性和性能。当与 J2EE（Java 2 Platform, Enterprise Edition, Java2 平台）和 EJB 技术整合时，JSP 页面将提供企业级的扩展性和性能，这对于在虚拟企业中部署基于 Web 的应用是必需的。

（6）健壮性和安全性。因为 JSP 的内置脚本语言是基于 Java 语言的，而且所有的 JSP 都被编译成 Servlets，所以 JSP 具有 Java 技术的所有好处，包括储存管理的健壮性和安全性。

14.1.2　JSP 运行环境

JSP 使用 Java 作为程序设计脚本语言，因此需要建立 Java 的运行环境。编译和调试运行 Java 程序，需要安装 JDK（Java Develop Kit，Java 开发工具包）。另外，JSP 是基于 Web 的 Java 应用程序，因而它需要有特定的运行环境，即解释器。由于 Java 语言是跨平台的，所以能解释 Java 语言的 Web 服务器与平台无关。Apache Tomcat 是一个开放源代码的自由软件，可以自由获得而无须购买，以下介绍 JDK、Tomcat、JSP 集成开发环境和 MySQL 关系数据库的安装与配置方法。

1. JDK 的安装

（1）下载 JDK。

由于推出 JDK 的 Sun Microsystems 公司已经被 Oracle 公司收购，所以 JDK 可以到 Oracle 公司的官方网站（http://www.oracle.com/index.html）下载。本书采用的 JDK 稳定

版本是 Java SE Development Kit 7，如果是 32 位的 Windows 系统，则可以从 Oracle 网站下载 jdk-7-windows-i586.exe 文件。

（2）安装 JDK。

运行安装程序 jdk-7-windows-i586.exe，选择安装路径后将会自动完成安装。

（3）设置环境变量。

设置 Java 运行环境主要用到如下 3 个环境变量。

① JAVA HOME：用于预设 JDK 的安装路径，其具体设置如下：

```
JAVA_HOME = C:\Program Files\Java\jdk1.7.0
```

② Path：它是 Windows 所固有的，需追加 JAVA HOME\bin 目录，这样在执行 JAVA HOME\bin 文件夹下的相关命令（javac、java 等命令）时就无须输入全路径了。Path 变量的具体设置如下：

```
Path = .;%JAVA_HOME%\bin
```

③ CLASSPATH：是运行 Java 非常重要的环境变量，Java 在编译和运行应用程序时都要通过它去找到需要的类文件。CLASSPATH 变量设置如下：

```
CLASSPATH = .;%JAVA_HOME%\lib;%JAVA_HOME%\lib\tools.jar
```

设置环境变量的具体操作为：在桌面鼠标右键单击"我的电脑"，在弹出菜单中选择"属性"|"高级"|"环境变量"，出现如图 14.1.1 所示的对话框。

首先，单击"系统变量"中的"新建"按钮，打开如图 14.1.2 所示对话框，添加 JAVA HOME 环境变量，并将其变量设置为 JDK 的安装目录，如 C:\Program Files\Java\jdk1.7.0。

图 14.1.1 "环境变量"对话框

图 14.1.2 添加环境变量

继续添加 Path 和 CLASSPATH 环境变量，其值分别设置为 `.;%JAVA_HOME%\bin` 和 `.;%JAVA_HOME%\lib;%JAVA_HOME%\lib\tools.jar`。到此，Java 的运行环境安装设置完毕。

2. Tomcat 的安装

（1）下载 Tomcat。

Tomcat 可以从光盘上安装，也可以从 Apache 站点 http://jakarta.apache.org 下载，本书中使用的版本是 apache-tomcat-7.0.52。

（2）安装 Tomcat。

Tomcat 只要解压 apache-tomcat-7.0.52.rar 文件即可使用，不过为了方便使用，建议解压到［X:］\\ apache-tomcat-7.0.52 目录下。例如，将文件 apache-tomcat-7.0.52.rar 解压到 D:\ apache-tomcat-7.0.52 文件夹下。

（3）设置环境变量。

① TOMCAT HOME（或）CATALINA HOME。

设定 Tomcat 的安装路径，如 D:\ apache-tomcat-7.0.52。

② Path。

追加 Tomcat 安装目录\ bin 目录，如 D:\ apache-tomcat-7.0.52\bin 目录。

③ CLASSPATH。

虽然从 Tomcat 4.0 开始已不依赖环境变量的 CLASSPATH，但为了 Servlets 能够顺利编译，须设定 Tomcat 安装目录\ lib \ servlet-api.jar 类文件，如 D:\apache-tomcat-7.0.52\lib\ servlet-api.jar 类文件。

环境变量的设置方法可以参考 JDK 安装的环境变量的设置方法。

（4）运行 Tomcat。

进入 Tomcat 安装目录\ bin 目录，如 D:\ apache-tomcat-7.0.52 \bin 文件夹，双击 startup.bat。

Tomcat 启动后如图 14.1.3 所示。

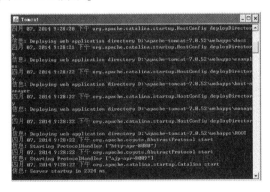

图 14.1.3　命令行中启动 Tomcat 服务器

（5）运行 JSP 程序。

安装完成 Tomcat 之后，在 Tomcat 的安装目录下已生成了 webapps 目录，且此目录下的子目录 ROOT 已在 Tomcat 环境设置文件"Tomcat 安装目录\ conf \ server.xml"作为浏览器访问 Web 应用程序的默认路径加以设置定义。在 server.xml 文件中，能找到 < Context path = " " docBase = "ROOT" debug = "0" /> 这样的设置定义语句，因此，

Tomcat 的安装完毕后，已生成了一个浏览器访问 Web 应用程序的默认路径，即：Tomcat 安装目录\ webapps \ ROOT。设置完参数后，如果设置无误，在 Web 浏览器上输入 http://localhost:8080 运行，可以看到 Tomcat 的欢迎界面，具体如图 14.1.4 所示。

图 14.1.4　Tomcat 服务器欢迎界面

也可以创建自己的浏览器访问 Web 应用程序的路径，以方便开发应用。具体方法是：在 Tomcat 安装目录下，在 conf 目录中的 server.xml 文件中查找到 < Context > 标签，并在任何一对 < Context > 和 </ Context > 标签后，设置定义浏览器访问 Web 应用程序的路径，如：

< Context path = "/myJSP" docBase = "E:\myJSP" debug = "0" reloadable = "true" >
</Context >

其中，path 的值是在浏览器中打开的、跟在 http://localhost:8080 后的访问 Web 应用程序的路径，称为虚拟目录；docBase 的值是硬盘中的目录的实际路径，即绝对路径；reloadable 的值定义了当应用程序中的类文件重新修改编译后，Tomcat 是否需要重新启动。当值为 true 时，不需要重新启动；当值为 false 时，需要重新启动。完成设置定义后，重新启动 Tomcat，这时可以通过在浏览器中打开 http://localhost:8080/myJSP/index.isp，运行放在 E:\myJSP 下的 JSP 应用程序。

3. JSP 集成开发环境

MyEclipse 企业级工作平台（MyEclipse Enterprise Workbench）是对 Eclipse IDE 的扩展，利用它可在数据库和 JavaEE 的开发、发布以及应用程序服务器的整合方面极大地提高工作效率。它是功能丰富的 JavaEE 集成开发环境，包括了完备的编码、调试、测试和发布功能。MyEclipse 是一个十分优秀的用于开发 Java、J2EE 的 Eclipse 插件集合，MyEclipse 的功能非常强大，目前支持 HTML、Java Servlet、CSS、JavaScript、AJAX、JSP、JSF、Struts、Spring、Hibernate、EJB3 和 JDBC 等，可以说 MyEclipse 是几乎囊括了目前所有主流开源产品的专属 Eclipse 开发工具。本书采用的 MyEclipse 版本为 MyEclipse 8.5，该版本不仅是一款功能强大的 JavaEE 集成开发环境，还集成了 Eclipse 3.5.2，提升了团队协作开发、开发周期管理以及 Spring 和 Hibernate 的更好支持。MyEclipse 8.5 的部分安装界面如图 14.1.5 所示。

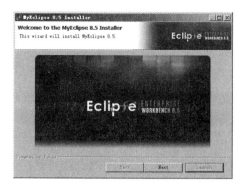

图 14.1.5　MyEclipse 8.5 部分安装界面

(1) 在 MyEclipse 里配置 Tomcat。

下载 MyEclipse 8.5 的安装包并成功安装后，可在 MyEclipse 8.5 里配置并使用 Tomcat 7.0.52 服务器，其具体步骤如下。

① 打开 MyEclipse 8.5 主界面，在主菜单中选择 MyEclipse | Windows | Preferences | Java | Installed JREs。检查是否为空，如果为空则手动添加已安装的一个 JDK（如 jdk1.7.0）。

② 找到 MyEclipse | Windows | Preferences | MyEclipse | Servers | Tomcat 6.x（可支持 tomcat 7.0.52），并进行如下设置：

```
Tomcat server 为 Enable
    Tomcat home directory: 为 D:\apache-tomcat-7.0.52(tomcat 安装路径)
    Tomcat base directory: 为 D:\apache-tomcat-7.0.52
    Tomcat temp directory: 为 D:\apache-tomcat-7.0.52\temp
    prepend to classpath: 为 D:\apache-tomcat-7.0.52\bin\tomcat-juli.jar
```

③ MyEclipse/Windows/Preferences/MyEclipse/Servers/Tomcat 6.x/JDK，设置为默认的或者自己安装的 JDK（jdk1.7.0）。

④ MyEclipse/Windows/Preferences/MyEclipse/Servers/Tomcat 6.x/Launch，设置 tomcat launch mode 为 Run mode。

(2) 在 MyEclipse 里创建基于 JSP 程序。

打开 MyEclipse 开发界面，选择 File | New | Project…，打开新建项目对话框，找到并选中 Web Project，单击 Next 按钮，在 Web Project Details 的 Projects Name 中输入 mytest，其他采用默认值。注意这里的 Context root URL 为/mytest，然后，单击 Finish 按钮完成项目创建，具体如图 14.1.6 所示。

4. MySQL 关系数据库

MySQL 是一个关系型数据库管理系统，由瑞典 MySQL AB 公司开发，目前属于 Oracle 公司。MySQL 是最流行的关系型数据库管理系统，在 Web 应用方面 MySQL 是最好的关系数据库管理系统应用软件之一。MySQL 是一种关联数据库管理系统，关联数据库将数据保存在不同的表中，而不是将所有数据放在一个大仓库内，这样就增加了速度并提高了灵活性。MySQL 所使用的 SQL 语言是用于访问数据库的最常用标准化语言。由于 MySQL 具有体积小、速度快、总体成本低和开放源代码等特点，一般中小型网站的开发都选择 MySQL 作为网站数据库。所以，本书选择 MySQL 关系数据库作为 JSP 应用程序的后台数据库。

图 14.1.6　新建 Web 应用程序

可以从 MySQL 的官方网站（http://www.mysql.com）下载 MySQL 的稳定版本如 MySQL 5.5.28.3，获得安装包文件 mysql-installer-5.5.28.3.msi，注意在安装上述文件前要安装 .Net Framework 4.0 或更高版本的 .Net 框架。单击打开安装文件，出现如图 14.1.7 所示的首界面，接下来按照安装程序的提示依次选择安装方式、安装项目，并安装必备运行支持环境等，具体如图 14.1.8 和图 14.1.9 所示。安装完成后，还要对 MySQL 进行相应配置，如设置网络服务端口和登录账号等，具体如图 14.1.10 和图 14.1.11 所示。安装完成后可以启动 MySQL Workbench，其主界面如图 14.1.12 所示。需要注意的是，MySQL 使用的默认端口是 3306，如果需要，在安装时可以修改为其他端口。

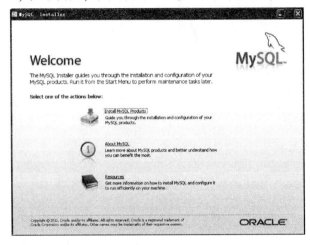

图 14.1.7　MySQL 5.5.28.3 安装首界面

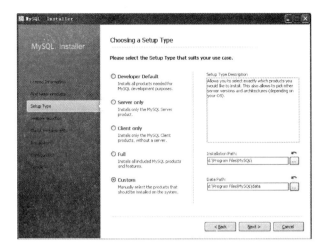

图 14.1.8 选择安装方式

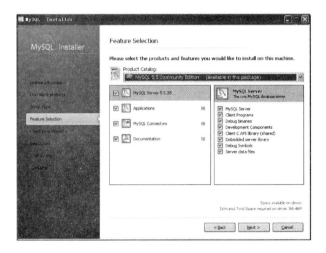

图 14.1.9 选择安装项目

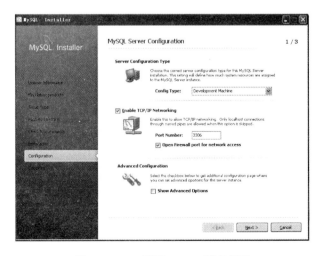

图 14.1.10 设置 MySQL 服务端口

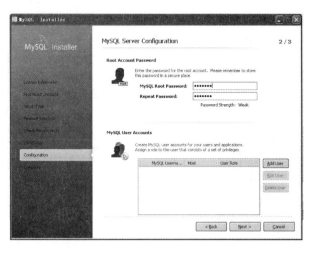

图 14.1.11　设置 MySQL 登录账号

图 14.1.12　安装完成后启动 MySQL Workbench

14.1.3　创建一个简单的 JSP 程序

【例 14.1.1】在屏幕上输出 hello, world!。

程序源代码如下:

```
<%@ page contentType = "text/html; charset = gb2312" %>
    <%request.setCharacterEncoding("GB2312"); %>
<html>
<head>
    <title>第一个 JSP 程序</title>
</head>
<body>
    <%out.println("Hello,World!");%>
</body>
</html>
```

以上可以看到 JSP 的网页与普通 HTML 页面基本结构一样，只是多了些 Java 代码。

在完成项目 mytest 的创建后，在 MyEclipse 主界面左侧的 Package Explorer 栏目中将生成 mytest 工程的文件目录树，在 \ WebRoot 目录下将自动生成一个 jsp 文件 default.jsp 作为该工程的主页。用户可以直接使用该页面完成一个 JSP 程序，也可以新建一个 jsp 页面。本书选择直接对 default.jsp 中代码进行覆盖，完成【例 14.1.1】中的 JSP 程序创建和运行，运行结果如图 14.1.13 所示。

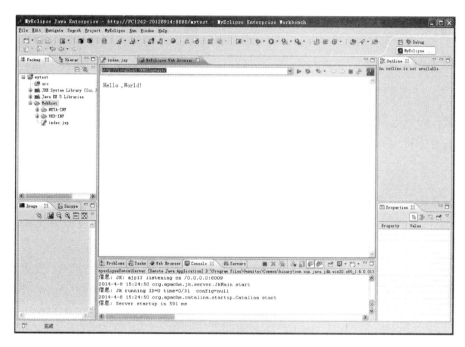

图 14.1.13　简单的 JSP 示例

14.2　JSP 语法基础

JSP 是基于 Java Servlet 以及整个 Java 体系的 Web 开发技术，它使用 Java 语言作为脚本语言，因此必须首先掌握 Java 语言。

14.2.1　Java 语言

1. 数据类型

Java 有两种数据类型：基本类型和复合类型。基本类型是指不可再分解的数据类型，而复合类型也称引用类型，它是可以分解为基本类型的数据类型。

(1) 基本类型。

① 整型:byte、short、int 和 long,用来表示整数;

② 浮点型:float 和 double,用来表示小数;

③ 字符型:char,用来表示字母或数字;

④ 布尔型:boolean,用来表示逻辑值。

(2) 复合类型。

① 数组:array;

② 类:class;

③ 接口:interface。

2. 常量和变量

(1) 常量。

常量,顾名思义,一旦完成定义,其值就不再发生改变。所以定义常量时,要注意标明它的修饰符为 final。例如:

```
public static final int months = 12;
```

字符常量是用单括号括起来的。Java 提供的转义字符表如表 14.2.1 所示。

表 14.2.1　转义字符表

转义字符	意　　义
\'	单引号字符
\"	双引号字符
\	反斜杠字符
\r	回车
\n	换行
\t	制表符
\b	退格

(2) 变量。

Java 有两种类型的变量:其中一种是使用基本数据类型的变量,如 int 和 double 等基本数据类型;而另外一种是使用复合类型的变量,其中可能用到数组,也可以是类,类可以由程序员自身进行定义。变量可以根据定义位置分为局部变量和全局变量。局部变量的作用域只是方法内部;全局变量的作用域是整个类。和大多数高级语言一样,Java 语言要求变量在使用前先定义。

变量定义的形式为:

<类型名>变量名[=表达式][,变量名[=表达式]…];

即先指出变量类型,再列出变量名。比如:

```
int x,y,z;
```

3. 运算符与表达式

Java 语言的表达式与 C/C++ 相似，是由变量、常量和各种运算符组成的式子，它主要包括以下几类。

（1）赋值运算。

简单的赋值运算是把一个表达式的值直接赋给一个变量或对象，其格式为：

变量名 = 表达式。

（2）算术运算。

算术运算符用于数学表达式中，如表 14.2.2 所示。

表 14.2.2　算术运算符

类　　型	符　　号	名　　称
基本算术运算符	+	加
	-	减
	*	乘
	/	除
	%	取余
自加和自减	+ +	自加
	- -	自减
算术赋值运算符	+=	相加并赋值
	-=	相减并赋值
	*=	相乘并赋值
	/=	相除并赋值
	%=	取余并赋值

（3）关系运算。

关系运算符有 6 个：等于（==）、不等于（!=）、大于（>）、小于（<=）、大于或等于（>=）、小于或等于（<=）。

所有关系运算符如表 14.2.3 所示。

表 14.2.3　关系运算符

运算符	运　　算
==	等于
!=	不等于
>	大于
<	小于
>=	大于或等于
<=	小于或等于

（4）逻辑运算。

逻辑运算是操作数和运算结果都是布尔型量的运算。Java 语言的逻辑运算符定义如表 14.2.4 所示。

表 14.2.4 逻辑运算符

运算符	运 算	示 例	运算规则
&	非简洁与	X & Y	X、Y 都真时结果才为真
|	非简洁或	X | Y	X、Y 都假时结果才为假
!	取反	! X	X 真时为假，X 假时为真
^	异或	^X	X、Y 同真假时结果为假
&&	简洁与	X && Y	X、Y 都真时结果才为真
||	简洁或	X || Y	X、Y 都假时结果才为假

4. 字符串与数组

（1）字符串。

字符串是可操作的字符的集合。字符串常量是用一对双引号标记的一组字符；字符串变量与 int 或 double 等简单类型不同，Java 中提供 String 类型，以对象方式处理字符串，也可以用 StringBuffer 类来实现。

① 字符串的建立。

可以使用两种方法来建立字符串。

- 用赋值运算符 = 创建字符串，如 String myFriend = "TOM"。
- 用 String 类来构造字符串。

② 字符串的两个比较函数。

Java 提供了两个比较字符串是否相等的方法：equals( ) 方法和 CompareTo( ) 方法。

- equals( ) 方法函数为：

```
public boolean equals(String string2)
    L1.equals(L2);
```

- CompareTo( ) 方法函数为：

```
public int compareTo(String String2)
    L1.compareTo(L2);
```

当 L1 与 L2 两个字符串相同时，返回 true；否则返回 false。

"+" 运算符可以用于链接字符串和基本数据类型，它先将基本数据类型中的数据转化成字符串，然后和字符串相加。

（2）数组。

数组对于构建复杂数据是非常重要的。数组是常用的数据结构，是一组相同类型的数据的集合，在 Java 中数组元素可以是简单数据类型的量，也可以是某一类的对象，甚至可以是接口。数组的定义与 C++ 不同，它使用动态分配内存的方法。下面介绍数组的创建过程。

① 声明数组。声明数组的语法格式有两种,如下所示。

数组元素类型　数组名[];如 int Number[];
数组元素类型　数组名;如 int[ ] Number;

② 创建数组空间并定义数组的大小。使用关键字 new,后跟变量的类型和大小。例如,Number = new int[10];

③ 给数组中的元素赋值。如果数组元素的类型是基本数据类型,那么这第三个步骤可以自行省略。

5. 流程控制语句

(1) if 语句。

if 语句的一般格式为:

```
if(条件表达式)
    语句块 1;
        else
            语句块 2;
```

(2) switch 语句。

switch 分支结构的一般格式为:

```
switch(表达式){
    case 变量 1:语句 1;
            break;
    case 变量 2:语句 2;
            break;
    default:语句 3;
        }
```

(3) for 语句。

for 语句的一般格式为:

```
for(初始化语句;条件表达式;递增语句)
    循环体;
```

(4) while 语句。

while 语句的一般格式为:

```
while(条件表达式)
    循环体;
```

(5) do-while 语句。

do 语句的一般格式为:

```
do
    循环体;
    while(条件表达式)
```

6. Java 的类

类是一种抽象的数据类型，它是同种对象的集合与抽象。对象就是现实世界中某个具体物理实体在计算机逻辑中的映射和体现，而属于类的某一个对象则称为类的一个实例。类是 Java 的核心，它是整个 Java 语言的基本要素。整个 Java 语言的类分为两大部分，一是系统定义的类，可直接引用；另一部分是用户程序自定义类。

(1) 定义类。

定义类又称为声明类，其一般语法结构如下：

```
[修饰符]class 类名[extends 父类]　[implements 接口名]
    {
        类成员变量声明；
        类方法声明；
    }
```

(2) 创建类的实例对象。

第一步，说明新建对象所属的类名；第二步，说明新建对象的名字，赋值号右边的 new 是为新建对象开辟内存空间的算符。其一般格式为：

类名　新建对象名 = new 构造函数()

(3) 构造函数。

必须指出，构造函数必须与类同名。在 Java 中，每个类都至少有一个构造函数，它可以确保用户正确地创建类的对象，同时初始化对象。

【例 14.2.1】使用 Java 类操作的例子。

程序文件 RectArea.java 源代码如下：

```java
//RectArea.java
//创建一个类 Rectangle
class Rectangle
{
    //成员变量
    public int width = 0;
    public int height = 0;
    //构造函数
    public Rectangle(int w,int h)
    {
        width = w;
        height = h;
    }
    public int area( )
    {
        return width * height;
    }
}
//创建一个类 RectArea,用以计算矩形的面积差
public class RectArea
```

```
{
  public static void main(String args[])
  {
    int w = 12,h = 15;
    int x = 7,y = 9;
    //创建两个矩形实例
    Rectangle s1 = new Rectangle(w,h);
    Rectangle s2 = new Rectangle(x,y);
    //计算并输出两个矩形面积差
    System.out.println("两个矩形面积差 = " + (s1.area( ) - s2.area( );
  }
}
```

运行结果　两个矩形面积差 = 117。

（4）类的修饰符。

Java 中可以对类、属性和方法进行修饰。所有的修饰符可分为访问控制修饰符和非访问控制修饰符，如表 14.2.5 所示。

表 14.2.5　修饰符

控 制 符	访问控制符	非访问控制符
类	公共访问控制符 public 默认访问控制符	抽象类（abstact） 最终类（final）
属性	公共访问控制符 public 默认访问控制符 私有访问控制符 private 保护访问控制符 protected 私有保护访问控制符 private protected	静态属性（static） 静态初始化器 最终属性（final） 易失属性（volatic）
方法	公共访问控制符 public 默认访问控制符 私有访问控制符 private 保护访问控制符 protected 私有保护访问控制符 private protected	抽象方法 静态方法 最终方法 本地方法（native） 同步方法（synchronized）

7. 继承与重载

（1）继承。

继承是面向对象编程的一个主要特点，通过继承可以更有效地组织程序结构，明确类间的关系，并充分利用已有的类来完成更复杂、深入的开发。

Java 中的继承是通过 extends 关键字来实现的，通过在类的声明中加入 extends 子句来创建一个类的子类，其格式如下：

```
class Subclass extends SuperClass{
   ……
   }
```

子类可以从父类那里继承所有非 private 的属性和方法作为自己的成员。

(2) 重载。

在 Java 中,使用方法重载可以在同一类中以相同的名字定义多个方法,只要它们的参数列表,方法重载是 Java 实现多态性的一个方面。

8. 接口、包与异常处理

(1) 接口。

接口是由常量和抽象方法组成的特殊类。它实现了不同层次、互不相关的类之间能具有相同的行为,即实现了多重继承。

接口的声明形式如下:

`[修饰符] interface 接口名[extends 接口1,接口2,…]`

Java 语言用关键字 implements 声明类中将实现的接口。

(2) 包。

Java 中的包相当于其他编程语言中的函数库,它可以把各种类组织在一起,使得程序清楚、结构分明,有利于实现不同程序间类的复用。Java 中已经定义了很多有用的工具包供程序员使用,当然用户也可以自己定义包。包的定义方法如下:

首先,创建包。创建一个包非常简单,在 Java 源文件的最开始的语句中包含一个 package 语句即可。即:`package 包名;`

其次,引入包。

(3) 异常处理。

在 Java 源程序中,紧接着 package 语句之后的是一组 import 语句。Java 用 import 语句引入一个包,使得该包的某些类或所有类都能被直接使用。

异常处理就是由编程语言本身提供某种机制,在异常发生时通知应用程序,再让应用程序决定如何来进行下一步的处理。

所谓异常(Exception),就是在程序执行的时候,遇到非正常情况,即程序出错。在 Java 语言结构的设计上,异常也被看作是对象,而且和一般的对象没有什么不同,只不过异常的类一定是继承自类 Throwable 或其子孙类的。所以,按其性质,我们可以为 Java 中的异常下个操作型的定义:所有类 Throwable 及其子孙类所产生的对象实体,都是异常。

在 Java 中异常可分为三大类:

(1) 错误类(Error);

(2) 异常类(Exception);

(3) 运行时异常类(Runtime Exception)。

在 Java 的异常处理机制中用 try-catch-finally 结构来捕获和处理异常,其基本框架如下:

```
try {
    //try 模块
    }
catch(参数)
    {
    //catch 模块
    }
    //可以有一个或多个 catch 语句
finally
    {
    //finally 模块
    )
```

try/catch 语句的执行过程是：先执行 try 模块中的各个语句，如果这些语句在执行过程中触发了异常，将该异常与若干 catch 模块按照它们在程序中的顺序一一进行匹配，匹配成功就执行那些 catch 模块中的内容，直至检测（或执行）最后一个 catch 模块，如果还存在 finally 模块就执行它。

我们也可以使用 throw 语句来控制异常，这需要程序员在程序中自己抛出异常，并且可以自定义错误提示语句。使用方法如下：

throw new 异常类(可自定义错误提示语句)

9. Java Applet

Applet 也称小应用程序，是一种嵌入在 HTML 文件中并依赖浏览器运行的程序。

【例14.2.2】使用 Java 类操作的例子创建并运行一个简单的 Applet 程序。

在 MyEclipse 8.5 中可直接创建 Applet 小程序，具体步骤为选择 File | New | Applet，打开 Create a new Applet 对话框，新建一个类名为 Hello 的 Applet 小程序，具体设置如图 14.2.1 所示。

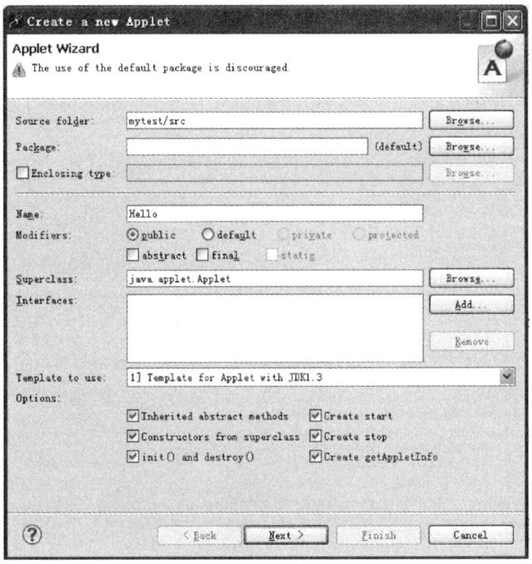

图 14.2.1　新建 Java Applet 示例

程序文件 Hello.java 源代码如下：

```
import java.awt.*;
    import java.applet.*;
    public class Hello extends Applet
    {
        public void paint(Graphics g)
        {
        g.drawString("Hello,this is a Applet!!! ",40,40);
        }
    }
```

然后对 Hello.java 进行编译，生成字节码文件 Hello.class。最后，在 MyEclipse8.5 中新建一个静态网页 MyHtml.html，并在其中调用 Hello.class。MyHtml.html 的源代码如下：

```
<html>
    <body bgcolor = "#CCFFFF">
    <applet code = "Hello.class" height =200 width =200>
    </applet>
    </body>
    </html>
```

在浏览器中运行 MyHtml.html，就会得到如图 14.2.2 所示的结果。

图 14.2.2　在 Html 网页中加载 Applet 程序

10. Java 包

Java 中设计并实现了一些体现常用功能的标准类，这些类根据功能被划分成不同的 Java 包。Java 包可以简化面向对象的编程过程，开发者对 Java 编程的能力很大程度上取决于对 Java 包的熟悉和掌握程度。常用的包如下。

（1）java.lang 包。java.lang 包是由 Java 语言的核心类组成。它提供了运行 Java 程序必不可少的系统类，如基本数据类型、基本数学函数、字符串处理、线程、异常处理类等。

（2）java.io 包。java.io 包是 Java 语言的标准输入/输出库。这个包提供了创建和处理数据流的方法。

（3）java.awt 包。java.awt 包由一些能够用来创建丰富的、具有吸引力的、有用的界面和独立的应用资源组成。

（4）java.until 包。java.until 包包括 Java 语言中一些低级的实现工具，如处理时间的 Date 类、处理变长数组的 Vector 类等。

（5）java.NET 包。java.NET 包是使 Java 成为基于网络的编程语言的一个包。

（6）java.applet 包。java.applet 包是用来实现运行于 Internet 浏览器中的 Java Applet 的工具类库，它仅包含一个非常有用的类：java.applet.Applet。

（7）java.sql 包。java.sql 包是实现 JDBC 的类库。

14.2.2　JSP 指令和脚本元素

JSP 页面程序是在传统的静态页面程序中加入用 Java 描写的动态页面处理部分。一个 JSP 页面程序数据由元素数据（Element Data）和固定模板数据（Template Data）两部分构成。其中元素数据是指被 JSP 引擎所解释的元素类型的实例；而此外的任何数据都是固定模板数据，即 JSP 引擎无法解读的内容都是固定模板数据，JSP 的固定模板数据通常指 HTML 及 XML 标记符的数据，这部分数据不被 JSP 引擎解释，通常原封不动地返回客户端浏览器，或由指定的组件处理。

JSP 的元素类型有三种：脚本元素、指令元素和标准操作元素。

1. JSP 基本语法

JSP 提供了两类注释的方法：一类是对 JSP 网页自身的注释；另一类是出现在发送给客户的网页中。

（1）JSP 网页自身注释。

JSP 网页自身注释又称隐藏式注释，其语法格式如下：

```
<%-- JSP 网页自身的注释内容--%>
```

注意：这种注释是不允许嵌套存在的。

注释内容可以是除了 --%> 外的任何内容。若想在注释中使用 --%>，必须使用 Escape 表示法，即用 --%\> 来表示。

<%-- 和 --%> 之间的注释多是用于说明自己的 JSP 程序，这段注释在编译时被忽略，不会被发送到客户端，当然查看源代码也发现不了它。这个注释在希望隐藏或注释 JSP 程序时很有用。

（2）发送到客户端的注释。

生成发送到客户端的注释又称"嵌入式注释"，一般采用 HTML 及 XML 的语法格式：

```
<!-- 发送到客户端的注释-->
```

JSP 引擎对此类注释不做任何解释，直接将其返回给客户端的浏览器，其结果是会在客户端页面中显示一个注释；同时，客户在查看源代码时可以看到这条注释。

但需要注意的是，表达式的内容可以是动态的，页面的每次读取和刷新都有可能是不同的内容，这是与一般 HTML 注释最大的不同之处。注释中的动态数据是通过表达式

（expression）来表示的。其语法格式如下：

```
<!-- 注释<%=expression%>注释-->
```

2. JSP 脚本元素

（1）JSP 声明元素。

声明元素就是声明在 JSP 网页程序中将会用到的变量和方法。在 JSP 中使用这些变量和方法前，必须事先声明。声明语句必须符合相应脚本语言的语法规范，这里就是 Java 程序语言。声明的语法格式如下：

```
<%!Declaration(s)%>
```

变量在声明时可以设置初始值，而且一次可以声明一个或多个变量。声明的内容会插入最终生成的 Servlets 中，但不会产生任何传送到客户端的数据。声明必须遵守 Java 程序语言的规定。有以下几点规则：

① 必须以分号结尾（同样的规则适用于脚本的编写，否则，表达式不用）；

② 用<%@ page%>引入的页面已经声明过的变量和方法可以直接使用，不用再次声明；

③ 声明可以扩展范围，也就是说可以扩展到任何静态的 JSP 文件。

（2）JSP 表达式元素。

JSP 表达式元素可为任意一个有效的 JSP 脚本语言表达式，即表达式内容必须符合相应脚本语言的语法规则，即 Java 程序语言的规定。它的语法格式如下：

```
<%=expression%>
```

表达式是在运行时由服务器计算求值，其结果转化成 String 插入该表达式在 JSP 页面的相应位置。如果表达式的结果不能转化成 String，将产生错误异常。使用表达式，可在 JSP 页面内显示动态数据内容。

在使用表达式时，注意以下要点：①不能用一个分号；作为表达式的结束符。但同样的表达式用在 JSP 脚本小程序元素（Scriplet）中就需要使用分号。②表达式元素可以很复杂，由多个表达式组成。这种复杂表达式在计算值的时候，表达式的计算次序是由左向右，在这种情况下，有时会产生一定的副作用（Side effect）。③表达式有时也能作为其他 JSP 标签的属性值。

下面用一个例子说明 JSP 表达式。

【例 14.2.3】用 JSP 表达式表示矩形的面积。

源代码如下所示：

```
<%@ page contentType="text/html;charset=gb2312"%>
    <%@ page import="java.sql.*"%>
    <%@ page import="java.io.*"%>
    <html>
    <head>
    </head>
```

```
<body>
<%! int height = 4,width = 7 ; %>
矩形的宽度:<% = width %>
矩形的高度:<% = height %>
矩形的面积: <% = height * width %>
</body>
</html>
```

采用 MyEclipse8.5 新建一个 Web 应用程序 mytest 和一个 JSP 文件 index.jsp，输入以上源代码并运行该文件，运行结果如图 14.2.3 所示。

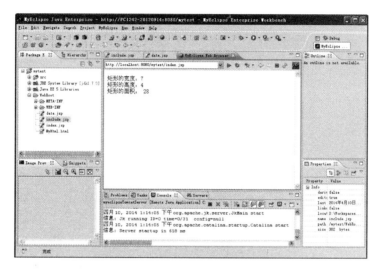

图 14.2.3　用 JSP 表达式表示矩形面积

（3）JSP 脚本小程序元素。

JSP 脚本小程序元素就是 JSP 页面中用 JSP 脚本语言编写的程序段，该程序段内容必须符合相应脚本语言的语法规定。它的语法格式如下：

`<%JSP 脚本小程序元素(Scriptlet)%>`

当 JSP 引擎处理客户端请求时，脚本小程序元素会在请求时被执行。脚本小程序元素是否有输出到客户端浏览器的内容完全取决于程序员在脚本小程序元素内部编写的代码。

在一个 JSP 页面中，可以有多个脚本小程序元素。在一个脚本小程序元素中声明的变量称为 JSP 页面局部变量，即在当前整个 JSP 页面中有效。利用这个特性，可将一个程序段分割成几个更小的程序段，从而在程序段间加入一些其他标记元素，并且不会影响程序段内容的执行。

在使用 JSP 脚本小程序元素时要注意以下几点。

① JSP 脚本小程序元素的内容必须符合指定脚本语言的语法规范。

② 可以在 JSP 脚本小程序元素内定义变量、方法声明、使用表达式等。注意在变量声明和使用表达式时必须跟有；。

③ 在 JSP 脚本小程序元素内可以使用任何隐含的对象和任何用 <jsp：useBean> 声明过的对象。

④ JSP 脚本小程序元素内的注释格式与 Java 中的注释格式一致。

3. JSP 指令元素

JSP 指令只有在使用该指令的 JSP 网页有效，它不直接产生可见输出，它只是让 JSP 引擎知道如何处理下面的代码。

语法格式如下：

```
<%@ 指令名称 属性1 = ,属性2 = ,… %>
```

（1）page 指令。

page 指令用来定义 JSP 文件中的全局属性。

语法格式如下：

```
<%@ page
        [language = "java"]
        [extends = "package.class"]
        [import = "{package.class | package.*},…"]
        [session = "true | false"]
        [buffer = "none | 8kb | sizekb"]
        [autoFlush = "true | false"]
        [isThreadSafe = "true | false"]
        [info = "text"]
        [errorPage = "relativeURL"]
        [contentType = " mimeType[;charset = characterSet]" | "text/html;
          charset = ISO - 8859 - 1"]
        [isErrorPage = "true | false"]
%>
```

说明：通常把 <%@ page %> 指令放在 JSP 文件的顶部。<%@ page %> 指令作用于整个 JSP 页面，包括静态的包含文件。但是 <%@ page %> 指令不能作用于动态的包含文件，如 <jsp:include>。在一个 JSP 页面中可以多次用到 <%@ page %> 指令，但 import 属性除外，其他属性只能设置一次。

page 指令中相关属性说明如下：

- language = "Java"：声明脚本语言的种类，暂时只能用 java；
- extends = "package.class"：标明 JSP 编译时需要加入的 Java Class 的全名；
- import = "{package.class | package.*}, …"：需要导入的 Java 包的列表；
- session = "true | false"：设定客户是否需要 HTTP Session. 的默认值是 true；
- buffer = "none | 8kb | sizekb"：被 out 对象用于处理执行后的 JSP 对客户端的输出，默认值是 8kb；
- autoFlush = "true | false"：设置如果 buffer 溢出，是否需要强制输出，其默认值为 true；
- isThreadSafe = "true | false"：设置 JSP 文件是否支持多线程，默认值为 true；
- info = "text"：在执行 JSP 时文本将会被逐字加入 JSP 中；
- errorpage = "relativeURL"：设置处理异常事件的 JSP 文件；

- iserrorpage = "true | false"：设置此页是否为出错页；
- contentType = "mimeType [; charset = characterSet]" | " text/ html; charset = ISO – 8859 – 1"：设置 MIME 类型，缺省 MIME 类型是：text/ html，缺省字符集为 ISO – 8859 – 1。

（2）include 指令。

include 指令用于在 JSP 中包含一个静态的文件，同时解析这个文件中的 JSP 语句。

语法格式：< % @ include file = " relativeURL"% >

说明：< %@ include % >指令将会在 JSP 编译时插入一个文件，这个文件包含文本或者代码，在运行时，这个包含的过程应当是静态的。这个被包含文件可以是一段 Java 代码、html 文件、JSP 文件甚至可以是文本文件。如果包含的是 JSP 文件，那么这个包含的 JSP 文件中的代码将会被执行。其中属性 file =relativeURL 包含的文件的路径名指相对路径，不需要什么端口、协议和域名，如果这个路径以/开头，路径主要是参照 JSP 应用的上下关系路径；如果以文件名或目录名开头，就是正在使用的 JSP 文件的当前路径。

【例 14.2.4】include 指令示例。

程序文件 include.jsp 源代码如下：

```
<%@ page contentType = "text/html; charset = gb2312"%>
    <%@ page import = "java.sql.*"%>
    <%@ page import = "java.io.*"%>
    <html>
    <head><title>An Include Test</title></head>
    <body bgcolor = "white">
    <font color = "green">
现在的时间是：
<%@ include file = "date.jsp"%>
    </font>
    </body>
    </html>
```

在 include.jsp 文件中所包含的 date.jsp 源代码如下：

```
<%@ page import = "java.util.*"%>
    <% = (new java.util.Date()).toLocaleString()%>
```

本例运行结果如图 14.2.4 所示。

（3）taglib 指令。

taglib 指令定义一个标签库以及其自定义标签的前缀。语法格式如下：

```
<%@ taglib uri = "URIToTagLibrary" prefix = "tagPrefix"%>
```

例如：

```
<%@ taglib uri = "http://www.hainu.edu.cn/tags" prefix = "public"%>
    <public:loop>
    </public:loop>
```

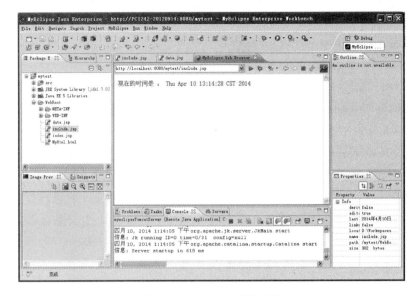

图 14.2.4 include 指令示例

说明：<%@ taglib %>指令声明此 JSP 文件使用了自定义的标签，同时引用标签库，也指定了标签的前缀。自定义的标签含有标签和元素之分。标签是 JSP 元素的一部分。JSP 元素是 JSP 语法的一部分，和 XML 一样有开始标记和结束标记。元素也可以包含其他的文本、标记、元素。必须在使用自定义标签之前使用<%@ taglib%>指令，而且可以在一个页面中多次使用，但是前缀只能使用一次。

taglib 属性说明如下：

- uri = "URIToTagLibrary"：URI 根据标签的前缀对自定义的标签进行唯一的命名，URI 可以是 Uniform Resource Locator（URL）或 Uniform Resource Name（URN）或一个路径。
- Prefix = "tagPrefix"：自定义标签之前的前缀，如，<public：loop>。

4. JSP 标准操作元素

动作控制标签是一种特殊的标签，用于控制 JSP 引擎的动作，例如将用户重定向、使用 JavaBean 为 Java 插件生成 HTML 代码等。

JSP 规范中包含一些标准的动作控制标签，它们必须通过适当的 JSP 引擎来实现，在 JSP 引擎的任何版本中或者是 Web 服务器中总是可用的。新的动作控制标签要用<jsp：taglib>指令来引入。标准的动作控制标签可以辅助那些定制的类型实现特定的 JSP 页面。在 JSP 中标准标签有：<jsp：include>、<jsp：forward>、<jsp：plugin>、<jsp：param>、<jsp：useBean>、<jsp：setProperty>和<jsp：getProperty>。

（1）include 操作。

<jsp：include>标签可以在即将生成的页面上动态地插入一些文件。<jsp：include>操作的语法格式如下：

```
<jsp:include page = URL   flush = "True">
    <jsp:param NAME = "参数名称1" VALUE = "值1"/>
    <jsp:param NAME = "参数名称2" VALUE = "值2"/>
```

```
    </jsp:include>
```

include 指令中的属性说明如下：

① page 属性：指定需要包含进页面的文件的 URL 地址。

② <jsp：param> 使用 <jsp：param> 可以传递参数到要插入的 JSP 网页，参数设置可以省略，省略时还可以使用如下简单格式：

```
<jsp:include page = URL flush = "true"/>
```

在 JSP 指令元素中，include 指令也可以在一个页面中包含其他文件，两者是有区别的。include 指令只能静态地插入文件，指令在编译时就已经将需要插入文件中的内容插入至当前网页中，生成 Java 文件。<jsp：include> 标记是动态地插入文件，在编译时，并不将需要插入的文件内容插入到当前网页中，操作在接受请求时执行。一个静态的文件经过分析后，它的内容就包含进调用它的 JSP 页面中了。一个动态的文件根据请求而执行，然后把结果传回包含它的 JSP 页面，结果可以随着文件的变化而变化。所以使用 include 指令插入一个文件时，当插入文件改变时，需要重新编译当前网页，生成新的 Java 文件，否则当前网页将不会变化。而使用 include 操作是在网页被请求时，才调用插入文件，所以不存在重新编译的问题。include 操作的动态插入特性还支持在运行时通过表单递交一个要插入的文件名。

使用 <jsp：param> 可以将参数传递给要插入的 JSP 网页，在 JSP 网页中，需要通过如下语句取得传递来的参数：

```
request.getParameter("参数名称");
```

例如：在执行 include 操作的文件中有这样的语句：

```
<jsp:include page = "JSPInc.jsp">
    <jsp:param NAME = "NAME"VALUE = "Mary "/>
    <jsp:param NAME = "age "VALUE = "27 "/>
</jsp:include>
```

那么，在被插入的文件 JSPInc.jsp 中可以通过以下语句接受参数：

```
<% = request.getParameter("NAME")% > <BR>
<% = request.getParameter("age")% >years old <BR>
```

(2) forword 操作。

<jsp：forward> 操作是将浏览器显示的网页转到另一个 HTML 网页或者 JSP 网页。一个 <jsp：forward> 有效地终止了当前页面的运行，<jsp：forward> 标签下的代码将不能被执行，缓冲区被清空。如果使用非缓冲输出的话，当在使用 <jsp：forward> 之前，JSP 文件已经有数据，那么文件编译将会出错。<jsp：forward> 的语法格式如下，参数传递可省略：

```
<jsp:forward page = URL >
    <jsp:param   NAME = "参数名称1"VALUE = "值1"/>
    <jsp:param   NAME = "参数名称2"VALUE = "值2"/>
</jsp:forward>
```

<jsp：pamm>可以用来传递参数,传递多个参数可以通过在一个JSP文件中使用多个<jsp：pamm>的方法来实现。当使用<jsp：pamm>将参数传递给JSP网页时,在JSP网页中将可通过如下语法取得传入的参数。

```
request.getParameter(参数名称").
```

【例14.2.5】forward操作示例。

程序文件forward.jsp源代码如下:

```
<html>
    <body>
        <jsp:forward page = "date.jsp"/>
    </body>
</html>
```

运行结果如图14.2.5所示。

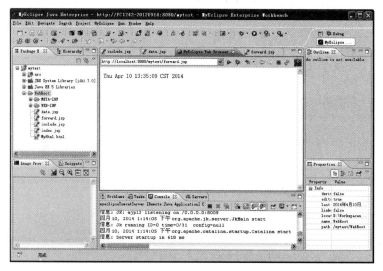

图14.2.5 forward操作示例

(3) plugin操作。

<jsp：plugin>操作标签会根据浏览器的版本替换成HTML标签<object>或<Applet>元素,<applet>在HTML3.2中定义,<object>在HTML4.0中定义。其作用是确保一个浏览器的Java插件软件可用,可以在浏览器中播放或显示一个对象即applet和bean。一般来说,<jsp：plugin>元素会指定对象是applet还是bean,同样也会指定class的名字及位置,另外还会指定从哪里下载这个Java插件。

<jsp：plugin>操作的语法格式如下:

```
<jsp:plugin
    TYPE = "bean | applet"
        code = "保存类的文件名称"
        codebase = "类路径"
        [NAME = "对象名称"]
        [archive = "相关文件路径"]
```

```
            [AL工GN = "对齐方式"]
            [height = "高度"]
            [width = "宽度"]
            [hspace = "水平间距"]
            [vspace = "垂直间距"]
            [jrevesion = "Java环境版本"]
            [napluginurl = "供NC使用的plugin加载位置"]
            [iepluginurl = "供IE使用的plugin加载位置"] >
    <jsp:params >
    <jsp:param NAME = "参数名称1" VALUE = "值1"/>
        <jsp:param NAME = "参数名称2" VALUE = "值2"/>
        ……
        </jsp:params >
        <jsp:fallback >错误信息</jsp:fallback >
        </jsp:plugin >
        <jsp:params >元素在启动的时候把参数名和值传送到applet或者是bean中.
```

【例14.2.6】 <jsp：plugin>操作示例。调用一个Java Applet小应用程序，执行时钟的功能。

本例所调用的Java时钟小程序的源代码文件为Clock2.java，其具体包含的代码如下：

```
import java.util.*;
    import java.awt.*;
    import java.applet.*;
    import java.text.*;
    public class Clock2 extends Applet implements Runnable {
        Thread timer;                    //时钟线程
        int lastxs,lastys,lastxm,
            lastym,lastxh,lastyh;   //用于绘制表针的面域范围
        SimpleDateFormat formatter;   //日期与时间格式
        String lastdate;                 //日期与时间字串符
        Font clockFaceFont;              //时钟上的字体格式
        Date currentDate;                //当前日期和时间
        Color handColor;                 //表针颜色
        Color numberColor;               //数字的颜色
        public void init( ) {
            int x,y;
            lastxs = lastys = lastxm = lastym = lastxh = lastyh = 0;
            formatter = new SimpleDateFormat ("EEE MMM dd hh:mm:ss yyyy",Lo-
cale.getDefault( ));
    currentDate = new Date( );
    lastdate = formatter.format(currentDate);
    clockFaceFont = new Font("Serif",Font.PLAIN,14);
    handColor = Color.blue;
    numberColor = Color.darkGray;
    try {
    setBackground (new Color (Integer.parseInt (getParameter ("bgcolor"),
16)));
    } catch (Exception E) { }
    try {
```

```java
handColor = new Color(Integer.parseInt(getParameter(" fgcolor1 "),16));
} catch (Exception E) { }
try
{
numberColor = new Color(Integer.parseInt(getParameter("fgcolor2 "),16));
} catch (Exception E) { }
resize(300,300);                    //设置窗口尺寸
}
public void plotpoints(int x0,int y0,int x,int y,Graphics g) {//绘制表针
g.drawLine(x0 +x,y0 +y,x0 +x,y0 +y);
g.drawLine(x0 +y,y0 +x,x0 +y,y0 +x);
g.drawLine(x0 +y,y0 -x,x0 +y,y0 -x);
g.drawLine(x0 +x,y0 -y,x0 +x,y0 -y);
g.drawLine(x0 -x,y0 -y,x0 -x,y0 -y);
g.drawLine(x0 -y,y0 -x,x0 -y,y0 -x);
g.drawLine(x0 -y,y0 +x,x0 -y,y0 +x);
g.drawLine(x0 -x,y0 +y,x0 -x,y0 +y);
}
public void circle(int x0,int y0,int r,Graphics g) {//画圆
int x,y;
float d;
x = 0;
y = r;
d = 5/4 - r;
plotpoints(x0,y0,x,y,g);
while (y > x){
if (d < 0) {
d = d + 2 * x + 3;
x++;
}
else {
d = d + 2 * (x - y) +5;
x++;
y--;
}
plotpoints(x0,y0,x,y,g);
}
}
//绘图是程序的主要部分
public void paint(Graphics g) {
int xh,yh,xm,ym,xs,ys,s = 0,m = 10,h = 10,xcenter,ycenter;
String today;
currentDate = new Date( );
SimpleDateFormat formatter = new SimpleDateFormat("s",Locale.getDefault( ));
try {
s = Integer.parseInt(formatter.format(currentDate));
} catch (NumberFormatException n) {
s = 0;
}
```

```
formatter.applyPattern("m");
try {
m = Integer.parseInt(formatter.format(currentDate));
} catch (NumberFormatException n) {
m = 10;
}
formatter.applyPattern("h");
try {
h = Integer.parseInt(formatter.format(currentDate));
} catch (NumberFormatException n) {
h = 10;
}
formatter.applyPattern("EEE MMM dd HH:mm:ss yyyy");
today = formatter.format(currentDate);
xcenter = 80;
ycenter = 55;
xs = (int)(Math.cos(s * 3.14f/30 - 3.14f/2) * 45 + xcenter);
ys = (int)(Math.sin(s * 3.14f/30 - 3.14f/2) * 45 + ycenter);
xm = (int)(Math.cos(m * 3.14f/30 - 3.14f/2) * 40 + xcenter);
ym = (int)(Math.sin(m * 3.14f/30 - 3.14f/2) * 40 + ycenter);
xh = (int)(Math.cos((h*30 + m/2) * 3.14f/180 - 3.14f/2) * 30 + xcenter);
yh = (int)(Math.sin((h*30 + m/2) * 3.14f/180 - 3.14f/2) * 30 + ycenter);
//绘制圆和数字
g.setFont(clockFaceFont);
g.setColor(handColor);
circle(xcenter,ycenter,50,g);
g.setColor(numberColor);
g.drawString("9",xcenter - 45,ycenter + 3);
g.drawString("3",xcenter + 40,ycenter + 3);
g.drawString("12",xcenter - 5,ycenter - 37);
g.drawString("6",xcenter - 3,ycenter + 45);
//必要时擦除或重画
g.setColor(getBackground( ));
if (xs != lastxs || ys != lastys) {
g.drawLine(xcenter,ycenter,lastxs,lastys);
g.drawString(lastdate,5,125);
}
if (xm != lastxm || ym != lastym) {
g.drawLine(xcenter,ycenter - 1,lastxm,lastym);
g.drawLine(xcenter - 1,ycenter,lastxm,lastym); }
if (xh != lastxh || yh != lastyh) {
g.drawLine(xcenter,ycenter - 1,lastxh,lastyh);
g.drawLine(xcenter - 1,ycenter,lastxh,lastyh); }
g.setColor(numberColor);
g.drawString(" ",5,125);
g.drawString(today,5,125);
g.drawLine(xcenter,ycenter,xs,ys);
g.setColor(handColor);
g.drawLine(xcenter,ycenter - 1,xm,ym);
g.drawLine(xcenter - 1,ycenter,xm,ym);
```

```
        g.drawLine(xcenter,ycenter -1,xh,yh);
        g.drawLine(xcenter -1,ycenter,xh,yh);
        lastxs =xs; lastys =ys;
        lastxm =xm; lastym =ym;
        lastxh =xh; lastyh =yh;
        lastdate =today;
        currentDate =null;
        }
        public void start( ) {
        timer =new Thread(this);
        timer.start( );
        }
        public void stop( ) {
        timer =null;
        }
        public void run( ) {
        Thread me =Thread.currentThread( );
        while (timer ==me) {
        try {
        Thread.currentThread( ).sleep(100);
        } catch (InterruptedException e) {
        }
        repaint( );
        }
        }
        public void update(Graphics g) {
        paint(g);
        }
        public String getAppletInfo( ) {
        return "Title: A Clock \nAuthor: Rachel Gollub, 1995 \nAn analog clock.";
        }
        public String[][] getParameterInfo( )
        {
        String[][] info = {{"bgcolor","hexadecimal RGB number","The background color. Default is the color of your browser."},{"fgcolor1","hexadecimal RGB number","The color of the hands and dial. Default is blue."},{"fgcolor2","hexadecimal RGB number","The color of the seconds hand and numbers. Default is dark gray."}
        };
        return info;
        }
        }
```

本例所用的 JSP 文件为 plugin1.jsp，其源代码如下：

```
<html>
    <title> Plugin example </title>
    <body bgcolor = "white">
    < jsp: plugin type = " applet " code = " Clock2.class " codebase = "/examples/jsp/
    plugin/applet" jreversion = "1.6" width = "460" height = "350" >
```

```
</jsp:plugin >
< p >
</body >
</html >
```

运行结果如图 14.2.6 所示。

图 14.2.6 ＜ jsp：plugin ＞ **操作示例**

相关属性说明如下：

- type = "bean ｜ applet"：指定即将被执行的插件对象的类型，Bean 或 Applet；
- code = "classFileName"：即将会被 Java 插件执行的 Java Class 的名字；
- codebase = "classFileDinectoryName"：即将会被执行的 Java Class 文件的目录（或路径）；
- name = "instanceName"：表示 Bean 或 Applet 实例的名字；
- archive = "URIToArchive,"：由逗号分开的路径名，用于预装将要使用的 class；
- Align = "bottom ｜ top ｜ middle ｜ left ｜ right"：图形、对象、Applet 的位置；
- ＜ jsp：params ＞ ［＜ jsp：paramname = "parameterName" value = " { parameterValue ｜＜%= expression%＞}" /＞］ + ＜/jsp：params ＞：用于向 applet 或 Bean 传送的参数或参数值；
- ＜ jsp：fallback ＞ 显示给用户的提示信息 ＜/jsp：fallback ＞：如果插件没有启动，＜ jsp：fallback ＞ 元素就为用户提供一个信息；如果插件已经启动，但是 applet 或者 bean 还没有启动，那么插件通常会弹出一个窗口，向用户说明产生的错误。

（4）useBean 操作。

＜ jsp：useBean ＞ 标签用于创建 JSP 网页中要使用的 JavaBean 实例，并且指定他的名字和作用域。与 useBean 操作配合使用的还有 ＜ jsp：setProperty ＞ 和 ＜ jsp：getProperty ＞ 标签。＜ jsp：setProperty ＞ 标签是用来在 JSP 网页中，设置所使用 JavaBean 对象的属性。在使用 ＜ jsp：setProperty ＞ 之前必须使用 ＜ jsp：useBean ＞ 标记对 Bean 进行声明。＜ jsp：getProperty ＞ 标签可将 JavaBean 的属性值转化为一个字符串，置入内置的输出对象，然后将之输出显示。

（5）setProperty 操作。

用于设置 Bean 中的属性值。

<jsp：setProperty＞

（6）getProperty 操作。

＜jsp：getProperty＞用于获取 Bean 的属性值，将其显示在页面中。

14.2.3 JSP 内部对象

JSP 提供了 9 个内部对象来简化 JSP 表达式和 Scriptlet 的代码。这些内部对象可直接使用，不需要再进行声明或实例化。调用这些对象的方法可以完成绝大部分的服务器端操作。

1. request 对象

在动态网页编程中，request 和 response 变量应用频繁。Request 对象是 javax.servlet.ServletRequest 的一个实例，通过它可以查看请求参数、请求类型，以及请求的 HTTP 头。在 JSP 程序中调用 request 对象的方法，可以接受客户端通过 HTTP 协议链接传输到服务器端的数据，获得客户端信息。该对象主要方法有：

- getCookie()：返回客户端的 Cookie 对象，结果是一个 Cookie 数组；
- Object getAttribute()：返回指定属性的属性值；
- Enumeration getAttributeName()：返回所有可用属性名的枚举；
- String getCharacterEncoding()：返回字符编码方式；
- int getContentLength()：返回请求体的长度（字节数）；
- String getContentType()：返回请求体的 MIME 类型；
- ServletInputStream getInputStream()：得到请求体中一行的二进制流；
- String getParameterName（String name）返回 name 指定参数的参数值；
- Enumeration getParameterValues（String name）返回包含参数的所有值的数组；
- String getProtocol()：返回请求用的协议类型及版本号；
- String getScheme()：返回请求用的计划名，如 http，https 及 ftp 等；
- String getServerName()：返回接受请求的服务器主机名；
- int getServerPort()：返回服务器接受此请求所用端口号；
- BufferReader getReader()：返回解码过了的请求体；
- String getRemoteAddr()：返回发送此请求的客户端 IP 地址；
- String setAttribute（String key，Object）：设置属性的属性值；
- String getRealPath（String path）：返回一虚拟路径的真实路径。

【例 14.2.7】使用内部命令 request 示例。

程序文件 request.jsp 源代码如下：

```
<html>
    <body>
    <form action = "request.jsp">
    <input type = "text" name = "unit">
    <input type = "submit">
```

```
</form>
Request Method:<%=request.getMethod()%><br>
Remote address:<%=request.getRemoteAddr()%><br>
Server Port:<%=request.getServerPort()%><br>
value of unit:<%=request.getParameter("unit")%>
</body>
</html>
```

在文本框中输入"你好!"提交之后的结果如图 14.2.7 所示。

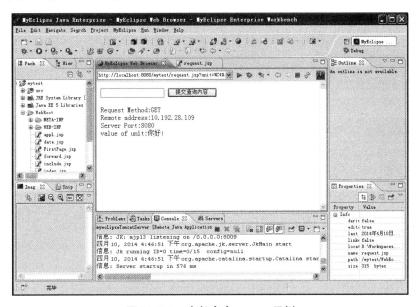

图 14.2.7 内部命令 request 示例

2. response 对象

response 对象的作用与 request 对象正好相反,它响应客户请求并且产生可以发送到客户端的回应信息,如在页面上显示 Cookie,HTTP 头文件信息等。response 对象在 Servlet 中的原型是 HttpServletResponse。

Response 对象常用方法有:
- String getCharacterEncoding():返回响应用的是何种字符编码;
- ServletOutputStream getOutputStream():返回响应的一个二进制输出流;
- PrintWriter getWriter():返回可以向客户端输出字符的一个对象;
- void setContentLength(int len):设置响应头长度;
- void setContentType(String type):设置响应的 MIME 类型。

3. out 对象

out 对象是 javax.servlet.JspWriter 类的一个实例,主要用于产生网页上的显示内容。JSP 允许通过 page 指令的 buffer 属性调整缓存的大小,甚至允许关闭缓存。

out 一般只在 Scriptlet 内使用,这是因为 JSP 表达式是自动发送到输出流的,很少需要显式地引用 out。

4. session 对象

session 对象用来在各个用户之间分别保存用户信息，当用户访问网站时，可在多个页面之间进行信息共享，是一种与请求关联的 HttpSession 对象。实际上，session 对象就是指客户端与服务器端的一次会话，除了客户端与服务器端断开链接，程序可以一直有效地使用 session 的有关属性及方法。

session 对象有如下方法和属性：

- getAttribute( )：返回隐含在 session 对象中的数据；
- getAttributeName( )：返回一个存储在 session 对象中的对象列表；
- getCreationTime( )：返回一个 session 对象的创建时间；
- getId( )：返回 session 对象的 ID；
- getLastAccessedTime( )：返回 session 对象最后一次被用户访问的时间；
- getMaxInactiveInterval( )：返回在 session 对象过期前有多少秒时间是处于非活动状态；
- getValue（String name，Object value）：从 session 对象获得属性值；
- getValueNames( )：返回存储在 session 对象中的一个对象列表；
- invalidate( )：使该 session 对象不再使用，并清除存储在该对象中的所有对象；
- isNew( )：返回服务器创建的一个 session 客户端是否已经加入；
- putValue（String name，Object value）：存储对象到 session 对象中；
- removeAttribute( )：清除在 session 中由 name 所指定的对象；
- removeValue（String name）：删除 session 中指定名的属性；
- setAttribute（String name，Object value）：存储对象到 session 对象中；
- setMaxInactiveInterval（int interval）：设定两次请求间隔超过多久 session 将被取消。

【例 14.2.8】使用 session 变量的实例。

程序文件 FirstPage.jsp 的源代码如下：

```
<html>
    <body>
    <%@ page session = "true" %>
    CreationTime:<% = session.getCreationTime()%><br>
    Id:<% = session.getId( )%><br>
    <%
    Integer num = new Integer(100);
    session.putValue("num",num);
    String url = response.encodeURL("SecondPage.jsp");
    %>
    <a href = '<% = url% >'>SecondPage.jsp</a>
    </body>
</html>
```

运行结果如图 14.2.8 所示。

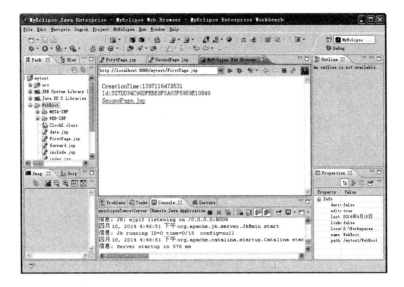

图 14.2.8　演示 session 变量的使用

程序文件 SecondPage.jsp 源代码如下：

```
<html>
    <body>
<%@ page session = "true" %>
<%
Integer i = (Integer)session.getValue("num");
out.println("Num value in session is " +i.intValue());
%>
    </body>
</html>
```

通过 FirstPage.jsp 程序设置了 session 变量，在 SecondPage.jsp 中调用并显示其值，运行结果如图 14.2.9 所示。

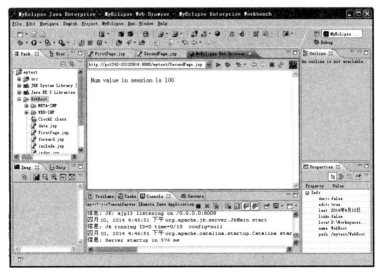

图 14.2.9　SecondPage.jsp 中调用显示

5. application 对象

application 对象用于在多个程序之间保存信息,每个用户的 application 对象都是相同的,都具有 aplication 对象的一个复制。实现了用户间共享数据。application 对象是一个 ServletContext,可以通过 getServletConfig( ).getContext( ) 获得。一旦创建了 aplication 对象,除非服务器关闭,该 application 对象将一直保持下去。这样在用户的前后链接或不同用户之间的链接中,可以对这些对象的同一属性进行操作。在任何一个地方对这些对象属性的操作,都将影响到其他用户的对此访问。

application 对象的主要方法有:

- getAttribute(String name):返回由 name 指定名字的 application 对象属性的值;
- getAttributeNames( ):返回所有 application 对象的属性的名字,结果集是一个 E-numeration(类举):类的实例;
- getInitParameter(String name):返回 application 某个属性初始值,这个属性由 name 指定;
- getServerInfo( ):获得当前版本 Servlet 编译器的信息;
- setAttribute(String name,Object object):用 object 来初始化某个属性,该属性由 name 指定。

【例 14.2.9】使用 application 方法示例。

程序文件 appl.jsp 源代码如下:

```
<html>
    <body>
    <%out.print(application.getServerInfo());%><br>
    <%application.setAttribute("unit","fuzhou university");%>
    <%out.print(application.getAttribute("unit"));%>
    </body>
</html>
```

运行结果如图 14.2.10 所示。

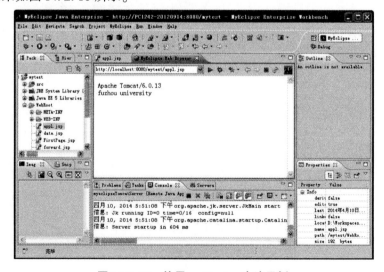

图 14.2.10 使用 application 方法示例

6. exception 对象

exception 对象用来处理 JSP 文件在执行时所有发生的错误和异常。exception 对象通常须在 isErrorPage = true 的状态下才可以调用。

exception 对象有三个方法：

（1）getMessage( )：返回错误信息；

（2）printStackTrace( )：以标准错误的形式输出一个错误和错误的堆栈；

（3）tostring( )：以字符串的形式返回一个对异常的描述。

【例14.2.10】本例由 ErrorHand.jsp 和 PagewithError.jsp 组成。在 PagewithError.jsp 中调用 exception 对象。

程序文件 ErrorHand.jsp 的源代码如下：

```
<%@ page contentType = "text/html;charset = GB2312" %>
    <%@ page isErrorPage = "true" %>
    <html>
    <body>
      <%
            if (exception != null) {
      %>
      <font color = "Red">出错了,错误如下:</font>
      <p><font color = "Red">简短的错误描述:</font>
      <br><%= exception.getMessage() %>
      <br><font color = "Red">详细的错误描述:</font>
      <br><%= exception.toString() %>
      <%
            }
      %>
    </body>
    </html>
```

程序文件 PagewithError.jsp 的源代码如下：

```
<%@ page contentType = "text/html;charset = GB2312" %>
    <%@ page errorPage = "ErrorHand.jsp" %>
    <%@ page import = "java.util.Vector" %>
    <html>
    <body>
        <%
          int [] intArray = new int [5];
            for (int i = 0; i <= 5; i++) {
               intArray[i] = i;
            }
        %>
        <%! Vector <Integer> v = null; %>
    <%= v.size() %>
    </body>
    </html>
```

运行结果如图14.2.11所示。

图 14.2.11　调用 exception 对象

7. config 对象

config 对象用于配置，是当前页面的 ServletConfig 对象。

8. pageContext 对象

pageContext 对象用来管理页面的属性。

9. page 对象

page 对象指当前 JSP 对象本身，类似于 this。它是一种为了方便编程的占位符。

14.3　思考题

1. JSP 与 ASP 比较有哪些异同点？
2. 叙述 JSP 的技术原理与特点。
3. 如何设置 JSP 的运行环境？如何在 MyEclipse 中配置 Tomcat 服务器？
4. Java 程序的运行环境如何设置？与 C++ 相比，Java 有什么特点？
5. JSP 有哪些内部对象？分述各自的主要功能。
6. Java 中如何实现继承与重载？
7. 什么是接口？
8. 什么是包？如何引入一个包？

第 15 章 JSP 程序设计

15.1 Java Servlet

Servlet 是一种基于 Java 的技术和标准，它是用 Java 语言编写的 Web 组件，由 Servlet 容器管理，能够产生动态网页输出。它是位于 Web 服务器内部的服务器端的 Java 应用程序，与传统的从命令行启动的 Java 应用程序不同，Servlets 由 Web 服务器进行加载，该 Web 服务器必须包含支持 Servlet 的 Java 虚拟机。Servlet 是 JSP 的基础，所以，必须首先理解并掌握 Servlet，才能深刻认识 JSP，进行有效的 JSP 程序设计。

15.1.1 Servlet 技术分析

1. Servlet 概述

Servlet 是服务器端软件程序，它独立于平台和协议，能够像 CGI 脚本一样动态地扩展 Web 服务器功能。因为 Servlet 是用 Java 语言编写的，所以 Servlets 可以跨平台，在不同的 Web 应用服务器间移植。Servlet 结构和设计都很简洁和轻巧，大多数 Web 开发人员把 Servlet 作为 Web 客户访问服务器应用的主入口点，而且只要客户端有足够的清理权限，Servlet 就允许客户端控制服务器添加或删除 Web 页面或文件。

可以说，Java 能做的事情，Servlet 也能做。但 Servlets 并不擅长处理复杂的 Web 交互、事务处理、数据库同步及其他内部逻辑，Servlet 主要负责处理小型任务，如：单纯的收集和验证用户输入，但不对数据进行处理；协调输出，但一般不直接生成动态 Web 页面的内容及一些业务逻辑。

Servlet 程序在服务器端运行，动态地生成 Web 页面。Servlet 是 Java 技术对应于 CGI 开发出的 Web 组件。与传统的 CGI 相比，Java Servlet 具有效率更高、消耗更少、功能更强大、移植性更好、使用方便的优点。具体描述如下。

（1）效率高。Servlet 的每个请求由一个简单的 Java 线程处理，从而减少了开销。在 Servlet 中，处理 N 个线程跟一个线程一样，只需要一份 Servlet 类代码。Servlet 在计算结果的缓存、维持数据库的链接等方面全面优化了性能。

（2）功能强大。Servlet 能够直接和 Web 服务器交互，可以在各个程序之间共享数据，容易实现数据库链接池等功能。由于 Servlet 是用 Java 语言编写，它具有跨平台的特性，常用的服务器都直接或通过插件支持 Servlet，具有良好的移植性。

（3）使用方便。在 Servlet 中，有大量的实用工具例程供程序员使用，例如 HTTP

头的读取和设置、Cookie 的处理、HTML 表单数据的自动解析和解码、会话状态跟踪等。支持 Servlet 的 Web 服务器都是免费或者廉价的,所以使用 Servlet 所需的开支非常小。

Servlet 作为服务器端的 Java 应用程序,主要的应用范围有:处理 HTML 表单提交的数据;提供动态的内容,如数据库查询结果反馈到客户端;管理无状态 HTTP 头部状态信息,如在线购物管理等。

2. Servlet 的方法和结构

一般,Java Servlet API 在 javax.servlet 和 javax.servlet.http 这两个扩展包中定义。其中,javax.servlet 包内封装的类和接口是独立于协议的,而 javax.servlet.http 则包含了 http 协议的类和接口。可以说 javax.servlet.http 是在 javax.servlet 上扩展来的。

Servlet 接口是 Java Servlet API 中最重要的部分,Servlet 接口定义了一些很方便的方法供程序员使用。

Servlet 接口的定义如下:

```
Public interface Servlet{
    //释放 Servlets 所占用的全部资源(如:内存、线程等)Public abstract void destroy();
    //返回一个 Servlets 的设置对象,该对象包含该 Servlets 的所有初始化参数和启动设置
    Public abstract ServletConfig getServletConfig( );
    //初始化 Servlets.Public abstract void init(ServletConfig)throws
    ServletException;
    //执行一个来自客户端的请求
    Public abstract void service(ServletRequest,ServletResponse)
        throws ServletException IOException;
}
```

所有的 Servlet 都必须实现该 Servlet 接口,实现的途径有很多。

(1) 直接实现该接口。

(2) 通过扩展类(class)来实现,就像 HttpServlet 继承自 GenericServlet 类,而 GenericServlet 实现 Servlet 接口。该 Servlet 接口提供了 Servlet 与客户端联系的方法。Servlet 开发人员可以在开发 Servlet 程序时提供部分或者所有方法。

上面我们提到了 Servlet 接口通过扩展类来实现,我们下面来重点说明 Http Svervlet 类。

HttpServlet 类是在 Generic Servlet 类基础上的扩展,它提供了 Servlet 接口中具体在 HTTP 的实现。这个类定义了下面的这些方法。

(1) service( ) 方法。

service( ) 方法有两种形式。

第一种:

```
Public void service(ServletRequest request,ServletResponse response) throws
    ServletException,IoException
```

它是 GenericServlet 中的 service( ) 方法的实现。这个方法把 request 和 response 对象分别转换成 HttpServletRequest 和 HttpServletResponse 并且调用下面这个重载的 service( ) 方法。

第二种：

```
Protected void service(HttpServl etRequest request,HttpServl etResponse response)
```

这个重载的方法具体用于 HTTP 的 request 和 response 对象作为参数，并且由上面的第一种方法来调用。HttpServlet 实现这个方法后就成为一个 HTTP 请求分发者。service( ) 方法把请求代理给 doGet( )、doPost( )、doOptions( )、doDelete( )、doPut( ) 或 doTrace( ) 之一。

(2) doXXX( ) 方法。

① doGet 用来处理 HTTP 的 GET 请求。这个 GET 操作只是允许客户从 HTTP 服务器上取得资源，不能修改数据库的数据。重载此方法的用户自动允许支持方法 HEAD。这个 GET 操作被认为是安全的，没有任何的负面影响，对用户来说是很可靠的。当然，如果打算改变存储数据，那么必须使用其他的 HTTP 方法。而这些方法也必须是安全操作。方法 doGet 的格式如下：

```
protected void doGet(HttpServl etResquest request,HttpServletResponse response)
            throws ServletException,IOException;
```

② doPost 用来处理 HTTP 的 POST 请求。这个 POST 操作包含了必须通过此 Servlets 执行的请求中的数据。方法 doPost 的格式如下：

```
protected void doPost(HttpServletResquest request,HttpServletResponse response)
            throws ServletException,IOException;
```

注意：由于它不能立即取得资源，故对于那些涉及安全性的用户来说，通过 POST 请求操作会有一些副作用。

③ doPut 用来处理 HTTP 的 PUT 请求。此 PUT 操作模拟通过 FTP 发送一个文件。与 doPost 一样，该操作也有一些副作用。方法 doPut 的格式如下：

```
protected void doPut(HttpServletResquest request,HttpServletResponse
            response)
            throws ServletException,IOException;
```

④ doDelete 用来处理 HTTP 的 DELETE 请求。此操作允许客户端请求一个从服务器移出的 URL。该操作同上，一样有着副作用。为了支持 DELETE 操作，编写代码时，必须在子类 HttpServlet 中实现（implement）方法。方法 doDelete 的格式如下：

```
protected void doDelete(HttpServletResquest request,HttpServletResponse
            response)
            throws ServletException,IOException;
```

⑤ doHead 用来处理 HTTP 的 HEAD 请求。默认状态下，它运行时，不返回任何数据到客户端。因为用到 GET 操作，所以该操作没有副作用，而且是可重复使用的。此方法的默认实现自动地处理了 HTTP 的 HEAD 操作，并且不需要通过一个子类实现。方法 doHead 格式如下：

```
protected void doHead(HttpServletResquest request,HttpServletResponse
        response)
        throws ServletException,IOException;
```

⑥ doTrace 用来处理 HTTP 的 TRACE 请求。在开发 Servlets 时，多数情况下需要重载此方法。方法 doTrace 的格式如下：

```
protected void doTrace(HttpaervletResquest request,HttpServletResponse
        response)
        throws ServletException,IOException;
```

⑦ doOptions 用来处理 HTTP 的 OPTIONS 请求。此操作自动地决定支持什么 HTTP 方法。一般不需要重载方法 doOptions。方法 doOptions 的格式如下：

```
protected void doOptions HttpServletResquest request,HttpServletResponse
        response)
        throws ServletException,IOException;
```

在这些方法中，程序开发者应该重点掌握 doGet 和 doPost 方法。

15.1.2 Servlet 的开发过程

1. Servlet 的运行环境

要使用 servlet 开发，需要安装一个支持 Java Servlet 的 Web 容器，或者在现有的 Web 容器上安装 Servlet 软件包。下面是两种常用的 Servlet 的 Web 服务器：

（1）JSWDK（JavaServer Web Development Kit）。

JSWDK 只能支持不高于 Servlet 2.1 和 JSP 1.0 的相关规范。JSWDK 可以单独作为小型的 Servlet 和 JSP 测试服务器，它具有很好的稳定性。JSWDK 是免费的，但它的安装和配置较复杂，现在已经较少使用。

（2）其他 Web 容器。

当前 JavaEE 中几乎所有的主流 Web 容器都支持 Servlet，但是能较全面支持 Servlet3.0 的只有 Tomcat7.0.x、Glassfish3.x 和 Jboss6.0 等容器。Tomcat 既可以单独作为小型 Servlet 和 JSP 测试服务器，也可以集成到 Apache Web 服务器。

Tomcat 和 Apache 服务器都是免费的。配置较复杂，工作量显然要多一点。具体请参见 http://jakarta.apache.org/。

2. Servlet 开发过程

一般，开发 servlet 需要进行 Servlet 代码的编写、编译和测试三个过程。

(1) 编写 Servlet 代码。

前面已提到，Java Servlet API 包含有 javax.servlet 和 javax.servlet.http 两个扩展程序包。通常使用 javax.servlet 包中的类与界面进行基于客户自定义协议的开发；使用 javax.servlethttp 包中的类与界面来进行基于 HTTP 协议与客户端交互的开发。

【例 15.1.1】简单地向客户端输出信息。

本例文件 helloworld.java 程序代码如下：

```
import java.io.*;
import javax.servlet.*;
import javax.servlet.http.*;
public class helloworld extends HttpServlet {
public void doGet(HttpServletRequest requset,
HttpServletResponse response)
throws IOException, ServletException {
response.setContentType("text/html;charset = UTF - 8");
PrintWriter out = response.getWriter( );
out.println("Hello,world!");
out.println("Hello,Servlet!");
out.println("你好,万维网!");
}
}
```

(2) 编译 Servlet 代码。

Servlet 代码的编译可以是在命令行上用 Java helloworld.java 生成 class 文件，也可以采用集成开发工具（如 MyEclipse 或 NetBeans 等）。若直接采用命令行方式，则在编译之前，应将 servlet 的 Jar 支持文件（如 servlet.jar 等）的路径添加到系统变量 CLASSPATH 中，并将 class 文件置于 \ Web-INF \ servlets 目录下，以确保编译时不会出错。

(3) 测试 Servlet。

采用 MyEclipse8.5 新建一个 Web 应用程序 mytest，并新建一个 servlet 类 helloworld，并键入上述（1）中的代码，具体如图 15.1.1 所示。

对 helloworld.java 进行编译后，打开浏览器并键入 http://localhost：8080/mytest/servlet/helloworld，对 helloworld 进行的测试结果如图 15.1.2 所示。

15.1.3 处理表单数据

处理表单数据是在网页设计中，获取用户交互提交请求信息的主要手段。表单数据有 Post 和 Get 两种提交方法。使用 Post 方法，数据将由标准的输入设备读入；使用 Get 方法，数据将由 CGI 变量 QUERY-STRING 传递给表单数据处理程序。

因为 Servlet 会自动处理得到的数据，所以用户只要简单地调用 HttpServletRequest 的 getParameter 方法，给出变量名称，即可取得该变量的值。值得一提的是，不管使用哪种提交方法，servlet 处理数据的方法是一样的。当请求的变量不存在时，将会返回一个空字符串。如果变量有多个值，要调用 getParameterValues，这个方法将会返回一个字符串数组。使用 getParameterNames 可以取得所有变量的名称，该方法返回一个 Emumeration 方法。

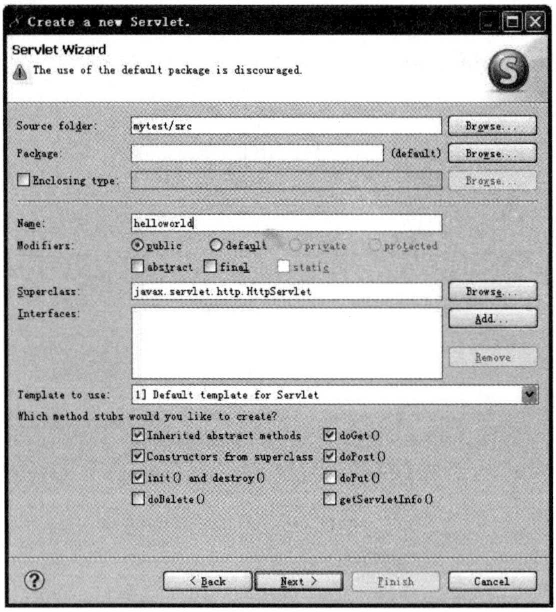

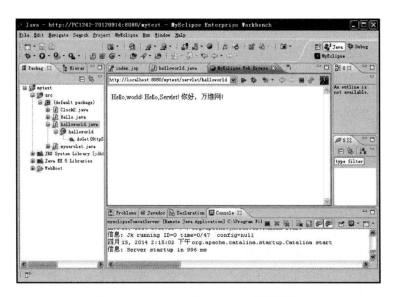

图 15.1.1　新建一个 Servlet 类

图 15.1.2　Servlet 类 helloworld 运行结果

【例 15.1.2】以下采用一个 JSP 页面 theFormJsp.jsp 提交表单数据，并采用一个用 Servlet 类 formActionServlet.class 接收和处理表单数据，产生的结果以 HTML 的形式输出，具体如图 15.1.3 和图 15.1.4 所示。

theFormJsp.jsp 和 formActionServlet.java 程序如下：

```
//theFormJsp.jsp 源代码
<%@ page contentType="text/html;charset=UTF-8" pageEncoding="UTF-8"%>
<html>
    <head>
```

```
            <title>welcome</title>
        </head>
        <body>
        <form name="myForm" method="post" action="servlet/formActionServlet">
            <table border="1" align="center">
            <tr>
                <td>姓名:<br></td>
                <td><input name="name" type="text"/></td>
            </tr>
            <tr>
                <td>年龄:<br></td>
                <td><input name="age" type="text"/></td>
            </tr>
            <tr>
                <td>电话:<br></td>
                <td><input name="tel" type="text"/></td>
            </tr>
            <tr>
                <td></td>
                <td><input type="submit" value="提交"/></td>
            </tr>
            </table>
        </form>
        </body>
</html>
```

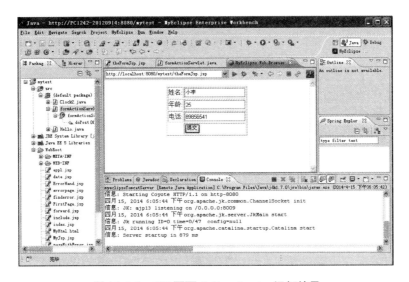

图 15.1.3 JSP 页面 theFormJsp.jsp 运行结果

```
//formActionServlet.java 源代码
import java.io.IOException;
import javax.servlet.ServletException;
import javax.servlet.http.HttpServlet;
import javax.servlet.http.HttpServletRequest;
```

```java
import javax.servlet.http.HttpServletResponse;
import java.io.PrintWriter;

public class formActionServlet extends HttpServlet {
    @Override
    protected void doPost(HttpServletRequest req, HttpServletResponse resp)
            throws ServletException, IOException {
        req.setCharacterEncoding("UTF-8");
        resp.setContentType("text/html;charset=UTF-8");
        PrintWriter out = resp.getWriter();
        out.println("<html><head><title>表单提交的信息</title></head><body>");
        out.println("姓名:" + req.getParameter("name") + "<br>");
        out.println("年龄:" + req.getParameter("age") + "<br>");
        out.println("电话:" + req.getParameter("tel") + "<br>");
        out.println("</body></html>");
        out.close();
    }
}
```

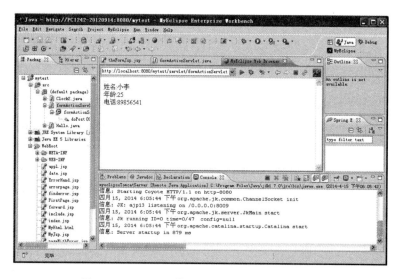

图 15.1.4　Servlet 类 formActionServlet 运行结果

15.1.4　处理 Session 对象

Session 对象作为链接所有网页的公用对象，用于存储在会话期间用户会话所需的信息。使用 HTTPSession 对象来实现 Session 功能的处理过程有以下 4 个方面。

（1）创建 Session。如果当前没有定义 Session 对象，则创建一个新的 Session 对象；如果已经定义，则使用 HttpServletRequest 的 getSession 方法，可以返回当前存在的 Session 对象。

（2）给 Session 变量赋值。当需要为网页变量或对象实例保存信息时，可以使用 HTTPSession 对象中的 putValue（name，value）方法定义一个 Session 变量，即可对变量进行赋值。

（3）读取 Session 变量。当需要返回网页变量或对象实例原先的信息时，可以使用

HTTPSession 对象中的 getValue（name，value）方法读取一个 Session 变量。

（4）关闭 Session。可以用 session.invalidate() 来关闭 session。以释放网络资源。

15.1.5 处理 Cookie

Cookie 最主要的用途就是为用户再次访问同一网站提供方便。它是一个由服务器发送给浏览器的纯文本的小文件。当用户再次访问同一网站时，浏览器会把 Cookie 发送到服务器端，通过服务器读取它原先保存到客户端的信息。对于平时需要用户登录才能浏览的网站，cookie 会保留用户的登录信息，用户可以避免反复登录等一些麻烦操作。

要把 Cookie 发送到客户端，Servlet 先要调用 new Cookie（name，value），用合适的名字和值创建一个或多个 Cookie，通过 Cookie.setXXX 设置各种属性，通过 response.addCookie（Cookie）把 Cookie 加入应答头。

要从客户端读入 Cookie，servlet 应该调用 request.Cookies()、getCookies() 方法返回一个 Cookie 对象的数组。在大多数情况下，你只需要用循环访问该数组的各个元素寻找指定名字的 Cookie，然后对该 Cookie 调用 getValue 方法取得与指定名字关联的值。

15.1.6 读取 HTTP 请求头

1. HTTP 请求头说明

当客户端向服务器端发送请求的时候会指明请求类型（一般是 GET 或者 POST）。根据请求头的不同类型，服务器可以进行相应的处理。以下是最常见的请求头的信息。

- Accept：浏览器可接受的 MIME 类型。
- Accept-Charset：浏览器可接受的字符集。
- Accept-Encoding：浏览器能够进行解码的数据编码方式，如 gzip。Servlet 能够向支持 gzip 的浏览器返回经 gzip 编码的 HTML 页面。
- Accept-Language：浏览器所希望的语言种类。
- Authorization：授权信息，通常出现在对服务器发送的 WWW-Authenticate 头的应答中。
- Connection：表示是否需要持久链接。可以用来减少图片、Applet 下载所需要的时间。
- Content-Length：表示请求消息正文的长度。用于 POST 请求。
- Cookie：这是最重要的请求头信息之一。
- From：请求发送者的 Email 地址，由一些特殊的 Web 客户程序使用。
- Host：初始 URL 中的主机和端口。
- If-Modified-Since：只有当所请求的内容在指定的日期之后又经过修改才返回它，否则返回"Not Modified"应答。
- Pragma：指定"no-cache"值表示服务器必须返回一个刷新后的文档。
- Referer：包含一个 URL，用户从该 URL 代表的页面出发访问当前请求的页面。
- User-Agent：浏览器类型，如果 Servlet 返回的内容与浏览器类型有关，则该值非常有用。

- UA-Pixels、UA-Color、UA-OS、UA-CPU：由某些版本的 IE 浏览器所发送的非标准的请求头，表示屏幕大小、颜色深度、操作系统和 CPU 类型。

2. 在 Servlet 中读取请求头

在 Servlet 中，只需要调用一下 HttpServletRequest 的 getHeader 方法即可读取 HTTP 头。如果客户请求中提供了指定的头信息，getHeader 返回对应的字符串；否则，返回 null。一些常用的头信息有着专用的访问方法：getCookies 方法返回 Cookie 头的内容，经解析后存放在 Cookie 对象的数组中；getAuthType 和 getRemoteUser 方法分别读取 Authorization 头中的一部分内容；getDateHeader 和 getIntHeader 方法读取指定的头，然后返回日期值或整数值；利用 getHeaderNames 可以得到请求中所有头名字的一个 Enumeration 对象。

另外，还有一些方法可以从请求主命令行获得一些信息。getMethod 方法返回请求方法，请求方法通常是 GET 或者 POST，但也有可能是 HEAD、PUT 或者 DELETE。getRequestURI 方法返回 URI（URI 是 URL 从主机和端口之后到表单数据之前的那一部分）。getRequestProtocol 返回请求命令的第三部分，一般是 HTTP/1.0 或者 HTTP/1.1。

15.1.7 处理 CGI 变量

使用 CGI 变量可以获取 Request 相关的一些信息。其中一部分来自于 HTTP 请求命令行（request line）；一部分来自 headers，如在 URI 中问号后面的部分或者 Content-Length header；一部分来自于 Socket 本身，如被请求主机的 IP 和名称；还有一部分来自于服务器的配置信息，如被映射为 URL 目录的实际路径。

15.2 在 JSP 中使用表单设计

15.2.1 获取表单参数

request 这个内部对象可以获取客户端传递的各种数据，JSP 一般通过 getParameter() 方法来获取客户端的表单参数。以下是一个从表单中获得参数的示例。先设计一个表单，包括文本框、单选按钮和下拉列表（如图 15.2.1 所示），通过使用 getParameter() 方法将输入数据提交到 people.jsp 中，并在客户端浏览器显示。

【例 15.2.1】从表单中获得参数示例。

表单数据输入页面 myform.jsp 的程序代码如下：

```
<%@ page contentType="text/html; charset=GBK" %>
<%request.setCharacterEncoding("GBK");%>
<html>
<head>
<title>表单</title>
```

```
</head>
<body>
<form method = "post" action = "people.jsp">
姓名：
<input type = "text" name = "myname"><br>
性别：
<input type = "radio" name = "sex" value = "男">男
<input type = "radio" name = "sex" value = "女">女<br>
省份：
<select name = "area" style = "width:80" size = "1">
   <option value = "福建" selected>福建</option>
   <option value = "广东">广东</option>
   <option value = "上海">上海</option>
   <option value = "重庆">重庆</option>
   <option value = "湖南">湖南</option>
</select><br>
爱好：
<input type = "checkbox" name = "favour1" value = "体育">体育
<input type = "checkbox" name = "favour2" value = "音乐">音乐
<br>
<input type = "submit" value = "提 交",name = "B1">
<input type = "reset" value = "重新填写" name = "B2">
</form>
</body>
</html>
```

myform.jsp 运行结果如图 15.2.1 所示。

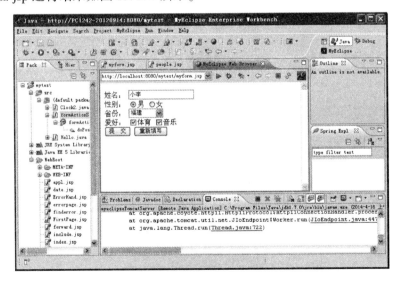

图 15.2.1　表单数据输入页面 myform.jsp 运行结果

从表单中获取数据的页面 people.jsp 的程序代码如下：

```
<%@ page contentType = "text/html; charset = GBK" %>
<%request.setCharacterEncoding("GBK");%>
<html>
```

```
<head>
<title>获得表单数据</title>
</head>
<body>
<%
String myname = request.getParameter("myname");
String sex = request.getParameter("sex");
String area = request.getParameter("area");
String myfavour1 = request.getParameter("favour1");
String myfavour2 = request.getParameter("favour2");
%>
姓 名:<%=myname%><br>
性 别:<%=sex%><br>
省 份:<%=area%><br>
爱 好:<%=myfavour1%> 
<%=myfavour2%>
</body>
</html>
```

people.jsp 运行结果如图 15.2.2 所示。

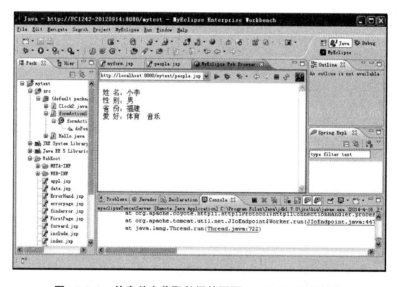

图 15.2.2　从表单中获取数据的页面 people.jsp 运行结果

15.2.2　表单的数据验证

为确保输入数据的合法性,HTML 表单的数据验证是一项必不可少的工作。由于 JSP 是服务器端脚本程序,客户端提供的表单数据输入将在服务器端进行验证。下面以数字的验证为例,验证表单输入的数字是否正确。该示例由两个程序组成,一个是表单数据输入程序 validate.html,一个是表单数据输入验证程序 validate.jsp。

通常对表单数据进行确认需要专门的表单处理程序,都可以采用 Java 编程的方法来验证。常见的处理方法是检查输入是否为空、输入是否为整数、日期格式是否正确、电子邮件格式是否正确等。

【例 15.2.2】表单数据输入验证。

(1) 表单数据输入页面 validate.html 程序代码如下:

```html
<html>
<head>
<title>输入一个数字</title>
</head>
<body>
请输入数字:
<form action="validate.jsp">
<input type="text" name="number" size="10"><br>
<input type="submit" value="提交">
<input type="reset" value="重填">
</form>
</body>
</html>
```

表单数据输入页面 validate.html 运行结果如图 15.2.3 所示。

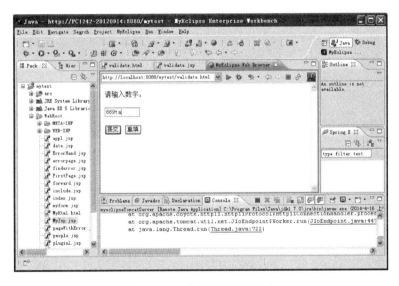

图 15.2.3　表单验证数据输入

(2) 表单数据输入验证页面 validate.jsp 程序代码如下:

```jsp
<html>
<head>
<title>确认数字</title>
</head>
<body>
<%
String str = request.getParameter("number");
String numstr = "0123456789";
%>
<%-- 使用 String 类的 indexOf(参数字符)方法判断
```

在本对象中是否存在参数字符,否则返回-1--%>
```
<%if(numstr.indexOf(str) == -1)
{
  out.println("Wrong!");
  out.println("It is "+str);
}
else
{out.println("Right! It is "+str);}
%>
</body>
</html>
```

表单数据输入验证页面 validate.jsp 运行结果如图 15.2.4 所示。

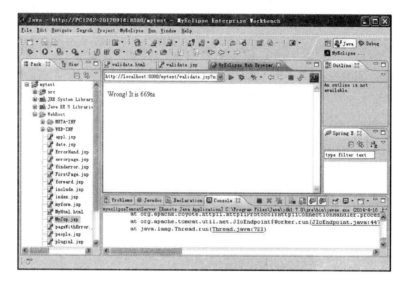

图 15.2.4　显示验证结果

15.3　使用 JavaBean 组件程序设计

15.3.1　JavaBean 技术

1. JavaBean 基本概念

Java 的 Bean 是一个可重用的软件模型。其主要任务是"一次性编写，任何地方执行，任何地方重用"。在 JSP 中所用的 JavaBean 通常以不可见的组件为主。一般来说，Bean 可以是简单的 GUI，如按钮组件、游标、菜单等，也可以是复杂的可视化软件，如数据库视图。

JavaBean 是一种基于 Java 的软件组件，只提供接口供程序员使用。JavaBean 可以看成是一个黑盒子，即只需要知道其功能而不必关心其内部的软件设备。黑盒子只介绍和定义其外部特征和与其他部分的接口。JavaBean 有 3 个接口，可以独立进行开发。这 3 个接口包括：

（1）JavaBean 可以调用的方法；

（2）JavaBean 提供的可读写的属性；

（3）JavaBean 向外部发送的或从外部接收的事件。

2. JavaBean 基本结构

JavaBean 的开发编程，实际上就是分别对它的三个接口进行开发。JavaBean 由 3 个部分组成：属性、方法和事件。

（1）属性。

JavaBean 的属性与面向对象语言中对象的属性其实是同一个概念。但必须要注意的一点是在 Java 类中可以有公有（Public）型成员变量，在类的外部可以直接存取这些成员变量；而 JavaBean 的属性都是私有或保护（Private or Protected）型成员变量，从组件外部只能通过与该属性相关的一对访问方法（Accessor Method）来设置或读取属性的值。这对访问方法也被设置为获取器（getter）和设置器（setter）。

在 JavaBean 设计中，按照属性的不同作用又细分为 4 类属性：单值属性（simple）、索引属性（indexed）、关联属性（bound）和限制属性（constrained）。

① 单值属性（simple 属性）。

单值属性是最一般的属性类型。只需定义一个只含一个值的数据成员，并为其定义一对获取/设置（getter/setter）方法以便外部可以与其发生联系。为单值属性提供获取方法，就可以从外部读取该属性，而提供设置方法，该单值属性就为可写型属性。

单值属性的获取/设置方法的一般形式如下：

```
get<PropertyName>()
set<PropertyName>()
```

② 索引属性（indexed 属性）。

JavaBean 中的索引属性相当于传统 Java 编程中的数组。索引属性包括几个数据类型相同的元素，这些元素可以通过一个整数索引值来访问。因为索引属性是引用一个数组中的多个单一元素，所以需要两对获取/设置方法对该属性进行访问：一对用于通过索引值获得和设置这个数组中的单一属性；另一对用于获得和设置整个属性数组。

③ 关联属性（bound 属性）。

一个关联属性是指当该种属性值发生变化时，要通知其他的对象。每次属性值改变，这种属性就激活一个 PropertyChange 事件（在 Java 程序中，事件也是一个对象）。事件中封装了属性名、属性的原值、属性变化后的新值。这种事件是传递到其他的 Java Bean，至于接收事件的 JavaBean 应做什么动作由其自己定义。

④ 限制属性（constrained 属性）。

一个 JavaBean 的限制属性，是指当这个属性的值要发生变化时，与这个属性已建立了某种链接的其他 Java 对象可否决属性值的改变。限制属性的监听者通过抛出 Property-

VetoException 来阻止该属性值的改变。

某个 JavaBean 的限制属性值可否改变取决于其他的 JavaBean 或者是 Java 对象是否允许这种改变。允许与否的条件由其他的 JavaBean 或 Java 对象在自己的类中进行定义。

（2）方法。

JavaBean 中的方法就是通常的 Java 方法，它可以从其他组件或在脚本环境中调用。默认情况下，所有 JavaBean 的公有（Public）方法都可以被外部调用，但 JavaBean 一般只会引出其公有方法的一个子集。这样，外界不可能访问类中的任何非公有字段。JavaBean 的另外两个更为高级的 JavaBean 特征——属性和事件，成为与 JavaBean 进行交互的更好手段。

（3）事件。

事件处理是 JavaBean 体系结构的核心之一。事件是 JavaBean 之间和 JavaBean 与容器之间通信的机制，JavaBean 与其他软件组件交流信息的主要方式是发送和接收事件。事件为 JavaBean 组件提供了一种发送通知给其他组件的方法。当事件源检测到发生了某种事件时，它将调用事件监听器对象中的一个适当的事件处理方法来处理这个事件。这样，不同的组件就可在构造器内组合在一起，组件之间通过事件的传递进行通信，构成一个应用。

从概念上讲，事件是一种在"源对象"和"监听者对象"之间，某种状态发生变化的传递机制。事件有许多不同的用途，例如在 Windows 系统中常要处理的鼠标事件、窗口边界改变事件、键盘事件等。在 Java 和 JavaBean 中则是定义了一个可扩充的事件机制，这种机制能够对事件类型和传递的模型的定义和扩充提供一个公共框架，并适合于广泛的应用；与 Java 语言和环境有较高的集成度；事件能被描述环境捕获和激活；事件机制本身不依赖于复杂的开发工具；不需要其他的虚拟机和语言即可实现；能使其他构造工具采取某种技术在设计时直接控制事件；允许动态操纵事件源和事件监听者之间的关系。

3. JavaBean 技术特点

一个良好的软件组件应该是一次性地编写，不需要再重新编写代码以增强或完善功能。JavaBean 提供了一个实际的方法来增强现有代码的利用率，而不再需要在原有的代码上重新进行编程。一次性地编写 JavaBean 组件也可以在版本控制方面起到非常好的作用。开发者可以不断地对组件进行改进，而不必从头开始编写代码。这样就在原有的基础上不断提高组件功能，而不会犯相同的错误。JavaBean 组件可以在任何环境和平台上使用，由于 JavaBean 是基于 Java 的，所以它可以很容易地得到交互式平台的支持。

JavaBean 是 JSP 组件技术的核心。在 JSP 的开发中往往把大段的代码放在脚本片断（Scriptlet）内，但是绝大多数的代码属于可重复使用的（如数据库的链接等），因此可以把这些代码作为 JavaBean 的组件。

15.3.2 JavaBean 开发环境

一般说来，JavaBean 组件是要分布在各自环境中，能够适应各种环境。对于

JavaBean 所需要运行的确切环境，有以下两点可以确定。

（1）Bean 必须能够在一个应用程序构造器工具中运行。

（2）Bean 必须可以在产生的应用程序的运行环境中使用。

具体阐述如下。

首先是 Bean 必须能在设计环境（design environment）中运行。在设计环境中，Bean 应该提供设计信息给应用程序构造器工具并允许终端用户制定 Bean 的外观和行为。利用 JavaBean 设计的软件不必像传统的软件设计那样必须通过编译、链接之后才能看到应用程序的最终运行结果，使用 JavaBean 可以非常直观地设计应用程序软件，且易于重复开发，设计思想更加容易变成原型。

其次是 Bean 必须能在运行环境（run-time environment）中使用。通常一个组件的设计环境信息和设计环境中编写的代码可能是巨大的。在运行环境中对设计信息和定制的需求并不重要，我们可能不使用 Bean 的任何设计环境代码来配置这个 Bean。因此，Java-Bean 必须分别支持运行环境接口的类库和设计环境接口的类库。

下面说明以 JDK1.2.2 和 JSWDK1.0.1 为开发环境为例。JavaBean 是一种 Java 类（class），通过封装属性和方法成为具有某种功能或者处理某个业务的对象。对 JavaBean 的管理是将其组织成为 package（数据包）进行的，实际上就是把一组 JavaBean 放置在指定目录中，每个类的定义前加上 package 前缀进行目录管理。该目录必须放在系统环境 CLASSPATH 包含的目录下。JSWDK1.0.1 在默认状态下将\\JSWDK1.0.1\webpages\Web-INF\ jsp\beans\加入 CLASSPATH 中。通常建立自己的 JavaBean 和 package 时，就将其放置在这个目录中，便于集中管理。

在 JSP 下使用 Bean 组件，实际上就把它的变量当作属性来看待，并通过它的方法来操作这些属性。Bean 组件的使用要用到 3 个 JSP 动作：useBean 动作、setProperty 动作和 getProperty 动作。具体描述如下。

1. UseBean 动作

<jsp：useBean>创建一个 Bean 实例并指定它的名字和作用范围。语法结构如下：

```
<jsp:useBean
    id = "beanInstanceName"
    scope = "page | request | session | application"
    {
        class = "package.class" |
        type = "package.class" |
        class = "package.class" type = "package.class" I
        beanName = " { package.class | <% expression% > }" type = "
        package.class"
    }
    {
/> |
    >other elements </jsp:useBean >
    }
```

说明：<jsp：useBean>的功能是用于定位或实例化一个JavaBeans组件。.<jsp：useBean>先尝试定位一个Bean实例，如果Bean不存在，那么就会从一个Class或序列化模板中实例化Bean。

useBean动作属性说明如下。

(1) id = "beanInstanceName"：定义所生成的Bean组件的名字。

(2) scope = "page | request | session | application"：scope设置Bean的活动范围，或者叫生命周期，Bean只有在它定义的范围内才有效。默认值是page，各设置项详细说明如下。

① Page：在包含<jsp：useBean>元素的JSP文件以及静态包含文件中使用Bean；

② Request：在相同请求的JSP文件中使用Bean；

③ Session：使用相同Session的JSP文件中使用Bean；

④ Application：使用相同Application的JSP文件中使用Bean。

(3) Class = "package.class"：使用new关键字以及类构造函数从一个类中实例化一个Bean。

(4) Type = "package.class"：指定Bean的类型。

(5) beanName = "{package.class | <% = expression% >}" type = "package.class"：使用java.beans.Beans.instantiate方法来从一个类或连续模板中实例化一个Bean。

2. SetProperty动作

<jsp：setProperty>设置Bean中的属性值。语法结构如下：

```
<jsp:setProperty
   name ='beanInstanceName,,
 {
  property = " * "    |
  property = " propertyName"[param = "parameterName"] |
  property = " propertyName" value = "{string | <% = expression% >}"
 }
 />
```

说明：<jsp：setProperty>元素使用Bean给定的setXXX()方法，在Bean中设置一个或多个属性值。在使用这个元素之前必须使用<jsp：useBean>声明此Bean。

可以使用多种方法利用<jsp：setProperty>来设定属性值。

(1) 通过用户输入的指定的值来匹配Bean中指定的属性。

(2) 用户输入的所有值，作为参数储存在request对象中，用来匹配Bean中的属性。

(3) 在运行时使用一个表达式来匹配Bean的属性。

setProperty动作属性说明如下。

(1) name = "beanInstanceName"：表示已经在<jsp：useBean>中创建的Bean实例的名字。

(2) Property = " * "：储存用户在JSP输入的所有值，用于匹配Bean中的属性。

(3) Property = "propertyName" [param = "parameterName"]：使用request中的一个

参数值来指定 Bean 中的一个属性值。property 指定 Bean 的属性名，param 指定 request 中的参数名。

（4） property = "propertyName" value = "{ string | <%= expression%> }"：使用指定的值来设定 Bean 属性。这个值可以是字符串，也可以是表达式。

3. GetProperty 动作

<jsp：getProperty>获取 Bean 的属性值，用于显示在页面中。语法结构如下：

<jsp:getProperty name = "beanInstanceName" property = "propertyName"/>

说明：这个<jsp：getProperty>元素将获得 Bean 的属性值，并可以将其使用或显示在 JSP 页面中。在使用<jsp：getProperty>之前，必须用<jsp：useBean>创建它。

getProperty 动作属性说明如下。

（1） name = "beanInstanceName"：bean 的名字，由<jsp：useBean>指定。

（2） property = "propertyName"：所指定的 Bean 的属性名。

15.4 在 JSP 中开发和使用 JavaBean 的实例

以下是利用 JavaBean 组件，开发和应用"乘法运算 JavaBean"的实例。开发过程有创建 JavaBean 源文件、编译 JavaBean 源文件、编写调用 JavaBean 的 JSP 文件和使用 JavaBean 4 个步骤。

【例 15.4.1】开发和应用"乘法运算 JavaBean"。

（1） 在 MyEclipse8.5 中创建一个 JavaBean 源文件。

calc.java 程序代码如下：

```java
//calc.java
package jspbeans;
public class calc {
    private float a;
    private float b;
    public void seta(float a)
    {
        this.a = a;
    }
    public void setb(float b)
    {
        this.b = b;
    }
    public float geta()
    {
        return a;
    }
    public float getb()
```

```
    {
        return b;
    }
    public float getvalue( )
    {
        return a * b;
    }
}
```

将该文件保存在 \ mytest \ src \ jspbeans 目录下。

（2）编译 JavaBean 源文件。

用 MyEclipse8.5 编译 calc.java，如果编译成功，则将在 \ mytest \ WebRoot \ Web-INF \ classes \ jspbeans 目录下生成了一个 class 文件 calc.class，即生成一个 JavaBean。

（3）编写调用 JavaBean 的 JSP 文件。

用 MyEclipse8.5 创建两个名称分别为 multiply.jsp 和 calcprocess.jsp 的文件，前者用于输入乘法运算的乘数，而后者用于调用 JavaBean 进行乘法运算并输出结果。

multiply.jsp 程序代码如下：

```
//multiply.jsp
<%@ page language = "java" contentType = "text/html; charset = UTF - 8" pageEncoding = "UTF - 8"% >
<html>
<head>
<meta http - equiv = "Content - Type" content = "text/html; UTF - 8" >
<title > Insert title here </title >
</head>
<body>
     乘法运算(a * b)
  < form method = "post" action = "calcprocess.jsp" name = "form1" >
  <p >a 值: < input type = "text" size = "20" value = " " name = "a" > </p >
  <p >b 值: < input type = "text" size = "20" name = "b" > </p >
  <p >    
  < input type = "submit" value = "计算" name = "button01" >  
  < input type = "reset" value = "重置" name = "button2" >
  </p >
  </form > </body >
</html >
```

calcprocess.jsp 程序代码如下：

```
//calcprocess.jsp
<%@ page language = "java" contentType = "text/html; charset = UTF - 8" pageEncoding = "UTF - 8"% >
<html>
<head>
```

```
<title>运算结果</title>
</head>
<body>
<%
String a = request.getParameter("a");
String b = request.getParameter("b");
float avalue = Float.parseFloat(a);
float bvalue = Float.parseFloat(b);
%>
<jsp:useBean id = "calctest" class = "jspbeans.calc" scope = "page">
    <jsp:setProperty name = "calctest" property = "a" value = "<% = avalue %>"/>
    <jsp:setProperty name = "calctest" property = "b" value = "<% = bvalue %>"/>
</jsp:useBean>
   a * b = <% = calctest.getvalue( ) %>
</body>
</html>
```

(4) 使用 JavaBean。

在浏览器中,先运行 multiply.jsp 文件,然后在页面中输入 a 和 b 两个数的值,并单击"运算"进行乘法运算,具体如图 15.4.1 所示。Calcprocess.jsp 页面收到由 multiply.jsp 传递的参数后调用 JavaBean 进行运算,运算结果如图 15.4.2 所示。

图 15.4.1　输入乘数 a 和 b 的值

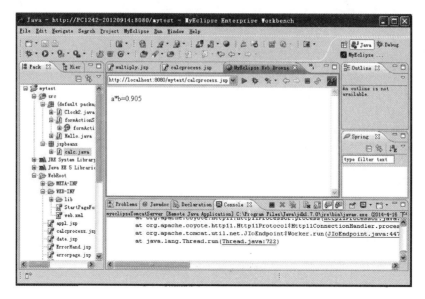

图 15.4.2　调用 JavaBean 进行乘法运算的结果

15.5　JSP 与 Servlet 集成模式

　　在 Web 开发技术的发展过程中可以看到，Web 开发技术基本是架构在网络三层结构上的。也就是说一个网络项目通常分为三层：数据层、中间层（逻辑层）、表现层。在 JSP 开发技术当中，Servlet 用来写中间层是很强大的，但写表现层就很不方便。Sun Microsystems 公司开发 JSP 则主要是为了方便写表现层的，当然也可以写中间层。相对于 JSP，Servlet 是 Sun Microsystems 公司开发出的早期产品，其功能比较强劲，体系设计也很先进，只是，它输出 HTML 语句还是沿袭 CGI 方式，是一句一句输出，编写和修改 HTML 不方便。后来 Sun Microsystems 推出了嵌入型的 JSP，把 JSP TAG 镶嵌到 HTML 语句中，这样，就大大简化和方便了网页的设计和修改。新型的网络语言如 ASP、PHP、JSP 都是嵌入型的 Script 语言。

　　JSP 中存放的是与表现层有关的内容，也就是说，只放输出 HTML 网页的部分。而所有的数据计算、数据分析、数据库链接处理，属于中间层，应存放在 JavaBeans 中。通过 JSP 调用 JavaBeans 实现两层的整合。这就是 Sun Microsystems 公司的两层整合技术；实际上，微软所推出的 DNA 技术，即 ASP + COM/DCOM 技术。与 JSP + Beans 完全一致，所有的表现层由 ASP 完成，所有的中间层由 COM/DCOM 完成，通过调用，实现两层整合。

　　技术朝着相同的集成思想发展，不约而同地采用这些组件技术，是因为利用组件技术可以大幅度提高功能上限，加快执行速度，因为单纯的 ASP/JSP 语言的执行效率是非常低的，如果出现大量的用户单击，纯 Script 语言很快就到达了它的功能上限。同时，纯 Script 语言将表现层和中间层混在一起，造成修改不方便，并且代码不能重复利用。如果想修改一个地方，经常会牵涉十几页 Code，采用组件技术就只需修改组件。因此 Servlet 和 JSP 集成，ASP + COM/DCOM 的整合都是技术集成模式的必然。

综上所述，Servlet 是不完善的产品，写中间层很好，写表现层就不方便并且两层混杂。推出 JSP + Beans 模式，用 JSP 写表现层，用 JavaBean 写中间层。这是 Sun Microsystems 公司的思路也就是 Servlet 和 JSP 集成，用 JSP 替代 Servlet。为了充分发挥 Servlet 和 JSP 技术各自的优点，采用 JSP 技术来表现页面，采用 Servlet 来完成大量的处理。Servlet 扮演一个控制者的角色，并负责响应客户请求。Servlet 可创建 JSP 需要的 JavaBean 和对象，再根据用户的行为，决定将哪个 JSP 页面发送给用户。JSP 页面可以没有任何商业处理逻辑，它只是简单地检索 Servlet 创建的 JavaBean 或者对象，再将动态内容插入预定义的模板。这个将 Servlet 和 JSP 集成的模式具有更清晰的页面表现、清楚的开发者角色划分，可以充分地利用开发小组中的界面设计人员，特别适用于复杂的项目。

因此，要全面掌握 JSP 技术，应该从 Java Servlet 入手，再进一步学习 JSP 和熟练运用 JavaBean 组件，在开发应用项目中整合 Servlet 技术和 JSP 技术。

15.6　思考题

1. 什么是 Servlet？有何特点？应用范围是哪些？
2. 要运行 Servlet，需要建立怎样的开发环境？
3. 如何实现 Session 功能？
4. 如何通过表单获得数据？
5. 利用表单如何实现数据验证？
6. 什么是 JavaBean？
7. 如何在 JSP 中使用 JavaBean？
8. JavaBean 由哪几部分组成？各自有什么特点？

第 16 章　JSP 数据库编程技术

16.1　JDBC 技术

1. JDBC 概述

JDBC 作为一种可支持基本 SQL 功能的一个通用低层的应用程序编程接口 API。它由一些 Java 语言编写的类和界面组成。它为数据库应用及前台开发人员提供了一种标准的应用程序接口，使开发人员可以用纯 Java 语言编写完整的数据库应用程序。借鉴了 ODBC 的经验，可以直接利用 JDBC 驱动程序访问数据库，也可以利用现有 ODBC 驱动程序访问数据库。

2. JDBC 工作原理

JDBC 有 2 种 API 接口，分别是面向程序开发人员的 JDBC API 和面向驱动程序开发商的 JDBC Driver API。通过 API 接口和驱动程序，JDBC 可以完成以下 3 件事：同一个数据库建立链接、向数据库发送 SQL 语句和处理数据库返回的结果。

3. JDBC API

JDBC API 提供了应用程序到 JDBC Driver Manager 的通信功能；JDBC Driver Manager 用来管理各数据库软件商提供的 JDBC 的驱动程序。JDBC API 提供了一系列抽象的 JDBC API，如用于处理 JDBC 数据库驱动程序的加载和卸载的 Java.sql.Driver Manager，完成某一指定数据库的链接功能的 Java.Sql.connection，借助 Connection 对象执行一条 SQL 语句的 Java.Sql.Statement 及控制对于给定声明取得结果集途径的 Java.sql.Result Set。

4. JDBC 驱动程序

JDBC 驱动程序主要包含于 Java.sql.Driver。JDBC Driver Manager 会调用 Java.sql.Driver；以确定访问某一特定 URL 位置的数据库所调用的驱动程序。JDBC 驱动程序分为 4 类：

（1）JDBC-ODBC 桥驱动程序，通过 ODBC 驱动程序提供 JDBC 访问；

（2）JDBC 本地 API 驱动程序，部分用 Java 来编写的驱动程序，该种驱动程序把客户机 API 上的 JDBC 调用转换为 Oracle、Sybase、Informix、DB2 或其他 DBMS 的客户端的调用；

（3）JDBC 网络纯 Java 驱动程序，将 JDBC 调用转换为独立 DBMS 的网络协议，服务器将网络协议转换为 DBMS 协议；

（4）本地协议纯 Java 驱动程序，将 JDBC 调用直接转换为 DBMS 使用的网络协议。

16.2 访问数据库

16.2.1 用 JDBC 技术访问数据库

1. 建立链接

首先，JDBC 程序要与数据库建立链接，这样就得到一个 java.sql.Connection 类的对象，对数据库的所有操作都是基于这个对象。

（1）驱动程序加载。

JDBC 必须加载与特定的数据相连的驱动程序，主要有以下两种装载方法。

① 装载 JDBC-ODBC 桥驱动程序。

语法：`Class.forName("sun.jdbc.odbc.JdbcOdbcDriver")`

如：`Class.forName("sun.jdbc.odbc.JdbcOdbcDriver");`

② 装载 JDBC 驱动程序。

语法：`Class.for Name("jdbc.driver_class_name")`

如：`Class.forName("com.mysql.jdbc.Driver ");`

（2）建立链接。

语法：`Connection con = DriverManager.getConnection(url,login,password)`

用 DriverManager 类的 getConnection 方法建立与 ODBC 数据源的链接前，要先建立一个数据源（DNS）。具体方法是在本地主机上进入"控制面板"|"管理工具"|"数据源（ODBC）"，然后选择 DNS 的类型（这里采用系统 DSN），并选择数据库（如 MySQL）链接驱动类型 MySQL ODBC 5.1 Driver，最后还要设置该 DSN 的链接参数，具体如图 16.2.1 所示。

通过 JDBC-ODBC 方式链接 MySQL 数据库的程序代码如下：

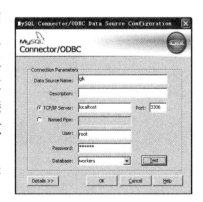

图 16.2.1　新建 MySQL 数据库 ODBC 数据源

```
con = DriverManager.getConnection("jdbc:od-
bc:glk","root","123456");
```

DriverManager 类也可以通过相关数据库的专用 JDBC 驱动与其链接。以链接 MySQL 数据库为例，可以先通过 MyEclipse8.5 左侧导航栏中的 mytest 项目中的 Referenced Libraries 中加载 MySQL 专用 JDBC 驱动 mysql-connector-java-5.1.20-bin.jar，具体如图 16.2.2 所示。

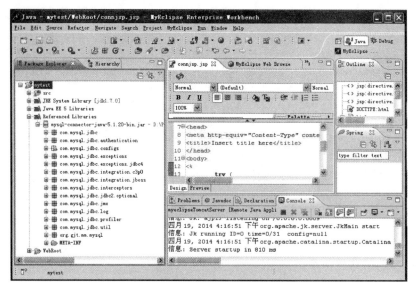

图 16.2.2　在 MyEclipse8.5 中加载 MySQL 专用 JDBC 驱动

通过专用 JDBC 驱动链接 MySQL 数据库的程序代码如下：

```
con = DriverManager.getConnection("jdbc:mysql://localhost:3306/javatest",
"root","123456");
```

2. 执行查询语句

JDBC 中查询语句的执行方法可以分为三类，分别为 Statement、PreparedStatement 和 CallableStatement 对象。下面介绍 Statement 对象。

（1）创建 Statement 对象。

Connection 类的 creatStatement 方法用于建立一个 Statement 对象。

如：`Statement statement = con.createStatement ();`

（2）执行查询语句。

ExecQuery 的参数是一个 String 对象。它的返回值是一个 ResultSet 类的对象。

如：`ResultSet rs = statement.executeQuery("select * from info");`

3. 检索结果集

ResultSet 包含符合 SQL 语句条件的所有行，通过一套 get 方法提供了对这些行中数据的访问。ResultSet.next() 方法用于移动到 ResultSet 中的下一行，使其成为当前行。

4. 更新数据库操作

对数据库进行更新操作，包括修改、插入和删除记录，创建和删除表以及增加和删除某列，这些操作对应于 SQL 语句中的增、删、改、查等，也是在一个 Statement 对象上完成的，它使用 executeUpdate 方法。

5. 使用 PreparedStatement 对象执行查询语句

PreparedStatement 对象执行查询语句的主要功能就是提高速度。

(1) 创建 PreparedStatement 对象。

从 Connection 对象可以创建一个 PreparedStatement 对象。在创建时，给出要预编译的 SQL 语句。例如：

```
PreparedStatement pstmt = con.prepareStatement("select * from info").
```

(2) 执行查询语句。

PreparedStatement 对象也使用 executeQuery() 方法来执行语句，并可以接收参数。下面是一个通过转递参数来进行查询的例子：

```
PreparedStatement ps = con.PreparedStatement("select * from student where
id = ?");
ps.setInt(1,5);
ps.executeQuery();
```

而如果 executeQuery() 方法没有接收参数，则执行时只需要执行已编译好的语句就可以了。这个语句可被执行多次，无须重新给出 SQL 语句。例如：

```
ResultSet Rs = pstmt.executeQuery();
```

6. 用 PreparedStatement 对象更新数据库

使用 PreparedStatement 对象，只需传递一次 SQL 语句，可以多次执行它。并且可以利用数据库的预编技术，提高效率。下面是一个修改数据库的例子：

```
PreparedStatement pstmt = con.PreparedStatement("update info set age = 23
where name = '李二');
Pstmt.executeUpdate();
```

使用 PreparedStatement 对象的另一个好处是可以接收参数，通常 Web 数据库发布时通过表单提供参数，然后利用 PreparedStatement 对象接收参数，操作数据库。例如：

```
PreparedStatement updateSales = con.PrepareStatement("update coffees set
sales = ?where cof_name like ?");
updateSales.setInt(1,75);
updateSales.setString(2,"Colombian");
updateSales.executeUpdate();
```

【例 16.2.1】使用 JDBC 显示数据库记录。

在 MySQL 中新建职工信息数据库 workers，新建职工信息表 info，并在表 info 中插入 6 条相关记录，相关的 SQL 语句如下：

```
CREATE  TABLE workers.info (
 no VARCHAR(10) NOT NULL,
 name VARCHAR(25) NOT NULL,
 sex VARCHAR(6) NOT NULL,
 age INT NOT NULL,
 work VARCHAR(15) NOT NULL,
 duty VARCHAR(20) NOT NULL,
 unit VARCHAR(30) NOT NULL,
 salary FLOAT NOT NULL,
 PRIMARY KEY (no)
```

```
);
INSERT INTO workers.info ('no','name','sex','age','work','duty','unit','salary')
VALUES ('1001','李小明','男','25','03/04/90','会计','财务部','3500.35');
    INSERT INTO workers.info ('no','name','sex','age','work','duty','unit','salary') VALUES ('1002','李小国','男','27','11/04/88','会计','财务部','2500.69');
    INSERT INTO workers.info ('no','name','sex','age','work','duty','unit','salary') VALUES ('1003','马英雄','男','36','12/21/78','副主任','办公室','5000.65');
    INSERT INTO workers.info ('no','name','sex','age','work','duty','unit','salary') VALUES ('1004','高明录','男','42','04/04/72','主任','办公室','6000.21');
    INSERT INTO workers.info ('no','name','sex','age','work','duty','unit','salary') VALUES ('1005','宋小兰','女','35','05/02/79','后勤主任','后勤部','6000.52');
    INSERT INTO workers.info ('no','name','sex','age','work','duty','unit','salary') VALUES ('1006','周晓晓','女','30','09/12/84','秘书','办公室','2000.36');
```

采用 displaydata.jsp 浏览 info 表的内容，实现的具体程序代码如下：

```
//把 io 包引入
//charset 用于指定该 JSP 用什么字符集合进行编译
<%@ page contentType="text/html;charset=gb2312"%>
<%@ page import="java.sql.*"%>
<%@ page import="java.io.*"%>
<HTML>
<HEAD>
<TITLE>用 JSP 访问数据库</TITLE>
</HEAD>
<BODY>
<%
    Connection con = null;
    try {
        //登记 JDBC 驱动程序
        Class.forName("com.mysql.jdbc.Driver");
        //链接数据库
        con = DriverManager.getConnection("jdbc:mysql://localhost:3306/workers","root","123456");
        //创建语句对象
        Statement statement = con.createStatement();
        //执行 SQL 语句
        ResultSet rs = statement.executeQuery("select * " + " from info");
        //取得结果,输出到屏幕
%>
<!-- 以 HTML 表格形式输出结果 >
<TABLE BORDER="1">
<TR>
<TH>编号</TH><TH>姓名</TH><TH>性别</TH><TH>年龄</TH>
<TH>工作日期</TH><TH>职称</TH><TH>工作单位</TH><TH>工资</TH>
</TH>
<%
while (rs.next()) {
out.println("<TR>\n<TD>" + rs.getString("no") + "</TD>");
out.println("<TD>" + rs.getString("name") + "</TD>");
out.println("<TD>" + rs.getString("sex") + "</TD>");
out.println("<TD>" + rs.getString("age") + "</TD>");
out.println("<TD>" + rs.getString("work") + "</TD>");
out.println("<TD>" + rs.getString("duty") + "</TD>");
```

```
        out.println("<TD>" + rs.getString("unit") + "</TD>");
        out.println("<TD>" + rs.getString("salary") + "</TD> \n </TR>");
      }
      //关闭结果集
      rs.close( );
    }
    catch (IOException ioe) {
      out.println(ioe.getMessage( ));
    }
    catch (SQLException sqle) {
      out.println(sqle.getMessage( ));
    }
    catch (ClassNotFoundException cnfe) {
      out.println(cnfe.getMessage( ));
    }
    catch (Exception e) {
      out.println(e.getMessage( ));
    }
    finally {
       try {
         if (con != null) {
           //关闭数据库链接
           con.close( );
         }
       }
       catch(SQLException sqle) {
         out.println(sqle.getMessage( ));
       }
    }
%>
</BODY>
</HTML>
```

程序执行结果如图 16.2.3 所示。

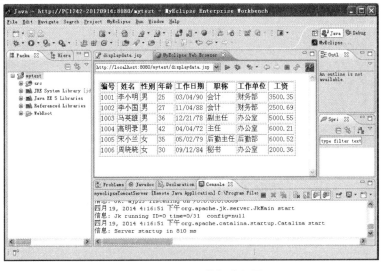

图 16.2.3　显示数据库记录

【例16.2.2】插入一条记录（insertdata.jsp）。

在上例源代码中加入如下一条插入语句：

```
statement.executeUpdate("insert into info(no,name,sex,age,work,duty,unit,salary)
          Values('1016','赵柳','女',33,'11/09/89','秘书','开发部',1567.89)");
```

则数据库增加了一条记录，如图16.2.4所示。

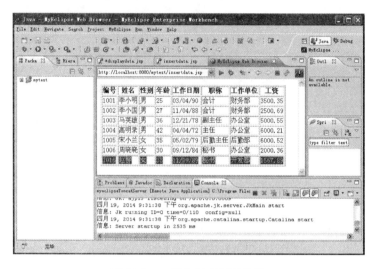

图16.2.4　插入记录运行结果

【例16.2.3】更新记录（Updatedata.jsp）。

如将"赵柳"的工作单位由"开发部"改为"公关部"，在例16.2.2基础上可加入如下的语句：

```
statement.executeUpdate("update info set unit ='公关部' where name ='赵柳'");
```

其结果如图16.2.5所示。

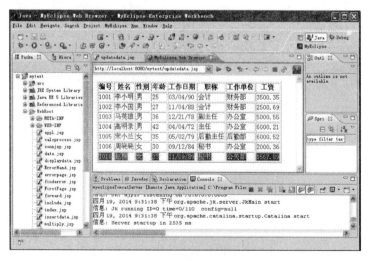

图16.2.5　记录更新结果

【例16.2.4】删除记录（deletedata.jsp）。

加入如下的语句：

Statement.executeUpdate("delete from info where name ='宋小兰'")

就可将姓名为"宋小兰"的记录删除，如图16.2.6所示。

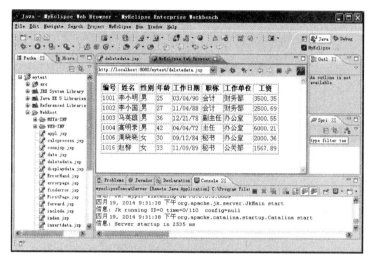

图16.2.6　删除记录结果

16.2.2 通过JavaBean访问数据库

通过JavaBean访问数据库十分简单。首先可以把数据库常用的功能如数据库打开、数据库关闭、执行查询、更新数据库等功能封装起来。然后，在JSP文件中直接调用有关的操作来实现对数据库的访问。

【例16.2.5】先建立一个访问数据库的JavaBean，再用JSP访问数据库。
personbean.java程序代码如下：

```
package person;
import java.sql.*;
public class personbean
{
String sDBDriver = " com.mysql.jdbc.Driver ";
String sConnStr = "jdbc:mysql://localhost:3306/workers";
Connection conn = null;
ResultSet rs = null;
public personbean( )
{
try{
Class.forName(sDBDriver);
}
catch(java.lang.ClassNotFoundException e)
{
System.err.println("personbean( ):"+e.getMessage( ));
```

```
    }
}
public ResultSet executeQuery(String sql)
{
rs = null;
try
{
conn = DriverManager.getConnection(sConnStr,"root","123456");
Statement stmt = conn.createStatement();
rs = stmt.executeQuery(sql);
}
catch(SQLException ex)
{
System.err.println("aq.executeQuery:" + ex.getMessage());
}
return rs;
}
}
```

以下 person_inf.jsp 是访问数据库的 JSP 文件。

person_inf.jsp 程序代码如下：

```
<%@ page contentType = "text/html;charset = gb2312" %><html>
<head>
    <title>用 JavaBean 访问数据库</title>
    <meta http-equiv = "Content-Type" content = "text/html; charset =
    gb2312">
</head>
<body>
<%@ page language = "java" import = "java.sql.*" %>
<jsp:useBean id = "p_bean" scope = "page" class = "person.personbean"/>
<table border =1 cellpading =10 >
<tr>
<th>
<td align = center>编号</td>
<td align = center>姓名</td>
<td align = center>性别</td>
<td align = center>年龄</td>
<td align = center>工作日期</td>
<td align = center>工作单位</td>
<td align = center>职称</td>
<td align = center>工资</td>
</th>
</tr>
<tr>
<%
ResultSet RS = p_bean.executeQuery("select * from info");
while(RS.next())
{
out.print("<th>");
out.print("<td>" + RS.getString("no") + "</td>");
out.print("<td>" + RS.getString("name") + "</td>");
out.print("<td>" + RS.getString("sex") + "</td>");
```

```
out.print("<td>"+RS.getString("age")+"</td>");
out.print("<td>"+RS.getString("work")+"</td>");
out.print("<td>"+RS.getString("unit")+"</td>");
out.print("<td>"+RS.getString("duty")+"</td>");
out.print("<td>"+RS.getString("salary")+"</td>");
out.print("</th>");
out.print("</tr>");
}
out.print("</table>");
RS.close( );
%>
</body>
</html>
```

程序运行结果如图 16.2.7 所示。

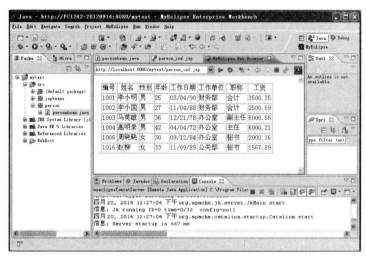

图 16.2.7　用 JavaBean 访问数据库

【例 16.2.6】通过在表单中输入编号，查询数据库，得到查询结果。
查询表单 queryperson.jsp 程序代码如下。

```
<%@ page contentType="text/html;charset=UTF-8"%>
<html>
<head>
<title>输入姓名</title>
</head>
<body>
请输入查询姓名：
<form action="person_inf2.jsp">
<input type="text" name="myname" size=10>
<input type="submit" value="提交">
</form>
</html>
```

执行结果如图 16.2.8 所示。

图 16.2.8　表单查询输入

以下是通过表单得到姓名参数后再进行模糊查询数据库的程序。
person_inf2.jsp 程序代码如下：

```jsp
<%@ page contentType="text/html;charset=gb2312"%>
<html>
<head>
<title>用 JavaBean 访问数据库</title>
</head>
<body>
<p><b><div align="center">职工档案查询结果</b></p>
<%@ page language="java" import="java.sql.*"%>
<jsp:useBean id="p_bean" scope="page" class="person.personbean"/>
<%
  String myname = request.getParameter("myname");
  myname = new String(myname.getBytes("ISO-8859-1"),"UTF-8");
%>
<table border=1 cellpading=10>
<tr>
<th>
<td align=center>编号</td>
<td align=center>姓名</td>
<td align=center>性别</td>
<td align=center>年龄</td>
<td align=center>工作日期</td>
<td align=center>工作单位</td>
<td align=center>职称</td>
<td align=center>工资</td>
</th>
</tr>
<tr>
<%
String strSQL = "select * from info where name like";
strSQL += " \'%" + myname + "%\'";
```

```
ResultSet RS = p_bean.executeQuery(strSQL);
while(RS.next( ))
{
out.print("<th>");
out.print("<td>"+RS.getString("no")+"</td>");
out.print("<td>"+RS.getString("name")+"</td>");
out.print("<td>"+RS.getString("sex")+"</td>");
out.print("<td>"+RS.getString("age")+"</td>");
out.print("<td>"+RS.getString("work")+"</td>");
out.print("<td>"+RS.getString("unit")+"</td>");
out.print("<td>"+RS.getString("duty")+"</td>");
out.print("<td>"+RS.getString("salary")+"</td>");
out.print("</th>");
out.print("</tr>");
}
out.print("</table>");
RS.close( );
%>
```

运行结果如图 16.2.9 所示。

图 16.2.9 查询结果

16.2.3 表单数据存入数据库实例

【例 16.2.7】在表单输入一条完整记录，提交后，再将其插入到数据库中去。

插入记录文件 insertperson.jsp 的程序代码如下：

```
<%@ page contentType="text/html;charset=utf-8"%>
<%request.setCharacterEncoding("UTF-8");%>
<html>
<body>
请填写插入记录表单：
<form action="person_inf3.jsp" method="post">
```

编号：< input type = "text" name = "myno" > < br >
姓名：< input type = "text" name = "myname" > < br >
性别：< input type = radio name = mysex value = 男 > 男
　　< input type = radio name = mysex value = 女 > 女 < br >
年龄：< input type = "text" name = "myage" > < br >
工作日期(mm/dd/yy)：< input type = "text" name = "mywork" size = "8" > < br >
职称：< select name = "myduty" style = "width:100" size = "1" >
　　< option value = "经理" selected > 经理 </option >
　　< option value = "秘书" > 秘书 </option >
　　< option value = "职工" > 职工 </option > </select > < br >
工作单位：< input type = "text" name = "myunit" > < br >
工资：< input type = "text" name = "mysalary" > < br >
< input type = "submit" name = "b1" value = "提交" >
< input type = "reset"　name = "b2" value = "重填" >
</form >
</body >
</html >

运行结果如图 16.2.10 所示。

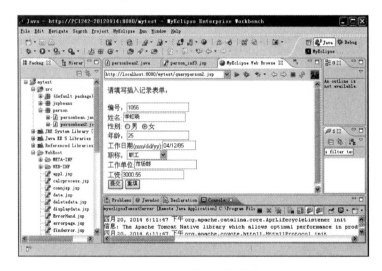

图 16.2.10　插入记录表单

执行插入一条记录功能的程序文件为 person_inf3.jsp，其源代码如下所示：

```
<%@ page contentType = "text/html; charset = utf - 8" %>
<% request.setCharacterEncoding("UTF - 8"); %>
< html >
< head >
< title > 档案 </title >
</head >
< body >
< p > < b > < div align = "center" > 插入记录后的职工档案 </b > </p >
<%@ page language = "java" import = "java.sql.*" %>
< jsp:useBean id = "p_bean" scope = "page" class = "person.personbean2" />
<%
String myno = request.getParameter("myno");
```

```jsp
String myname = request.getParameter("myname");
String mysex = request.getParameter("mysex");
String myage = request.getParameter("myage");
String mywork = request.getParameter("mywork");
String myduty = request.getParameter("myduty");
String myunit = request.getParameter("myunit");
String mysalary = request.getParameter("mysalary");
%>
<table border=1 cellpading=10>
<tr>
<th>
<td align=center>编号</td>
<td align=center>姓名</td>
<td align=center>性别</td>
<td align=center>年龄</td>
<td align=center>工作日期</td>
<td align=center>工作单位</td>
<td align=center>职称</td>
<td align=center>工资</td>
</th>
</tr>
<tr>
<%
//插入记录
String strSQL = "insert into info(no,name,sex,age,work,duty,unit,salary) values(";
strSQL += "\'" + myno + "\'";
strSQL += ",";
strSQL += "\'" + myname + "\'";
strSQL += ",";
strSQL += "\'" + mysex + "\'";
strSQL += ",";
strSQL += myage;
strSQL += ",";
strSQL += "\'" + mywork + "\'";
strSQL += ",";
strSQL += "\'" + myduty + "\'";
strSQL += ",";
strSQL += "\'" + myunit + "\'";
strSQL += ",";
strSQL += mysalary;
strSQL += ")";
p_bean.executeUpdate(strSQL);
//显示数据库记录
ResultSet RS = p_bean.executeQuery("select * from info");
while(RS.next())
{
out.print("<th>");
out.print("<td>" + RS.getString("no") + "</td>");
out.print("<td>" + RS.getString("name") + "</td>");
```

```
out.print("<td>"+RS.getString("sex")+"</td>");
out.print("<td>"+RS.getString("age")+"</td>");
out.print("<td>"+RS.getString("work")+"</td>");
out.print("<td>"+RS.getString("unit")+"</td>");
out.print("<td>"+RS.getString("duty")+"</td>");
out.print("<td>"+RS.getString("salary")+"</td>");
out.print("</th>");
out.print("</tr>");
}
out.print("</table>");
RS.close();
%>
```

在person_inf3.jsp所用到的javaBean组件personbean2.java的源代码如下:

```
package person;
import java.sql.*;
public class personbean2
{
String sDBDriver = "com.mysql.jdbc.Driver";
String sConnStr = "jdbc:mysql://localhost:3306/workers";
Connection conn = null;
ResultSet rs = null;
public personbean2()
{
try{
Class.forName(sDBDriver);
}
catch(java.lang.ClassNotFoundException e)
{
System.err.println("personbean():"+e.getMessage());
}
}
public ResultSet executeQuery(String sql)
{
rs = null;
try
{
conn = DriverManager.getConnection(sConnStr,"root","123456");
Statement stmt = conn.createStatement();
rs = stmt.executeQuery(sql);
}
catch(SQLException ex)
{
System.err.println("aq.executeQuery:"+ex.getMessage());
}
return rs;
}
public boolean executeUpdate(String sql)
{
try
{
conn = DriverManager.getConnection(sConnStr,"root","123456");
Statement stmt = conn.createStatement();
```

```
stmt.executeUpdate(sql);
}
catch(SQLException ex)
{
System.err.println("aq.executeUpdate:" + ex.getMessage( ));
}
return true;
}
}
```

本例运行的最后结果如图 16.2.11 所示。

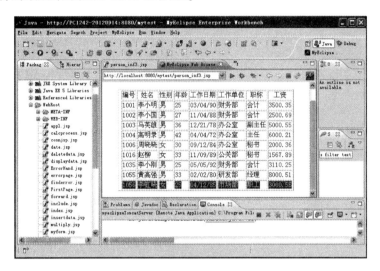

图 16.2.11　将表单数据插入数据库

16.2.4　数据库分页显示技术

在实际的应用中，访问数据库的记录较多时，对得到的记录集需要进行分页处理。通常分页显示技术采用的是用一个 session 变量来确定翻页时的结果集中指针的位置。然后每页显示若干条记录。本例每页显示 5 条记录。

【例 16.2.8】采用分页显示技术，每页显示 5 条记录。

browser.jsp 程序代码如下：

```
<%@ page contentType = "text/html;charset = UTF - 8" % >
<html >
<head >
<meta http - equiv = "Content - Type" content = "text/html;charset = UTF - 8" >
<title >数据分页显示 </title >
</head >
<body bgcolor = pink >
<p > <b > <div align = "center" >职工档案表 </b > </p >
<%@ page import = "java.sql. * " % >
<jsp:useBean id = "p_bean" scope = "page" class = "person.personbean"/>
<%!
```

```jsp
ResultSet RS;//结果集对象
String strSQL;//SQL 语句
int intPageSize;//一页显示的记录数
int intRowCount;//记录总数
int intPageCount;//总页数
int intPage;//待显示页码
int intreccount;//特定页面的记录数
String strPage;
int i;
%>
<%
//设置一页显示的记录数
intPageSize = 5;
//取得待显示页码
strPage = request.getParameter("page");
if(strPage == null){
//表明在 QueryString 中没有 page 这一个参数,此时显示第一页数据
intPage = 1;
}else{
//将字符串转换成整型
intPage = Integer.parseInt(strPage);
if(intPage < 1) intPage = 1;
}
//准备 SQL 语句
strSQL = "select * from info";
//执行 SQL 语句并获取结果集
RS = p_bean.executeQuery(strSQL);
//获取记录总数
RS.last( );
intRowCount = RS.getRow( );
//计算总页数
intPageCount = (intRowCount + intPageSize - 1)/intPageSize;
//调整待显示的页码
if(intPage > intPageCount) intPage = intPageCount;
%>
<table border = 1 cellpading = 10 >
<tr>
<th>
<td align = center >编号</td>
<td align = center >姓名</td>
<td align = center >性别</td>
<td align = center >年龄</td>
<td align = center >工作日期</td>
<td align = center >工作单位</td>
<td align = center >职称</td>
<td align = center >工资</td>
</th>
</tr>
<center>
<%
```

```
if(intPageCount >0){
//将记录指针定位到待显示页的第一条记录上
RS.absolute((intPage -1) * intPageSize + 1);
if(intPageCount == intPage)
{
intreccount = intRowCount - (intPage -1) * intPageSize;
}
else
{
intreccount = intPageSize;
}
//显示数据
i =0;
while(i < intreccount){
out.print("<tr>");
out.print("<th>");
out.print("<td>"+RS.getString("no") + "</td>");
out.print("<td>"+RS.getString("name") + "</td>");
out.print("<td>"+RS.getString("sex") + "</td>");
out.print("<td>"+RS.getString("age") + "</td>");
out.print("<td>"+RS.getString("work") + "</td>");
out.print("<td>"+RS.getString("unit") + "</td>");
out.print("<td>"+RS.getString("duty") + "</td>");
out.print("<td>"+RS.getString("salary") + "</td>");
out.print("</th>");
out.print("</tr>");
RS.next( );
i++;
}
}
%>
</table>
<br>
第<%= intPage%>页       
共<%= intPageCount%>页       
<%if(intPage < intPageCount){%> <a href ="browser.jsp?page =<%= intPage +
1%>">下一页</a> <%}%>       
<%if(intPage >1){%> <a href ="browser.jsp?page =<%= intPage -1%>">上一页
</a> <%}%>
</center>
<%
//断开数据库链接
RS.close( );
%>
</body>
</html>
```

运行结果如图 16.2.12 所示。

图16.2.12 数据库分页显示

16.3 JSP + JavaBean + AJAX 综合实例

通常情况下，要将数据库的信息更新到 JSP 页面上需要刷新页面，而无法对 JSP 网页进行局部更新，而前面相关章节所述的 AJAX 技术可以有效地解决这个问题。关于 AJAX 和 JavaBean 的概念和基础知识在前文的相关章节中已经详细介绍，这里不再赘述。下面列举一个 JSP + JavaBean + AJAX 综合案例，以一进步提高 JSP 应用程序的综合化和实用化。

【例16.3.1】编写一个用户注册页面，并应用 AJAX 和 JavaBean 技术实现检测所输入的用户名是否唯一的功能。

本案例共包括3个文件：用户注册页面 index.jsp、JavaBean 源文件 DB.Java 和用户名检测文件 check.jsp。此外，本例还需在前述 MySQL 数据库 workers 中新建用户信息表 users，并在表 users 中插入2条相关记录，相关的 SQL 语句如下：

```
CREATE  TABLE workers.users(
    username VARCHAR(50) NOT NULL,
    password VARCHAR(30) NOT NULL,
    PRIMARY KEY(username)
);
INSERT INTO workers.users('username','password') VALUES('admin','admin');
INSERT INTO workers.users('username','password') VALUES('user01','user01');
```

用户注册页面 register.jsp 的主要实现代码如下：

```
<%@ page language = "java" contentType = "text/html; charset = UTF-8 "pageEncoding = "UTF-8"%>
<html>
```

```html
<head>
<meta charset="utf-8">
<title>检测用户名是否唯一</title>
<script type="text/javascript">
    function createRequest(url) {
        http_request = false;
        if(window.XMLHttpRequest) {//非 IE 浏览器
            http_request = new XMLHttpRequest();//创建 XMLHttpRequest
            对象
        } else if(window.ActiveXObject) {//IE 浏览器
            try {
                http_request = new ActiveXObject("Msxml2.XMLHTTP");
                //创建 XMLHttpRequest 对象
            } catch(e) {
                try {
                    http_request = new ActiveXObject("Microsoft.XMLHTTP");
                    //创建 XMLHttpRequest 对象
                } catch(e) {
                }
            }
        }
        if(!http_request) {
            alert("不能创建 XMLHttpRequest 对象实例!");
            return false;
        }
        http_request.onreadystatechange = getResult;//调用返回结果处理函数
        http_request.open('GET',url,true);//创建与服务器的链接
        http_request.send(null);//向服务器发送请求
    }
    function getResult() {
        if(http_request.readyState ==4) {//判断请求状态
            if(http_request.status ==200) {//请求成功,开始处理返回结果
            document.getElementById("toolTip").innerHTML= http_request.responseText;
            //设置提示内容
                document.getElementById("toolTip").style.display = "block";//显示提示框
            } else {//请求页面有错误
                alert("您所请求的页面有错误!");
            }
        }
    }
    function checkUser(userName) {
        if(userName.value == " ") {
        alert("请输入用户名!");
        userName.focus();
        return;
        } else {
            createRequest('check.jsp?username ='
```

```
                        + encodeURIComponent(userName.value));
        }
    }
</script>
<style type="text/css">
<!--
#toolTip {
    position:absolute;/*设置为绝对定位*/
    left:345px;/*设置左边距*/
    top:31px;/*设置顶边距*/
    width:98px;/*设置宽度*/
    height:48px;/*设置高度*/
    padding-top:45px;/*设置文字与顶边的距离*/
    padding-left:25px;/*设置文字与左边的距离*/
    padding-right:25px;/*设置文字与右边的距离*/
    z-index:1;/*设置*/
    display:none;/*设置默认不显示*/
    color:red;/*设置文字的颜色*/
    background-image:url(images/tooltip.jpg);/*设置背景图片*/
}
#bg {
    width:509px;/*设置宽度*/
    height:268px;/*设置高度*/
    padding-top:54px;
    background-color:#F1DDBA;
    margin:0 auto auto auto;/*设置外边距*/
}
body {
    font-size:12px;/*设置文字的大小*/
}
ul {
    list-style:none;/*设置不显示列表的项目符号*/
}
li {
    padding:10px;/*设置内边距*/
    font-weight:bold;/*设置文字加粗*/
    color:#8e6723;/*设置文字颜色*/
}
-->
</style>
</head>
<body>
    <div class="STYLE4" id="Layer1" style="top:20px; left:312px; width:166px;">用户注册</div>
<body style="margin:0px;">
    <form method="post" action=" " name="form1"><div id="bg">
        <div style="position:absolute; left:173px; top:63px; width:443px; height:218px;">
            <ul>
                <li>用 户 名:<input name="username" type="text"
```

```html
                    id = "username" size = "32" onBlur = "javaScript:check-
                    User(form1.username);" >
                </li>
                  < li >密        码:< input name = "
pwd1" type = "password" id = "pwd1" size = "33" > < div id = "toolTip" > </div>
                </li>
                    < li >确认密码:< input name = "pwd2" type = "password" id = "
                    pwd2" size = "33" >
                    </li>
                    < li >电子邮箱:< input name = "email" type = "text" id = "
                    email" size = "32" >
                    </li>
< li > < input type = "submit" value = "注  册" name = "button1" >  
       < input type = "reset" value = "重  置" name = "button2" >
            </li>
         </ul>
    </div>
  </form>
</body>
</html>
```

Javabean 源文件 DB. java 的主要代码如下:

```java
package com.data;
import java.sql.Connection;
import java.sql.DriverManager;
import java.sql.ResultSet;
import java.sql.SQLException;
import java.sql.Statement;
public class DB
{
private Connection con;
private Statement state;
private ResultSet rs;
private String user = "root";
private String password = "123456";
private String className = "com.mysql.jdbc.Driver";
private String url = "jdbc:mysql://localhost:3306/workers";
public DB( )
{
    try
    {
        Class.forName(className);
    } catch(ClassNotFoundException e)
    {
        System.out.println("加载数据库驱动失败!");
        e.printStackTrace( );
    }
}
/* * 创建数据库链接 */
public Connection getCon( )
{
    try
```

```java
        {
            con = DriverManager.getConnection(url, user, password);
        } catch(SQLException e)
        {
            System.out.println("创建数据库链接失败!");
            con = null;
            e.printStackTrace( );
        }
        return con;
    }
    public ResultSet getResultSet(Connection con,String sql){
        try {
            state = con.createStatement( );
            rs = state.executeQuery(sql);
        } catch(SQLException ex) {
            ex.printStackTrace( );
        }
        return rs;
    }
    public void insertResultSet(Connection con,String sql){
        try {
            Statement st = con.createStatement( );
            st.executeUpdate(sql);
        } catch(SQLException ex) {
            ex.printStackTrace( );
        }
    }
    public void deleteResultSet(Connection con,String sql){
        try {
            Statement st = con.createStatement( );
            st.executeUpdate(sql);
        } catch(SQLException ex) {
            ex.printStackTrace( );
        }
    }
    public void updateResultSet(Connection con,String sql){
        try {
            Statement st = con.createStatement( );
            st.execute(sql);
        } catch(SQLException ex) {
            ex.printStackTrace( );
        }
    }
}
```

用户名检测文件 check.jsp 的主要代码如下：

```jsp
<%@ page contentType = "text/html; charset = GB2312" %>
<%@ page import = "java.io.*" %>
<%@ page import = "java.sql.*" %>
<jsp:useBean id = "db" scope = "page" class = "com.data.DB" ></jsp:useBean> //调用Javabean
<%
Connection conn = null;
```

```
   Statement state = null;
   ResultSet rs   = null;
try
{
    String username = new String(request.getParameter("username").getBytes("ISO-8859-1"),
"UTF-8").trim( );   //获取用户名
   if("".equals(username))
   {
      System.out.println("null");
     out.println("<div class='reds' align='left'>用户名不能为空!</div>");
   }
else if(username.length( )<4 || username.length( )>20)
    {
        out.println("<div class='reds' align='left'>用户名" + username + "不合法!(长度为4到20位,且不能使用?#=等特殊字符)</div>");
}
else
{
       conn = db.getCon( );   //链接数据库
       String strsql = "select username from users where username ='" + username + "'";
       rs = db.getResultSet(conn,strsql);//通过JavaBean查询用户名
if(rs.next( ))   //判断用户名是否存在
{
   out.println("<div class='reds' align='left'>" + "用户名" + username + "已被占用,请重新输入!</div>");
}
else
{
   out.println("您的用户名可用");
     }
}
}
catch(Exception e){
    System.out.println (request.getServletPath ( ) + " error : " + e.getMessage( ));
}
finally {
   conn = null;
   rs = null;
}
%>
```

程序的运行效果如图16.3.1所示。

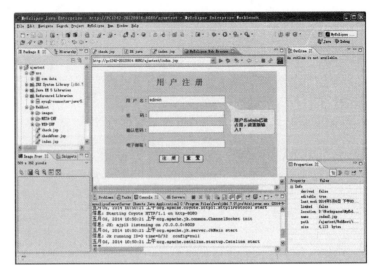

图 16.3.1 检测用户名是否唯一

16.4 思考题

1. 使 JSP 网页与数据库链接，需要做哪些必要的设置？
2. 如何插入和删除一条记录？请写出相应代码。
3. 如何用 JavaBean 访问数据库？
4. 如何利用表单对数据库进行更新、删除？
5. 如何使数据库分页显示？要用到哪些变量？
6. 利用本章所学的知识，设计一个用 JavaBean 实现，且具有分页显示功能的小型系统。
7. 综合采用 JSP、JavaBean 和 AJAX 等技术，实现一个简易的级联菜单功能。

第 17 章　JSP 综合应用实例

布置和批改作业是老师检验学生学习成果的一个重要教学活动，在信息化时代如何提高教师发布和批改作业的效率，同时丰富学生提交和完成作业的灵活性是教学过程可以高效率进行的重要条件。因此，一个良好的作业管理系统就成为在线教学平台中不可缺少的重要组成部分。本章将介绍一个基于 JSP + MySQL 的在线作业管理系统（wszy），通过本章的学习，可以对在线作业管理系统有初步的认识，并了解该系统的常用功能和开发方法。

17.1　系统介绍

基于 JSP 的在线作业管理系统（wszy）采用三层 B/S 模式，即浏览器、Web 服务器和数据库服务器。系统包括前台和后台两个子系统，用户类型包括学生、教师和系统管理员三种类型，分别具有不同的功能权限。

17.1.1　系统简介

基于 JSP 的在线作业管理系统的服务对象为教师和学生，而系统管理员可以通过后台对各种信息进行管理。系统前台与后台的运行界面如图 17.1.1 和图 17.1.2 所示。

图 17.1.1　系统前台主界面

系统的主要功能需求按不同用户类型可描述如下。

学生用户：登录系统前台、查看公告信息、查看和下载教师发布的作业、提交和上传作业、查看作业批改情况、查看和下载参考资料以及发表留言等。

教师用户：登录系统前台、查看公告信息、上传和发布作业、批阅作业、查看和下载教学资料以及发表留言等。

管理员用户：登录系统后台、公告信息管理、系统信息管理、修改个人密码、班级信息管理、学生信息管理、教师信息管理、留言板管理和教学资料管理等。

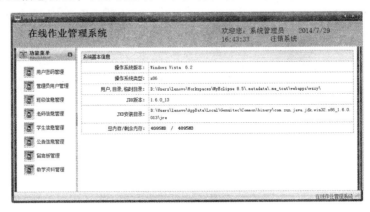

图 17.1.2 系统后台主界面

17.1.2 系统开发思路

为了提高系统的研发效率，进一步促进页面视图、业务逻辑与数据的分离，本系统采用当前流行的 MVC 模式（模型－视图－控制器）进行开发。MVC 模式的基本原理如图 17.1.3 所示。

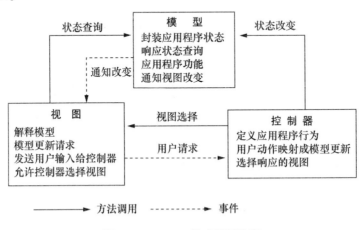

图 17.1.3 MVC 模式运行流程

视图主要包括前台和后台的 JSP 或 HTML 页面，以及与之相关的静态脚本和样式表文件等；模型主要包括与数据库中各表相对应的 JavaBean 等；控制器主要是与 JavaBean 相对应的、用以处理各位业务逻辑的 Servlets。本系统中的视图、模型和控制器所对应的源代码文件如表 17.1.1～表 17.1.6 所示。

表 17.1.1 前台视图文件列表

文件名	功 能	项 目	功 能
index.jsp	前台主页面	rili.jsp	日历模块页面
liuyanAll.jsp	留言信息汇总页面	userlogin.jsp	用户登录页面
docAll.jsp	教学文档汇总页面	zuoye_all.jsp	作业发布汇总页面
docDetailQian.jsp	教学文档详情页面	zuoye_fabu.jsp	教师作业发布页面
gonggaoDetailQian.jsp	公告详细信息页面	zuoyestu_all.jsp	作业批阅信息汇总页面
incFoot.jsp	主页底部子页面	zuoye_mana.jsp	教师作业管理页面
incLeft.jsp	主页左侧子页面	zuoyestu_mine.jsp	学生个人作业管理页面
incTop1.jsp	主页顶部子页面1	zuoyestu_tijiao.jsp	学生作业提交页面
incTop2.jsp	主页顶部子页面2	zuoyestu_pingyue.jsp	教师作业评阅页面

表 17.1.2 后台视图文件列表

文件名	功 能	项 目	功 能
adminAdd.jsp	添加管理员信息	login.jsp	后台登录
adminMana.jsp	管理员信息管理	loginSuccess.jsp	后台登录成功提示
banjiAdd.jsp	添加班级信息	stuAdd.jsp	添加学生信息
banjiMana.jsp	班级信息管理	stuMana.jsp	学生信息管理
liuyanMana.jsp	留言信息管理	sysPro.jsp	系统信息描述
docAdd.jsp	添加教学资料	teaAdd.jsp	添加教师信息
docDetail.jsp	教学资料详情页面	teaMana.jsp	教师信息管理
docMana.jsp	教学资料管理	top.jsp	后台主页框架顶部子页
userPw.jsp	用户个人密码修改	down.jsp	后台主页框架底部子页
gonggaoAdd.jsp	添加公告信息	left.jsp	后台主页框架左侧导航子页
gonggaoDetail.jsp	公告详细内容页面	center.jsp	后台主页框架水平中部子页
gonggaoMana.jsp	公告信息管理页面	midde.jsp	后台主页框架垂直中部子页
index.jsp	后面主页		

表 17.1.3 公共视图文件列表

文件名	功 能	项 目	功 能
upload.jsp	上传作业页面	add_success.jsp	添加成功提示
upload_re.jsp	上传处理页面	msg.jsp	错误信息提示
updown.jsp	下载文件页面	success.jsp	操作成功提示

表 17.1.4 模型部分文件列表（JavaBean）

文件名	功能	项目	功能
TAdmin.java	管理员信息模型	Tstu.java	学生信息模型
Tbanji.java	班级信息模型	Ttea.java	教师信息模型
Tdoc.java	资料信息模型	Tzuoye.java	作业发布信息模型
Tgonggao.java	公告信息模型	Tzuoyestu.java	作业批阅信息模型
Tliuyan.java	留言信息模型		

表 17.1.5 控制器文件列表（Servlet）

文件名	功能	项目	功能
admin_servlet.java	管理员信息管理	liuyan_servlet.java	留言信息管理
banji_servlet.java	班级信息管理	stu_servlet.java	学生信息管理
doc_servlet.java	资料信息管理	tea_servlet.java	教师信息管理
gonggao_servlet.java	公告信息管理	zuoye_servlet.java	作业发布管理
index_servlet.java	更新主页信息	zuoyestu_servlet.java	作业批阅管理

表 17.1.6 其他控制器文件列表（非 Servlet）

文件名	功能	项目	功能
EncodingFilter.java	字符串编码过滤	liuService.java	留言相关信息查询服务
Random.java	生成随机数（上传文件命名）	loginService.java	前台登录验证、修改个人密码
DB.java	数据库链接与变更操作		

17.1.3 构建开发环境

操作系统版本：Windows XP（SP3）/Windows Server 2003/Windows7

研发技术：JSP + Servlet + HTML + JavaScript + AJAX

开发工具：MyEclipse 8.5

Web 服务器：Apache Tomcat 7.0.27

后台数据库：MySQL Server 5.5

Java 开发包：JDK1.7.0

浏览器：IE6.0 以上版本

数据库：MySQL Server 5.5

17.2 数据库设计

系统采用 MySQL 数据库，其中共包含 9 张关系数据表：班级信息表（t-banji）、学生信息表（t-stu）、教师信息表（t-tea）、作业发布信息表（t-zuoye）、作业批阅信息表（t-zuoyestu）、留言信息表（t-liuyan）、学习资料信息表（t-doc）、公告信息表（t-gonggao）和管理员信息表（t-admin），各表的逻辑结构如表 17.2.1～表 17.2.9 所示。

表 17.2.1 班级信息表（t-banji）

字段名	数据类型	长度	允许空	是否主键	说明
id	int	4	否	是	编号
name	varchar	50	否	否	班级名称

表 17.2.2 学生信息表（t-stu）

列名	数据类型	长度	允许空	是否主键	说明
id	int	4	否	是	编号
banji_id	int	4	否	是	所属班级
xuehao	varchar	50	否	否	学号
name	varchar	50	否	否	姓名
sex	varchar	50	否	否	性别
age	varchar	50	否	否	年龄
loginpw	varchar	50	否	否	登录密码

表 17.2.3 教师信息表（t-tea）

列名	数据类型	长度	允许空	是否主键	说明
id	int	4	否	是	编号
bianhao	varchar	50	否	否	教师号
name	varchar	50	否	否	姓名
sex	varchar	50	否	否	性别
age	varchar	50	否	否	年龄
loginpw	varchar	50	否	否	登录密码

表 17.2.4 作业发布信息表（t-zuoye）

列名	数据类型	长度	允许空	是否主键	说明
id	int	4	否	是	编号
tea_id	int	4	否	否	所属教师
mingcheng	varchar	50	否	否	作业名称
fujian	varchar	50	否	否	附件路径
fujianyuanshiming	varchar	50	否	否	附件原始名
shijian	varchar	50	否	否	发布时间

表 17.2.5 作业批阅信息表（t-zuoyestu）

列名	数据类型	长度	允许空	是否主键	说明
id	int	4	否	是	编号
stu_id	int	4	否	否	所属学生
mingcheng	varchar	50	否	否	作业名称
fujian	varchar	50	否	否	附件路径
fujianyuanshiming	varchar	50	否	否	附件原始名
shijian_shanchuan	varchar	50	否	否	提交时间
pingyueneirong	varchar	50	否	否	评阅内容
shijian_pingyue	varchar	50	否	否	评阅时间

表 17.2.6 留言信息表（t-liuyan）

列名	数据类型	长度	允许空	是否主键	说明
id	int	4	否	是	编号
title	varchar	50	否	否	标题
content	varchar	5000	否	否	内容
shijian	varchar	50	否	否	发布时间
user_id	Varchar	50	否	否	发布人

表 17.2.7 学习资料信息表（t-doc）

列名	数据类型	长度	允许空	是否主键	说明
id	int	4	否	是	编号
title	varchar	50	否	否	资料标题
content	varchar	50	否	否	资料内容
fujian	varchar	50	否	否	附件路径
fujianyuanshiming	varchar	50	否	否	附件原始名
shijian	varchar	50	否	否	发布时间

表 17.2.8 公告信息表（t-gonggao）

列名	数据类型	长度	允许空	是否主键	说明
id	int	4	否	是	编号
title	varchar	50	否	否	标题
content	varchar	5000	否	否	内容
shijian	varchar	50	否	否	发布时间

表 17.2.9 管理员信息表 (t-admin)

列名	数据类型	长度	允许空	是否主键	说明
userId	int	4	否	是	编号
userName	varchar	50	否	否	用户名
userPw	varchar	50	否	否	密码

在系统运行时，可先通过导入光盘中的相关 SQL 文件（webapps/MySQL/db_wszy.sql）建立系统数据库 db_wszy 的逻辑结构，并导入初始数据。

17.3 JavaBeans 的实现

本系统所包含的 JavaBeans 模块如表 17.1.4 所示，由于结构的相似性，以下仅以学生信息 Bean、班级信息 Bean、作业发布信息 Bean 和作业批阅信息 Bean 这 4 个 JavaBean 为例，详细介绍各 JavaBean 模块的代码实现。

17.3.1 学生信息 Bean 的实现

系统通过 Tstu 类映射学生信息，Tstu 类的实现代码如下：

```java
package com.orm;
public class Tstu
{
  private int id;
  private String xuehao;
  private String name1;
  private String sex;
  private String age;
private int banji_id;
private String loginpw;
private String banji_name;
  public String getAge()
  {
      return age;
  }
  public void setAge(String age)
  {
      this.age = age;
  }
  public String getBanji_name()
  {
      return banji_name;
  }
  public void setBanji_name(String banji_name)
```

```java
        {
            this.banji_name = banji_name;
        }
        public int getBanji_id()
        {
            return banji_id;
        }
        public void setBanji_id(int banji_id)
        {
            this.banji_id = banji_id;
        }
        public int getId()
        {
            return id;
        }
        public void setId(int id)
        {
            this.id = id;
        }
        public String getName1()
        {
            return name1;
        }
        public void setName1(String name1)
        {
            this.name1 = name1;
        }
        public String getLoginpw()
        {
            return loginpw;
        }
        public void setLoginpw(String loginpw)
        {
            this.loginpw = loginpw;
        }
        public String getSex()
        {
            return sex;
        }
        public void setSex(String sex)
        {
            this.sex = sex;
        }
        public String getXuehao()
        {
            return xuehao;
        }
        public void setXuehao(String xuehao)
        {
            this.xuehao = xuehao;
        }
}
```

17.3.2 班级信息 Bean 的实现

系统通过 Tbanji 类映射班级信息,Tbanji 类的实现代码如下:

```java
package com.orm;
public class Tbanji
{
  private int id;
  private String name;
  private String del;
  private String zhuanye_name;
  public String getDel()
  {
      return del;
  }
  public void setDel(String del)
  {
      this.del = del;
  }
  public int getId()
  {
      return id;
  }
  public void setId(int id)
  {
      this.id = id;
  }
  public String getName()
  {
      return name;
  }
  public void setName(String name)
  {
      this.name = name;
  }
  public String getZhuanye_name()
  {
      return zhuanye_name;
  }
  public void setZhuanye_name(String zhuanye_name)
  {
      this.zhuanye_name = zhuanye_name;
  }
}
```

17.3.3 作业发布信息 Bean 的实现

系统通过 Tzuoye 类映射作业发布信息,Tzuoye 类的实现代码如下:

```java
package com.orm;
public class Tzuoye
{
    private int id;
    private String mingcheng;
    private String fujian;
    private String fujianYuanshiming;
    private String shijian;
    private int tea_id;
    private Ttea tea;
    public String getFujian()
    {
        return fujian;
    }
    public void setFujian(String fujian)
    {
        this.fujian = fujian;
    }
    public String getFujianYuanshiming()
    {
        return fujianYuanshiming;
    }
    public void setFujianYuanshiming(String fujianYuanshiming)
    {
        this.fujianYuanshiming = fujianYuanshiming;
    }
    public int getId()
    {
        return id;
    }
    public void setId(int id)
    {
        this.id = id;
    }
    public String getMingcheng()
    {
        return mingcheng;
    }
    public Ttea getTea()
    {
        return tea;
    }
    public void setTea(Ttea tea)
    {
        this.tea = tea;
    }
    public void setMingcheng(String mingcheng)
    {
        this.mingcheng = mingcheng;
    }
```

```
public String getShijian()
{
     return shijian;
}
public void setShijian(String shijian)
{
     this.shijian = shijian;
}
public int getTea_id()
{
     return tea_id;
}
public void setTea_id(int tea_id)
{
     this.tea_id = tea_id;
}
}
```

17.3.4 作业批阅信息 Bean 的实现

系统通过 Tzuoyestu 类映射作业批阅信息，Tzuoyestu 类的实现代码如下：

```
package com.orm;
public class Tzuoyestu
{
  private int id;
  private String mingcheng;
  private String fujian;
  private String fujianYuanshiming;
  private String shijian_shangchuan;
  private String piyueneirong;
  private String shijian_pingyue;
  private int stu_id;
  private Tstu stu;
  public String getFujian()
  {
       return fujian;
  }
  public void setFujian(String fujian)
  {
       this.fujian = fujian;
  }
  public Tstu getStu()
  {
       return stu;
  }
  public void setStu(Tstu stu)
  {
       this.stu = stu;
  }
```

```java
public String getFujianYuanshiming()
{
    return fujianYuanshiming;
}
public void setFujianYuanshiming(String fujianYuanshiming)
{
    this.fujianYuanshiming = fujianYuanshiming;
}
public int getStu_id()
{
    return stu_id;
}
public void setStu_id(int stu_id)
{
    this.stu_id = stu_id;
}
public int getId()
{
    return id;
}
public void setId(int id)
{
    this.id = id;
}
public String getMingcheng()
{
    return mingcheng;
}
public void setMingcheng(String mingcheng)
{
    this.mingcheng = mingcheng;
}
public String getPiyueneirong()
{
    return piyueneirong;
}
public void setPiyueneirong(String piyueneirong)
{
    this.piyueneirong = piyueneirong;
}
public String getShijian_pingyue()
{
    return shijian_pingyue;
}
public void setShijian_pingyue(String shijian_pingyue)
{
    this.shijian_pingyue = shijian_pingyue;
}
public String getShijian_shangchuan()
{
```

```
        return shijian_shangchuan;
    }
    public void setShijian_shangchuan(String shijian_shangchuan)
    {
        this.shijian_shangchuan = shijian_shangchuan;
    }
}
```

17.4　控制器的实现

本系统的控制器包含 Servlet 和部分其他操作类，具体如表 17.1.5 所示。以下仅以数据库操作、用户登录验证、首页更新管理、学生信息管理、作业发布管理、作业批阅管理和教学资料管理 7 个控制器类为例，详细介绍各控制器类的代码实现。

17.4.1　数据库操作类的实现

系统通过 DB.java 实现数据库的链接和变更操作，DB 类的实现代码如下：

```java
package com.dao;
import java.sql.Connection;
import java.sql.DriverManager;
import java.sql.PreparedStatement;
import java.sql.ResultSet;
import java.sql.SQLException;
public class DB
{
  private Connection con;
  private PreparedStatement pstm;
  private String user = "root";
  private String password = "123456";
  private String className = "com.mysql.jdbc.Driver";
  private String url = "jdbc:mysql://localhost:3306/db_wszy";
  public DB()
  {
      try
      {
          Class.forName(className);
    } catch(ClassNotFoundException e)
    {
       System.out.println("加载数据库驱动失败!");
       e.printStackTrace();
    }
  }
  public Connection getCon()//创建数据库链接
```

```java
        {
            try
            {
                con = DriverManager.getConnection(url, user, password);
        } catch(SQLException e)
        {
            System.out.println("创建数据库链接失败!");
            con = null;
            e.printStackTrace( );
        }
        return con;
    }
    public void doPstm(String sql, Object[] params)//处理 SQL 操作
    {
        if(sql != null && !sql.equals(" "))
        {
            if(params == null)
                params = new Object[0];
            getCon( );
            if(con != null)
            {
                try
                {
                    pstm = con.prepareStatement(sql,
                            ResultSet.TYPE_SCROLL_INSENSITIVE,
                            ResultSet.CONCUR_READ_ONLY);
                    for(int i = 0; i < params.length; i++)
                    {
                        pstm.setObject(i + 1, params[i]);
                    }
                    pstm.execute( );
                } catch(SQLException e)
                {
                    System.out.println("doPstm( )方法出错!");
                    e.printStackTrace( );
                }
            }
        }
    }
    public ResultSet getRs( ) throws SQLException//获取数据集
    {
        return pstm.getResultSet( );
    }
    public int getCount( ) throws SQLException
    {
        return pstm.getUpdateCount( );
    }
    public void closed( )
    {
        try
        {
            if(pstm != null)
                pstm.close( );
```

```
            } catch(SQLException e)
            {
                System.out.println("关闭 pstm 对象失败!");
                e.printStackTrace( );
            }
            try
            {
                if(con != null)
                {
                    con.close( );
                }
            } catch(SQLException e)
            {
                System.out.println("关闭 con 对象失败!");
                e.printStackTrace( );
            }
        }
    }
```

17.4.2 用户登录验证类的实现

系统通过 loginService.java 实现前后台用户登录验证，loginService 类的实现代码如下：

```
public class loginService
{
    public String login(String userName,String userPw,int userType)
    {
        try
        {
            Thread.sleep(700);//设置登录最短时间间隔
        } catch(InterruptedException e)
        {
            e.printStackTrace( );
        }
        String result = "no";
        if(userType == 0)//系统管理员登录
        {
            String sql = "select * from t_admin where userName = ? and userPw = ?";
            Object[] params = {userName,userPw};
            DB mydb = new DB( );
            mydb.doPstm(sql, params);
            try
            {
                ResultSet rs = mydb.getRs( );
                boolean mark = (rs == null || !rs.next( )?false:true);
                if(mark == false)
                {
                    result = "no";
```

```java
            }
            else
            {
                result = "yes";
                TAdmin admin = new TAdmin( );
                admin.setUserId(rs.getInt("userId"));
                admin.setUserName(rs.getString("userName"));
                admin.setUserPw(rs.getString("userPw"));
                WebContext ctx = WebContextFactory.get( );
                HttpSession session = ctx.getSession( );
                session.setAttribute("userType", 0);
                session.setAttribute("admin", admin);
            }
            rs.close( );
        }
        catch(SQLException e)
        {
          System.out.println("登录失败!");
          e.printStackTrace( );
        }
        finally
        {
            mydb.closed( );
        }
    }
    if(userType ==1)//教师用户登录
    {
            String sql = " select * from t_tea where bianhao = ? and loginpw = ?";
        Object[] params = {userName,userPw};
        DB mydb = new DB( );
        mydb.doPstm(sql, params);
        try
        {
            ResultSet rs = mydb.getRs( );
            boolean mark = (rs == null || !rs.next( )?false:true);
            if(mark == false)
            {
                result = "no";
            }
            else
            {
            result = "yes";
            Ttea tea = new Ttea( );
            tea.setId(rs.getInt("id"));
            tea.setBianhao(rs.getString("bianhao"));
            tea.setName(rs.getString("name"));
            tea.setSex(rs.getString("sex"));
            tea.setAge(rs.getString("age"));
            tea.setLoginpw(rs.getString("loginpw"));
```

```java
                WebContext ctx = WebContextFactory.get( );
                HttpSession session = ctx.getSession( );
                session.setAttribute("userType", 1);
              session.setAttribute("tea", tea);
          }
          rs.close( );
      }
      catch(SQLException e)
      {
        System.out.println("登录失败!");
        e.printStackTrace( );
      }
      finally
      {
          mydb.closed( );
      }
  }
  if(userType == 2)//学生用户登录
  {
      String sql = "select * from t_stu where xuehao = ?and loginpw = ?";
      Object [] params = {userName,userPw};
      DB mydb = new DB( );
      mydb.doPstm(sql, params);
      try
      {
          ResultSet rs = mydb.getRs( );
          boolean mark = (rs == null || !rs.next( )?false:true);
          if(mark == false)
          {
              result = "no";
          }
          else
          {
              result = "yes";
          Tstu stu = new Tstu( );
          stu.setId(rs.getInt("id"));
          stu.setXuehao(rs.getString("xuehao"));
          stu.setName1(rs.getString("name1"));
          stu.setSex(rs.getString("sex"));
          stu.setAge(rs.getString("age"));
          stu.setBanji_id(rs.getInt("banji_id"));
          stu.setLoginpw(rs.getString("loginpw"));
          WebContext ctx = WebContextFactory.get( );
          HttpSession session = ctx.getSession( );
          session.setAttribute("userType", 2);
         session.setAttribute("stu", stu);
      }
    rs.close( );
  }
catch(SQLException e)
```

```java
        {
            System.out.println("登录失败!");
            e.printStackTrace();
        }
        finally
        {
            mydb.closed();
        }
    }
    return result;
}
public String adminPwEdit(String userPwNew)//修改管理员密码
{
    try
    {
        Thread.sleep(700);
    }
    catch(InterruptedException e)
    {
        e.printStackTrace();
    }
    WebContext ctx = WebContextFactory.get();
    HttpSession session = ctx.getSession();
    TAdmin admin = (TAdmin)session.getAttribute("admin");
    String sql = "update t_admin set userPw = ?where userId = ?";
    Object[] params = {userPwNew,admin.getUserId()};
    DB mydb = new DB();
    mydb.doPstm(sql, params);
    return "yes";
    }
}
```

17.4.3 首页更新管理 Servlet 的实现

首页更新管理 Servlet 的实现代码如下：

```java
public class index_servlet extends HttpServlet
{
    public void service(HttpServletRequest req,HttpServletResponse res)throws ServletException, IOException
    {
        List gonggaoList = new ArrayList();   //建立公告信息列表
        String sql = "select * from t_gonggao order by id desc";
        Object[] params = {};
        DB mydb = new DB();
        try
        {
            mydb.doPstm(sql, params);
            ResultSet rs = mydb.getRs();
            while(rs.next())
```

```java
        {
            Tgonggao gonggao = new Tgonggao( );//新建公告对象
            gonggao.setId(rs.getString("id"));
            gonggao.setTitle(rs.getString("title"));
            gonggao.setContent(rs.getString("content"));
            gonggao.setShijian(rs.getString("shijian"));
            gonggaoList.add(gonggao);//更新公告信息列表
        }
        rs.close( );
    }
    catch(Exception e)
    {
        e.printStackTrace( );
    }
    mydb.closed( );
    if(gonggaoList.size( )>5)
    {
        gonggaoList = gonggaoList.subList(0,5);
    }
    req.getSession( ).setAttribute("gonggaoList", gonggaoList);
    List docList = new ArrayList( );        //建立文件资料信息列表
    String sql2222 = "select * from t_doc where del ='no'";
    Object[] params2222 = {};
    DB mydb2222 = new DB( );
    try
    {
      mydb2222.doPstm(sql2222, params2222);
      ResultSet rs2222 = mydb2222.getRs( );
      while(rs2222.next( ))
      {
          Tdoc doc = new Tdoc( );    //新建文件资料对象
          doc.setId(rs2222.getString("id"));
          doc.setTitle(rs2222.getString("title"));
          doc.setContent(rs2222.getString("content"));
          doc.setFujian(rs2222.getString("fujian"));
          doc.setFujianYuanshiming(rs2222.getString("fujianYuanshiming"));
          doc.setShijian(rs2222.getString("shijian"));
          docList.add(doc);//更新文件资料信息列表
      }
      rs2222.close( );
    }
    catch(Exception e)
    {
        e.printStackTrace( );
    }
    mydb.closed( );
    req.setAttribute("docList", docList);
    req.getRequestDispatcher("qiantai/index.jsp").forward(req, res);//刷新前台主页
}
```

```java
public void dispatch(String targetURI,HttpServletRequest request,HttpServletResponse response)
    {
    RequestDispatcher dispatch = getServletContext( ).getRequestDispatcher(targetURI);
    try
    {
        dispatch.forward(request, response);
      return;
    }
    catch(ServletException e)
    {
        e.printStackTrace( );
    }
    catch(IOException e)
    {
        e.printStackTrace( );
    }
}
public void init(ServletConfig config) throws ServletException
{
    super.init(config);
}
public void destroy( )
{
        }
}
```

17.4.4　学生信息管理 Servlet 的实现

学生信息管理 Servlet 的实现代码如下：

```java
public class stu_servlet extends HttpServlet
{
    public void service (HttpServletRequest req, HttpServletResponse res)
        throws ServletException, IOException
    {
        String type = req.getParameter("type");//获取操作类型
        if(type.endsWith("stuAdd"))//添加操作
        {
            stuAdd(req, res);
        }
        if(type.endsWith("stuDel"))//删除操作
        {
            stuDel(req, res);
        }
        if(type.endsWith("stuMana"))//注册操作
        {
            stuMana(req, res);
        }
```

```java
        if(type.endsWith("stuAll"))//浏览操作
        {
            stuAll(req, res);
        }
        if(type.endsWith("logout"))//退出登录
        {
            logout(req, res);
        }
    }
    public void stuAdd(HttpServletRequest req,HttpServletResponse res)//添加学生信息
    {
        String xuehao = req.getParameter("xuehao");
        String name1 = req.getParameter("name1");
        String sex = req.getParameter("sex");
        String age = req.getParameter("age");
        int banji_id = Integer.parseInt(req.getParameter("banji_id"));
        String loginpw = req.getParameter("loginpw");
        String del = "no";
        String sql = "insert into t_stu values(?,?,?,?,?,?,?)";
        Object[] params = {xuehao,name1,sex,age,banji_id,loginpw,del};
        DB mydb = new DB( );
        mydb.doPstm(sql, params);
        mydb.closed( );
        req.setAttribute("message","操作成功");
        req.setAttribute("path","stu?type=stuMana");
        String targetURL = "/common/success.jsp";
        dispatch(targetURL, req, res);
    }
    public void stuDel(HttpServletRequest req,HttpServletResponse res)//删除学生信息
    {
        String sql = " update t_stu set del ='yes' where id = " + Integer.parseInt(req.getParameter("id"));
        Object[] params = {};
        DB mydb = new DB( );
        mydb.doPstm(sql, params);
        mydb.closed( );
        req.setAttribute("message","操作成功");
        req.setAttribute("path","stu?type=stuMana");
        String targetURL = "/common/success.jsp";
        dispatch(targetURL, req, res);
    }
    public void stuMana (HttpServletRequest req, HttpServletResponse res)
         throws ServletException, IOException//注册学生信息
    {
        List stuList = new ArrayList( );
        String sql = "select * from t_stu where del ='no'";
        Object[] params = {};
```

```java
        DB mydb = new DB( );
        try
        {
            mydb.doPstm(sql, params);
            ResultSet rs = mydb.getRs( );
            while(rs.next( ))
            {
                Tstu stu = new Tstu( );
                stu.setId(rs.getInt("id"));
                stu.setXuehao(rs.getString("xuehao"));
                stu.setName1(rs.getString("name1"));
                stu.setSex(rs.getString("sex"));
                stu.setAge(rs.getString("age"));
                stu.setBanji_id(rs.getInt("banji_id"));
                stu.setLoginpw(rs.getString("loginpw"));
                stuList.add(stu);//添加学生信息
            }
            rs.close( );
        }
        catch(Exception e)
        {
            e.printStackTrace( );
        }
        mydb.closed( );
            req.setAttribute("stuList",stuList);
            req.getRequestDispatcher("admin/stu/stuMana.jsp").forward(req,res);
        }
    public void stuAll (HttpServletRequest req, HttpServletResponse res)
throws ServletException, IOException//浏览全部学生信息
{
        List stuList = new ArrayList( );
        String sql = "select * from t_stu where del = 'no'";
        Object[] params = {};
        DB mydb = new DB( );
        try
        {
            mydb.doPstm(sql, params);
            ResultSet rs = mydb.getRs( );
            while(rs.next( ))
            {
                Tstu stu = new Tstu( );
                stu.setId(rs.getInt("id"));
                stu.setXuehao(rs.getString("xuehao"));
                stu.setName1(rs.getString("name1"));
                stu.setSex(rs.getString("sex"));
                stu.setAge(rs.getString("age"));
                stu.setBanji_id(rs.getInt("banji_id"));
                stu.setLoginpw(rs.getString("loginpw"));
                stuList.add(stu);
```

```java
            }
            rs.close( );
        }
        catch(Exception e)
        {
            e.printStackTrace( );
        }
        mydb.closed( );
        req.setAttribute("stuList",stuList);
        req.getRequestDispatcher("admin/stu_xuanke/stuAll.jsp").forward
        (req,res);
    }
    public void logout(HttpServletRequest req,HttpServletResponse res)
    {
        req.getSession( ).setAttribute("userType",null);
        String targetURL = "/qiantai/default.jsp";
        dispatch(targetURL, req, res);
    }
    public void dispatch(String targetURI,HttpServletRequest request,HttpS-
    ervletResponse response)
    {
        RequestDispatcher dispatch = getServletContext( ).getRequestDispatcher
        (targetURI);
        try
        {
            dispatch.forward(request, response);
            return;
        }
        catch(ServletException e)
        {
            e.printStackTrace( );
        }
        catch(IOException e)
        {
            e.printStackTrace( );
        }
    }
    public void init(ServletConfig config) throws ServletException
    {
        super.init(config);
    }
    public void destroy( )
    {
    }
}
```

17.4.5 作业发布管理 Servlet 的实现

作业发布管理 Servlet 的实现代码如下：

```java
public class zuoye_servlet  extends HttpServlet
{
    public void service(HttpServletRequest req,HttpServletResponse res)
    throws ServletException, IOException
    {
        String type = req.getParameter("type");//获取操作类型
        if(type.endsWith("zuoye_fabu"))   //发布作业操作
        {
            zuoye_fabu(req, res);
        }
        if(type.endsWith("zuoye_mana"))//作业登记操作
        {
            zuoye_mana(req, res);
        }
        if(type.endsWith("zuoye_del"))//删除作业操作
        {
            zuoye_del(req, res);
        }
        if(type.endsWith("zuoye_all"))//浏览全部作业操作
        {
            zuoye_all(req, res);
        }
    }
    public void zuoye_ fabu (HttpServletRequest req,HttpServletResponse res)//发布作业过程
    {
        Ttea tea = (Ttea)req.getSession( ).getAttribute("tea");
        String mingcheng = req.getParameter("mingcheng");
        String fujian = req.getParameter("fujian");
        String fujianYuanshiming = req.getParameter("fujianYuanshiming");
        String shijian = new Date( ).toLocaleString( );
        int tea_id = tea.getId( );
        String sql = "insert into t_zuoye values(?,?,?,?,?)";
        Object [] params = {mingcheng,fujian,fujianYuanshiming,shijian,tea_id};
        DB mydb = new DB( );
        mydb.doPstm(sql, params);
        mydb.closed( );
        req.setAttribute("msg","作业发布完毕");
        String targetURL = "/common/msg.jsp";
        dispatch(targetURL, req, res);
    }
    public void zuoye_ del (HttpServletRequest req,HttpServletResponse res)//删除作业过程
    {
        String sql = "delete from t_zuoye where id = ?";
        Object [] params = {Integer.parseInt(req.getParameter("id"))};
        DB mydb = new DB( );
        mydb.doPstm(sql, params);
```

```java
        mydb.closed( );
        req.setAttribute("msg","作业删除完毕");
        String targetURL = "/common/msg.jsp";
        dispatch(targetURL, req, res);
    }
    public void zuoye_mana (HttpServletRequest req,HttpServletResponse
res) throws ServletException, IOException//作业登记过程
    {
        List zuoyeList = new ArrayList( );
        String sql = "select * from t_zuoye";
        Object[] params = {};
        DB mydb = new DB( );
        try
        {
            mydb.doPstm(sql, params);
            ResultSet rs = mydb.getRs( );
            while(rs.next( ))
            {
                Tzuoye zuoye = new Tzuoye( );
                zuoye.setId(rs.getInt("id"));
                zuoye.setMingcheng(rs.getString("mingcheng"));
                zuoye.setFujian(rs.getString("fujian"));
                zuoye.setFujianYuanshiming(rs.getString("fujianYuanshim-
                ing"));
                zuoye.setShijian(rs.getString("shijian"));
                zuoye.setTea_id(rs.getInt("tea_id"));
                zuoye.setTea(liuService.getTea(rs.getInt("tea_id")));
                zuoyeList.add(zuoye);
            }
            rs.close( );
        }
        catch(Exception e)
        {
            e.printStackTrace( );
        }
        mydb.closed( );
        req.setAttribute("zuoyeList",zuoyeList);
        req.getRequestDispatcher ( " qiantai/zuoye/zuoye _ mana.jsp ")
        .forward(req, res);
    }
    public void zuoye_all (HttpServletRequest req,HttpServletResponse
res) throws ServletException, IOException//浏览所有作业过程
    {
        List zuoyeList = new ArrayList( );
        String sql = "select * from t_zuoye";
        Object[] params = {};
        DB mydb = new DB( );
        try
        {
            mydb.doPstm(sql, params);
```

```java
        ResultSet rs = mydb.getRs( );
        while(rs.next( ))
        {
            Tzuoye zuoye = new Tzuoye( );
            zuoye.setId(rs.getInt("id"));
            zuoye.setMingcheng(rs.getString("mingcheng"));
            zuoye.setFujian(rs.getString("fujian"));
            zuoye.setFujianYuanshiming(rs.getString("fujianYuanshiming"));
            zuoye.setShijian(rs.getString("shijian"));
            zuoye.setTea_id(rs.getInt("tea_id"));
            zuoye.setTea(liuService.getTea(rs.getInt("tea_id")));
            zuoyeList.add(zuoye);
        }
        rs.close( );
    }
    catch(Exception e)
    {
        e.printStackTrace( );
    }
    mydb.closed( );
    req.setAttribute("zuoyeList",zuoyeList);
    req.getRequestDispatcher ( " qiantai/zuoye/zuoye _ all.jsp ")
    .forward(req, res);
}
public void dispatch(String targetURI,HttpServletRequest request,HttpServletResponse response)
{
    RequestDispatcher dispatch = getServletContext( )
    .getRequestDispatcher(targetURI);
    try
    {
    dispatch.forward(request, response);
    return;
    }
    catch(ServletException e)
    {
        e.printStackTrace( );
    }
    catch(IOException e)
    {
        e.printStackTrace( );
    }
}
public void init(ServletConfig config) throws ServletException
{
    super.init(config);
}
public void destroy( )
{
```

```
            }
    }
```

17.4.6 作业批阅管理 Servlet 的实现

作业批阅管理 Servlet 的实现代码如下:

```java
public class zuoyestu_servlet    extends HttpServlet
{
        public void service(HttpServletRequest req,HttpServletResponse res)
        throws ServletException, IOException
        {
                String type = req.getParameter("type");
                if(type.endsWith("zuoyestu_tijiao"))//提交作业
                {
                    zuoyestu_tijiao(req, res);
                }
                if(type.endsWith("zuoyestu_mime"))//被提交作业管理
                {
                    zuoyestu_mime(req, res);
                }
                if(type.endsWith("zuoyestu_all"))
                {
                    zuoyestu_all(req, res);
                }
                if(type.endsWith("zuoyestu_pingyue"))
                {
                    zuoyestu_pingyue(req, res);
                }
        }
        public void zuoyestu_tijiao(HttpServletRequest req,HttpServletResponse res)
        {
          HttpSession session = req.getSession( );
          Tstu stu = (Tstu)session.getAttribute("stu");
          String mingcheng = req.getParameter("mingcheng");
          String fujian = req.getParameter("fujian");
          String fujianYuanshiming = req.getParameter("fujianYuanshiming");
          String shijian_shangchuan = new SimpleDateFormat("yyyy - MM - dd")
          .format(new Date( ));
          String piyueneirong = " ";
          String shijian_pingyue = " ";
          int stu_id = stu.getId( );
          String sql = "insert into t_zuoyestu values(?,?,?,?,?,?,?)";
          Object[] params = {mingcheng, fujian, fujianYuanshiming, shijian_
          shangchuan,piyueneirong,shijian_pingyue,stu_id};
          DB mydb = new DB( );
          mydb.doPstm(sql, params);
          mydb.closed( );
```

```java
        req.setAttribute("msg","作业提交完毕");
        String targetURL = "/common/msg.jsp";
        dispatch(targetURL, req, res);
    }
    public void zuoyestu_mime(HttpServletRequest req, HttpServletResponse res) throws ServletException, IOException
    {
        HttpSession session = req.getSession();
        Tstu stu = (Tstu)session.getAttribute("stu");
        List zuoyestuList = new ArrayList();
        String sql = "select * from t_zuoyestu where stu_id = ?";
        Object[] params = {stu.getId()};
        DB mydb = new DB();
        try
        {
mydb.doPstm(sql, params);
ResultSet rs = mydb.getRs();
while(rs.next())
{
    Tzuoyestu zuoyestu = new Tzuoyestu();
    zuoyestu.setId(rs.getInt("id"));
    zuoyestu.setMingcheng(rs.getString("mingcheng"));
    zuoyestu.setFujian(rs.getString("fujian"));
    zuoyestu.setFujianYuanshiming(rs.getString("fujianYuanshiming"));
    zuoyestu.setShijian_shangchuan(rs.getString("shijian_shangchuan"));
    zuoyestu.setPiyueneirong(rs.getString("piyueneirong"));
    zuoyestu.setShijian_pingyue(rs.getString("shijian_pingyue"));
    zuoyestu.setStu_id(rs.getInt("stu_id"));
    zuoyestu.setStu(liuService.getStu(rs.getInt("stu_id")));
    zuoyestuList.add(zuoyestu);
}
            rs.close();
        }
        catch(Exception e)
        {
            e.printStackTrace();
        }
        mydb.closed();
        req.setAttribute("zuoyestuList",zuoyestuList);
        req.getRequestDispatcher("qiantai/zuoyestu/zuoyestu_mine.jsp")
            .forward(req, res);
    }
    public void zuoyestu_all(HttpServletRequest req,HttpServletResponse res) throws ServletException, IOException
    {
        List zuoyestuList = new ArrayList();
        String sql = "select * from t_zuoyestu";
        Object[] params = {};
```

```java
DB mydb = new DB( );
try
{
   mydb.doPstm(sql, params);
   ResultSet rs = mydb.getRs( );
   while(rs.next( ))
    {
      Tzuoyestu zuoyestu = new Tzuoyestu( );
      zuoyestu.setId(rs.getInt("id"));
      zuoyestu.setMingcheng(rs.getString("mingcheng"));
      zuoyestu.setFujian(rs.getString("fujian"));
      zuoyestu.setFujianYuanshiming (rs.getString ( " fujianYuan-
      shiming"));
      zuoyestu.setShijian_ shangchuan (rs.getString ( " shijian _
      shangchuan"));
      zuoyestu.setPiyueneirong(rs.getString("piyueneirong"));
      zuoyestu.setShijian _ pingyue (rs.getString ( " shijian _
      pingyue"));
      zuoyestu.setStu_id(rs.getInt("stu_id"));
      zuoyestu.setStu(liuService.getStu(rs.getInt("stu_id")));
      zuoyestuList.add(zuoyestu);
    }
    rs.close( );
}
catch(Exception e)
{
    e.printStackTrace( );
}
mydb.closed( );
req.setAttribute("zuoyestuList",zuoyestuList);
req.getRequestDispatcher("qiantai/zuoyestu/zuoyestu_all.jsp")
.forward(req, res);
}
public void zuoyestu_pingyue (HttpServletRequest req,HttpServletRe-
sponse res) throws ServletException, IOException//老师评阅作业
{
   String piyueneirong = req.getParameter("piyueneirong");
   String shijian_pingyue = req.getParameter("shijian_pingyue");
   int id = Integer.parseInt(req.getParameter("id"));
   String sql = "update t_zuoyestu set piyueneirong = ?,shijian_pingyue
    = ?where id = ?";
   Object[] params = {piyueneirong,shijian_pingyue,id};
   DB mydb = new DB( );
   try
   {
       mydb.doPstm(sql, params);
   }
   catch(Exception e)
   {
       e.printStackTrace( );
```

```java
            }
            mydb.closed();
            req.setAttribute("msg","作业评阅完毕");
            String targetURL = "/common/msg1.jsp";
            dispatch(targetURL, req, res);
    public void dispatch(String targetURI,HttpServletRequest request,HttpServletResponse response)
    {
        RequestDispatcher    dispatch   =   getServletContext   (   )
        .getRequestDispatcher(targetURI);
        try
        {
            dispatch.forward(request, response);
        return;
        }
        catch(ServletException e)
        {
            e.printStackTrace();
        }
        catch(IOException e)
        {
            e.printStackTrace();
          }
    }
    public void init(ServletConfig config) throws ServletException
    {
        super.init(config);
    }
    public void destroy()
    {
    }
}
```

17.4.7 教学资料管理 Servlet 的实现

教学资料管理 Servlet 的实现代码如下：

```java
public class doc_servlet extends HttpServlet
{
    public void service (HttpServletRequest req, HttpServletResponse res)
        throws ServletException, IOException
    {
        String type = req.getParameter("type");
        if(type.endsWith("docAdd"))    //添加
        {
            docAdd(req, res);
        }
        if(type.endsWith("docMana"))//管理
        {
            docMana(req, res);
```

```java
        }
        if(type.endsWith("docDel"))//删除
        {
            docDel(req, res);
        }
        if(type.endsWith("docDetail"))//展示详细信息
        {
            docDetail(req, res);
        }
        if(type.endsWith("docAll"))
        {
            docAll(req, res);
        }
        if(type.endsWith("docDetailQian"))
        {
            docDetailQian(req, res);
        }
    }
    public void docAdd(HttpServletRequest req,HttpServletResponse res)//添加教学资料
    {
        String id = String.valueOf(new Date( ).getTime( ));
        String title = req.getParameter("title");
        String content = req.getParameter("content");
        String fujian = req.getParameter("fujian");
        String fujianYuanshiming = req.getParameter("fujianYuanshiming");
        String shijian = req.getParameter("shijian");
        String del = "no";
        String sql = "insert into t_doc values(?,?,?,?,?,?,?)";
        Object[] params = {id,title,content,fujian,fujianYuanshiming,shijian,del};
        DB mydb = new DB( );
        mydb.doPstm(sql, params);
        mydb.closed( );
        req.setAttribute("message","操作成功");
        req.setAttribute("path","doc?type=docMana");
        String targetURL = "/common/success.jsp";
        dispatch(targetURL, req, res);
    }
    public void docDel(HttpServletRequest req,HttpServletResponse res)//删除教学资料
    {
        String id = req.getParameter("id");
        String sql = "delete from t_doc where id = ?";
        Object[] params = {id};
        DB mydb = new DB( );
        mydb.doPstm(sql, params);
        mydb.closed( );
        req.setAttribute("message","操作成功");
        req.setAttribute("path","doc?type=docMana");
```

```java
        String targetURL = "/common/success.jsp";
        dispatch(targetURL, req, res);
}
public void docDetail(HttpServletRequest req,HttpServletResponse res)
throws ServletException, IOException     //后台展示教学资料
详细信息
{
    String id = req.getParameter("id");
    Tdoc doc = new Tdoc( );
    String sql = "select * from t_doc where id = ?";
    Object[] params = {id};
    DB mydb = new DB( );
    try
    {
        mydb.doPstm(sql, params);
        ResultSet rs = mydb.getRs( );
        rs.next( );
        doc.setId(rs.getString("id"));
        doc.setTitle(rs.getString("title"));
        doc.setContent(rs.getString("content"));
        doc.setFujian(rs.getString("fujian"));
        doc.setFujianYuanshiming(rs.getString("fujianYuanshiming"));
        doc.setShijian(rs.getString("shijian"));
        rs.close( );
    }
    catch(Exception e)
    {
        e.printStackTrace( );
    }
    mydb.closed( );
    req.setAttribute("doc",doc);
    req.getRequestDispatcher("admin/doc/docDetail.jsp").forward(req, res);
}
    public void docDetailQian (HttpServletRequest req, HttpServletRe-
    sponse res) throws ServletException, IOException   //前台展示教学资料
    详细信息
{
String id = req.getParameter("id");
Tdoc doc = new Tdoc( );
String sql = "select * from t_doc where id = ?";
Object[] params = {id};
DB mydb = new DB( );
try
{
    mydb.doPstm(sql, params);
    ResultSet rs = mydb.getRs( );
    rs.next( );
    doc.setId(rs.getString("id"));
    doc.setTitle(rs.getString("title"));
```

```java
            doc.setContent(rs.getString("content"));
            doc.setFujian(rs.getString("fujian"));
            doc.setFujianYuanshiming(rs.getString("fujianYuanshiming"));
            doc.setShijian(rs.getString("shijian"));
            rs.close( );
    }
    catch(Exception e)
    {
        e.printStackTrace( );
    }
    mydb.closed( );
    req.setAttribute("doc",doc);
    req.getRequestDispatcher("qiantai/doc/docDetailQian.jsp").forward(req,res);
}
public void docMana(HttpServletRequest req,HttpServletResponse res)
throws ServletException,IOException//教学资料管理
{
    List docList = new ArrayList( );
    String sql = "select * from t_doc where del = 'no'";
    Object[] params = {};
    DB mydb = new DB( );
    try
    {
        mydb.doPstm(sql,params);
        ResultSet rs = mydb.getRs( );
        while(rs.next( ))
        {
            Tdoc doc = new Tdoc( );
            doc.setId(rs.getString("id"));
            doc.setTitle(rs.getString("title"));
            doc.setContent(rs.getString("content"));
            doc.setFujian(rs.getString("fujian"));
            doc.setFujianYuanshiming(rs.getString("fujianYuanshiming"));
            doc.setShijian(rs.getString("shijian"));
            docList.add(doc);
        }
        rs.close( );
    }
    catch(Exception e)
    {
        e.printStackTrace( );
    }
    mydb.closed( );
    req.setAttribute("docList",docList);
    req.getRequestDispatcher("admin/doc/docMana.jsp").forward(req,res);
}
public void docAll(HttpServletRequest req,HttpServletResponse res)
```

```java
throws ServletException, IOException//教学资料列表与浏览
{
    List docList = new ArrayList( );
    String sql = "select * from t_doc where del ='no'";
    Object [] params = {};
    DB mydb = new DB( );
    try
    {
    mydb.doPstm(sql, params);
    ResultSet rs = mydb.getRs( );
    while(rs.next( ))
    {
    Tdoc doc = new Tdoc( );
    doc.setId(rs.getString("id"));
    doc.setTitle(rs.getString("title"));
    doc.setContent(rs.getString("content"));
    doc.setFujian(rs.getString("fujian"));
    doc.setFujianYuanshiming(rs.getString("fujianYuanshiming"));
    doc.setShijian(rs.getString("shijian"));
    docList.add(doc);
    }
rs.close( );
}
catch(Exception e)
{
    e.printStackTrace( );
}
mydb.closed( );
req.setAttribute("docList",docList);
req.getRequestDispatcher("qiantai/doc/docAll.jsp").forward(req, res);
}
public void dispatch (String targetURI, HttpServletRequest request, HttpServletResponse response)
{
        RequestDispatcher  dispatch  =  getServletContext ( )
        .getRequestDispatcher(targetURI);
        try
        {
            dispatch.forward(request, response);
            return;
        }
        catch(ServletException e)
        {
            e.printStackTrace( );
        }
        catch(IOException e)
        {
e.printStackTrace( );
}
```

```
        }
        public void init(ServletConfig config) throws ServletException
        {
            super.init(config);
        }
        public void destroy()
        {
        }
}
```

17.5 系统部分主要模块的实现

本系统采用 MVC 模式进行研发,所以系统中主要功能模块都是通过模型(如 JavaBeans)、视图(如 JSP 页面)和控制器(如 Servlet 等)相结合的方式来实现。

限于篇幅,以下仅以前台登录、教师作业发布和教师作业批阅这 3 个功能模块的实现为例,介绍系统主要功能模块的实现。

17.5.1 前台登录模块的实现

前台登录功能模块主要由 userlogin.jsp 视图、loginService 控制器,以及 Ttea 和 Tstu 两个 Javabean 等相结合实现,userlogin.jsp 主要提供登录操作的交互界面,如图 17.5.1 所示。

图 17.5.1 前台登录界面

userlogin.jsp 实现的源代码如下:

```
<%@ page language="java" import="java.util.*" pageEncoding="UTF-8"%>
<%@ taglib prefix="c" uri="http://java.sun.com/jsp/jstl/core"%>
<%@ taglib prefix="fmt" uri="http://java.sun.com/jsp/jstl/fmt"%>
<%@ page isELIgnored="false" %>
<%
    String path = request.getContextPath();//返回站点根路径
%>
<!DOCTYPE HTML PUBLIC "-//W3C//DTD HTML 4.01 Transitional//EN">
<html>
```

```html
<head>
    <meta http-equiv="pragma" content="no-cache">
    <meta http-equiv="cache-control" content="no-cache">
    <meta http-equiv="expires" content="0">
    <meta http-equiv="keywords" content="keyword1,keyword2,keyword3">
    <meta http-equiv="description" content="This is my page">
    <script language="JavaScript" src="<%=path%>/js/public.js" type="text/javascript"></script>
    <script type='text/javascript' src='<%=path%>/dwr/interface/loginService.js'></script>
    <script type='text/javascript' src='<%=path%>/dwr/engine.js'></script>
    <script type='text/javascript' src='<%=path%>/dwr/util.js'></script>
    <script type="text/javascript">
        function check()//登录框输入格式检验
        {
            if(document.ThisForm.userName.value=="")
            {
                alert("请输入用户名");
                return false;
            }
            if(document.ThisForm.userPw.value=="")
            {
                alert("请输入密码");
                return false;
            }
            document.getElementById("indicator").style.display="block";
            loginService.login(document.ThisForm.userName.value,document.ThisForm.userPw.value,document.ThisForm.userType.value,callback);
        }
        function callback(data)//用户名与密码验证结果提示
        {
            document.getElementById("indicator").style.display="none";
            if(data=="no")
            {
                alert("用户名或密码错误");
            }
            if(data=="yes")
            {alert("登录成功");
            window.location.reload();
            }
        }
    </script>
</head>
<body>
<c:if test="${sessionScope.userType==null}">
    <form action="<%=path%>/user?type=userLogin" name="ThisForm" method="post">
        <table cellspacing="0" cellpadding="0" width="98%" align="center" border="0">
```

```html
            <tr>
                <td align="center" colspan="2" height="10">
                    教师用教师号登录(学生用学号登录)
                </td>
            </tr>
            <tr>
                <td align="center" colspan="2" height="9"></td>
            </tr>
            <tr>
                <td align="right" width="31%" height="30" style="font-size:11px;">用户名:</td>
                <td align="left" width="69%"><input class="input" title="用户名不能为空" size="14" name="userName" type="text"/>
                </td>
            </tr>
            <tr>
                <td align="right" height="30" style="font-size:11px;">密　码:</td>
                <td align="left"><input class="input" title="密码不能为空" type="password" size="16" name="userPw"/></td>
</tr>
<tr>
    <td align="right" height="30" style="font-size:11px;">身　份:</td>
    <td align="left">
    <select name="userType" style="width:70px">
        <option value="1">老师</option>
        <option value="2">学生</option>
    </select>
    <input type="button" value="登　录" onclick="check()" style="border:#ccc 1px solid; background-color:#FFFFFF; font-size:12px; padding-top:3px;"/>
<img id="indicator" src="<%=path%>/img/loading.gif" style="display:none"/>
    </td>
    </tr>
    <tr>
        <td align="center" colspan="2" height="10">
        </td>
    </tr>
    </table>
</form>
</c:if>
<c:if test="${sessionScope.userType!=null && sessionScope.userType==1}">
    <br/>
    欢迎您:${sessionScope.tea.name }(老师)     
    <a href="<%=path%>/stu?type=logout">安全退出</a>     
    <br/><br/><br/>
</c:if>
<c:if test="${sessionScope.userType!=null && sessionScope.userType==2}">
```

```
            <br/>
            欢迎您：${sessionScope.stu.name1 }(学生)     
            <a href="<%=path%>/stu?type=logout"> 安全退出 </a>   
              
            <br/><br/><br/>
        </c:if>
    </body>
</html>
```

17.5.2 教师作业发布功能的实现

教师作业发布功能主要包括新作业信息登记和作业文档上传两个部分。该功能主要由 zuoye_fabu.jsp、upload.jsp、upload_re.jsp 和 zuoye_servlet 控制器四个部分结合实现，其中 zuoye_fabu.jsp 主要实现新作业信息登记和提交，upload.jsp 和 upload_re.jsp 分别提供作业附件上传界面和实现作业附件的上传处理，zuoye_servlet 控制器可实现作业的提交、修改和删除等操作，其具体实现代码见 17.4.5 节，教师作业发布界面如图 17.5.2 所示。

图 17.5.2　教师作业发布界面

zuoye_fabu.jsp 实现的源代码如下：

```
<%@ page language="java" pageEncoding="UTF-8"%>
<%@ taglib prefix="c" uri="http://java.sun.com/jsp/jstl/core"%>
<%@ taglib prefix="fmt" uri="http://java.sun.com/jsp/jstl/fmt"%>
<%@ page isELIgnored="false" %>
<%
    String path = request.getContextPath();//返回站点根路径
    String basePath = request.getScheme()+"://"+request.getServerName()
        +":"+re quest.getServerPort()+path+"/";
%>
<html>
<head>
    <meta http-equiv="pragma" content="no-cache">
    <meta http-equiv="cache-control" content="no-cache">
    <meta http-equiv="expires" content="0">
    <meta http-equiv="keywords" content="keyword1,keyword2,keyword3">
    <meta http-equiv="description" content="This is my page">
```

```
<LINK href = "<%=path%>/css/css.css" type=text/css rel=stylesheet>
<script type="text/javascript" src = "<%=path%>/js/popup.js"></script>
<script type="text/javascript">
        function up()    //上传作业
          {
           var pop = newPopup({contentType:1,isReloadOnClose:false,width:400,height:200});
          pop.setContent("contentUrl","<%=path%>/upload/upload.jsp");
          pop.setContent("title","文件上传");
          pop.build();
          pop.show();
       }
  function check11()   //文本框输入格式检验
{
   if(document.formAdd.mingcheng.value==" ")
   {
      alert("请输入作业名称");
      return false;
   }
   if(document.formAdd.fujian.value==" ")
   {
      alert("请上传作业附件");
      return false;
   }
    document.formAdd.submit();
    }
  </script>
 </head>
<BODY text=#000000  leftMargin=0 topMargin=0>
    <div class="wrap">
   <TABLE  cellSpacing=0 cellPadding=0 width="100%" align=center border=0  background    = "<%=path%>/img/reservation01.gif">
               <TR height="90">
                   <TD align="center">
                   <jsp:include flush="true" page="/qiantai/inc/incTop1.jsp">
                   </jsp:include>
                   </TD>
                   </TR>
  </TABLE>
  <TABLE id=guide cellSpacing=0 cellPadding=0 width="100%" align=center
               border=0>
              <TR>
                <TD align="left">
                <jsp:include flush="true"page="/qiantai/inc/incTop2.jsp"></jsp:include>
                </TD>
               </TR>
  </TABLE>
  <TABLE class=MainTable style="MARGIN-TOP: 0px" cellSpacing=0 cellPadding=0 width="100%" align=center border=0>
```

```html
              <TR>
                <TD class=Side vAlign=top align=right width="25%">
                  <jsp:include flush="true" page="/qiantai/inc/incLeft.jsp">
                  </jsp:include>
                </TD>
                <td width="1"> </td>
                <TD class=Side vAlign=top align=right width="75%">
<TABLE class=dragTable cellSpacing=0 cellPadding=0 width="100%" border=0>
  <TR>
    <TD class=head>
      <SPAN class=TAG>发布作业</SPAN>
    </TD>
  </TR>
<TR align="left">
  <TD height="5"></TD>
</TR>
<TR align="left" height="500">
  <TD>
<form action="<%=path%>/zuoye?type=zuoye_fabu" name="formAdd" method="post">
  <table width="99%" border="0" cellpadding="9" cellspacing="9">
    <tr align='center'>
      <td width="15%" bgcolor="#FFFFFF" align="center">
        作业名称:
      </td>
      <td width="85%" bgcolor="#FFFFFF" align="left">
        <input type="text" name="mingcheng" size="40"/>
      </td>
    </tr>
    <tr align='center'>
      <td width="15%" bgcolor="#FFFFFF" align="center">
        作业附件:
      </td>
      <td width="85%" bgcolor="#FFFFFF" align="left">
        <input type="text" name="fujian" id="fujian" size="30" readonly="readonly"/>
        <input type="button" value="上传" onclick="up()"/>
        <input type="hidden" name="fujianYuanshiming" id="fujianYuanshiming" />
      </td>
    </tr>
    <tr align='center'>
      <td width="15%" bgcolor="#FFFFFF" align="center"> 
      </td>
      <td width="85%" bgcolor="#FFFFFF" align="left">
        <input type="button" value="提交" onclick="check11()"/> 
        <input type="reset" value="重置"/> 
      </td>
    </tr>
  </table>
</form>
```

```
            </TD>
        </TR>
        <TR align = "left">
            <TD height = "5"></TD>
        </TR>
    </TABLE>
            </TD>
        </TR>
    </TABLE>
    <jsp:include flush = "true" page = "/qiantai/inc/incFoot.jsp"></jsp:include>
    </div>
</BODY>
</html>
```

upload.jsp 提供作业附件上传界面,具体如图 17.5.3 所示:

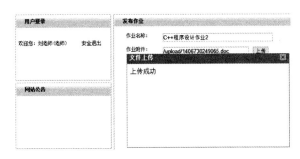

图 17.5.3 作业附件上传界面

upload.jsp 实现的源代码如下:

```
<%@ page language = "java" import = "java.util.*" pageEncoding = "UTF-8"%>
<%
String path = request.getContextPath();//返回站点根路径
String basePath = request.getScheme() + "://" + request.getServerName() + ":"
+ request.getServerPort() + path + "/";
%>
<!DOCTYPE HTML PUBLIC "-//W3C//DTD HTML 4.01 Transitional//EN">
    <html>
        <head>
            <meta http-equiv = "pragma" content = "no-cache">
            <meta http-equiv = "cache-control" content = "no-cache">
            <meta http-equiv = "expires" content = "0">
            <meta http-equiv = "keywords" content = "keyword1, keyword2, keyword3">
            <meta http-equiv = "description" content = "This is my page">
            <link rel = "stylesheet" type = "text/css" href = "<% = path %>/css/base.css"/>
            <script language = "javascript">
                function check()    //检测是否选择了上传文件
                {
                    if(document.formAdd.fujian.value == "")
                    {
                        alert("请选择文件");
                        return false;
                    }
                    return true;
```

```
        }
    </script>
  </head>
  <body>
        <form action = "<%=path%>/upload/upload_re.jsp" name = "formAdd" method = "post" enctype = "multipart/form-data">
            <input type = "file" name = "fujian" id = "fujian" onKeyDown = "javascript:alert('此信息不能手动输入');return false;"/>
            <input type = "submit" value = "提交" onclick = "return check()"/>
        </form>
    </body>
</html>
```

upload_re.jsp 实现作业附件的上传处理，其实现的源代码如下：

```
<%@ page contentType = "text/html;charset = utf-8" language = "java" import = "com.jspsmart.upload.*"%> //加载 jspsmart 文件上传下载组件
<%@ page import = "com.jspsmart.upload.*"%>
<%@ page import = "java.util.*"%>
<%
String path = request.getContextPath();//返回站点根路径
%>
<%
String newFile1Name = null;
String file_name = null;
SmartUpload mySmartUpload = new SmartUpload();
mySmartUpload.initialize(pageContext);//初始化上传
try
{
    mySmartUpload.setAllowedFilesList("doc,Doc,DOC,PDF,pdf");//检查上传格式
    mySmartUpload.upload();
}
catch(Exception e)
{
    out.println("<script language = javascript>alert('上传格式错误!');history.back(-1);</script>");
    return;
}
try
{
     com.jspsmart.upload.File myFile = mySmartUpload.getFiles().getFile(0);
    if(myFile.isMissing())
    {
      out.println("<script language = javascript>alert('必须选择作业文件!');history.back(-1);</script>");
        return;
    }
    else
    {
        int file_size = myFile.getSize();//取得文件的大小(单位是 bit)
        file_name = myFile.getFileName();
        System.out.println("文件大小:" + file_size + "文件名称:" + file_name);
        if(file_size > 5*1024*1024)
```

```
            {
                out.println("<script language = javascript>alert('上传作业文件大小
应控制在5M之内!'); history.back(-1);</script>");
                return;
            }
            else
            {
                newFile1Name = new Date( ).getTime( ) + file_name.substring(file_
name.indexOf("."));//获取上传时间
                System.out.println("新文件名称:" + newFile1Name);
                String saveurl = request.getSession( ).getServletContext( ).get-
RealPath("upload");
                saveurl = saveurl + "/" + newFile1Name;//设置上传文件保存路径
                myFile.saveAs(saveurl, mySmartUpload.SAVE_PHYSICAL);
            //}
            }
    }
    catch(Exception e)
    {
    e.toString( );
    }
%>
<script language = "javascript">
    document.write("上传成功");
    window.parent.document.getElementById("fujian").value = "/upload/<% =
newFile1Name%>";
    window.parent.document.getElementById("fujianYuanshiming").value = "
<% = file_name%>";
</script>
```

17.5.3 教师作业批阅功能的实现

教师作业批阅模块的功能是实现教师对学生上交的作业进行批阅，主要包括学生作业下载和学生作业批阅两个步骤。该模块由updown.jsp、zuoyestu_pingyue.jsp和zuoyestu_servlet控制器三部分组合实现。updown.jsp、zuoyestu_pingyue.jsp分别实现学生作业的下载和批阅功能（见图17.5.4），而zuoyestu_servlet控制器主要实现学生作业的批阅和批阅结果的查询功能。

updown.jsp实现的源代码如下：

```
<%@ page language = "java" import = "java.util.*" pageEncoding = "utf-8"%>
<%@ page import = "com.jspsmart.upload.*"%>    //加载jspsmart文件上传下载组件
<%
String path = request.getContextPath( );//返回站点根路径
%>
<!DOCTYPE HTML PUBLIC "-//W3C//DTD HTML 4.01 Transitional//EN">
<html>
    <head>
        <meta http-equiv = "pragma" content = "no-cache">
        <meta http-equiv = "cache-control" content = "no-cache">
        <meta http-equiv = "expires" content = "0">
        <meta http-equiv = "keywords" content = "keyword1,keyword2,keyword3">
```

图 17.5.4　学生作业批阅过程界面

```
    <meta http-equiv="description" content="This is my page">
  </head>
  <body>
    <%
      try
      {
        String fujianPath = request.getParameter("fujianPath");
        String fujianYuashiMing = request.getParameter("fujianYuashiMing");
        fujianYuashiMing = java.net.URLDecoder.decode(fujianYuashiMing,"UTF-8");
        System.out.println(fujianYuashiMing + fujianPath);
        SmartUpload su = new SmartUpload();//新建一个 SmartUpload 对象
        su.initialize(pageContext);//初始化
        su.setContentDisposition(null);//禁止浏览器自动打开 word 或 pdf 文件
        //su.downloadFile("/uploadPath/file/liu.doc");//下载英文文件
        su.downloadFile(fujianPath, null, new String(fujianYuashiMing.getBytes(),"ISO8859-1"));//下载中文文件
        out.clear();
        out = pageContext.pushBody();
      }
      catch(Exception e)
      {
        response.sendRedirect(path + "/updown/updown_err.jsp");//跳转至下载失败页面
      }
    %>
  </body>
</html>
```

zuoyestu_pingyue.jsp 实现的源代码如下：

```
<%@ page language="java" pageEncoding="UTF-8"%>
<jsp:directive.page import="java.text.SimpleDateFormat"/>
<jsp:directive.page import="java.util.Date"/>
<%@ taglib prefix="c" uri="http://java.sun.com/jsp/jstl/core"%>
<%@ taglib prefix="fmt" uri="http://java.sun.com/jsp/jstl/fmt"%>
```

```jsp
<%@ page isELIgnored="false"%>
<%@ taglib uri="http://java.fckeditor.net" prefix="FCK"%>
<%
String path=request.getContextPath();    //返回站点根路径
%>
<html xmlns="http://www.w3.org/1999/xhtml">
<head>
<base target="_self"/>
<meta http-equiv="pragma" content="no-cache"/>
<meta http-equiv="cache-control" content="no-cache"/>
<meta http-equiv="expires" content="0"/>
<meta http-equiv="keywords" content="keyword1,keyword2,keyword3"/>
<meta http-equiv="description" content="This is my page"/>
<link rel="stylesheet" type="text/css" href="<%=path%>/css/base.css"/>
<script type='text/javascript' src='<%=path%>/dwr/interface/loginService.js'></script>
<script type='text/javascript' src='<%=path%>/dwr/engine.js'></script>
<script type='text/javascript' src='<%=path%>/dwr/util.js'></script>
<script language="javascript">
function check1()
{
  if(document.formAdd.piyueneirong.value=="  ")    //评语内容格式检验
  {
      alert("请输入评阅信息");
      return false;
  }
  document.formAdd.submit();
}
</script>
</head>
<body leftmargin="2" topmargin="9" background='<%=path%>/img/allbg.gif'>
  <form action="<%=path%>/zuoyestu?type=zuoyestu_pingyue" name="formAdd" method="post">
    <table width="98%" border="0" cellpadding="2" cellspacing="1" bgcolor="#D1DDAA" align="center" style="margin-top:8px">
       <tr bgcolor="#E7E7E7">
           <td height="14" colspan="3" background="<%=path%>/img/tbg.gif"> 学生作业评阅 </td>
       </tr>
         <tr align='center' bgcolor="#FFFFFF" onMouseMove="javascript:this.bgColor='red';" onMouseOut="javascript:this.bgColor='#FFFFFF';" height="22">
          <td width="25%" bgcolor="#FFFFFF" align="right">
          评阅信息:
          </td>
          <td width="75%" bgcolor="#FFFFFF" align="left">
              <input type="text" name="piyueneirong" size="60"/>
          </td>
       </tr>
       <tr align='center' bgcolor="#FFFFFF" onMouseMove="javascript:this.bgColor='red';" onMouseOut="javascript:this.bgColor='#FFFFFF';" height="22">
         <td width="25%" bgcolor="#FFFFFF" align="right">
         评阅时间:
         </td>
```

```
    <td width = "75%" bgcolor = "#FFFFFF" align = "left">
      <input type = "text" name = "shijian_pingyue" size = "60" value = "<% = new SimpleDateFormat("yyyy - MM - dd").format(new Date()) %>" readonly = "readonly"/>
    </td>
  </tr>
  <tr align = 'center' bgcolor = "#FFFFFF" onMouseMove = "javascript:this.bgColor = 'red';" onMouseOut = "javascript:this.bgColor = '#FFFFFF';" height = "22">
    <td width = "25%" bgcolor = "#FFFFFF" align = "right">
     
    </td>
    <td width = "75%" bgcolor = "#FFFFFF" align = "left">
      <input type = "hidden" name = "id" value = "<% = request.getParameter("id") %>"/>
      <input type = "button" value = "提交" onclick = "return check1()"/> 
      <input type = "reset" value = "重置"/> 
    </td>
  </tr>
 </table>
 </form>
 </body>
 </html>
```

17.6 思考题

1. 什么是 MVC 模式？在 JSP 应用程序中如何应用 MVC 模式？
2. JSP 应用程序中如何实现文件的上传和下载？
3. 如何设计一个基于 JSP 的管理信息系统？具体步骤有哪些？

附　　录

附录 A　Dreamweaver MX 网页设计

Dreamweaver MX 网页设计

1. Dreamweaver MX 的设计环境

安装好 Dreamweaver MX 软件后，启动 Dreamweaver MX，将出现如图 A.1 所示的界面。其主要面板、"文档"窗口、属性面板和窗口有对象面板等。

（1）"文档"窗口。"文档"窗口显示当前文档。可以选择下列任一视图。

①"设计"视图。这是一个用于可视化页面布局、编辑和快速应用程序开发的设计环境。该视图可编辑的文档的形式完全可视化，类似于在浏览器中查看页面时看到的内容。

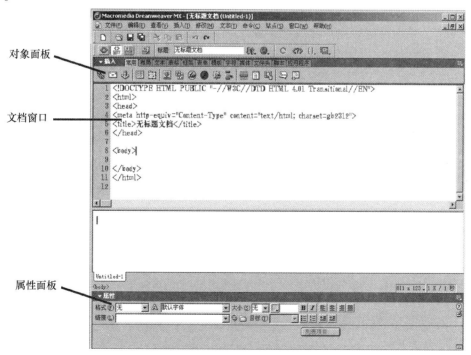

图 A.1　Dreamweaver MX 设计界面

②"代码"视图。这是一个用于编写和编辑 HTML、JavaScript、服务器语言代码（如 ASP 等语言）以及任何其他类型代码的手工编码环境。

③"代码和设计"视图。可在窗口同时看到同一文档的"代码"视图和"设计"视图。

（2）属性面板。属性面板用于检查和编辑当前选定页面元素（插入的对象）的属性。属性面板的内容能根据选定的元素而变化。属性面板最初显示选定元素的大多数属性。单击属性检查器右下角的展开箭头，可以折叠属性面板使之仅显示最常用的属性。可以直接在该面板中对属性进行修改。

（3）对象面板。系统默认选择的是"常用"选项卡。

"常用"选项卡包含用于创建和插入最常用对象（如图像、表格和层）的按钮。

"表单"选项卡包含用于创建表单和插入表单元素的按钮。

"框架"选项卡包含普通的框架集布局。

"文件头"选项卡包含用于添加各种文件头元素（如 Meta 和基础标签）的按钮。

"布局"选项卡允许用户插入表格和层，并且可以在"标准视图"（默认）和"布局视图"之间进行选择。当选定"布局"视图时，可使用布局工具："绘制布局单元格"和"绘制布局表格"。

"媒体"选项卡包含用于插入动画媒体对象或交互式媒体对象（如 Flash 按钮和文本、Java Applets 和 ActiveX 对象）的按钮。

"脚本"选项卡用于插入脚本、无脚本部分或服务器端包含。

"表格"选项卡用于插入完整的表格或特定的表格标签（如 tr、th 或 td）。

"模板"选项卡用于在模板文件中插入可编辑的、可选的和重复的区域。

"文本"选项卡用于用户插入各种文本格式设置标签和列表格式设置标签，如 b、em、p、h1 和 ul。

此外还有答案面板、代码选择器、文件面板等，这些均可以通过选择"窗口"菜单中的相关命令显示，请读者参阅相关教程。

2. 设置 Dreamweaver 的站点

设置 Dreamweaver 站点是一种组织所有与 Web 站点关联的文档的方法，可以将它看作一个项目。可以在站点中组织文件，通过 FTP 将站点上传到 Web 服务器、并且自动跟踪、维护、管理和共享文件。

Dreamweaver 站点由三部分组成，具体取决于环境和所开发的 Web 站点类型：

（1）本地文件夹是工作目录，Dreamweaver 将该文件夹称为"本地站点"；

（2）远程文件夹是存储用于测试、生产、协作等文件的位置，该文件夹称为"远程站点"；

（3）动态页文件夹是 Dreamweaver 处理动态页的文件夹。

设置 Dreamweaver 站点的方法有两种：使用"站点定义向导"，它可以逐步完成设置过程；或者使用"站点定义"对话框的"高级"设置，可以根据需要分别设置本地、远程和测试文件夹。

设置 Dreamweaver 站点的步骤如下：

（1）选择"站点"|"新建站点"，出现站点定义对话框，使用"高级"设置。如图 A.2 所示。

（2）在该对话框中，用鼠标单击类型分类列表中的"本地信息"，表明是本地站点。

（3）在对话框中的"站点名称"内输入站点的名称。如 LD2。

（4）在对话框中的"本地根文件夹"内输入 F:\LD2\。

（5）单击"启用缓存"，它可以在移动、重命名和删除文档时快速修改链接。

（6）设置完以上的项目后单击"确认"按钮，完成设置。

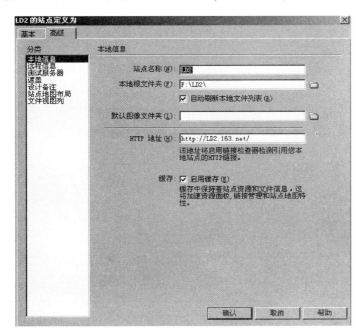

图 A.2 设置 Dreamweaver 站点

3. 设置文档

Dreamweaver MX 为使用各种网页设计和开发文档提供了灵活的环境。除了 HTML 文档外，还可以创建和打开 CFML、ASP、JavaScript、CSS 或基于文本的文档。

"新建文档"对话框提供了几种可以用来创建新文档的文档类型。使用这一界面，可以创建新的空白文档或模板，基于现有模板之一的文档，或者基于 Dreamweaver MX 自带的设计好的页面布局之一的文档或模板。使用这些设计好的基本页面布局和模板，可以快速开发具有专业外观的网页。

"新建文档"对话框中还提供其他文档选项：可以选择基于文本的文档（如 JavaScript 或层叠样式表（CSS）文档）和动态页面文档（如 Macromedia ColdFusion、ASP 和 PHP 页面）；如果经常使用某种文档类型，可以将其设置为创建的新页面的默认文档类型。

在 Dreamweaver 中，可以在"设计"视图或"代码"视图中轻松定义文档属性，如 meta 标签、文档标题、背景颜色和其他几种页面属性。

(1) 创建新的空白文档。

创建新的空白文档的步骤如下：

① 在 Dreamweaver 中，选择"文件"|"新建"，出现"新建文档"对话框，选定"常规"选项卡。如图 A.3 所示。

② 在"类别"列表中，选择要创建的文档类别。例如，选择"基本页"创建 HTML 文档，或选择"动态页"创建 ColdFusion 或 ASP 文档。

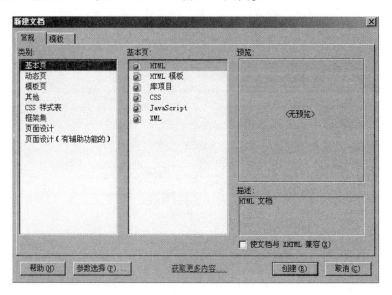

图 A.3　创建新的空白文档

③ 在文档列表中，选择要创建的页面类型，然后执行下列操作之一。
- 单击"创建"。
- 在文档列表中的项目上双击。
- 按 Enter 键。

关闭对话框，新文档出现在"文档"窗口中。

(2) 保存文档。

保存文档时，不要在文件名和文件夹名中使用空格和特殊符号，具体来说是不要在打算放到远端服务器上的文件名中使用特殊符号（如¢、£ 或￥）或标点符号（如冒号、破折号或句号）。很多服务器在上传文件时会更改这些符号，这会导致与这些文件的链接中断。而且，文件名不要以数字开头。

保存文档的操作步骤如下。

① 选择"文件"|"保存"。

② 在出现的对话框中，定位到要用来保存文件的文件夹。

③ 在"文件名"文本域中，键入文件名。

④ 单击"保存"，保存文件。

(3) 打开现有文档。

在 Dreamweaver 中，可打开现有 HTML 文档或任何动态文档类型，即使没有在 Dreamweaver 中创建该类型。可打开 HTML 文档并利用"设计"视图或"代码"视图的创作功能，用 Dreamweaver 编辑文档。也可以打开非 HTML 文本文件，如 JavaScript 文件，XML 文件、CSS 样式表或用字处理程序或文本编辑器保存的文本文件。

如果要打开的文档是保存为 HTML 的 Microsoft Word 97、Word 98 或 Word 2000 文件，可能需要将文档导入 Dreamweaver 中而不是将其打开，导入 Word HTML 文件时，Dreamweaver 会提醒清除 Word 插入到 HTML 文件中的无关标记标签。可以用"清理 Word 的 HTML"命令设置页面背景颜色并清理导入文件中的 CSS 样式表格式。

若要打开现有文件，可执行下列操作之一。

① 在 Dreamweaver 中，选择"文件"|"打开"。

② 在打开的对话框中，定位到并选择要打开的文件。

③ 单击"打开"。

文档随即在"文档"窗口中打开。

4. 插入文本、图像与媒体

Dreamweaver MX 提供了多种向文档中添加文本、图像与媒体和设置相应格式的方法。

插入文本

若要将文本添加到文档，可执行下列操作之一：

直接在"文档"窗口中键入文本。

从其他应用程序中拷贝文本，切换到 Dreamweaver MX，将插入点定位在"文档"窗口的"设计"视图中，然后选择"编辑"|"粘贴"。Dreamweaver MX 不保留在其他应用程序中应用的文本格式，但它保留换行符。

要修改文本格式可以在选定相应文本后在属性面板中做相应修改（如图 A.4 所示）或在菜单栏中选择"文本"的相关操作进行修改。

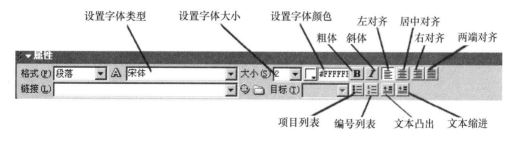

A.4 Dreamweaver MX 属性面板

插入图像

在将图像插入 Dreamweaver MX 文档时，Dreamweaver MX 自动在 HTML 源代码中生成对该图文件的引用。为了确保此引用的正确性，该图像文件必须位于当前站点中。如果图像文件不在当前站点中，Dreamweaver MX 会询问是否要将此文件拷贝到当前站点中。

若要插入图像，可执行以下操作：

（1）在"文档"窗口中，将插入点放置在要显示图像的地方，选择对象面板的"常用"类别，单击"图像"图标（或选择菜单栏中"插入"|"图像"）。

（2）在出现的如图 A.5 所示的对话框中选择用户要插入的图像。如果正在一个未保存的文档中工作，则 Dreamweaver MX 生成一个对图像文件的 file：//引用，将文档保存到站点中的任何位置后，Dreamweaver MX 将该引用转换为文档相对路径。

插入图像之后，可以通过属性面板设置该图像的属性。

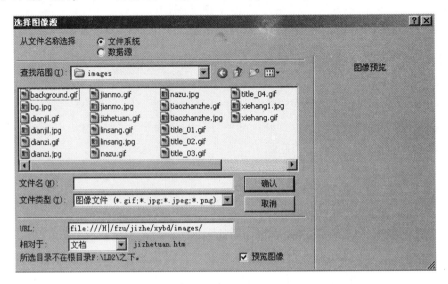

图 A.5　"选择图像源"对话框

插入媒体

Dreamweaver MX 使用户可以迅速、方便地向 Web 站点添加声音和影片。可以并入和编辑多媒体文件和对象，例如，Macromedia Flash 和 Shockwave 影片、Java applets、QuickTime、Activex 和音频文件。

若要在页面中插入媒体对象，可执行以下操作：

在文档窗口中，将插入点放置在要插入对象的地方，然后执行以下操作之一：

（1）在对象面板中，选择"媒体"，然后单击要插入的对象类型的按钮，或将其拖入文档窗口中，如图 A.6 所示。

（2）从菜单栏中选择"插入"|"媒体"或"插入"|"交互式图像"子菜单中选择适当的对象。

多数情况下，将显示一个对话框，用户可从中选择源文件并为媒体对象指定某些参数。

图 A.6　插入媒体对象面板

插入 Flash 按钮对象

Flash 按钮对象是基于 Flash 模板的可更新按钮。可自定义 Flash 按钮对象，添加文本、背景颜色以及指向其他文件的链接。在使用设计视图或代码视图时可插入 Flash 按钮。

若要插入 Flash 按钮对象，其操作步骤如下：

（1）在文档窗口中，将插入点放置在要插入 Flash 按钮的地方。

（2）若要打开"插入 Flash 对象"对话框，可执行以下操作之一：

① 在插入栏中，选择"媒体"，然后单击"Flash 按钮"图标。

② 在插入栏中，选择，"媒体"，然后将"Flash 按钮"图标拖入文档窗口中，如果正在处理代码，也可以将图标拖入代码视图窗口中。

③ 在菜单栏中选择"插入"｜"交互式图像"｜"Flash 按钮"。"插入 Flash 按钮"对话框随即显示，如图 A.7 所示。

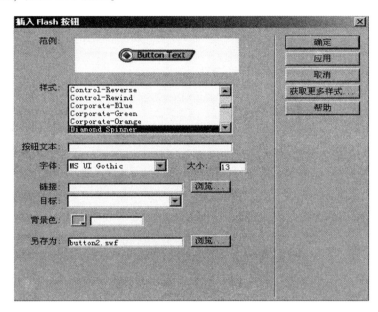

图 A.7　"插入 Flash 按钮"对话框

5. 定位与布局

使用 Dreamweaver 中的可视化设计工具创建复杂的页面布局，其中包括使用表格显示内容、在布局视图中对页进行布局和使用框架。表格是用于在 HTML 页上显示表格式数据以及对文本和图形进行布局的强有力的工具。表格由一行或多行组成，每行又由一个或多个单元格组成。虽然 HTML 代码中通常不明确指定列，但 Dreamweaver MX 允许像操作行和单元格那样来操作列。

插入表格

若要插入表格，其操作步骤如下：

（1）在文档窗口的设计视图中，将插入点放在需要表格出现的位置。

（2）执行以下操作之一：

① 单击对象面板的"常用"类别中的"表格"按钮。

② 选择菜单栏中"插入"｜"表格"。这时就会出现"插入表格"对话框，如图 A.8 所示。

图 A.8 "插入表格"对话框

根据需要输入新值。然后就可以像在表格外部添加文本和图像那样在表格单元格中添加文本和图像。

设置表格和单元格的格式

可以通过设置表格及表格单元格的属性或将预先设置的设计应用于表格来更改表格的外观。

当在设计视图中对表格进行格式设置时，可以设置整个表格或表格中所选行、列或单元格的属性。表格格式设置的优先顺序最大的是单元格，之后是行，最后才是表格。

当选择了某个表格后，属性检查器允许查看和更改表格属性。

若要查看表格属性，请执行以下操作：

选择该表格，选择菜单栏中"窗口"|"属性"，打开属性检查器。如图 A.9 所示。

图 A.9 表格及表格单元格属性检查器

然后就可以通过设置属性来更改表格元素的格式设置。

若要在属性检查器中对表格元素进行格式设置，请执行以下操作：

（1）选择一个单元格、行或列。

（2）选择菜单栏中"窗口"|"属性"，打开属性检查器。如图 A.10 所示。

（3）通过设置属性更改表格元素的格式设置。

图 A.10 表格及表格单元格属性检查器

在 Dreamweaver MX 中除了可以使用 HTML 表格对元素进行定位外，还提供了布局视图，其简化了使用表格进行页布局的过程。在布局视图中，可以使用表格作为基础结构来设计页，但是却避免了使用传统的方法创建基于表格的设计时经常出现的一些问题。

切换到和切换出布局视图

在绘制布局表格或布局单元格之前，必须从标准视图切换到布局视图。

若要切换到布局视图，请执行以下操作：

（1）如果设计视图不可见，请选择菜单栏中"查看"|"设计"或"查看"|"代码和设计"。在代码视图中不能启用或禁用布局视图。

（2）选择菜单栏中"查看"|"表格视图"|"布局视图"或单击对象面板中"布局"类别的"布局视图"按钮，如图 A.11 所示。沿"设计"视图的顶部显示一个标有"布局视图"的灰色栏，指示正处于布局视图中。如果页上存在表格，则它们显示为布局表格。

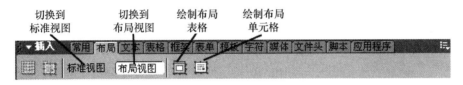

图 A.11 布局视图切换

若要切换出布局视图，请执行以下操作：

（1）如果设计视图不可见，请选择菜单栏中"查看"|"设计"或"查看"|"代码和设计"。在代码视图中不能启用或禁用布局视图。

（2）选择菜单栏中"查看"|"表格视图"|"标准视图"或单击对象面板中"布局"类别的"标准视图"按钮。

在布局视图中，可以在页上绘制布局单元格和布局表格。当 Dreamweaver MX 自动创建布局表格时，该表格最初显示为填满整个设计视图，即使更改文档窗口的大小也是如此。这种默认布局表格使用户可以在设计视图中的任意位置绘制布局单元格。

绘制布局表格

若要绘制布局表格，请执行以下操作：

（1）确保正在布局视图中，然后执行以下操作之一：

①若要绘制一个布局表格，请单击对象面板中"布局"分类的"绘制布局表格"按钮，这时鼠标指针变为加号"+"。

②若要绘制多个布局表格而不必重复单击"绘制布局表格"按钮，请在单击"绘制布局表格"按钮时按住 Ctrl 键。绘制完一个布局表格之后，可以立即绘制另一个。

（2）将鼠标指针放置在页上，然后拖动指针以创建布局表格。

如果页上没有其他内容，则表格自动定位在该页的左上角。页上显示的表格外框为绿色（绿色是布局表格的默认外框颜色）。一个标有布局表格的标签出现在所绘制的每个表格顶部，用来帮助选择表格以及将它和页上的其他元素进行区分。

绘制布局单元格

若要绘制布局单元格,请执行以下操作:

(1) 确保正在布局视图中,然后单击插入栏"布局"分类中的"绘制布局单元格"按钮,这时鼠标指针变为加号"+"。

(2) 将鼠标指针放置在页上要开始绘制单元格的位置上,然后拖动指针以创建布局单元格。若要创建多个单元格而不用每次都单击"绘制布局单元格"按钮,请按住 Ctrl 键并拖动指针来创建每个布局单元格。

页上显示的单元格外框为蓝色(蓝色是布局单元格的默认外框颜色),如果显示布局表格标签,则每个单元格的宽度都显示在列顶部的列标题区域中。出现明亮的网格线,从新布局单元格的边缘向外延伸到包含该单元格的布局表格的边缘。这些线可以帮助将新单元格和以前的单元格对齐,并帮助显现基础 HTML 表格的结构。

6. 生成动态网页

在 Dreamweaver MX 中使用 JavaScript 行为和分层动画时间轴,可以提供互动功能和动画,使访问者更感兴趣。行为是事件和由该事件触发的动作的组合,在"行为"面板中,通过指定一个动作和事件,可将行为添加到网页。Dreamweaver MX 行为将 JavaScript 代码放置在文档中以允许访问者交互,可以多种方式更改页或引起某些任务的执行。例如,当访问者将鼠标指针移动到某个链接上时,浏览器为该链接生成一个 onMouseOver 事件;然后浏览器查看是否存在当为该链接生成该事件时浏览器应该调用的 JavaScript 代码。下面我们就举鼠标经过图像实例来讲解 Dreamweaver MX 如何生成动态网页的。

创建鼠标经过图像实例

鼠标经过图像是一种在浏览器中查看并使用鼠标指针移过它时发生变化的图像。鼠标经过图像实际上由两个图像组成:主图像(当首次载入页时显示的图像)和次图像(当鼠标指针移过主图像时显示的图像)。鼠标经过图像中的这两个图像应大小相等,如果这两个图像大小不同,Dreamweaver MX 将自动调整第二个图像的大小以匹配第一个图像的属性。

不能在 Dreamweaver 的"文档"窗口中看到鼠标经过图像的效果。若要看到鼠标经过图像的效果,需在浏览器中预览该页,然后将鼠标指针滑过该图像。鼠标经过图像自动设置为响应 onMouseOver 事件。若要创建鼠标经过图像,可执行以下操作:

(1) 在"文档"窗口中,将插入点放置在要显示鼠标经过图像的位置。

(2) 使用以下方法之一插入鼠标经过图像:

① 在对象面板中,选择"常用",然后将"鼠标经过图像"图标拖到"文档"窗口中的所需位置。

② 选择菜单栏中"插入"|"交互式图像"|"鼠标经过图像"。

这时将显示"插入鼠标经过图像"对话框,如图 A.12 所示。

(3) 在"图像名称"文本框中,输入鼠标经过图像的名称。

(4) 在"原始图像"文本框中,单击"浏览"并选择要在载入页时显示的图像,或在文本框中输入图像文件的路径。

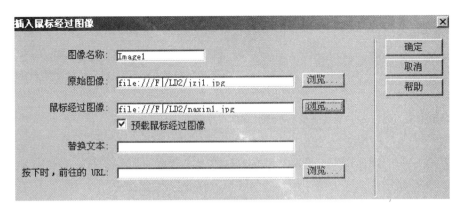

图 A.12　插入鼠标经过图像对话框

(5) 在"鼠标经过图像"文本框中,单击"浏览"并选择要在鼠标指针滑过原始图像时显示的图像,或在文本框中输入图像文件的路径。

(6) 如果希望图像预先载入浏览器的缓存中,以便将鼠标指针滑过图像时不发生延迟,可选择"预先载入图像"选项。

(7) 在"替代文本"中,为使用只显示文本的浏览器的访问者输入描述该图像的文本。

(8) 在"按下时,前往的 URL"文本框中,单击"浏览"并选择文件,或者键入单击鼠标经过图像时要打开的文件的路径。

(9) 单击"确定"关闭"插入鼠标经过图像"对话框。

(10) 选择菜单栏中"文件"|"在浏览器中预览",或按 F12 键。

(11) 在浏览器中,将鼠标指针移过原始图像。

显示应切换到鼠标经过图像,如图 A.13 与图 A.14 所示。

图 A.13　鼠标经过前原始图像

图 A.14　鼠标经过图像

7. 网页制作实例

显示/隐藏图像实例

要实现显示/隐藏图像效果,其操作步骤如下:

(1) 在 Dreamweaver MX 中新建一个页面，并设置背景色为深色，如 0066FF。

(2) 在页面中插入一个一行一列的表格。

(3) 为页面设置样式，其样式如下：

```
<style type=text/css">
A {text-decoration:none;color:#33FF00}
TD {font-family:arial;color:white}
</style>
```

(4) 在表格中添加文字"显示"和"隐藏"。

(5) 在页面中，插入一个图层 Layer1，并调节图层位置到页面中间。

(6) 在图层中插入一幅图片。

(7) 分别为文字"显示"和"隐藏"添加链接"#"。

(8) 把光标定位在链接"显示"上，按快捷键 shift+F3 打开行为面板，并单击"+"按钮，在弹出的下拉菜单中选择"显示—隐藏层"命令，在弹出的"显示—隐藏层"对话框中选择"层：Layerl"，并单击"显示"按钮。

单击"确定"按钮后，确认在行为面板中的事件为"onClick"。

(9) 重复步骤（8），为链接"隐藏"添加动作。

(10) 按 F2 键打开 Layer 面板，并设置 Layer1 为隐藏属性。

(11) 保存文件，并按快捷键 F12 进行预览，当单击"显示"时，页面中出现图像，如图 A.15 所示，当单击"隐藏"时，图像消失，如图 A.16 所示。

图 A.15　出现图像

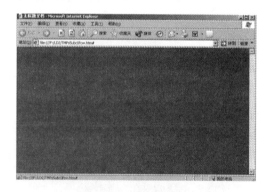
图 A.16　图像消失

导航条制作实例

导航条为在站点上的页面和文件之间移动提供一条简捷的途径。通常导航条由图像或图像组组成，这些图像的显示内容随用户操作而变化。

导航条项目有四种状态：

(1) 一般：指用户尚未单击或尚未与此项目交互时所显示的图像。例如，此种状态的项目看起来未被单击过。

(2) 滑过：指鼠标指针滑过"一般"图像时所显示的图像。项目的外观发生变化（例如，变得更亮），以便让用户知道可与这个项目进行交互。

(3) 按下：指项目被单击后所显示的图像。例如，用户单击某项目后，载入一个新的页面，而导航条仍然显示，只是被单击的项目变暗，表示它曾被选择过。

（4）按下时鼠标经过：指在项目被单击后，鼠标指针滑过"按下"图像时所显示的图像。例如，项目变淡或变灰。此状态可作为一个给用户的可视提示，告诉他们在站点的这一部分，此项目不能再被单击。不必包含所有这四种状态的导航条图像；例如，可以只选用"一般"和"按下"这两种状态。

插入导航条的操作步骤如下：

（1）插入导航条时，必须命名导航条项目，并选择相关的图像。

（2）选择菜单栏"插入"|"交互式图像"|"导航条"，或在对象面板中，选择"常用"，然后将"导航条"图标拖到"文档"窗口中，这时就会出现"插入导航条"对话框，如图 A.17 所示。

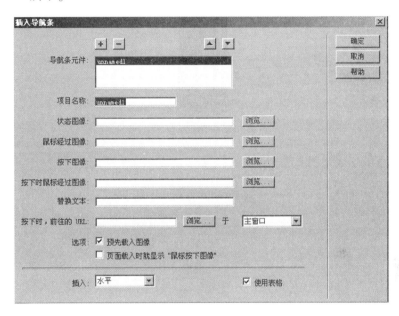

图 A.17 "插入导航条"对话框

（3）在"项目名称"文本框中，键入导航条项目的名称。

（4）在"状态图像"文本框中，单击"浏览"按钮，在弹出的对话框中选择最初将显示的图像。

（5）在"鼠标经过图像"文本框中，单击"浏览"按钮，在弹出的对话框中选择当一般图像显示时如果用户鼠标指针滑过项目所显示图像。

（6）在"按下图像"文本框中，单击"浏览"按钮，在弹出的对话框中选择用户单击项目后显示的图像。

（7）在"按下时鼠标经过图像"文本框中，单击"浏览"按钮，在弹出的对话框中选择当用户将鼠标指针滑过按下图像时所显示的图像。

（8）在"替换文本"文本框中，输入项目的描述性名称，如"网站主页"。

（9）在"按下时，前往的 URL"文本框中，在弹出的对话框中选择要打开的链接文件，然后从弹出菜单中选择打开文件的位置。

(10) 选择"预先载入图像",可在载入页面时下载图像。

(11) 单击加号(+)按钮向导航条添加另一个项目,然后重复上述步骤定义该项目。

(12) 完成导航条项目的添加及定义后,单击"确定"完成设置。其效果如图 A.18 所示。

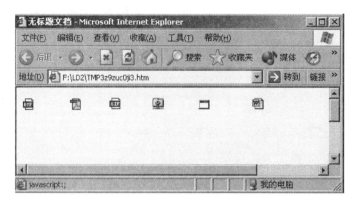

图 A.18 插入导航条效果图

弹出菜单制作实例

在 Dreamweaver MX 中有一个制作弹出菜单功能,这个功能允许用文字和图片作为弹出菜单。

弹出菜单的制作步骤如下:

(1) CD 在 Dreamweaver MX 中新建一个页面,并插入一幅图片,如图 A.19 所示。

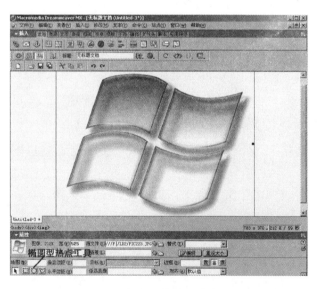

图 A.19 插入图片添加热点区域

(2) 保存文件。单击图片,在属性面板中选择"椭圆形热点工具"。

(3) 为图片添加热点区域。单击其中一个热点区域,在行为面板中添加"显示弹出式菜单"动作,如图 A.20 所示。

（4）在"内容"选项卡中添加菜单内容。

（5）在"外观"选项卡中为菜单选择菜单方式（在本实例中选择"垂直菜单"）和菜单状态效果。

（6）在"高级"选项卡中为菜单编辑外观效果。

（7）在"位置"选项卡中选择菜单的位置。

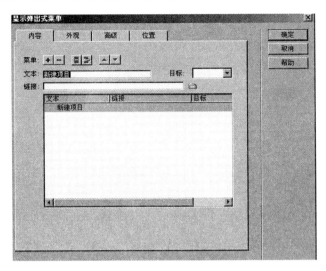

图 A.20 "显示弹出式菜单"对话框

（8）设置完毕后保存文件，并按 F12 键在浏览器中预览，其效果如图 A.21 所示。

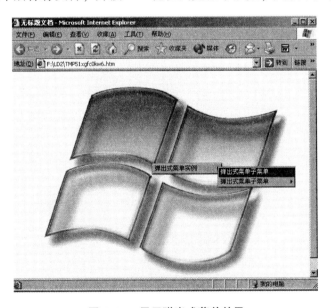

图 A.21 显示弹出式菜单效果

附录 B VBScript 语言

VBScript 是一种为了适应 Internet 应用而从 Visual Basic 提炼并发展而来的程序设计语言,它是 Visual Basic 的子集,与 Visual Basic 语法基本相同。通过嵌入 HTML 可设计出具有互动性的 Web pages 和 Web-based 应用程序。VBScript 可以在用户端和服务器端执行。

B.1 VBScript 的数据类型

与 VB 不同,VBScript 只有一种数据类型,即 Variant(变体类型)。Variant 是一种特殊的数据类型,根据使用的方式,它可以包含不同类别的信息,即根据实际使用的上下文环境,决定它所代表的数据内容是作为"字符串"还是"数值"。Variant 也是 VBScript 中所有函数返回值的数据类型,它除了简单地将数据内容分为数值和字符串外,还可以进一步区分信息的含义,称为 Variant 的子类型。Variant 子类型如表 B.1 所示。

表 B.1 Variant 包含的数据子类型

子类型	说　　明
Empty	未初始化的 Variant
Null	不包含任何有效数据的 Variant
Boolean	包含 True 和 False
Byte	包含 0 到 255 之间的整数
Integer	包含 -32768 到 32767 之间的整数
Currency	-922337203685477.5808 到 922337203685477.5807
Long	包含 -2147483648 到 2147483647
Single	包含单精度浮点型
Double	包含双精度浮点型
Date(Time)	包含表示日期的数字
String	包含变长字符串
Object	包含对象
Error	包含错误号

数据的子类型可以使用转换函数来转换类型,还可以用 VarType 返回数据的子类型。常用的类型转换函数有以下几种。

CBool(x):将变量 x 转换成 Boolean 类型;

CByte(x):将变量 x 转换成 Byte 类型;

CCur(x)：将变量 x 转换成 Currency 类型；
CInt(x)：将变量 x 转换成 Integer 类型；
CLng(x)：将变量 x 转换成 Long 类型；
CSng(x)：将变量 x 转换成 Single 类型；
CDbl(x)：将变量 x 转换成 Double 类型；
CStr(x)：将变量 x 转换成 String 类型。

B.2 VBScript 常量

VBScript 常量是具有一定含义的名称，其值是固定不变的。VBScript 定义了一批常量保留字，如 vbString、vbByte 等，它们是系统的预定义常量，其名字都以"vb"开头。VBScript 中使用 const 语句定义常量。例如：

```
Const conMystring = "常量的定义"     //定义字符串时要放在引号""之间
Const conPI = 3.14159
Const conMydate = #8-3-2003#         //定义日期常量时要包含在两个"#"之间
Response.write(conMystring&" "&conlP&" "&conMydate)
```

B.3 VBScript 变量

变量是保存数据的内存单元占位符。VBScript 的变量使用十分方便，不需声明也可以用。但为了养成好的习惯，最好在程序中使用变量以显示方式声明。

1. 变量及其声明

VBScript 的变量在程序中其值是可以改变的。VBScript 中变量声明有两种方式：

一种方式是使用 Dim 语句显式地定义变量，另一种方式是通过在 VBScript 程序中直接使用变量名来隐式地声明变量，后一种尽量少用。例如：

```
Dim clickCount
Dim Top,Bottom,Left,Right
Number = 0
StuName = "Jamy"
```

2. 变量名

变量命名的规则是：必须以字母开头；中间不能包含句点"."和空格；长度不超过 255 个字符；在变量的作用域范围内必须唯一；不能用汉字命名；变量名不区分大小写。

通常给变量命名时还需注意它所表达的含义，如 clickCount，可用于表示单击次数；sum 表示和数等。

3. 变量的作用域与生存期

变量的作用域由其被声明的位置决定。若变量在过程中被声明，则它的作用域仅局限于该过程，称为局部变量；若变量在过程外被声明，则它的作用域是整个脚本程序范围，可被所有过程引用，称为全局变量或 script 级变量。

变量的存在时间称为生存期。全局变量的生存期是从被声明时起至 script 程序运行结束；局部变量的生存期是该变量所在过程的运行期，该过程运行结束后，变量随之消失。

4. 标量变量和数组变量

只包含一个值的变量称为标量变量，而数组变量则是包含多个相关值的变量。数组变量也用 Dim 语句声明。例如：

```
Dim Num(10)
```

上述语句声明了一个含有 11 个元素的一维数组 Num。VBScript 的数组的所有维的下标均从 0 开始，故 Num（10）包含 11 个元素。数组元素可像标量变量一样被赋值和引用。例如：

```
Num(0) = 0
clickCount = Num(0)
```

VBScript 中可以声明多维数组，维数之间以逗号分隔。如声明二维数组可用如下语句：

```
Dim Num(10,5)
```

该语句声明了一个 11 行 6 列数组。以上的声明方式所声明的数组都是固定数组，即数组元素的个数在声明时就已经确定，在程序运行过程中不能改变数组大小。VBScript 中还可以声明动态数组，即在程序运行中可以改变其大小的数组。动态数组的声明方法是，初始用 Dim 或 ReDim 语句声明数组名，其后用 ReDim 确定维数和大小，以后可用 ReDim Preserve 语句重新调整数组的大小。例如：

```
Dim Num(),或 ReDim Num()
```

ReDim Num（10），随后用 ReDim 确定数组 Num 为具有 11 个元素的一维数组。

ReDim Preserve Num（20），调整数组大小为 21 个元素，保留数组原有的 11 个元素值。

语句 ReDim Preserve 中的关键字 Preserve 表示在调整数组大小时保留原数组的内容。但当数组调小时，将删除原数组中的部分内容。

B.4　VBScript 的运算符

表 B.2 包括了 VBScript 的全部运算符。当表达式包含多个运算符时，将按运算符的优先级顺序进行计算，即首先计算算术运算符，然后计算关系运算符，最后计算逻辑运算符，而使用括号可以改变运算符的优先级。所有比较运算符的优先级都相同，即按从左到右的顺序计算比较运算符。算术运算符和逻辑运算符的优先级按表 B.2 中显示内容自上而下递减。

表 B.2　VBScript 的运算符

算术运算符		关系运算符		逻辑运算符	
运算符	功能描述	运算符	功能描述	运算符	功能描述
∧	指数	=	等于	NOT	逻辑非
-	负号	< >	不等于运算	AND	逻辑与
*	乘法	<	小于	OR	逻辑或
/	除法	>	大于	XOR	逻辑异或
\	整数除法	<=	小于等于	EQV	逻辑等价
MOD	求余	>=	大于等于	IMP	逻辑隐含
+	加	IS	对象引用比较		
-	减				
&	字符串链接				

B.5　流程控制语句

VBScript 的流程控制包括用条件语句的流程控制和用循环语句的流程控制两种。

1. 条件语句

VBScript 的条件语句包括两种，即 If…Then…Else 和 Select Case。

（1）If…Then…Else 语句。

If…Then…Else 语句可以按照需要进行嵌套，if…Then…Else 语句的语法为：

```
If  条件表达式  Then
  语句组 1
  [Else
  语句组 2 ]
End If
```

（2）Select Case 语句。

当条件的判断状态可能有多种时，可使用多路分支选择语句 Select Case，其语法为：

```
Select Case 表达式
  Case 值 1
    语句组 1
  Case 值 2
    语句组 2
  Case Else
    语句组 n
  End Select
```

注意：Select Case 结构只计算开始处的一个表达式（只计算一次），而 If…Then…ElseIf 结构计算每个 Elseif 语句的表达式，这些表达式可以各不相同。仅当每个 ElseIf 语句计算的表达式都相同时，才可以使用 Select Case 结构代替 If…Then…ElseIf 结构。

2. 循环语句

循环语句用于重复执行一组语句,VBScript 有四种循环语句。

(1) For…Next 语句。

For…Next 语句指定循环次数,利用计数器控制重复执行语句的次数,其语法为:

```
For   计数变量=初值 To 终值   [Step 步长值]
    语句组
Next
```

For 循环从计数变量的初值开始执行,每执行一次循环体语句,计数变量变化步长值(若不指定步长,则默认为1),新的计数器变量值若不超出终值,则再次执行循环体,如此重复,直到计数器变量值超出终值时,循环结束。

(2) For Each…Next 语句。

For Each…Next 语句与 For…Next 类似,它是针对数组或对象集合而设计。For Each…Next 语句针对数组中的每一元素或对象集合中的每一项重复执行一组语句。其语法为:

```
For Each 变量   In   数组或对象集合
    语句组1
    [Exit For)
    [语句组2]
Next
```

循环执行时,每次由数组或对象集合中取出一个值复制到变量中,然后执行循环体语句,直到数组或对象集合中所有的数据都处理完,循环结束。Exit For 语句是强制退出语句,常与 If…Then 配合使用。

(3) While…Wend 语句。

While…Wend 语句的语法为:

```
While 条件表达式
    语句组
Wend
```

该语句当条件表达式值为真时执行语句组。

(4) Do…Loop 语句。

Do…Loop 语句提供更为灵活的循环控制方式,该语句可以在条件值为真时执行循环体语句,也可以在条件值为假时执行循环体语句,其语法为:

第一种格式:

```
Do While|Until 条件表达式
    语句组1
    [Exit Do]
    [语句组2]
Loop
```

这种格式的 Do…Loop 语句在循环开始便检查条件值,若使用关键字 While,则当条件值为真时执行循环体语句；若使用关键字 Until，则当条件值为假时执行循环体语句。

第二种格式：

```
Do
  语句组 1
  [Exit Do]
  [语句组 2]
Loop While|Until 条件表达式
```

这种格式的 Do…Loop 语句与前面介绍的 Do…Loop 语句的区别在于它先执行 1 次循环体语句后才开始检查循环条件。

B.6 过程与函数

VBScript 的子程序包括过程（Sub）和函数（Function）两类，两者的主要区别在于函数可以有返回值，而过程没有返回值。

1. 过程（Sub）

VBScript 过程的定义语法为：

```
Sub 过程名(参数表)
  语句组 1
  [Exit Sub]
  [语句组 2]
  [End Sub]
```

过程的调用使用 call 语句，语法为：call 过程名（实参表）。

2. 函数（Function）

VBScript 函数的定义语法为：

```
Function   函数名(参数表)
  语句组 1
  函数名 = 返回值
  [Exit Function]
  [语句组 2]
  [函数名 = 返回值]
End Function
```

函数的调用方式是被作为表达式或其一部分来引用，如 MyFunc = 函数名（实参 1，实参 2，…，实参 N）

下面的程序代码分别定义了一个名叫 SUM() 的函数和一个名叫 Display() 的过程，并调用了刚才定义的函数与过程，其实现了计算等差数列 1 + 2 + … + 50 之和的运算。

```
<HTML>
<HEAD><title>自定义函数与过程示例</title></HEAD>
```

```
<BODY>
<%  function SUM(Num)
        sum = 0
        For N = 1 to Num
            SUM = SUM + N
        Next
    end function
    sub display(string)
        mystr = "Hi,"
        string = mystr + string
        response.Write(string)&"<br>"
    end sub
    call display("How are you!")
    myfunc = SUM(50)
%>
1+2+…+50 结果是:<% response.Write myfunc %>
</BODY>
</HTML>
```

执行结果如下:

  Hi,How are you!

1+2+…+50 结果是:1275

B.7 预定义函数

VBScript 可运用 VB 预定义函数,并扩展了一些系统函数,预定义函数包括以下内容,如表 B.3~表 B.7 所示。

1. 数学函数

表 B.3 数学函数

函数名称	函数功能	函数名称	函数功能
Abs	取绝对值	Exp	指数函数
Log	对数函数	Sgn	符号函数
Sin、Cos、Tan、Atn	三角函数	Sqr	求平方根

2. 类型转换函数

表 B.4 类型转换函数

函数名称	函数功能	函数名称	函数功能
CBool、CByte、CCur、CDate、CDbl、Cint、Clng、CSng、CStr、Cvar	类型转换	Str	数值转字符串
Int、Fix	取整数值	Val	字符串转数值

3. 字符串函数

表 B.5　字符串函数

函数名称	函数功能	函数名称	函数功能
Asc、Chr	取位、ASCII 码	InStr	查找字符串
Len	求字符串长度	Left	取字符串左边字符
Right	取字符串右边字符	Mid	取字符串中间字符
LTrim、RTrim、Trim	去除空格	Space、String	组成字符串
UCase、LCase	转换大小写		

4. 日期时间函数

表 B.6　日期时间函数

函数名称	函数功能	函数名称	函数功能
DateValue、TimeValue	取日期时间	Date、Time、Now	取系统日期时间
Year、Month、Day	取年、月、日	DatePart	取日期时间各部分值
Hour、Minute、Second	取时、分、秒	DateAdd	日期时间增减
DateSerial	合并年月日成为日期	DateDiff	计算日期时间差
TimeSerial	合并时分秒成为时间		

5. VBScript 新增函数

表 B.7　VBScript 新增函数

函数名称	函数功能	函数名称	函数功能
Filter	查找字符串数组中特定的字符串	Join	将字符串数组组合成一个字符串
FormatCurrency	将数值输出成货币格式	Replace	将字符串中某些字符串替换为其他字符串
FormatNumber	数值数据格式化	MonthName	返回月份名称
FormatPercent	将数值转换为百分比	Split	将字符串分割成字符串数组
FormatDateTime	日期时间格式化	StrReverse	反转字符串
InStrRev	反向查找字符串	WeekdayName	返回星期名称

附录 C Visual Basic .NET

C.1 VB.NET 数据类型

VB.NET 的前身是 Visual Basic，Visual Basic 是世界上最为流行的编程语言之一。VB.NET 不但继承了它的简单易学、容易掌握的特点，还对底层进行了重建，使其真正成为面向对象的程序设计语言，同时因为得到了 .NET 框架的支持，功能也变得更加强大。ASP.NET 的前身 ASP 采用的脚本语言是 VBScript，VBScript 可看作是一个简单的 Visual Basic。学习 ASP.NET 的读者大都有学习 ASP 的经验，本书采用 VB.NET 将使读者学习更加容易。

VB.NET 数据类型主要有字节（Byte）、数值（Numeric）、字符串（String）、日期时间（Date）、布尔型（Boolean）、对象（Object）等（如表 C.1 所示）。程序运行时会为不同类型的数据安排相应大小的内存空间。

表 C.1 VB.NET 的数据类型

数据类型	存储空间大小	说明
Byte	1 个字节	存放二进制数，取值从 0 到 255 之间的无符号整数
Short	2 个字节	16 位整数，取值从 -32768 到 32767
Integer	4 个字节	32 位整数，取值从 -2147483648 到 2147483647
Long	8 个字节	64 位整数，取值从 -9223372036854775808 到 -9223372036854775807
Single	4 个字节	32 位单精度浮点数，取值：负数时从 -3.402823E38 到 -1.401298E-45；正数时从 1.401298E-45 到 3.402823E38
Double	8 个字节	64 位双精度浮点数，取值：负数时从 -1.79769313486231E308 到 -4.94065645841247E-324；正数时从 4.94065645841247E-324 到 1.79769313486231E308
Decimal	12 个字节	96 位整数，取值从 -79228162514264337593543950335 到 79228162514264337593543950335
Char	2 个字节	双字节字符，如 "A" "是" "1"
String	10 个字节 +（字符串长度 *2）	变长字符串类型，可以包含大约 0~200 000 000 个双字节字符
Date	8 个字节	日期类型，取值从 1/1/0001 到 12/31/9999
Boolean	4 个字节	布尔类型，也称为逻辑类型，取值：True 或者 False
Object	4 个字节	对所有没有指定数据类型的变量的总称

C.2 VB.NET 常量与变量

1. VB.NET 常量

常量是指不会变动的数据。常量一经声明，其值就不能再更改。常用来表示固定数值的常数，如固定的字符串、数字等。声明常量的意义就在于可以在程序的任何部分使用该常量来代表特定的数值，从而方便编程。它的命名规则如下：

(1) 可以使用字母、数字、下划线等字符；
(2) 不可以使用空格、斜杠、逗号、句号、加减号等特殊字符；
(3) 第一个字母必须是英文字母；
(4) 长度不能超过 255 个字符；
(5) 不能使用 VB.NET 中的关键字。所谓关键字，就是 Dim、Sub、End 等 VB.NET 使用的一些特殊字符串。

VB.NET 声明常量使用 Const 语句，例如：

```
Const PI As Single = 3.1415926
```

VB.NET 常量根据作用域的不同也可分为过程常量（或局部常量）和全局常量。常量的作用域由声明它的位置决定。如果是在一个子程序或函数里声明的常量，只在该过程里有效。否则，在整个 ASP.NET 文件中有效。

2. VB.NET 变量

变量是指在内存中存储数据的地址名字。它在使用前必须定义类型。区别在于常量一经声明其值就不能改变了，而变量在声明后仍可随时对它进行修改。

声明变量可以使用 Dim 语句或 Private 语句，在过程中声明变量必须用 Dim，例如：

```
Dim d,e,f As Integer        '声明多个相同类型的变量,用逗号隔开即可
```

给变量赋值时，变量放在等号的左边，赋值语句放在等号的右边，并且赋值语句也可以是表达式形式。一般在声明变量的同时可以直接给变量赋值。变量的命名规则和作用域同常量。

C.3 数组与运算符

1. VB.NET 数组

数组是指在内存中存储数据的一组地址的名字。只要根据数组下标就可以方便地访问任意一个地址的数据。数组的命名、声明、赋值、引用和变量基本相同，但是数组要声明数组中的长度，即数组项目数。VB.NET 中的数组下标从 0 开始计数。在声明数组的同时也可以直接给数组赋值，但不能规定数组的长度。也可以声明多维数组，比如常用的二维数组就类似于围棋棋盘。下面的例子将声明一个 3 行 6 列的二维数组：

```
Dim a(2,5) As String          '声明一个二维数组
```

还可以声明一个变长数组,或称为动态数组,也就是说声明数组时可以不确定数组项目,到以后还可以更改。例如:

```
Dim a() As String             '声明一个变长数组
Redim a(3)                    '使用时需 Redim(重声明)这个数组
a(3) = "福州"
```

Redim 数组后,原有的数值就全部清空了。如果希望保留原有项目的数值,可以使 Redim Preserve a (3) 语句。

2. VB.NET 运算符

VB.NET 的运算符包括算术运算符、比较运算符、逻辑运算符、链接运算符、赋值运算符和二进制运算符。VB.NET 运算符及其说明如表 C.2 所示

表 C.2 VB.NET 运算符及其说明

算术运算符	符号	+	-	*	/	\	Mod	^	
	说明	加	减	乘	除	取整除法	求余数	幂	
比较运算符	符号	=	>	<	>=	<=	< >	Is	Like
	说明	等于	大于	小于	大于等于	小于等于	不等于	比较两个对象是否相同	查找第一个字符串是否在第二个字符串中
逻辑运算符	符号	Not	And	Or	Xor	Eqv	Imp		
	说明	逻辑非	逻辑与	逻辑或	逻辑异或	逻辑等价	逻辑隐含		
连接运算符	符号	&	+						
	说明	用于连接两个字符串	用于连接两个字符串,同 &						

续表

	符号	=	+=	-=	*=	/=	\=	&=	^=
赋值运算符	说明	赋值	第一个数加上第二个数赋给第一个数	第一个数减去第二个数赋给第一个数	第一个数乘以第二个数赋给第一个数	第一个数除以第二个数赋给第一个数	第一个数除以第二个数，然后将商取整赋给第一个数	第一个字符串链接第二个字符串，然后赋给第一个数	第一个数用第二个数的值乘方赋给第一个数
二进制运算符	符号	BitAnd	BitNot	BitOr	BitXor				
	说明	按位与	按位求反	按位或	按位异或				

C.4 循环语句

循环语句是 VB.NET 两大类流程控制语句其中的一类，它可以重复执行某些代码，主要有 For…Next 循环和 Do…Loop 循环。

1. For…Next 循环

当知道一段程序代码所要执行的条件以及次数时，就可以使用 For…Next 循环。For…Next 循环比 Do…Loop 循环容易使用和维护，语法如下：

```
For 计数器 = 起始值 to 结束值[Step 递增值]
    程序代码块
Next[计数器]
```

循环执行时，要先设定计数器的初始值、结束值与执行一次的递增值。开始执行 For…Next 循环时，不管当作计数器的变量其值原来是什么，都会重新被填入初始值；当循环执行到 Next 时，计数器会被先加上递增值，然后再检查是否超过结束值；如果没有超过结束值则继续执行循环，超过结束值则跳出循环。递增值默认为 1。

For…Next 循环也可以写成嵌套结构，如下所示。

```
For 计数器 = 起始值 to 结束值[Step 递增值]
  For 计数器 = 起始值 to 结束值[Step 递增值]
      程序代码块
    Next[计数器]
Next[计数器]
```

这种嵌套的 For…Next 循环执行时先设定外层的条件，然后跳进内层循环内执行内层循环。待内层循环执行超过结束值后，便跳至外层循环的 Next 叙述，将外层的计数器递增。外层循环计数器递增后若没超过结束值,则再重新进入循环内重新执行内层循环。此时内层循环的计数器会重新以初始值设定,从头执行。这样执行的次数要外层循环结束后才会结束。

2. Do…Loop 循环

Do…Loop 循环结构可以让用户依据某个条件的返回值为 False 或 True 决定是否要反复执行某段程序代码区块。Do…Loop 循环有四种,分别为 Do…Loop While、Do…Loop Until、Do While…Loop 以及 Do Until…Loop。下面分别介绍这四种循环。

(1) Do…Loop While 循环不管条件判断式是否成立,至少执行一次。Loop While 表示如果 While 后面的条件判断式成立,即跳回 Do 继续执行循环,语法如下:

```
Do 程序语句块
Loop While 条件判断式
```

Do…Loop While 循环在执行时会先跳进循环内执行程序语句块,执行完毕遇到 Loop While 即检查条件判断式的结果。倘若条件判断式的结果为 True,程序的执行就会跳到 Do 重新执行循环,一直执行到条件判断式的结果为 False 为止。

(2) Do…Loop Until 循环不论条件判断式是否成立,至少执行一次。Loop Until 表示如果 Until 后面的条件判断式返回 False,即跳回 Do 继续执行循环,直到 Until 后面的条件判断式返回 True 成立为止,语法如下:

```
Do 程序语句块
Loop Until 条件判断式
```

Do…Loop Until 循环在执行时,会先跳进循环内执行程序语句块,执行完毕遇到 Loop Until 即检查条件判断式的结果。倘若条件判断式的结果为 False,表示目前的条件判断式还未满足,程序的执行就会跳到 Do 重新执行循环,一直执行到条件判断式的结果为 True 满足为止。

(3) Do While…Loop 循环是先判断条件判断式是否成立,才会跳入循环内执行。语法如下:

```
Do While 条件判断式
程序语句块
Loop
```

Do While…Loop 循环在执行时,会先判断条件是否成立,再进入循环。循环内的程序语句块执行到 Loop 时,则表示跳回 Do While 叙述执行后面的条件判断式,倘若为 True 即跳入循环继续执行;倘若为 False 则跳出循环,继续执行程序。

Do While…Loop 循环还有另一种写法,即 While…End While。语法如下:

```
While 条件判断式
程序代码块
End While
```

(4) Do Until…Loop 循环也是先判断条件判断式是否满足,才会跳入循环内执行。

语法如下：

```
Do Until 条件判断式
程序语句块
```

Do Until…Loop 循环在执行时，会先判断条件是否已经为 True。倘若为 True 则跳出循环，继续程序的执行。倘若为 False，则进入循环。循环内的程序语句块执行到 Loop 时，则表示跳回 Do Until 叙述执行后面的条件判断式，倘若为 False 即跳入循环继续执行。

C.5 条件语句

条件语句就是可以根据不同的条件执行不同程序段的语句。它是 VB.NET 两大类流程控制语句之一，主要有 If 条件语句和 Select Case 条件语句。

1. If 条件语句

If 条件语句首先判断条件是 True 或 False，然后根据判断结果运行指定的语句。它的结构有三种：If…Then，If…Then…Else 以及 If…Then…ElseIf，分别表述如下。

(1) If…Then 结构的语法如下：

```
If 条件判断 Then 语句块
```
或
```
If 条件判断 Then
    语句块一
    语句块二
    …
    语句块 N
End If
```

判断句会检查条件判断式的判断结果。其结果若返回 True 或是非零的数值，则表示结果成立并执行 Then 后面的语句块；倘若判断结果返回 False，就不会执行 Then 后面的程序语句块。如果语句块只有一行，则可以接在 Then 后面撰写程序语句。

(2) If…Then…Else 结构的语法如下：

```
If 条件判断 Then
    语句块一
Else
    语句块二
End If
```

If…Then…Else 结构在条件判断式的判断结果为 True 时，执行 Then 和 Else 之间的程序，执行完毕后则直接跳出 If 判断结构继续执行程序；倘若条件判断式的结果为 False，则执行 Else 和 End If 之间的程序，执行完毕后直接跳出 If 判断结构继续执行程序。

(3) If…Then…ElseIf 结构的语法如下：

```
If 条件判断 1 Then
语句块 1
ElseIf 条件判断 2 Then
```

```
语句块 2
[Else
语句块 3]
End If
```

If...Then...ElseIf 结构在条件判断式 1 的判断结果为 True 成立时，执行语句块 1 的程序，执行完毕后不再做其他的条件判断，直接跳出 If 判断结构继续执行程序。倘若条件判断式 1 的结果为 False 不成立，则执行 ElseIf 语句的条件判断式 2，倘若判断结果为 True 成立时，则执行语句块 2；倘若条件表达式 2 的检查结果依然为 False 不成立，则无条件执行 Else 及 End If 之间的语句块 3，执行完毕后跳出 If 结构继续执行程序，倘若没有 Else 语句在，则不执行任何动作。

2. Select Case 选择判断

Select Case 和 If...Then...ElseIf 的结构很相似，都是让程序检查条件值后，再决定所要执行的程序代码。不过 Select Case 执行起来比 If...Then...ElseIf 更有效率，因为 Select Case 只需将要做比较的变量取出一次。Select Case 的语法如下：

```
Select Case 判断语句
    Case 条件判断 1
        语句块 1
    Case 条件判断 2
        语句块 2
        ...
    Case 条件判断 N
        语句块 N
    [Case Else]
End Select
```

其中判断语句可以是任何常量、变量，VB.NET 将判断语句直接取出或运算后，再将结果和 Case 后面的条件判断所执行完的结果做比较。和 If...Then...ElseIf 一样，倘若判断语句的结果和条件判断的结果相等，则执行相应的语句块，执行完毕后即跳出架构外继续执行程序，其中 Case Else 也可以省略。

C.6 过程与函数

过程和函数的作用在于将需要重复使用的代码段单独保存为一个模块，在需要用到的地方简单调用即可。

1. 过程

在 VB.NET 中，过程有两种，一种是 Sub 子程序，一种是 Function 函数。两者的区别在于：Sub 子程序只执行程序而不返回值，而 Function 函数可以将执行代码后的结果返回给请求程序。子程序名、函数名两者的命名规则和变量名的命名规则类似。对两者分别介绍如下。

（1）Sub 子程序。

声明 Sub 子程序的语法如下：

```
Sub 子程序名(参数1,参数2,…)
……
End Sub
```

或

```
Sub()
……
End Sub
```

其中，"参数 1，参数 2，…"是指由调用过程传递的常数、变量或表达式。利用这些参数可以传送数据。如果 Sub 过程无任何参数，则 Sub 语句必须使用空括号。

根据是否使用 Call 语句，Sub 过程有两种调用方式：

① 使用 Call 语句：Call 子程序名（参数 1，参数 2，…）；

② 不使用 Call 语句：子程序名（参数 1，参数 2，…）。

（2）Function 函数。

Function 函数的语法如下：

```
Function 函数名(参数1,参数2,...) As Type
End Function
```

或

```
Function 函数名()As Type
End Function
```

与 Sub 过程类似，其中"参数 1，参数 2，..."是指由调用过程传递的常数、变量或表达式。如果 Function 过程无任何参数，则 Function 语句必须使用空括号。与 Sub 过程不同的是，Function 过程通过函数名返回一个值，这个值是在过程的语句中赋给函数名的。Function 过程的调用方式只有一种，即通过直接引用函数名实现函数的调用，而且函数名必须用在变量赋值语句的右端或表达式中。

2. 函数

VB.NET 还提供了大量的系统函数（内置函数），主要有以下几大类：数据转换函数、字符串函数、日期和时间函数、数学函数以及检验函数。充分使用这些系统函数，可以节省大量的开发时间。这里就不再详细说明，有需要的可以查阅相关手册。

C.7　类与使用系统类

NET 包括 ASP.NET 的底层全部是用类实现的。也就是说，不管是 Web 窗体上的一个文本框，还是系统函数，都是用类实现的。因此，我们有必要了解一下类和系统类。

我们知道，所有的东西——包括物体、事物、活动、关系以及由它们组成的混合体都可以看成是对象。对象有一组实例变量和一组方法，它是面向对象数据模型的基本结构。对象的实例变量也称为属性，用来描述对象的状态或特征。对象的方法用来描述对象的行为特性，它实际是加在对象上的操作。而类则是对具有相同特征对象的描述。

VB.NET 提供了完善的面向对象编程支持，是一种真正的 OO（Oriented Object）语言。完善的面向对象支持应该包括封装（Encapsulation）、继承（Inheritance）和多态性（Polymorphism）。封装是一种信息隐蔽技术，它把对象的特征和行为隐藏起来，使得一个对象在程序中可以作为一个独立的整体使用而不用担心对象的功能受到影响。继承表示一个类可以从另一个类中继承其特征，包括数据和方法。多态性表现为同一操作允许有不同的实现细节。

前面说过 .NET 框架面向所有的 .NET 程序语言提供了一个公共的基础类库，该基础类库提供了成百个面向对象的类来提供从数学计算到字符串操作到数据库操作等各种功能。比起系统函数来，.NET 提供的这些大量系统类（内置类）尽管使用起来比较复杂些，但是却更灵活，功能也更强大。从底层来说，系统函数也是用类实现的，只不过是 .NET 为了保留这些过去的函数而提供的。但是 .NET 提供的系统类功能更强大，是未来的发展方向。下面简单介绍一下常用的系统类。

（1）转换数据类型。

VB .NET 提供了大量的共享方法来进行数据类型转换，其中最重要的是 System.Convert 类，常用的方法如表 C.3 所示。

表 C.3　System.Convert 类的共享方法

方　　法	功能描述
ToInt32（Value）	转化为 32 位整数
ToInt64（Value）	转化为 64 位整数
ToSingle（Value）	转化为单精度浮点数
ToDouble（Value）	转化为双精度浮点数
ToDecimal（Value）	转化为 96 为整数
ToDateTime（Value）	转化为日期
ToString（Value）	转化为字符串
ToBoolean（Value）	转换为布尔类型

（2）字符串操作。

字符串操作主要使用 System.String 类，常用的如表 C.4 和表 C.5 所示。

表 C.4　System.String 类的共享属性和方法

属性与方法	功能描述
Compare（string1，string2，［True/False］）	比较两个字符串，如果相等，则结果为 0，如果第一个小于第二个，则返回一个负数，否则相反。第三个参数可以省略，True 表示区分大小写，False 表示不区分，默认为 True
Join(数组，delimiter)	将字符串数组链接成一个字符串，每一个数组变量间用 delimiter 隔开，如果省略，使用空格作为分隔符

表 C.5 System.String 类的实例属性和实例方法

属性和方法	功能描述
Length	返回字符串的长度
Trim（Char 数组）	如省略参数，则将字符串前后的空白去掉，空白包括空格、制表符、换行符等，如使用 Char 类型的数组，则将字符串前后所发现的数组的字符全部删除
imStarta（Nothing/Char 数组）	如使用关键字 Nothing，则将字符串前面所发现的数组的字符全部删除
imEnd（Nothing/Char 数组）	同上，只是去掉后面的
Chars（Integer）	从字符串中取得第 Integer 个字符
Substring（start, length）	从字符串的第 start 个字符开始取得 length 长度的字符串，如果省略第二个参数表示是取从 start 字符开始到结尾
ToLower()	将字符串里的所有大写字母转化为小写字母
ToUpper()	将字符串里的所有小写字母转化为大写字母
CompareTo（string）	将指定字符串与 string 比较，如相等，返回 0；如第一个比第二个小，返回负数，否则返回正数
IndexOf（string）	返回 string 在指定字符串中第一次出现的位置
LastIndexOf（string）	返回 string 在指定字符串中最后一次出现的位置
IndexOfAny（Char 类型的数组）	返回数组中任一个字符在指定字符串中第一次出现的位置
LastIndexOfAny（Char 数组）	返回数组中任一个字符在指定字符串中最后一次出现的位置
StartWith（string）	如果指定字符串以 string 开头，则返回 True，否则返回 False
EndWith（string）	如果指定字符串以 string 结尾，则返回 True，否则返回 False
Split（delimiter）	将字符串数组根据 delimiter 拆分成一维数组，其中 delimiter 用于标识子字符串界限的字符。如果省略，使用空格（""）作为分隔符
Join(数组, delimiter)	将字符串数组链接成一个字符串，每一个数组变量间用 delimiter 隔开。如果省略，使用空格作为分隔符
Replace（find, replacewith）	将字符串中的子字符串 find 替换为另一个子字符串 replacewith

（3）日期和时间操作。

主要使用 System.Datetime 类，常用的共享成员和实例成员如表 C.6 和表 C.7 所示。

表 C.6 System.Datetime 类的共享属性和方法

属性和方法	功能描述
Now	获得系统当前的日期和时间
Today	获得系统当前的日期
Compare（Datetime1，Datetime2）	比较两个日期值，如相等，则返回 0；如果第一个小，返回 -1，反之返回 1

表 C.7 System.Datetime 类的实例属性和实例方法

属性和方法	功能描述
Year	获取给定 DateTime 值是年份
Month	获取给定 DateTime 值是月份
Day	获取给定 DateTime 值是几号
Hour	获取给定 DateTime 值是第几小时
Minute	获取给定 DateTime 值是第几分钟
Second	获取给定 DateTime 值是第几秒
DayOfWeek	获取给定 DateTime 值是星期几，1 表示星期日，2 表示星期一，依次类推
DayOfYear	获取给定 DateTime 值是一年中的第几天
Date	获取给定 DateTime 值中的日期信息
TimeOfDay	获取给定 DateTime 值中的时间信息
AddYears（Integer）	将给定 DateTime 值加上 Integer 年，返回新的 DateTime 值。Integer 可以是正负整数
AddMonths（Integer）	将给定 DateTime 值加上 Integer 月
AddDays（Integer）	将给定 DateTime 值加上 Integer 天
AddHours（Integer）	将给定 DateTime 值加上 Integer 小时
AddMinutes（Integer）	将给定 DateTime 值加上 Integer 分钟
AddSeconds（Integer）	将给定 DateTime 值加上 Integer 秒
ToLongDateString（）	将给定 DateTime 值转换为长日期格式的字符串
ToShortDateString（）	将给定 DateTime 值转换为短日期格式的字符串
ToLongTimeString（）	将给定 DateTime 值转换为长时间格式的字符串
ToShortTimestring（）	将给定 DateTime 值转换为短时间格式的字符串
Subtract（datetime）	将给定 DateTime 值减去 datetime，得到一个时间段 TimeSpan
Add（timespan）	将给定 DateTime 值加上一个时间段 timespan，返回一个新的日期
Subtract（timespan）	将给定 DateTime 值减去一个时间段 timespan，返回一个新的日期

(4) 数学操作。

主要使用 System.Math 类，可提供大量的共享属性和方法，如表 C.8 所示。

表 C.8　System.Math 类的共享属性和共享方法

属性和方法	功能描述
Abs（number）	返回一个数的绝对值
Sin（number）	返回角度的正弦值
Cos（number）	返回角度的余弦值
Tan（number）	返回角度的正切值
Atan（number）	返回角度的反正切值
Sqrt（number）	返回一个数的平方根
Pow（number1，number2）	返回 number1 的 number2 次方
PI	返回圆周率
E	返回自然指数 e 的值
Exp（number）	返回自然指数 e 的 number 次方
Log（number）	返回以 e 为底的 number 的对数值
Log10（number）	返回以 10 为底的 number 的对数值
Round（number）	取整，返回与其最接近的整数
Ceiling（number）	取整，返回大于或等于 number 的最小整数
Floor（number）	取整，返回小于或等于 number 的最大整数
Max（number1，number2）	返回两个数的最大值
Min（number1，number2）	返回两个数的最小值

(5) 数组操作。

主要使用 System.Array 类，常用的共享成员和实例成员如表 C.9 和表 C.10 所示。

表 C.9　System.Array 类的共享属性和共享方法

属性和方法	功能描述
Sort（array）	对一维数组 array 进行升序排序
Reverse（array）	对一维数组 array 进行降序排序
BinarySearch（array，search）	在进行过排序的数组 array 中搜索指定项 search，如发现，则返回编号；如未发现，则返回负数。默认为区分大小写
IndexOf（array，search）	在数组 array 中搜索指定项 search，返回第一个匹配的编号。如未发现，返回 -1。默认为区分大小写
LastIndexOf（array，search）	在数组 array 中搜索指定项 search，返回最后一个匹配的编号；如未发现，返回 -1。默认为区分大小写

表 C.10   System.Array 类的实例属性和实例方法

属性和方法	功能描述
Length	返回给定数组的长度,包括所有维数
GetLowerBound(维数)	返回给定数组的指定维数的下界,一维数组则为 GetLowerBound(0)
GetUpperBound(维数)	返回给定数组的指定维数的下界,一维数组则为 GetUpperBound(0)

参考文献

[1] 丁贵广，阎允一，孟繁杰. ASP 及 ASP .NET 编程基础与实例：第 2 版 [M]. 北京：机械工业出版社，2004.

[2] Roboert Tabor .NET XML Web 服务 [M]. 徐继伟，英宇，等译. 北京：机械工业出版社，2002.

[3] JoeMartin. 循序渐进 ASP .NET 教程 [M]. 万松明，等译. 北京：人民邮电出版社，2002.

[4] 杨思慧. Web 开发技术基础教程 [M]. 北京：电子工业出版社，2003.

[5] 魏应彬，周星. 动态网页与 Web 数据库 [M]. 北京：北京大学出版社，2001.

[6] 孙江涛. 例说 C++ Builder 4 [M]. 北京：北京大学出版社，2000.

[7] 陆虹，陶霖，周晓云. 程序设计基础 [M]. 北京：高等教育出版社，2003.

[8] 蒋立翔. C++ 程序设计技能百练 [M]. 北京：中国铁道出版社，2004.

[9] 尚俊杰. ASP .NET 程序设计 [M]. 北京：清华大学出版社，2004.

[10] 汪晓平，钟军. ASP 网络开发技术：第 2 版 [M]. 北京：人民邮电出版社，2003.

[11] 吉根林，崔海源. Web 程序设计 [M]. 北京：电子工业出版社，2002.

[12] 叶汶华，程永灵. ASP .NET 网页制作教程 [M]. 北京：冶金工业出版社，2004.

[13] 汤子瀛，哲凤屏，汤小丹，王侃雅. 计算机网络技术及其应用 [M]. 成都：电子科技大学出版社，2002.

[14] 金林樵. 网络数据库技术及应用 [M]. 北京：机械工业出版社，2003.

[15] 肖金秀，等. 网页设计培训教程 Dreamweaver MX Flash MX Firewors MX [M]. 北京：冶金工业出版社，2003.

[16] 肖金秀，冯沃辉，陈少涌. ASP .NET 程序设计教程 [M]. 北京：冶金工业出版社，2003.

[17] 朱敏，朱晴婷，李媛媛. JSP Web 应用教程 [M]. 北京：清华大学出版社，2004.

[18] 李津生，洪佩琳. 下一代 Internet 网络技术 [M]. 北京：人民邮电出版社，2001.

[19] 孙鑫，付永杰. HTML5 CSS 和 JavaScript 开发 [M]. 北京：电子工业出版社，2012.

[20] 刘乃琦，等. ASP .NET 应用开发与实践 [M]. 北京：人民邮电出版社，2012.

[21] 马骏，等. PHP 应用开发与实践 [M]. 北京：人民邮电出版社，2012.

[22] 李英梅，刘新飞. PHP 程序设计 [M]. 北京：清华大学出版社，2011.

[23] 刘乃琦，王冲. JSP 应用开发与实践 [M]. 北京：人民邮电出版社，2012.